高 | 等 | 学 | 校 | 计 | 算 | 机 | 专 | 业 | 系 | 列 | 教 | 材

现代计算机图形学基础

（第2版）

黄华 张磊 编著

清华大学出版社
北京

内容简介

计算机图形学是研究真实或虚拟物体在计算机中的图形表示及交互的一门学科，在工业制造、影视制作、娱乐游戏、计算机仿真等领域有着广泛的应用。随着云计算、虚拟/增强现实、生成式人工智能等新一代信息技术的发展，计算机图形学的理论和方法不断充实与更新，尤其近年来以神经辐射场、三维高斯泼溅等为代表的神经绘制，以及以神经隐式表示为代表的深度几何学习和建模，大有以神经绘制流水线变革传统图形绘制流水线的发展趋势，加之大模型技术的发展和引入，对计算机图形学建模、绘制、动画等内容都有大幅的更新和扩展，且已经广泛应用到大量的科学和工程领域，成为现代计算机应用中不可缺少的重要分支。

本书不仅涵盖了传统计算机图形的几何建模、真实感绘制、计算机动画等内容，而且包括了数字几何处理、非真实感绘制、基于图形的影像处理、计算摄像、GPU 图形计算等图形学的新进展。作为本书的一大特色，不少章节的内容都来源于近二十年计算机图形学方向的高水平论文和产业界的顶尖技术。此外，本书中列举了很多的例题，并在书中给出了一些代表性算法关键步骤的伪代码，相应的源代码也提供了网络下载。

本书可以作为计算机、人工智能等学科相关方向高年级本科生和研究生"计算机图形学"课程教材、计算机图形学相关方向的科研工作者和工业界技术人员的参考用书，部分章节也可以选择作为计算机、人工智能等相关专业"计算机图形学"教材内容。

图书在版编目（CIP）数据

现代计算机图形学基础/黄华，张磊编著. -- 2 版. 北京 ：清华大学出版社，2025. 5. --（高等学校计算机专业系列教材）. -- ISBN 978-7-302-68906-5

Ⅰ. TP391.411

中国国家版本馆 CIP 数据核字第 2025GV0588 号

责任编辑：龙启铭
封面设计：何凤霞
责任校对：徐俊伟
责任印制：刘　菲

出版发行：清华大学出版社
　　网　　址：https://www.tup.com.cn，https://www.wqxuetang.com
　　地　　址：北京清华大学学研大厦 A 座　　**邮　　编：**100084
　　社 总 机：010-83470000　　**邮　　购：**010-62786544
　　投稿与读者服务：010-62776969，c-service@tup.tsinghua.edu.cn
　　质量反馈：010-62772015，zhiliang@tup.tsinghua.edu.cn
　　课件下载：https://www.tup.com.cn，010-83470236
印 装 者：三河市龙大印装有限公司
经　　销：全国新华书店
开　　本：185mm×260mm　　**印　　张：**19.25　　**字　　数：**454 千字
版　　次：2020 年 6 月第 1 版　2025 年 5 月第 2 版　　**印　　次：**2025 年 5 月第1 次印刷
定　　价：69.00 元

产品编号：110856-01

序

计算机图形学起源于图灵奖获得者、美国科学院和工程院院士 Ivan Surtherland 在 20 世纪 60 年代发明的交互式绘图系统——“画板”。在过去半个多世纪的时间里，计算机图形学的研究与发展可谓“一日千里”，并且在 CAD/CAM/CAE、影视制作、计算机游戏、计算机仿真等领域有着广泛的应用。事实上，计算机图形学已经成为相对成熟的学科，理论和方法精彩纷呈，是计算机科学中最活跃的分支，也是计算机科学和工程应用之间的桥梁。

20 世纪 80—90 年代，是国际上计算机图形学蓬勃发展的黄金时期，而国内则处于刚起步阶段。那时，有关计算机图形学的中文教材和参考书甚少，使得图形学的入门较为困难。为了吸引学生和科技工作者投入到计算机图形学，推动国内计算机图形学的发展，老一辈的学者高瞻远瞩，开始翻译或者编著计算机图形学教材，例如北京航空航天大学的唐荣锡教授，清华大学的唐泽圣教授、孙家广教授，浙江大学的梁友栋教授、石教英教授、彭群生教授、汪国昭教授等前辈。今天看来，这些经典的图形学教材，对推动当时国内计算机图形学的普及和发展起到了很好的作用，培养了一大批的图形工作者。

近二十年来，计算机科学和技术发生了巨大的变化，以人工智能、云计算、大数据、虚拟现实与增强现实等为代表的新技术也带动了计算机图形学的进一步发展，涌现出了更加激动人心的图形学浪潮。然而，目前的图形学教材略显滞后，尚未及时整理和吸收这些新发展。这就迫切需要一本能够反映图形学崭新内容的教材，以使初学者或者具有图形学基础知识的人能够及时掌握这些新发展。

本书的出现，恰好能够弥补上述的不足。本书对以往图形学教材的内容做了大幅的扩展，尤其是涵盖了许多计算机图形学的新发展。这是本书的一大特色，对新形势下计算机图形学学科的传承与发扬具有重要的意义。具体到章节安排上，本书的第 2、3、5 章是经典图形学的建模和绘制内容，而其余章节则详细介绍了近二十年计算机图形学在方法和应用方面取得的新进展，包括数字几何处理、非真实感绘制、基于图形的影像处理、计算摄像等内容。这为初学者快速掌握最新的计算机图形学理论、方法和技术，提供了很好的入门教材和参考资料。

除了理论和方法学习，计算机图形学也是一门很注重实践的学科，需要通过编程来实现各种图形学算法。因此，本书列举了很多的例题，并在书中给出了一些代表性算法关键步骤的伪代码。相应的源代码也提供了网络下载。这对初学者正确理解和快速掌握本书中所介绍的图形学方法和技术大有裨益。同时，每章后的思考题和书后的参考文献也能引发读者继续深入学习。

值得一提的是，本书的作者黄华教授和张磊副教授长期从事计算机图形学的教学和科研工作，在国内外重要学术期刊和会议上发表了大量的论文。他们对经典计算机图形学的内容和现代计算机图形学的新进展都有着深入的研究和体会，在此基础上汇聚成了本书的内容。虽不一而足，但仍可借鉴。因此，相信本书的问世，将能够及时、全面、翔实地介绍计算机图形学的过去和现在的内容，为初学者或者具有一定图形学基础的低年级学生提供一本新的教材和参考书，推进计算机图形学的进一步发展。

胡事民

清华大学

计算机科学与技术系

2020年1月

前言

本书第1版于2020年6月由清华大学出版社出版，至今已被数十所兄弟院校作为本科生、研究生计算机图形学及相关课程的教材或参考书，反响较好。在这期间，我时常收到同行专家、授课教师对于本书的宝贵修改建议。此外，过去的几年时间，人工智能技术飞速发展，也带动了现代计算机图形学的迅猛发展。以神经辐射场(NeRF)、三维高斯泼溅(3DGS)为代表的神经绘制，以神经隐式表示为代表的深度几何学习和建模技术，正不断提升传统图形流水线的智能水平；同时大模型技术的发展和引入，也推动了计算机图形学中建模、绘制、动画等技术的新发展。目前还没有一本图形学教材体现这些最新的前沿内容。此外，2020年教育部印发《高等学校课程思政建设指导纲要》的通知，明确了高校课程思政也要落实到教材编审选用。这些新契机和新要求，促使我按照课程思政的要求，以现代图形学前沿发展的新内容为出发点，着手准备本书第2版的修改。

第2版的修改开始于2023年秋，主要在本书第1版大纲的基础上，广泛增加了计算机图形学领域最新的研究内容和成果，尤其是高真实感神经绘制、神经隐式建模、基于深度学习的非真实感绘制及动画等最新的内容。目前市面上大多数的图形学教材内容主要以国外的研究和工作为主，对中国科研人员的相关工作介绍很少，而事实上中国图形学经过几十年的发展取得了很大的进步，但很少在图形学教材上有所体现。在课程思政建设的大背景下，我们着重关注和挖掘图形学发展中的中国元素，例如以苏步青院士为代表的科技人员在计算几何和建模等方面的研究和实践工作、第一个以中国人名字命名的图形学经典算法梁友栋-Barsky裁剪算法等重要内容，并且进一步增加清华大学、浙江大学、上海科技大学等国内高校和科研院所在图形学领域的最新研究工作和成果，期望通过教材和课堂教学，向更多人介绍和展示中国科研人员的工作，增强学生在图形学科研领域的自信心和自豪感，达到课程思政育人的目的。

经过约一年时间的准备，本书第2版初稿成型。随后我们在全国计算机辅助设计与图形学大会、全国几何设计与计算大会、中国计算机图形学大会等国内图形学领域著名学术会议期间，邀请国内兄弟院校的专家、同仁召开研讨会，收到了很多宝贵的修改意见。在此基础上也邀请了来自多所高等院校和科研院所的本科生、研究生，结合自身的不同专业背景，以学习者的视角提出了很多有益的修改意见。清华大学出版社龙启铭编辑，也对本书第2版内容提出很多宝贵意见。按照修改意见，我们进行了认真修改和完善，并于2024年冬天完成了第2版定稿。

本书第2版内容，针对数字几何处理、真实感绘制、非真实感绘制、基于图形的影像处理、计算摄像、GPU图形计算等章节内容进行了扩展，不少内容来源于近五年来图形学方向的高水平研究，可充分反映计算机图形学的新进展。同时，考虑本书第1版在基础知识、几何建模等章节中存在大量数学推导的内容，为方便课堂教学，压缩了篇幅，详细数学推导内容以附录的形式供教学参考。

北京师范大学黄石生副教授、王立志教授、朱林副教授和李德崎博士生参与了本书第2版的修订工作。

本书第2版既可以用于研究生教材和图形学方向的科研工作者查阅，也可以选择部分内容作为本科生教材，相关配套的源代码、课件等都通过网络提供。由于编者才疏学浅，而且时间和精力有限，本书第2版中依然难免出现错误和遗漏之处，敬请斧正。

最后，衷心感谢清华大学胡事民教授、浙江大学鲍虎军教授等专家、清华大学出版社龙启铭编辑，以及其他对本书第2版出版给予支持和帮助的所有人。

黄　华

2025年3月

目录

第7章　基于图形的影像处理　/180

第8章　计算摄像　/212

第 10 章 基于 GPU 的图形计算 /269

附录 A 图形流水线中的几何变换推导 /284

附录 B 拉普拉斯方程组的最小二乘最优化求解 /289

参考文献 /291

第1章 引言

计算机图形学(Computer Graphics,CG),是研究真实或虚拟世界在计算机中的图形表示及人机交互的一门学科。计算机图形学涉及计算机、数学、物理学、心理学、控制科学等学科领域的知识。从20世纪60年代计算机图形学诞生开始,经过科研工作者和工程技术人员数十年的研究与实践,计算机图形学的理论、方法和技术日益成熟,并广泛应用在工业、军事、医学、建筑、影视、文体、娱乐等行业。近些年来,伴随着物联网、大数据、云计算、边缘计算、人工智能等新兴技术和相关产业的大范围推广,计算机图形学从内涵到外延都发生了巨大的变化。

本章介绍经典计算机图形学的基本概念、计算机图形学的历史发展,尤其是不同阶段计算机图形学所取得的代表性技术成就。进而,通过分析输入、处理和输出方式的差异,介绍计算机图形学与计算机视觉、图像处理等相关学科领域的联系。最后简要介绍计算机图形学在不同行业的应用情况。

1.1 计算机图形学的概念

如图1.1所示,传统计算机图形学的内涵包括建模、绘制和交互三个方面。

图1.1 计算机图形学中的建模、绘制和交互技术

建模,是指在计算机中通过几何、图像、视频等可视媒体形式构造和表示真实或虚拟物体和场景的模型,其目的是形成三维的数据表示形式,也称为三维模型。例如,借助3d Max建模软件,可以在计算机中采用点、线、面等基本几何元素,表示一架真实飞机的三维模型。在此基础上,工程师就可以通过键盘、鼠标等输入设备对该三维模型进行平移、旋转、缩放等三维操作，从各个角度观看飞机的形状。

绘制，是指通过可视媒体形式来呈现计算机中表示的物体和场景模型，其目的是形成人类视觉通道可以直接感知并理解的信号。例如，通过选择合适的绘制算法，可以将真实世界中实际不存在的一些物体在屏幕上呈现，并形成尽可能逼真的画面。

交互，是指通过各种输入和输出设备，让用户以最有效的方式对计算机中的模型进行操作，并能够通过及时的绘制在终端上显示交互结果。例如，采用体感设备 Kinect，可以通过人体姿态的变化控制计算机中的模型，从而达到非接触式的人机交互操作效果。

随着多媒体、虚拟现实、大数据、人工智能等技术的发展，现代计算机图形学的内容也得到扩展，其外延也触及更多的计算机应用领域。例如，计算机动画、科学可视化、影像处理、虚拟现实、增强现实、计算机仿真等领域都与计算机图形学有着密切的联系，使得计算机图形学发展成以建模、绘制、交互、动画、影像处理等为核心内容，同时与其他领域广泛交叉的学科。这里面，交互已经单独发展为一门独立的学科，专门研究系统与用户之间的交互关系，而不再局限于人和计算机之间的交互。因此，交互将不会作为本书的重点内容进行介绍。总之，计算机图形学已经成为现代计算机科学与技术不可缺少的重要分支。

1.2 计算机图形学的发展

“计算机图形学”这个名词，最早是 1960 年由美国波音公司的工程师 William Fetter 提出，用于描述飞机驾驶室模拟设计的过程。1964 年，Fetter 设计了第一个计算机人体模型，用于更好地设计飞机驾驶舱。作为一种计算机应用技术，公认的计算机图形学诞生的标志是 1963 年 Sketchpad 画板系统的问世。该系统是美国 MIT 的 Ivan Sutherland 所开发。它实现了一种基于画笔交互的图形界面设计功能，如图 1.2 所示。Sketchpad 成为有史以来第一个计算机交互式绘图系统，也被认为是人类“曾经编写过的程序中最重要的一份程序”。因此，Sutherland 也于 1988 年获得了计算机科学领域的最高奖项——图灵奖。

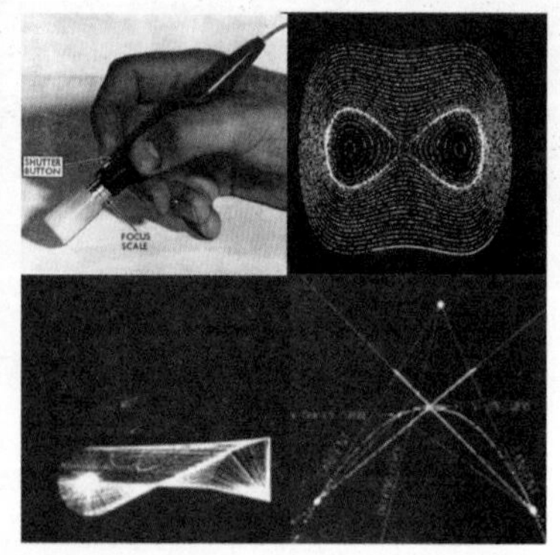

图 1.2 Sketchpad 画板系统（图片来自[1]）

从人工智能的范畴来讲，Sketchpad 或者说计算机图形学的出现，更重要的意义在于使计算机开始具备了人类右脑的部分功能。这是因为按照诺贝尔生理学和医学奖得主、美国心理生物学家斯佩里博士的“左右脑分工理论”，人类存在左右脑功能划分，其中，人脑左半球的主要功能是进行逻辑推理和语言表达，也就是与语言、数字以及概念、分析等功能有关；而右半球的主要功能是空间和形象的思维，也就是体现在绘画、直觉、空间感、整体性以及想象和综合等方面的能力。在图形学出现之前，计算机主要是围绕符号处理进行系统设计与使用，而图形学的出现则使计算机具备了图形图像处理的能力，让人和计算机能够更加自然、便利地交流。因此，可以说计算机图形学使得计算机开始实现右脑的部分功能。

从 20 世纪 60 年代计算机图形学诞生开始，计算机图形学的建模、绘制和交互技术就不断地往前发展，而且它们之间也是互相促进。图 1.3 展示了计算机图形学发展历程中的若干代表性技术。从 20 世纪 60 年代到现在，建模、绘制和交互技术都发生了巨大的变化，直接或间接地推动了计算机图形学的阶段性发展及其在各个行业中的应用。

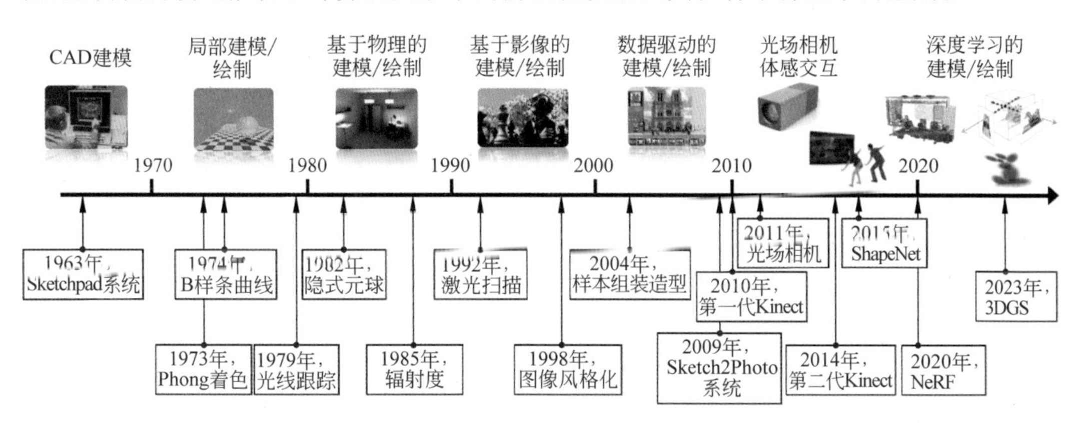

图 1.3　计算机图形学的简明发展历程

接下来以时间为序，介绍这些技术在不同阶段的发展情况、取得的成就和带动的相关行业应用，从而更好地了解计算机图形学学科的整个历史以及现状。

1.2.1　20 世纪 60 年代

1. 建模

如何对外形进行精确的数学表示和工业设计，是这个时期建模技术主要解决的问题。在汽车、飞机、轮船等的工业制造过程中，通常需要非常准确且灵活的造型工具，其目的是能构建满足指定几何性质的外形，并且方便工程技术人员随时进行修改。1962 年，法国雷诺公司的工程师 Pierre Bézier 提出了 Bézier 自由曲线技术。Bézier 曲线提供了一种基于控制顶点的曲线参数化表示形式，本质上是 Bernstein 多项式组合形成的参数化表达式。在自由曲面建模方面，美国 MIT 的 Steven Anson Coons 提出了 Coons patch 自由曲面造型技术。Coons 曲面本质上是一种基于控制顶点的双变量曲面参数化表示形式，能够在曲面角点和边界处进行灵活地设计，以满足工业产品设计时的几何性质。这两种自由曲线曲面是计算机辅助设计（Computer Aided Design，CAD）和计算机辅助制造（Computer Aided Manufacturing，CAM）中的典型建模技术，至今仍被广泛使用。

为了纪念 Bézier 及其创造性的贡献，美国工业与应用数学学会（SIAM）自 2007 年起设立了 Pierre Bézier 奖,用于奖励在实体、几何和物理建模及应用领域做出突出贡献的人。而从 1983 年开始,美国计算机图形学协会(SIGGRAPH)设立了 Steven Anson Coons 奖,以纪念 Coons 及其贡献。该奖项每奇数年颁发一次,用于表彰在计算机图形学和人机交互领域具有持续贡献的人,被认为是计算机图形学领域的成就奖。

2. 绘制

这个时期的绘制技术主要面向 CAD 和 CAM 系统建模获得的几何模型的快速绘制和屏幕显示。例如,线段、三角形、圆、椭圆等基本几何形状的快速绘制,以及由这些基本几何元素进一步组合而构成的更复杂的几何形状的显示。由于计算机屏幕是以像素为单元进行图形显示,在绘制时需要解决连续几何形状的离散表示,也就是基本的几何元素到像素的转化。例如,如何用离散的像素表示连续的一条线段而不会产生太大失真,以及如何在有限分辨率的屏幕更好地显示几何形状。1962 年,美国 IBM 公司的 Jack Bresenham 设计了针对有限长度线段的绘制算法。后来在美国 Harvard 大学工作的 Ivan Sutherland 和他的学生 Danny Cohen,提出了针对计算机矩形屏幕显示的线段裁剪方法,能够对位于线段上的像素进行准确而高效的绘制。这两个工作解决了计算机对线段这一最基本几何形状进行快速而准确绘制的问题。受限于当时计算机的运行速度,这些特定绘制技术的提出,有力地提高了计算机图形显示的能力,为后续计算机图形学的发展奠定了坚实的基础。

3. 交互

早期的计算机是通过纸带作为输入和输出的媒介。而在 20 世纪 60 年代的时候,键盘(打字机)已经作为这个时期主要的终端输入。然而,1963 年 Ivan Sutherland 发明的画板系统 Sketchpad,创造性地使用了光笔进行图形输入,同时也能在屏幕上直接输出图像。用户在使用该系统时,可以直接通过 X-Y 绘图仪显示光笔位置,从而使得这种笔式人机交互相比于键盘输入更为便捷,为人和计算机之间提供了一种全新的交互方式,也为后续人机交互技术的发展开辟了一条新路。

1.2.2 20 世纪 70 年代

1. 建模

针对 Bézier 曲线缺乏形状局部控制的缺陷,1974 年,美国 Utah 大学的 William Gordon 和 Richard Riesenfeld 将 B 样条参数曲线引入几何造型。B 样条曲线本质是分段多项式曲线,具有局部支撑性、仿射不变性、凸包性等许多良好的性质,也可以构造 B 样条曲面。随后,B 样条曲线/曲面逐渐成为新的建模工具。但是,B 样条曲面在计算机内部处理时,需要经历从连续到离散的过程。因此,一种基于离散形式的细分曲面建模技术被提出。例如 1978 年,美国纽约理工大学的 Edwin Catmull 和 Jim Clark 基于双三次均匀 B 样条曲面递归计算过程,提出了 Catmull-Clark 细分曲面;英国 Brunel 大学的 Daniel Doo 和 Malcolm Sabin 基于双二次均匀 B 样条曲线递归模型,提出了 Doo-Sabin 细分曲面。这类细分曲面通过一系列中间状态的网格来逼近目标形状,克服了自由曲线曲面的离散转化问题。细分曲面被广泛用于计算机动画的角色外形设计,而 B 样条曲线/曲面则逐渐成为工业 CAD 中外形设计的标准工具。

值得一提的是，我国科技人员在著名数学家苏步青院士等人的带领下，也逐步开展了计算几何、船体放样等建模方面的研究和实践工作。虽然我国在20世纪70年代还处于社会经济发展困难时期，但广大科技人员响应国家号召，去祖国最需要的地方，深入一线解决飞机、轮船制造中面临的建模问题。1978年，科学的春天到来，几何建模相关的工作也获得了全国科学大会表彰，反映了我国科技人员在这一时期取得的突出成果。

2. 绘制

由于没有GPU等专用图形计算架构，如何用CPU有限的计算能力尽可能真实地绘制计算机中的三维模型，是这个时期图形绘制面临的重要问题。20世纪70年代初期，美国Utah大学的Henri Gouraud、Bui Tuong Phong等人先后通过对三维模型顶点颜色、法向等的插值，建立了高效的局部光照模型，能够对简单场景进行高效地真实感绘制。此外，美国Utah大学的Edwin Catmull等人提出了纹理映射技术，能够借助真实的图像对简单的几何场景进行复杂的绘制显示。为了进一步提高真实感，作为整体光照模型的光线跟踪技术被提出。1979年，美国Bell实验室的Turner Whitted改进了之前的光线投射算法，采用从视点位置投射光线的跟踪算法进行真实感的图形绘制，能够实现反射、折射等光照效果，使得三维模型的绘制效果更加接近于真实世界中光线和物体的物理作用效果。伴随着这些真实感绘制技术的出现，计算机图形学在传统CAD和CAM等行业外，开始跨入影视和游戏行业的制作过程。

3. 交互

鼠标的出现为这一时期的人和计算机交互提供了新的方式。鼠标最早可以追溯到1964年美国加州大学伯克利分校的Douglas Engelbart博士发明的装有滚轮的木头盒子。1973年，美国施乐公司Palo Alto研究中心引入Xerox Alto计算机作为工业设计和制造的机器，并使用鼠标作为输入工具之一，这也是第一台使用鼠标的计算机。鼠标的使用，有效地取代了传统只通过键盘输入烦琐指令的交互方式。1977年，美国Apple公司推出了Apple Ⅱ计算机，造就了集成键盘式计算机的巨大成功。同时，该型号的计算机也配备了鼠标作为键盘之外的辅助输入设备。这些面向大众的商业计算机的成功，也有力地推动了人机交互技术的普及。

1.2.3 20世纪80年代

1. 建模

为了解决Bézier曲线曲面、B样条曲线曲面等自由曲线曲面定义域拓扑受限的问题，隐式曲线曲面建模技术被提出，并成为这个时期重要的建模工具之一。1982年，美国Caltech大学喷气动力实验室的Jim Blinn提出了基于元球的隐式建模方法，通过球基的代数组合生成光滑的曲面。这种方法最大的优势在于可以表示任意拓扑的几何形状，而不受限于自由曲面定义时所使用的矩形或三角形参数域。然而，隐式曲线曲面毕竟是一种连续函数表示，需要离散化为基本的几何单元，才能被计算机处理。1987年，美国GE公司的William Lorensen和Harvey Cline提出了著名的Marching Cube方法，可以使用离散几何形状有效地逼近连续的隐式曲面，将其转化为满足零阶连续性的离散曲面形式。这样就实现了连续曲面到离散曲面的转化，为隐式建模及其应用提供了有效的工具。

2. 绘制

整体光照模型仍是这一时期图形学真实感绘制技术的核心内容，但人们更关注于如何在满足视觉真实感的同时，使得绘制的效果更加符合真实世界的物理规律。1985年，美国Cornell大学的Michael Cohen和Donald Greenberg以及日本广岛大学的Tomoyuki Nishita提出了辐射度绘制方法。这种方法基于物理学中的热辐射理论，通过模拟两个表面之间光能的传输，建立光线在一个场景里多次反射的模型。这样可以生成更加柔和且自然的阴影和反射效果，进一步提高了绘制场景的真实感。

3. 交互

如何实现更加符合人体功效的输入设备成为这个时期交互技术关注的重要问题。1984年，美国IBM公司发布了第一台配备模型M键盘的计算机。在20世纪80年代中期，美国宇航局艾姆斯研究中心开发了第一个装备在虚拟现实环境中的数据手套，通过感受手指弯曲的程度来控制人和系统的交互。1987年，美国Microsoft公司发布了“视窗2”桌面系统，允许重叠的窗口显示，使得丰富多样的图形界面进入计算机操作系统，大大方便了人机交互，也逐渐成为使用最广泛的桌面操作系统。

1.2.4 20世纪90年代

1. 建模

随着以自由曲线曲面为工具的几何建模方式逐渐成熟，国际标准化组织(ISO)在1991年将非均匀有理B样条曲线曲面定义为CAD系统中工业设计的标准，它至今仍是工业界最流行的几何建模工具之一。而随着光学测量技术的发展，尤其是以激光测距为代表的三维扫描技术的推广，直接扫描真实世界的物体并转化成便于计算机表示及处理的三维模型，成为这个时期另外一种重要的建模手段。1992年，美国Stanford大学的Marc Levoy和他的学生研究了用激光扫描仪进行数字化形状建模的方法。1997年，由该大学牵头的“数字米开朗基罗”计划开始实施，其目的是通过三维扫描将文艺复兴时期的雕塑进行数字化表示，在计算机内将各种尺寸的雕塑进行形状数字化，并在计算机上进行存储。这样就能够实现文物保护的信息化，为人类文明的传承和发展提供新的服务模式。

2. 绘制

随着数码摄像设备的普及，直接获取真实的照片变得非常容易。如何利用真实照片直接进行场景或模型的绘制，成为新兴的技术。1995年，美国UIUC大学的Leonard McMillan和Gary Bishop开发了一个基于图像的渲染系统——基于全光场的绘制。1998年，美国纽约大学Aaron Hertzmann提出了图像风格化的方法，将输入的真实图像转化成油画、水彩画、素描画等具有一定艺术风格的图像，开创了计算机图形学领域非真实感绘制的研究方向。与真实感绘制不同，非真实感绘制侧重于采用具有一定艺术效果的方式对二维图像或三维模型进行绘制，从而方便了普通用户制作艺术图片。

3. 交互

如何突破传统依赖物理媒介进行交互的方式，成为这一时期关注的新问题。1992年，美国UIUC大学创建了一个自动的虚拟环境工作室，这个工作室是一个方形房间，通

过广角投影呈现一种虚拟的环境。1993 年,美国 IBM 公司发布了第一部没有物理按键、完全靠触摸屏操作的手机——IBM Simon,开创了移动终端触摸交互方式。

1.2.5 21 世纪 00 年代

1. 建模

随着几何模型数据规模的扩大,采用数据驱动的方式进行建模成为新的方式。2004 年,美国 Princeton 大学的 Thomas Funkhouser 等人提出了一种基于样本的几何建模方法,可以实现从已有的几何模型生成新的几何模型。移动平台上的激光测距、摄影测量等技术的广泛使用,也为大范围的场景建模提供了有效手段。2005 年,美国 Google 公司发布了谷歌地球,支持建筑和山脉的三维模型浏览。同年,美国 Microsoft 公司也发布了类似的虚拟地球平台。这两个平台上的地形、建筑物等三维模型大多采用大范围的三维扫描生成,支持用户从多个不同视角浏览这些三维模型。此外,Google 公司也提供了简单易用的交互建模工具 SketchUp,使得普通用户能够方便地建模并直接输出至谷歌地球。

2. 绘制

随着互联网上海量影像数据不断地聚合,利用网络图像/视频进行场景绘制发展为新的趋势。2006 年,美国 Washington 大学的 Noah Snavely 等人开发了一套基于三维模型的图像浏览系统,使得用户足不出户便可观赏互联网上各地的风景名胜影像。2007 年,美国 CMU 大学的 James Hays 采用海量互联网图像作为素材,解决了图像补洞问题。2009 年,我国清华大学胡事民院士团队开发了一套基于互联网图像的真实感图像生成系统 Sketch2Photo,利用草图作为输入,对互联网图像中的物体和背景进行合成,能够实现简单笔画交互下真实图像的生成。在此基础上,我国西安交通大学黄华教授团队开发了一套基于互联网图像的非真实感图像生成系统,通过对互联网图像中的物体进行拼装,实现具有拼图艺术效果的非真实感图像的生成。

3. 交互

触摸屏和多点触控为用户提供了新的体验。2006 年,美国纽约大学的 Jefferson Y. Han 教授在 SIGGRAPH 大会上向大众演示了可双手同时操作的新型触摸屏,并且支持多人同时操作。2007 年,美国 Apple 公司发布第一代 iPhone 手机,支持图片在手机屏幕上的多点触控,允许更灵活的平面操控,这也使得触摸交互走向普及使用。

1.2.6 21 世纪 10 年代

1. 建模

数据驱动的几何建模技术不断发展。2012 年,美国 Stanford 大学的研究人员提出了基于概率的形状合成方法,从有限的形状集合出发,按照部件组合的概率生成新的模型。而随着大数据以及深度学习技术的广泛使用,基于深度学习的几何建模技术也逐渐兴起。2015 年,美国 Stanford 大学发布了类似 ImageNet 的几何标注数据集——ShapeNet,包含了五十余种语义类别、超过五万个独立的三维模型,为基于深度学习的几何建模提供了数据基础。随后在 2017 年,美国 Stanford 大学的研究人员将定义在图像上的深度卷积神经网络推广到三维点云,提出了 PointNet 和 PointNet++ 的网络结构,实现了基于深度学习的几何模型分类和分割。2019年，美国Washington大学等单位的研究人员提出新型的深度神经隐式表示DeepSDF，通过构建深度神经网络学习任意三维几何的截断符号距离函数场，实现了高质量的多视角三维几何重建、三维模型补全和三维模型插值。

2. 绘制

利用先进的成像机制和深度学习算法提升绘制效率和效果成为热点技术。2011年和2014年，美国Lytro公司先后推出两代消费级的光场相机，标志着基于光场的图像重绘制技术的成熟。2013年我国清华大学推出了从输入的草图直接生成三维场景的系统Sketch2Scene，能够自动地将语义相关的三维模型进行组合和绘制，从而帮助用户更便捷地观看复杂三维场景的画面。2018年，美国Google子公司DeepMind在*Science*上发表了一篇基于深度神经网络的场景绘制技术，可以从少量二维图像绘制三维场景。

3. 交互

非接触式交互成为新的交互方式。2010年，美国Microsoft公司发布了Kinect体感设备，通过红外激光进行即时动态捕捉，实现了不与任意设备进行接触情况下的人机交互。2013年，美国Leap Motion公司发布了支持手部姿态作为输入的体感设备，使得通过手部运动进行非接触式交互变得更加便捷。2014年，美国Oculus公司展示了新一代头戴式虚拟现实头盔，为虚拟现实交互提供了新的平台。2017年，伴随着美国Apple公司的iPhone X手机的问世，深度摄像头也逐渐变成智能手机的标准配件，为借助手势、人脸等生物特征进行交互提供了新途径。

1.2.7 21世纪20年代

1. 建模

基于深度神经隐式表示的几何建模技术得到快速的发展。2020年，美国加州大学伯克利分校等单位的研究人员提出适用于大规模三维场景的神经隐式表示LIG，通过将三维场景划分为相互重叠的三维体素，并使用自编码器学习每个局部体素的几何表示，实现了大规模三维场景的高精准几何模型重建。2021年，我国浙江大学等单位在三维场景的神经隐式表示基础上，进一步提出了增量式的大规模三维场景神经隐式表示和重建方法NeuralRecon，可由粗到细地对大规模三维场景进行神经隐式重建，并尽可能保持场景重建的全局一致性。2022年，美国Stanford大学等单位提出适合于人脸三维重建的三平面神经隐式表示方法EG3D，借助生成对抗网络特征提取器，对三维人脸进行快速准确的建模。2023年，美国Google公司在扩散模型的基础上，提出了预训练大模型驱动的三维建模方法DreamFusion，通过将文本大语言模型引入到三维模型生成过程，实现了文本驱动的三维建模，为基于多模态大模型的三维几何建模奠定了基础。

2. 绘制

高真实的神经绘制技术成为这一时期的热点工作。2020年，美国加州大学伯克利分校的Ren Ng等人提出了用于视角合成的神经辐射场（Neural Radiance Fields，NeRF），利用深度神经网络学习场景的神经辐射场表示，能够绘制任意视角下的高真实场景图像。2021年，西班牙CSIC等单位将神经辐射场NeRF进一步拓展至动态场景，通过额外学习一个关于时间变化的动态形变场，可以支持动态场景的高真实渲染和视角合成。2022

年，美国加州大学伯克利分校等单位进一步提出适合于大规模场景绘制和视角合成的神经辐射场 Block-NeRF，通过将大规模场景空间划分为一系列以块为单位的神经辐射场，结合相互独立地深度学习策略，实现超大规模城市场景的无缝拼合和绘制。2023 年，法国 INRIA 等单位提出高质量实时神经绘制技术三维高斯泼溅绘制 3DGS，可以支持非常高效的三维场景神经绘制，而且保证高真实的绘制质量，并获得 SIGGRAPH 2023 年度的最佳论文奖，受到学术界和工业界的广泛关注。

3. 交互

虚拟现实和增强现实交互设备的发展是这一时期的重点工作。2020 年，美国 Apple 公司就开始自研第一代头显设备，并于 2023 苹果开发者大会上正式发布首款头戴式“空间计算”显示设备 Apple Vision Pro。同年，美国 Meta 公司发布新型头戴虚拟现实设备 Meta Quest 3，并与 Microsoft 公司达成合作，支持该公司的 Xbox 云游戏服务，为广大用户提供了更加便捷的内容获取和交互方式。

1.3 计算机图形学与其他学科的关系

在计算机学科范围内，计算机图形学和计算机视觉、图像处理是联系最紧密的三个学科方向，同属计算机应用领域。经典的计算机图形学以建模、绘制和交互等内容作为内涵。在不同的应用中，通常是在三维建模后，将模型绘制成屏幕图像进行呈现，同时可以借助各种输入设备进行人机交互，对三维模型进行操作。简单地说，计算机图形学的输入是三维模型，输出是二维图像。计算机视觉则是指用计算机模拟人类的视觉功能，也就是通过计算机的处理实现对客观三维世界中场景的主观感知、加工和理解，从而让计算机能够实现人类视觉的一些功能。计算机视觉输入的是二维图像，输出的则是对客观三维世界场景的理解。因此，从工程的角度分析，计算机视觉可以看作是计算机图形学的反问题。图像处理则是对图像本身进行各种计算和处理，例如对图像本身的颜色、光照、几何等信息进行重组和再生成。因此，图像处理的输入是图像，输出仍是图像。

如图 1.4 所示，从人类视觉系统组成及功能来看，人对周围环境形成视觉感知的过程，可以看作将客观世界物理系统中的物体，经过人眼光学系统在视网膜成像，然后通过神经组织送入大脑相应功能区进行处理。那么，计算机图形学对应于从物理系统到光学系统成像的过程，将三维场景映射成二维图像，形成可感知的影像信号。计算机视觉则是从视网膜成像后信号输入到大脑感知系统并进行处理的过程，也就是对二维图像本身内容的理解，最终形成相应的知识，实现计算机从感知到认知的演化。因此，计算机图形学和计算机视觉以及图像处理，是紧密相关的学科，彼此之间既互为补充，又存在很多交叉内容。

随着计算机新技术的不断涌现，计算机图形学也面临着许多新的问题和挑战。2009 年 Steven Anson Coons 奖获得者、美国 Pixar 公司的 Rob Cook 在当年 SIGGRAPH 大会上的演讲中高屋建瓴地总结了下个三十年，计算机图形学需要去关注和解决的十个重要的科学和技术问题。这些问题包括自然的三维交互、直观的三维编辑、富有感情的机器人技术、绘画辅助技术、数学辅助技术、海量数据的可视化、虚拟导游技术、高沉浸感技术、增

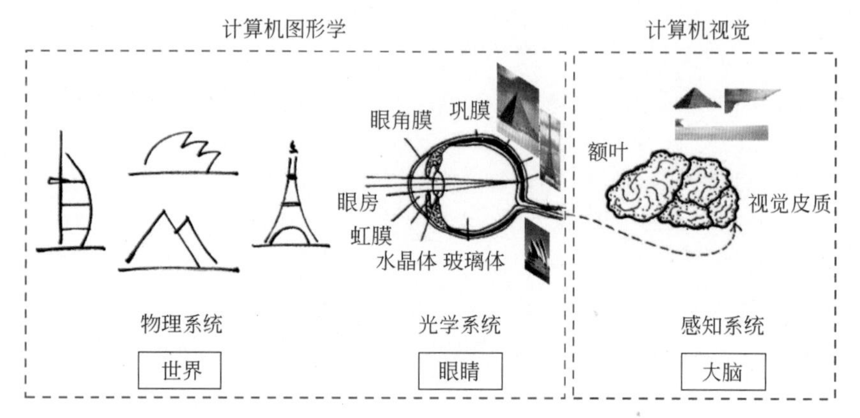

图 1.4 人类视觉感知系统

强现实技术、混合现实技术等。

具体来讲,自然的三维交互,是指要从传统鼠标、单点触摸、多点触摸的二维接触式交互方式转变为基于手势、姿态等的三维非接触式交互方式,突破现有的人和计算机之间的交互模态。直观的三维编辑,是要通过画笔手绘等常见且直观的艺术创作手法,对计算机中的三维模型进行建模或修改,达到对三维模型灵活自如的编辑。富有感情的机器人技术,是指要用技术赋予计算机或机器人以人类社会活动时的情感,使之在工作时能够表达、识别和理解喜怒哀乐,并具有模仿、延伸和扩展人的情感的能力,制造拥有类人情感的机器人。绘画辅助技术,是指能够通过直线、曲线、笔画、素描等不同形式的艺术绘画手段,让计算机更加智能地辅助人工参与的绘画创作。数学辅助技术,是指希望通过图形方式辅助论文编辑、数学软件使用、数学推理等过程,让繁杂的数学工作变得更加轻松。海量数据的可视化,是指要借助面向海量数据的可视化技术,从根本上改变人们表示、分析和理解海量、复杂数据的方式,实现对海量数据的视觉感知。虚拟导游技术,则是指利用计算机提供的智能导游服务取代人力服务,将各种各样的虚拟角色融入吃、穿、住、用、行的虚拟现实场景中,从而大大提高服务质量。高沉浸感技术,是指希望提供一种能使用户在专注当前虚拟和仿真的情境时感到愉悦和满足的技术,以达到虚拟环境下沉浸式的体验和交互。增强现实和混合现实技术,是指要形成与真实世界无缝融合、高品质的完全沉浸式的数字世界,并通过更为人性化的交互构建现实世界、虚拟世界和用户之间的信息回路,实现真正意义上的虚实融合。可以预见,这些重要技术问题的解决也必然会推动计算机图形学的新发展。

1.4 计算机图形学的应用

计算机图形学是伴随着工业设计、电影制作、计算机游戏、虚拟现实等产业而兴起和繁荣的。如图 1.5 所示,计算机图形学在这些产业的发展过程中也不断融合其他科学技术的先进成果,在相关领域取得了广泛的应用,既有力地推动了这些产业的蓬勃发展,也为计算机图形学自身的发展提供了源动力。

图1.5 计算机图形学在一些行业中的应用

1. 工业设计和产品制造

工业设计和产品制造过程中广泛使用了CAD/CAM等软件进行外形设计等任务，其实质是几何建模。例如，波音飞机公司使用法国达索公司的CAD软件CATIA，完成了整个波音777机型的电子装配，创造了世界航空业的一个奇迹。在工业设计时，采用这些软件可以直接在计算机上进行画图、参数修改和仿真，对不同设计方案进行自动分析和比较，并且可以将草图迅速变为电子生产的工作图，方便设计人员快速做出判断和修正，提高设计的效率，降低工程成本。此外，在逆向工程、三维打印、医疗诊断中也经常用到几何建模技术。

2. 影视媒体

计算机图形学已广泛应用于影视媒体制作中的特效镜头、电影动画等生产过程中。20世纪90年代曾经是计算机动画应用最辉煌的十年，也带动了计算机图形学的蓬勃发展。Pixar公司(2006年被美国Disney公司收购)每年都要出一部制作精美的卡通动画片，例如《玩具总动员》是世界上第一部完全使用计算机动画技术制作的长篇动画电影，获得了多项奥斯卡奖。后续动画影片，如《海底总动员》《超人总动员》等，也均创造了可观的票房。好莱坞的大片屡屡大量运用计算机生成的各种各样、精彩绝伦的特技效果，例如《星球大战》《加勒比海盗》《变形金刚》等电影，都有美国Industrial Light and Magic公司(2012年被Disney公司收购)参与特效制作。

3. 游戏娱乐

现代的三维计算机游戏和手机游戏更是离不开计算机图形学。游戏中的三维角色大多借助于图形建模和绘制技术进行制作，能够呈现不同于现实世界的角色造型和场景画面。逼真的外形和贴近真实的视觉效果，能够让游戏玩家有身临其境的感觉，大大增加了游戏娱乐的体验效果。代表性的计算机游戏DOOM的三维引擎，则是大量采用了计算机图形学中的金字塔纹理映射、阴影体等技术来实现多重光影效果，为用户提供了极具真实感的画面，使其成为划时代的一款游戏作品。

4. 虚拟仿真和增强现实

在虚拟仿真和增强现实的诸多应用中,虚拟物体/场景也往往需要借助计算机图形学的建模和绘制技术来实现。例如美国宇航局利用飞行模拟器来模拟飞行环境,使飞行员在室内即可体验起飞、着陆等环境,进行飞行训练。美国 UIUC 大学让医学专业学生在仿真环境下进行临床学习,或者在仿真环境中进行消防演练。美国 Google 公司推出的 VR 版谷歌地球,可以让用户借助虚拟现实眼镜"浸入式"地观看各地景观。北京理工大学光电学院的研究人员对完整的圆明园建筑进行三维重建和仿真,让游客通过望远镜就可以浏览到废墟之上的建筑原貌。

5. 文化和艺术

利用计算机图形学中的几何建模方法重建文物古迹的三维模型,可以借助计算机对文物进行数字存储、分析和观赏,为文化遗产保护提供一种现代化手段。例如,美国 Stanford 大学开展的"数字米开朗基罗"计划,实现了意大利文艺复兴时期雕塑的三维建模和数字浏览。2019 年 4 月 15 日,法国巴黎圣母院突发火灾,造成了令人痛心的建筑损失。事实上,早在 2015 年,美国瓦萨学院的艺术史专家就利用三维激光扫描,保存了巴黎圣母院的三维模型,误差只有约 5mm。这为巴黎圣母院的灾后修复提供了宝贵资料。此外,非真实感绘制技术实现了通过计算机进行智能的绘画创作,甚至可以对手机拍摄的人物、风景图片进行风格化绘制,直接生成艺术作品。2018 年 10 月,纽约佳士得拍卖行对一幅完全由计算机创作的油画进行拍卖,最终以 43 万美元成交。这种艺术风格化绘制技术通过计算机就可以生成艺术作品,能够使艺术创作大众化,让更多的普通人可以随时随地接触到艺术作品,感受到艺术熏陶。

6. 科学探索

将数据和信息通过图形绘制的方式进行可视化展示,能够提升人们对被模拟对象变化过程和规律的认识。因此,计算机图形学中的绘制及可视化技术也被认为是"科学技术之眼",已经成为科学发现和工程设计的重要工具。例如,通过遥感高光谱数据的真彩色可视化,可以更好地了解地形、地貌及地质条件,为资源勘探、环境监测等提供有效手段。此外,通过对海量、多源、异构数据的可视化展示,可以更好地掌握数据分布规律,挖掘有价值的信息。例如,2019 年 4 月 10 日天文学家首次公布了黑洞的照片,这是花了两年时间、对 5PB(1PB=2^{50}字节)的数据进行分析和可视化而获得的世界上第一张黑洞正面照,将有助于科学家进一步验证爱因斯坦广义相对论等物理学基础理论。

1.5 小　结

本章介绍了计算机图形学的基础知识,包括计算机图形学的基本概念、发展历程、学科特点、应用情况等内容。特别地,围绕传统计算机图形学的三个方面:建模、绘制和交互,以时间为序,回顾了各个历史阶段技术发展和取得成就。在此基础上,引入了现代计算机图形学的发展新阶段、面临的新的问题和挑战,并且着重阐述了计算机图形学在众多行业中的广泛应用。

思考题

1.1 计算机图形学诞生的标志是什么？这对计算机发展的意义是什么？

1.2 建模、绘制和交互技术的发展各自经历了哪些阶段？每个阶段有哪些代表性的技术？

1.3 计算机图形学、计算机视觉和图像处理的联系和区别是什么？

1.4 进入21世纪后，计算机图形学的建模、绘制和交互技术有哪些新特点？

1.5 举例说明计算机图形学的若干典型应用。

第2章 基础知识

图形是由点、线、面等基本几何元素组合而成的，这些元素统称为图元。在计算机图形学中，图元往往是通过手工建模、设备测量等方式来获得，以此表示物体形状方面的几何信息。然后，这些图元组合在一起形成物体形状的几何模型。复杂的场景又可以通过多个物体模型组合而成。例如，通过测量门、窗、墙、楼梯等的尺寸，可以构建一幢大楼的三维模型。图像则是以像素为基本构成单元，主要通过光学成像等方式获取物体的色彩信息。简单地讲，二维图形在进行放大后不会产生失真，而二维图像在放大后会产生锯齿状的失真。然而，图形在显示器等终端进行呈现时，仍然需要转化为图像，通过 R(红)、G(绿)、B(蓝)三个通道的色彩强度，显示出物体所具有的外观。因此，需要开发从图形到图像的转换算法，实现图形到图像的转换，最终在屏幕上呈现。

围绕从图形输入到图像显示的流水线，本章介绍相关基础知识，重点介绍流水线处理中的几何变换，如模型变换、视点变换、投影变换等，以及图元到像素的光栅化处理，如剔除、填充等操作。此外，本章还简要介绍专门执行图形绘制的计算机硬件——显卡。

2.1 图形的显示

图形显示时需要转换为图像，然后在计算机屏幕等终端设备上进行显示，才能被人眼所看到。从图形到图像的转换过程是十分复杂的，涉及形状、颜色、亮度、透明度等属性的变化。简单地讲，场景模型经过一系列的几何变换映射到二维图像，确定图元对应的图像像素坐标位置，其中涉及各种物理坐标系的转换(见 2.2 节)。图元在转换成像素时，则需要确定指定分辨率下的哪些像素被覆盖，以及以何种 R、G、B 颜色分量的组合进行色彩显示，也就是光栅化处理(见 2.3 节)。因此，如图 2.1 所示，从图形到图像显示的整个过程，可以看作是一条数据处理的流水线，经历了对几何、颜色等的一系列处理步骤。其中，几何变换和光栅化是最重要的两个组成部分。

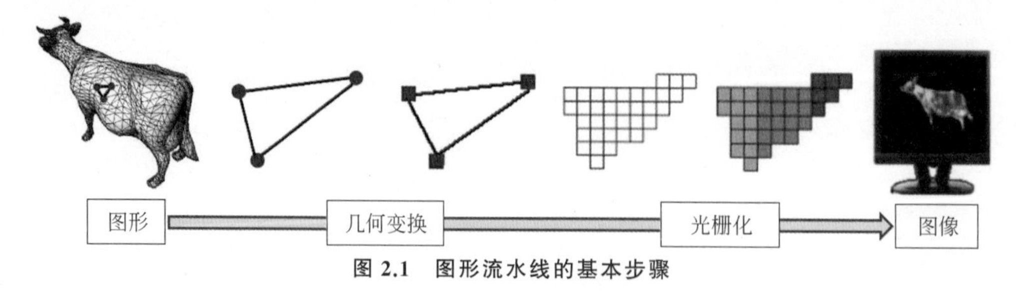

图 2.1 图形流水线的基本步骤

以图2.1中的图形流水线为例，输入图形通常是以三维空间中的点、线、三角形面片作为图元组成的三维模型。通过几何变换，将组成模型的三角形面片从三维空间变换到指定的位置，相应的三角形顶点也被映射到指定视角下的投影平面，从而获得顶点对应的图像坐标，并进一步转换成显示终端上指定窗口的屏幕坐标。这样，就完成了三维模型从图元到像素的坐标转换。通过光栅化处理，确定顶点、边、三角形面片等图元对应的屏幕像素，也就是哪些像素会被组成模型的图元所覆盖。同时，根据光照、材质、纹理、遮挡等因素，计算该像素的RGB值，作为模型在显示时的颜色。经过上述过程，图形最终转换为二维屏幕上能显示的图像。

实际的计算机图形学系统中，图形流水线是非常复杂的。以OpenGL为例，这是一种跨平台、开放的专业图形程序接口，已成为业界公认的图形标准之一，能够满足对不同模型的不同显示效果的图形绘制。目前的最新版本是OpenGL 4.6。它在以往图形流水线基础上增加了新的GPU编程接口(部分内容参考第10章)。图2.2展示了OpenGL的图形流水线处理过程。事实上，流水线上开放的程序接口定义了从图形输入到图像输出所经历的典型操作步骤。这些步骤按照操作对象大体可以分为两条主线：处理图元元素的几何操作和处理图像元素的像素操作。

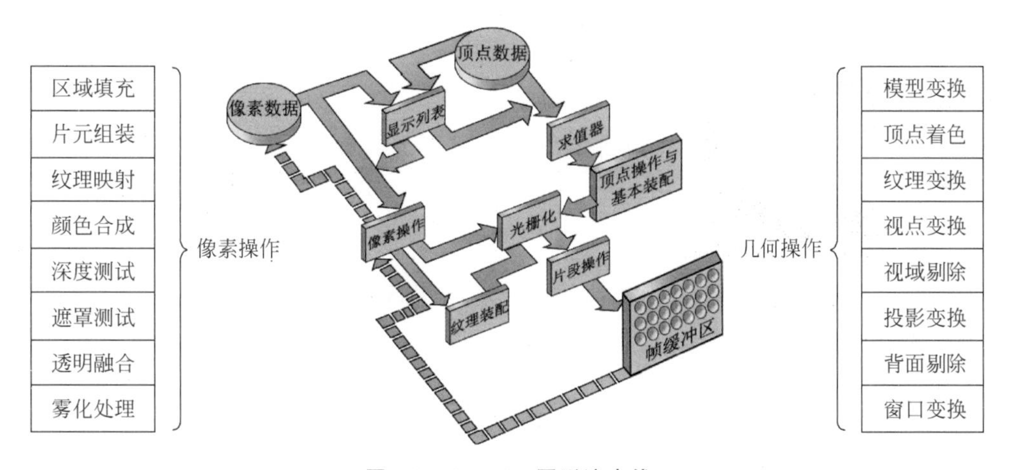

图2.2　OpenGL图形流水线

流水线上的几何操作从图形输入开始，通过模型变换、视点变换、投影变换、窗口变换等，将图元从局部坐标系映射到屏幕坐标系。这个过程根据光源位置、材质属性、纹理属性、遮挡属性、透明属性等，设置组成图形的各个图元的绘制参数。同时，对于模型的可见性等属性进行判断，形成在屏幕窗口显示时的各种限制条件。像素操作则是根据几何操作的结果，处理与图元相对应的屏幕像素，包括填充每个图元覆盖的区域，结合纹理进行像素颜色填充。这个过程对来自不同图元的填充像素进行深度测试、遮罩测试等操作，以及透明融合、雾化处理等特殊效果的绘制。最终，图形在屏幕上绘制成二维图像进行显示。

2.2 几何变换

图形流水线上的几何操作主要通过各种形式的几何变换来实现。数学上，每一种几何变换操作都是通过矩阵和矩阵或向量的代数运算进行计算的。这些几何变换将输入的三维模型上的点，从局部坐标系变换到屏幕坐标系，实质上是建立模型图元到屏幕像素的点-点映射。图形流水线上的几何变换主要包括模型变换、视点变换、投影变换和窗口变换，涉及的坐标系包括物体坐标系、世界坐标系、眼睛坐标系、屏幕坐标系等。图 2.3 展示了主要的几何变换及相应的物理坐标系变化，其中局部坐标系、世界坐标系和眼睛坐标系是三维空间坐标系，而图像坐标系和屏幕坐标系则是二维平面坐标系。事实上，这些坐标系提供了在不同视角下对图形进行表示的基本空间。

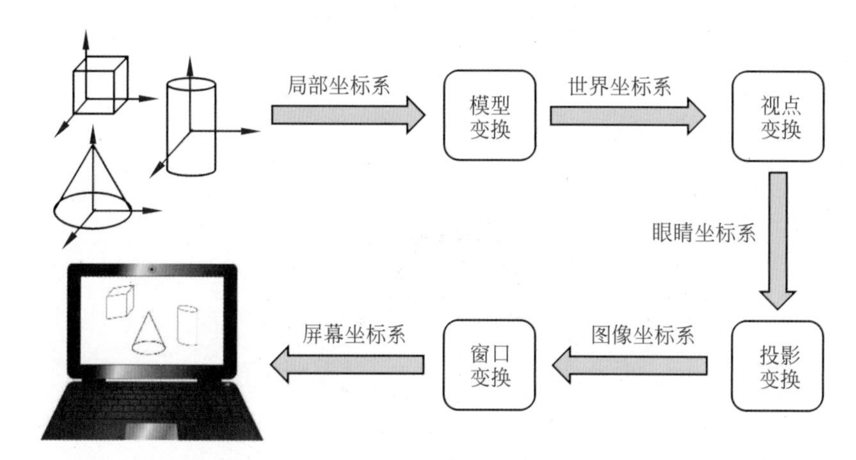

图 2.3 图形流水线中的几何变换

一般而言，三维空间坐标系由 x、y、z 三个方向彼此正交的坐标轴和原点 O 构成。三维空间中的点 $\boldsymbol{p}$ 具有三个坐标分量，记为 $\boldsymbol{p}=(x,y,z)$。为了统一表示所有的几何变换，通常采用齐次坐标(Homogeneous coordinates)表示三维空间的点，采用向量形式可以记为 $\tilde{\boldsymbol{p}}=[x,y,z,1]^{\mathrm{T}}$。在齐次坐标系下，相差一个共同尺度因子的两个向量表示三维空间中的同一个点，也就是 $[x,y,z,1]^{\mathrm{T}}\sim[\lambda x,\lambda y,\lambda z,\lambda]^{\mathrm{T}}$。

这样，三维空间中模型的几何变换可以采用 4×4 矩阵 $\boldsymbol{M}$ 与 4×1 齐次坐标向量的乘积运算进行表示和计算，记为如下公式：

$$\boldsymbol{M}\cdot\tilde{\boldsymbol{p}}=\begin{bmatrix} m_{11} & m_{12} & m_{13} & m_{14} \\ m_{21} & m_{22} & m_{23} & m_{24} \\ m_{31} & m_{32} & m_{33} & m_{34} \\ m_{41} & m_{42} & m_{43} & m_{44} \end{bmatrix}\begin{bmatrix} x \\ y \\ z \\ 1 \end{bmatrix}=\begin{bmatrix} m_{11}x+m_{12}y+m_{13}z+m_{14} \\ m_{21}x+m_{22}y+m_{23}z+m_{24} \\ m_{31}x+m_{32}y+m_{33}z+m_{34} \\ m_{41}x+m_{42}y+m_{43}z+m_{44} \end{bmatrix} \tag{2.1}$$

那么，三维空间中的点 $\boldsymbol{p}$ 在变换之后得到点 $\boldsymbol{p}'=(x',y',z')$，与公式(2.1)中齐次坐标对应的三个坐标分量具有如下形式：

$$\begin{cases} x' = (m_{11}x + m_{12}y + m_{13}z + m_{14})/(m_{41}x + m_{42}y + m_{43}z + m_{44}) \\ y' = (m_{21}x + m_{22}y + m_{23}z + m_{24})/(m_{41}x + m_{42}y + m_{43}z + m_{44}) \\ z' = (m_{31}x + m_{32}y + m_{33}z + m_{34})/(m_{41}x + m_{42}y + m_{43}z + m_{44}) \end{cases} \tag{2.2}$$

类似地，二维平面坐标系下的点 $\boldsymbol{q}=(x,y)$，也可以采用这种齐次坐标向量表示形式，记为$\tilde{\boldsymbol{q}}=[x,y,1]^{\mathrm{T}}$，其中，$x$ 和 y 是分别对应于 x 轴和 y 轴的坐标分量。这种采用齐次坐标向量形式的好处，是可以对图形流水线中的各种几何变换进行统一表示和计算，从而方便图形流水线上对图元的各种几何操作。

接下来，具体介绍图形流水线上用到的几种典型几何变换。

2.2.1 模型变换

模型变换将物体从局部坐标系变换到世界坐标系。局部坐标系是以物体为中心构建的一个坐标系，方便用户对单个物体进行各种操作。这是因为人们在与真实物体进行交互时，往往先不考虑该物体和其他物体的位置关系，而是习惯在一个局部的坐标系中对物体模型进行几何设计。然后，当每个物体的几何模型设计完成后，再按照物体之间的相对位置关系转换到同一个坐标系下进行统一表示。这个同一坐标系便是世界坐标系。局部坐标系和世界坐标系都是三维坐标系，通过使用不同模型变换描述物体模型的几何性质及相对位置。

如图 2.4 所示，模型变换主要涉及平移、旋转、缩放等几何操作，都是从三维空间映射到三维空间的几何变换。这里采用三维空间的齐次坐标形式，所有的几何变换就可以采用4×4 的矩阵进行代数表示。模型变换的结果可以借助矩阵和矩阵或向量的运算获得。

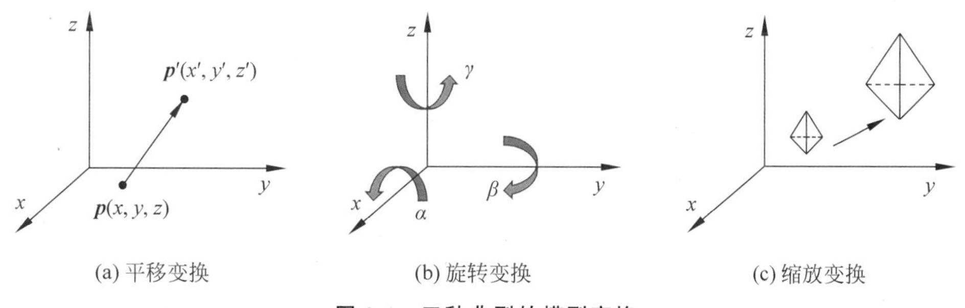

(a) 平移变换　(b) 旋转变换　(c) 缩放变换

图 2.4　三种典型的模型变换

1. 平移变换

平移变换是沿着一个固定的方向将点 $\boldsymbol{p}$ 移动一个指定的距离，得到新的空间位置坐标 $\boldsymbol{p}'=(x',y',z')$。平移变换的矩阵形式如公式(2.3)所示，那么该变换表示为 $\tilde{\boldsymbol{p}}'=\boldsymbol{T}\cdot\tilde{\boldsymbol{p}}$。公式(2.3)中的向量$[t_x,t_y,t_z]$代表了在三维空间从点 $\boldsymbol{p}$ 到点 $\boldsymbol{p}'$的位移向量。如图 2.4(a)所示平移变换仅改变物体模型的空间位置，而不会改变其形状和姿态。

$$\boldsymbol{T}=\begin{bmatrix} 1 & 0 & 0 & t_x \\ 0 & 1 & 0 & t_y \\ 0 & 0 & 1 & t_z \\ 0 & 0 & 0 & 1 \end{bmatrix} \tag{2.3}$$

2. 旋转变换

旋转变换是能够保持至少一个点的几何位置不变的刚性变换。在二维平面上，该点常被称为旋转中心；而在三维空间中，该点是旋转中心或旋转轴上的点。与二维平面上的旋转不同，三维空间中的旋转变换更加复杂，表示形式也不是唯一的。常用的三维旋转变换表示形式有欧拉角、四元数等。欧拉角的形式是分别用绕 x、y、z 三个轴的旋转角度 α、β、γ 表示。这三个角也分别称为俯仰角(Pitch)、偏航角(Yaw)和翻滚角(Roll)。该表示形式具有更直观的几何意义。

对应的旋转变换矩阵 $\boldsymbol{R}_x$、$\boldsymbol{R}_y$、$\boldsymbol{R}_z$ 如公式(2.4)所示。那么，最后的旋转变换就是这三个绕轴旋转变换矩阵的乘积结果，也称为欧拉变换。

$$\boldsymbol{R}_x=\begin{bmatrix}1&0&0&0\\0&\cos\alpha&-\sin\alpha&0\\0&\sin\alpha&\cos\alpha&0\\0&0&0&1\end{bmatrix}\quad \boldsymbol{R}_y=\begin{bmatrix}\cos\beta&0&\sin\beta&0\\0&1&0&0\\-\sin\beta&0&\cos\beta&0\\0&0&0&1\end{bmatrix}\quad \boldsymbol{R}_z=\begin{bmatrix}\cos\gamma&-\sin\gamma&0&0\\\sin\gamma&\cos\gamma&0&0\\0&0&1&0\\0&0&0&1\end{bmatrix} \tag{2.4}$$

这里需要注意的是，欧拉角表示的旋转与绕三个坐标轴旋转的先后顺序有关，也就是说对应的绕轴旋转矩阵的乘积不具备交换性质，即旋转满足 $\boldsymbol{R}_x\cdot\boldsymbol{R}_y\neq\boldsymbol{R}_y\cdot\boldsymbol{R}_x$。因此，欧拉变换必须严格限定绕轴旋转的先后顺序。此外，使用欧拉角表示的三维空间内的旋转还会存在所谓的万向节死锁(Gimbal lock)现象。这种现象发生在两个绕轴的旋转重合时(如图2.5所示，绕 y 轴旋转的欧拉角 $\beta=90°$)，此时就会失去一个旋转自由度，从而导致多组欧拉角取值对应同一个位置(如图2.5所示，绕 x 轴和 z 轴旋转的欧拉角对应同一个位置)，失去对旋转方向的判断。在这种情形下，使用四元数表示三维空间的旋转是另一种选择。

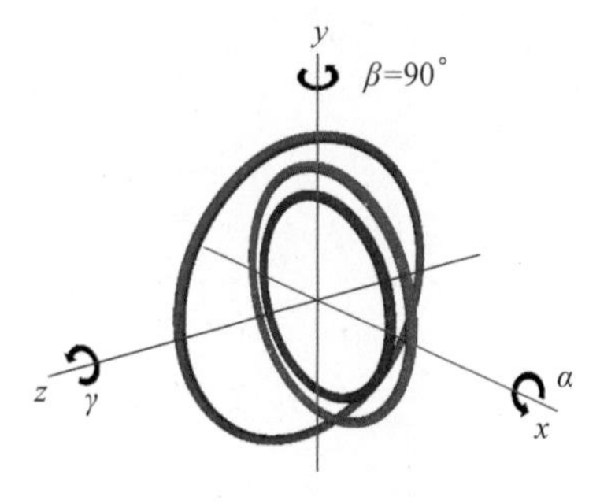

图 2.5 万向节死锁

从代数学来讲，四元数(Quaternion)是复数的推广，具有三个虚部 $\boldsymbol{i}$、$\boldsymbol{j}$、$\boldsymbol{k}$。这三个虚部具有如下性质：

$$\begin{aligned}\boldsymbol{i}^2&=\boldsymbol{j}^2=\boldsymbol{k}^2=-1\\ \boldsymbol{ij}&=-\boldsymbol{ji}=\boldsymbol{k}\\ \boldsymbol{jk}&=-\boldsymbol{kj}=\boldsymbol{i}\\ \boldsymbol{ki}&=-\boldsymbol{ik}=\boldsymbol{j}\end{aligned} \tag{2.5}$$

那么一个四元数 $\boldsymbol{r}$ 可以表示成 $\boldsymbol{r}=\boldsymbol{s}+x\boldsymbol{i}+y\boldsymbol{j}+z\boldsymbol{k}$，也可以进一步写成 $\boldsymbol{r}=\boldsymbol{s}+t\boldsymbol{a}$。其中，$t$ 是一个标量，满足 $t^2=x^2+y^2+z^2$，而 $\boldsymbol{a}$ 是与向量(x,y,z)相对应的一个单位向量。

从几何学来讲，模为1的单位四元数 $\boldsymbol{r}$，即 $\|\boldsymbol{r}\|=s^2+x^2+y^2+z^2=1$，对应于绕向量 $\boldsymbol{a}$ 旋转 θ 角度的旋转变换，可以表示为如下的四元数形式：

$$\boldsymbol{r}^2=s+t\boldsymbol{a}=\cos\frac{\theta}{2}+\boldsymbol{a}\sin\frac{\theta}{2} \tag{2.6}$$

如图 2.6 所示，这里的向量 $\boldsymbol{a}$ 对应于穿过三维空间坐标系原点的旋转轴，相应的标量 $s=\cos\dfrac{\theta}{2}$，标量 $t=\sin\dfrac{\theta}{2}$。

虽然四元数不存在万向节死锁，而且参与计算的变量个数少，但是由于矩阵表示和矩阵运算的便捷性，目前的图形流水线中仍以欧拉矩阵作为主要的旋转变换表示形式。

3. 缩放变换

缩放变换是按照一定的比例放大或者缩小物体的几何模型，记为 $\widetilde{\boldsymbol{p}}'=\boldsymbol{S}\cdot\widetilde{\boldsymbol{p}}$。缩放变换对应的矩阵形式如公式(2.7)所示。其中，对角线上的数值 s_x、s_y 和 s_z，分别代表了沿 x、y、z 轴三个方向的缩放比例。当 $s_x=s_y=s_z$ 时，模型发生了等比例的缩放，也就是相似变换，如图 2.4(c)所示；否则，模型在各个方向的缩放比例不同，会产生形状的变化。

$$\boldsymbol{S}=\begin{bmatrix} s_x & 0 & 0 & 0 \\ 0 & s_y & 0 & 0 \\ 0 & 0 & s_z & 0 \\ 0 & 0 & 0 & 1 \end{bmatrix} \tag{2.7}$$

此外，还有剪切变换、镜像变换等形式的几何变换，都可以通过 4×4 矩阵表示。通过这些几何变换，可以将不同局部坐标系下的物体模型统一到同一个世界坐标系下来表示。

例题 2-1　计算正方体从局部坐标系到世界坐标系的模型变换矩阵。

问题：如图 2.7 所示，假设单位正方体所在局部坐标系的原点位于该正方体的中心位置，而且在世界坐标系下的坐标为(1,2,1)，那么该单位正方体的 8 个顶点 A、B、C、D、E、F、G、H 在世界坐标系下的坐标分别是什么？

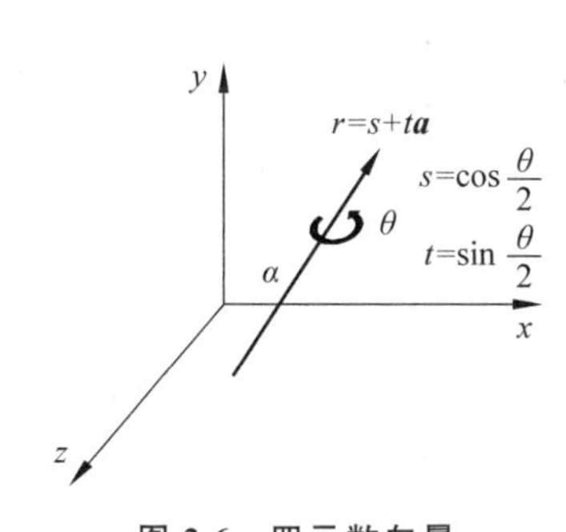

图 2.6　四元数向量

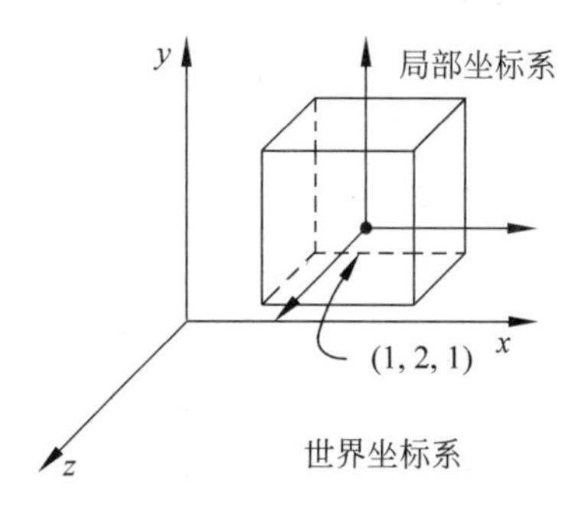

图 2.7　模型变换坐标系

解答：单位正方体的 8 个顶点在以正方体中心为原点的局部坐标系下的坐标分别为

$$\begin{cases} A=(-0.5,0.5,0.5) \\ B=(0.5,0.5,0.5) \\ C=(0.5,0.5,-0.5) \\ D=(-0.5,0.5,-0.5) \\ E=(-0.5,-0.5,0.5) \\ F=(0.5,-0.5,0.5) \\ G=(0.5,-0.5,-0.5) \\ H=(-0.5,-0.5,-0.5) \end{cases}$$

从局部坐标系到世界坐标系是平移变换，而且该变换将(0,0,0)变为(1,2,1)。因此，该平移变换矩阵表示为

$$M_{l2w}=\begin{bmatrix}1&0&0&1\\0&1&0&2\\0&0&1&1\\0&0&0&1\end{bmatrix}$$

那么，根据齐次坐标向量表示，8个顶点在平移变换后的齐次坐标分别计算为 $M_{l2w}\cdot[A,1]^T$、$M_{l2w}\cdot[B,1]^T$、$M_{l2w}\cdot[C,1]^T$、$M_{l2w}\cdot[D,1]^T$、$M_{l2w}\cdot[E,1]^T$、$M_{l2w\cdot[F,1]}{}^T$、$M_{l2w}\cdot[G,1]^T$、$M_{l2w}\cdot[H,1]^T$，这里，$[\cdot]^T$ 表示矩阵的转置。进而，它们在世界坐标系下的坐标分别为

$$\begin{cases}A_w=(0.5,2.5,1.5)\\B_w=(1.5,2.5,1.5)\\C_w=(1.5,2.5,0.5)\\D_w=(0.5,2.5,0.5)\\E_w=(0.5,1.5,1.5)\\F_w=(1.5,1.5,1.5)\\G_w=(1.5,1.5,0.5)\\H_w=(0.5,1.5,0.5)\end{cases}$$

□

2.2.2 视点变换

人借助眼睛所观看到的三维世界中的物体，是在确定的人眼位置、方向和视场范围内形成的视网膜投影成像。因此，三维图形在转换为二维图像显示时，也需要将场景中的物体模型转换到以人眼为中心的坐标系下进行表示，这就是视点变换。在图形流水线中，视点变换需要计算一个从世界坐标系到眼睛坐标系的变换矩阵 M_{w2e}。该变换将三维空间中世界坐标系下的物体模型转换到以人眼为原点、视线朝向等为坐标轴的三维眼睛坐标系，从而建立人眼视角下的模型表示。

假设眼睛在世界坐标系中的位置坐标是 $e=(e_x,e_y,e_z)$，眼睛坐标系的三个主轴方向分别是 $n=(n_x,n_y,n_z)$、$v=(v_x,v_y,v_z)$和 $u=(u_x,u_y,u_z)$。其中，n 一般设置为眼睛观看方向的反方向；v 是眼睛的正朝向，通常和世界坐标系的 y 轴朝向一致，且与 n 垂直；u 则是垂直于 n 和 v 张成平面的向量，也就是 $u=v\times n$。这样，就建立了以眼睛作为原点的眼睛坐标系，如图2.8所示。那么，视点变换就是要将世界坐标系的原点 $o=(0,0,0)$变换到新的位置 e，将 $x=(1,0,0)$、$y=(0,1,0)$和 $z=(0,0,1)$三个坐标轴分别变换到 u、v 和 n 所表示的向量。

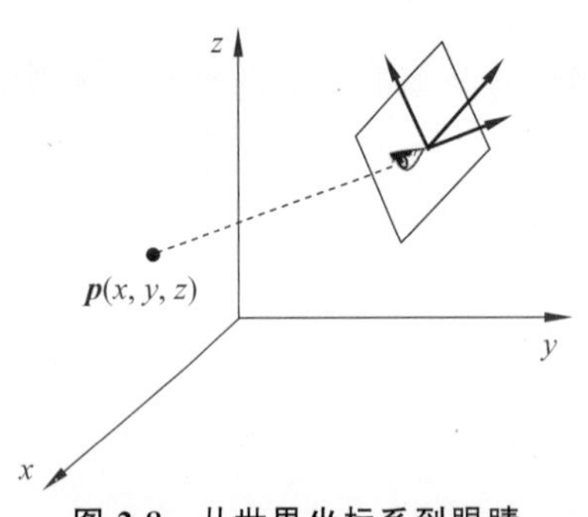

图2.8 从世界坐标系到眼睛坐标系的视点变换

为了便于计算世界坐标系到眼睛坐标系的变换矩阵，通常是首先根据上述坐标系的对应关系计算其

逆变换 $\boldsymbol{M}_{e2w}$，也就是眼睛坐标系到世界坐标系的几何变换，然后利用矩阵求逆运算，得到公式(2.8)所示的变换矩阵 $\boldsymbol{M}_{w2e}$(附录 A.1 中详细描述了计算过程)。

$$\boldsymbol{M}_{w2e}=\begin{bmatrix} u_x & u_y & u_z & -\boldsymbol{u}\cdot\boldsymbol{e} \\ v_x & v_y & v_z & -\boldsymbol{v}\cdot\boldsymbol{e} \\ n_x & n_y & n_z & -\boldsymbol{n}\cdot\boldsymbol{e} \\ 0 & 0 & 0 & 1 \end{bmatrix} \tag{2.8}$$

通过视点变换，就可以将世界坐标系下的物体模型转换到眼睛坐标系，实现在任意视点位置沿着视线朝向对模型的观看。

例题 2-2　计算单位正方体从世界坐标系到眼睛坐标系的视点变换矩阵。

问题：假设单位正方体位于例题 2-1 所示的世界坐标系，而眼睛所处位置的世界坐标为(0,0,10)，并且具有如图 2.9 所示的 $\boldsymbol{u}$、$\boldsymbol{v}$、$\boldsymbol{n}$ 坐标轴朝向，那么该单位正方体的 8 个顶点 A、B、C、D、E、F、G、H 在眼睛坐标系下的坐标分别是什么？

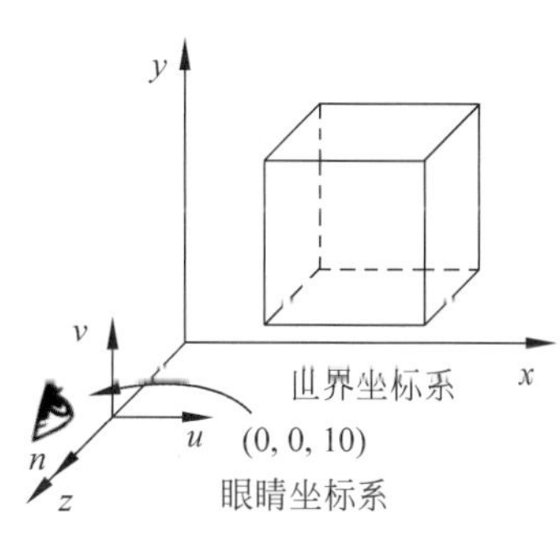

图 2.9　视点变换坐标系

解答：如图 2.9 所示，世界坐标系和眼睛坐标系之间可以通过平移变换进行转换。该平移变换的矩阵是

$$\boldsymbol{M}_{w2e}=\begin{bmatrix} 1 & 0 & 0 & 0 \\ 0 & 1 & 0 & 0 \\ 0 & 0 & 1 & -10 \\ 0 & 0 & 0 & 1 \end{bmatrix}$$

再结合例题 2-1 中从局部坐标系到世界坐标系的变换，可以得到从局部坐标系到眼睛坐标系的变换是：

$$\boldsymbol{M}_{l2e}=\boldsymbol{M}_{l2w}\cdot\boldsymbol{M}_{w2e}=\begin{bmatrix} 1 & 0 & 0 & 1 \\ 0 & 1 & 0 & 2 \\ 0 & 0 & 1 & -9 \\ 0 & 0 & 0 & 1 \end{bmatrix}$$

那么单位正方体的八个顶点的齐次坐标分别计算为 $\boldsymbol{M}_{l2e}\cdot[A,1]^{\mathrm{T}}$、$\boldsymbol{M}_{l2e}\cdot[B,1]^{\mathrm{T}}$、$\boldsymbol{M}_{l2e}\cdot[C,1]^{\mathrm{T}}$、$\boldsymbol{M}_{l2e}\cdot[D,1]^{\mathrm{T}}$、$\boldsymbol{M}_{l2e}\cdot[E,1]^{\mathrm{T}}$、$\boldsymbol{M}_{l2e}\cdot[F,1]^{\mathrm{T}}$、$\boldsymbol{M}_{l2e}\cdot[G,1]^{\mathrm{T}}$、$\boldsymbol{M}_{l2e\cdot[H,1]}{}^{\mathrm{T}}$。进而，它们在眼睛坐标系下的坐标分别是：

$$\begin{cases} A_e=(0.5,2.5,-8.5) \\ B_e=(1.5,2.5,-8.5) \\ C_e=(1.5,2.5,-9.5) \\ D_e=(0.5,2.5,-9.5) \\ E_e=(0.5,1.5,-8.5) \\ F_e=(1.5,1.5,-8.5) \\ G_e=(1.5,1.5,-9.5) \\ H_e=(0.5,1.5,-9.5) \end{cases}$$

□

2.2.3 投影变换

物体模型从世界坐标系转换到眼睛坐标系后，需要通过投影变换产生二维图像，也就是将眼睛坐标系中的物体模型投影到二维图像坐标系。简单地讲，投影变换的结果可以看作从投影中心发出的射线，穿过场景中物体模型表面的每一个点，然后与投影平面相交所形成的图像。因此，投影变换主要涉及三个几何概念：投影中心、投影平面和投影线，如图2.10(a)所示。在图形流水线中，投影变换包括透视投影和正交投影两种投影方式。

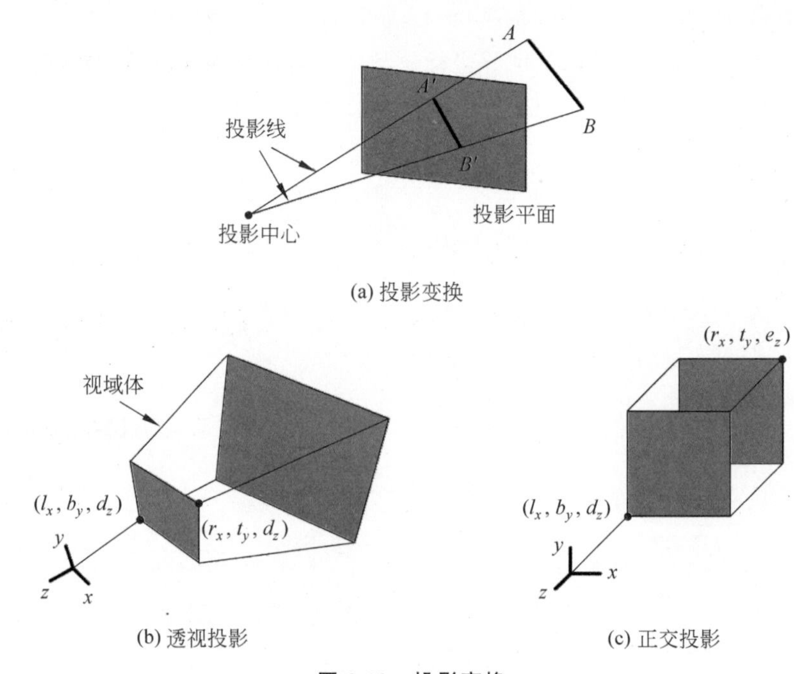

(a) 投影变换

(b) 透视投影

(c) 正交投影

图 2.10 投影变换

1. 透视投影

假设投影中心到投影平面的距离是有限的。按照投影后图像中消隐点的个数可以分为单点透视、两点透视和三点透视。这样使二维图像能够呈现三维空间的立体感，达到了在二维屏幕上更好地呈现三维模型的目的。而在实际的图形流水线中，透视投影主要采用单点透视。

透视投影本质上也是一种几何变换，仍然可以通过4×4的矩阵表示。为了方便实际使用，透视投影通常借助如图2.10(b)所示的两个平行平面组成的视域体来定义。这两个分别位于前后位置的平面称为裁剪面。它们到眼睛的距离分别记为 d_z 和 f_z，并且满足 $d_z \leqslant f_z$。其中，靠近人眼的称为近裁剪面，通过左下顶点(l_x, b_y, d_z)和右上顶点(r_x, t_y, d_z)定义的矩形区域来表示；远离人眼的称为远裁剪面，借助经过近裁剪面矩形顶点的投影线和远裁剪面的交点所围成的矩形来表示。该视域体一方面定义了投影成像所在的近裁剪面，也就是三维模型最终投影到该裁剪面上形成二维图像；另一方面，它也定义了场景的可见范围，也就是位于近裁剪面和远裁剪面之间的物体模型，才能够最终在屏幕上呈现。

从眼睛坐标系到近裁剪面上图像坐标系的投影变换 $\boldsymbol{P}_{e2i}$，可以写成如下的矩阵形式（附录 A.2 中详细描述了矩阵推导过程）：

$$\boldsymbol{P}_{e2i}=\begin{bmatrix}\dfrac{2d_z}{r_x-l_x} & 0 & \dfrac{r_x+l_x}{r_x-l_x} & 0\\ 0 & \dfrac{2d_z}{t_y-b_y} & \dfrac{t_y+b_y}{t_y-b_y} & 0\\ 0 & 0 & -\dfrac{f_z+d_z}{f_z-d_z} & -\dfrac{2f_zd_z}{f_z-d_z}\\ 0 & 0 & -1 & 0\end{bmatrix} \tag{2.9}$$

此时，眼睛坐标系下的点 $\widetilde{\boldsymbol{p}}=[x,y,z,1]^{\mathrm{T}}$ 就变换为 $\widetilde{\boldsymbol{p}}'=[x',y',z',1]^{\mathrm{T}}$，其三个坐标分量具有如下形式的表达式：

$$\begin{cases}x'=\left(\dfrac{2d_z}{r_x-l_x}x+\dfrac{r_x+l_x}{r_x-l_x}z\right)\Big/(-z)\\ y'=\left(\dfrac{2d_z}{t_y-b_y}y+\dfrac{t_y+b_y}{t_y-b_y}z\right)\Big/(-z)\\ z'=\left(-\dfrac{f_z+d_z}{f_z-d_z}z-\dfrac{2f_zd_z}{f_z-d_z}\right)\Big/(-z)\end{cases} \tag{2.10}$$

最终，$\boldsymbol{q}=(x',y')$ 是在近裁剪面上投影所对应的图像坐标，而该点的深度值 z' 会进一步做后续光栅化过程中的深度测试、可见性判断等操作。

事实上，公式(2.9)定义的投影变换将视域体变换为规则的正方体，称为标准设备坐标系。该正方体在眼睛坐标系下是以原点为中心，同时以 $(-1,-1,-1)$ 作为最左下顶点、$(1,1,1)$ 作为最右上顶点。因此，变换后的图像坐标分量 x' 和 y' 应当位于区间 $[-1,1]$ 的范围之内。

2. 正视投影

这种投影又称为正射投影或平行投影。假设投影中心到成像平面的距离为无穷远，也就是投影中心的位置在距离近裁剪面无穷远处，那么从投影中心发出的投影线是平行的，如图 2.10(c)所示。因此，正视投影的视域体的近裁剪面和远裁剪面大小相同，导致投影图像也是相同大小，不会产生“近大远小”的视觉效果。相比于透视投影，正视投影变换的矩阵表示较为简单，具有如下的矩阵表示形式：

$$\boldsymbol{P}_{e2i}^{\text{otho}}=\begin{bmatrix}\dfrac{2}{r_x-l_x} & 0 & 0 & -\dfrac{r_x-l_x}{r_x-l_x}\\ 0 & \dfrac{2}{t_y-b_y} & 0 & -\dfrac{t_y+b_y}{t_y-b_y}\\ 0 & 0 & -\dfrac{2}{f_z-d_z} & -\dfrac{f_z+d_z}{f_z-d_z}\\ 0 & 0 & 0 & 1\end{bmatrix} \tag{2.11}$$

正视投影也是将两个裁剪面围成的视域体变换到标准设备坐标系。从成像效果的角度来看，透视投影所获得的图像与人类视觉系统更为相似，都具有“透视缩短”的效果，也就是物体的大小与投影中心的距离成反比，远到极点即为消失，称为灭点。这使得投影后的图像具有“近大远小”的视觉效果,而平行于投影面的直线夹角保持不变。正交投影则不具备这种符合人类视觉感观的透视效果,但能够保持直线的平行关系不变。正视投影在建筑蓝图绘制和CAD图纸设计等方面有着专门的应用。这些行业往往要求投影后的物体尺寸及相互间的角度不变,从而方便施工或制造时物体比例大小正确。

2.2.4 窗口变换

物体模型经过投影变换后变成二维图像,需要进一步映射到屏幕上的窗口进行显示。这个过程就是窗口变换,它将物体模型在视域体近裁剪面上的二维图像坐标变换为二维屏幕坐标,从而确定图形转换为图像进行显示时图元所覆盖的像素位置及区域。屏幕上的窗口表示为规整的矩形,其左下顶点是(v_x, v_y),宽和高分别是w和h,那么窗口变换$\mathbf{V}_{i2s}$的矩阵表示如公式(2.12)所示。

$$\mathbf{V}_{i2s}=\begin{bmatrix}\frac{w}{2} & 0 & 0 & v_x+\frac{w}{2}\\ 0 & \frac{h}{2} & 0 & v_y+\frac{h}{2}\\ 0 & 0 & 1 & 0\\ 0 & 0 & 0 & 1\end{bmatrix} \tag{2.12}$$

如图2.11所示,该窗口变换把标准设备坐标系下的前裁剪面映射到屏幕窗口,也就是将坐标为(−1,−1)的点映射为坐标为(v_x, v_y)的点,将坐标为(1,1)的点映射为坐标为(v_x+w, v_y+h)的点。这样通过窗口变换,三维模型对应的图形就变换为屏幕上的二维图像,可以借助像素颜色进行正确的显示。

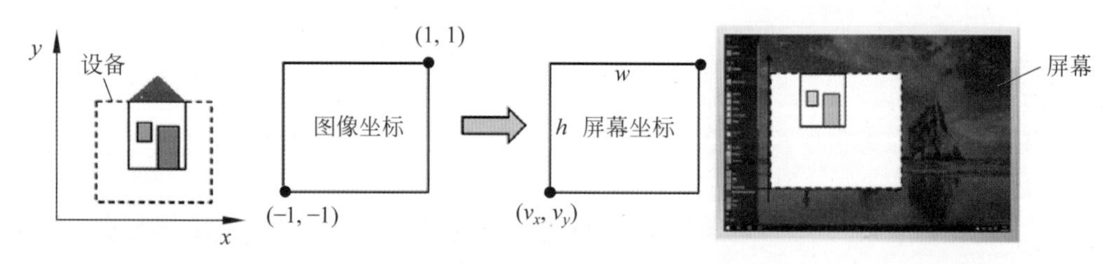

图2.11 窗口变换

2.3 光栅化处理

光栅化是将几何图元转换成光栅图像(点阵或像素),从而能够在屏幕上按照指定的像素RGB颜色进行输出和显示的过程。几何变换的图元经过光栅化处理,实现从二维/三维图形到二维图像的转换。在图形流水线中,光栅化处理主要包括简单图元生成、多边形填充、剔除、可见性判断等操作步骤,最终生成可在屏幕上显示的图像。

2.3.1 简单图元生成

复杂的图形是由基本的图元组合而成的,因此首先需要解决如何将图元变为像素集合。例如一条直线，数学上可以通过两个顶点的连线来定义。但在屏幕上显示的时候，直线按照一定的长度和宽度来绘制，需要设计直线光栅化算法来计算哪些像素在直线显示时被覆盖。这涉及直线的画线算法和裁剪算法。典型的画线算法有数字微分分析(DDA)算法、Bresenham 算法等。虽然这些算法产生于计算机图形学发展的早期阶段，其软/硬件实现都已经非常成熟，但仍是进行图形绘制最经典和基本的算法。

1. DDA 算法

DDA 算法模拟微分方程的数值求解过程，将直线表示为满足微分方程 $dy/dx=k$ 的解。该方程对应的有限差分形式为 $\Delta y=k\cdot\Delta x$。这里 k 表示直线的斜率，反映了像素的 y 坐标分量的变化 Δy，随另外一个 x 坐标分量变化 Δx 的情况。由于屏幕上的像素坐标都是整数，需要根据直线的斜率对最佳的 Δx 和 Δy 的取值进行合适的取舍处理。

如图 2.12(a)所示的第一象限中的线段，当斜率小于 1 时，x 坐标轴方向为主步进方向，假定 x 值增量为 $\Delta x=1$，那么最佳的 y 值增量满足 $\Delta y=k$；当斜率大于 1 时，y 坐标轴方向为主步进方向，需要将 x 和 y 交换，使得 y 值增量为 $\Delta y=1$，那么最佳的 x 值增量满足 $\Delta x=1/k$。这样处理过的直线，能够保证其在屏幕上显示时，所覆盖的像素是连接在一起的，而不至于发生截断。

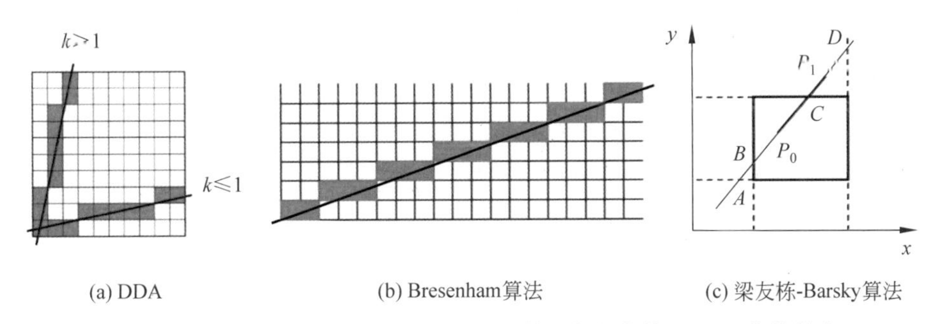

图 2.12 DDA 画线算法、Bresenham 画线算法与梁友栋-Barsky 裁剪算法

例题 2-3 DDA 画线算法绘制线段。

问题：写出采用 DDA 算法进行线段绘制的伪代码。

解答：假设 p1 和 p2 是线段的两个端点，绘制该线段的伪代码如下。

```
function DDADrawLine (Point p1, Point p2)
    k ← calculate_slope (p1, p2)                /* 计算斜率 */
    if abs (k) <=1 then                          /* x 方向占优的线段 */
        (x, y) ← get_left_point (p1, p2)
        (x_r, y_r) ← get_right_point (p1, p2)
        repeat
            draw_pixel (x, y)
            x ← x +1
            y ← y +k
        until x ==x_r end
    else                                         /* y 方向占优的线段 */
        (x, y) ← get_buttom_point (p1, p2)
        (x_t, y_t) ← get_top_point (p1, p2)
```

```
        repeat
            draw_pixel (x, y)
            x ← x +1/k
            y ← y +1
        until y ==y_t end
    end if
end function
```

□

2. Bresenham 算法

Bresenham 算法是一种根据数值浮点运算规律加速直线绘制的方法。在绘制直线时,DDA 算法每生成一个像素都要对浮点数进行加减运算,整条线生成的速度较慢。1962 年,IBM 公司的 Jack Bresenham 发明了 Bresenham 画线算法。以斜率满足$|k|\leqslant 1$的直线为例,假设直线通过(x_1,y_1)和(x_2,y_2)两点,同时记$\Delta y=y_2-y_1$,$\Delta x=x_2-x_1$,那么$k=\Delta y/\Delta x$。该算法将 DDA 算法中的浮点数增量k,改为根据误差函数$e=2\Delta y-\Delta x$的符号来确定整数增量为 0 或 1。如图 2.12(b)所示,当$e>0$时,y坐标轴方向的增量为 1,同时误差函数更新为$e\leftarrow e-2\Delta x$;否则,y坐标轴方向的增量为 0,x坐标轴方向的增量为 1。由此可见,Bresenham 算法仅仅使用整数增量计算,计算量是非常小的,很容易采用硬件来实现。此外,采用 Bresenham 算法也可以用来绘制圆形、椭圆等其他简单图元。

例题 2-4 Bresenham 算法绘制线段。

问题:写出采用 Bresenham 算法进行线段绘制的伪代码。

解答:假设 p1 和 p2 是线段的两个端点,绘制该线段的伪代码如下。

```
function BresenhamDrawLine (Point p1, Point p2)
    dx ← p2.x -p1.x
    dy ← p2.y -p1.y
    e ← 2 * dy -dx                          /* 计算误差函数 */
    (x, y) ← p1.index                       /* 初始化线段起点 */
    repeat
        draw_pixel (x, y)
        if e <0 then                        /* 更新误差函数 */
            e ← e +2 * dy
        else
            e ← e +2 * (dy -dx)
            y++
        end if
    until x++==p2.x end
end function
```

□

3.梁友栋-Barsky 裁剪算法

梁友栋-Barsky 裁剪算法是一种通过计算线段与裁剪窗口交集来进行线段裁剪的算法,该方法由我国数学家梁友栋和美国学者 Brian Barsky 于 1984 年提出,是一种高效的线段裁剪经典算法,也是第一个以中国人名字命名的计算机图形学经典算法。其基本思

想是:在计算线段与裁剪窗口交集之前做尽可能多的判断。如图2.12(c)所示,设要裁剪的直线段为P_0P_1,其中P_0P_1和窗口边界分别交于A、B、C、D四个点,该算法从A、B、P_0中找出最靠近P_1的点(在图2.12(c)中该点是P_0),再从C、D、P_1中找出最靠近P_0的点(在图2.12(c)中该点是C),那么线段P_0C就是线段P_0P_1在窗口的可见部分。

例题2-5 梁友栋-Barsky算法裁剪线段。

问题:写出采用梁友栋-Barsky算法进行线段裁剪的伪代码如下。

解答:假设$p1$和$p2$是线段的两个端点,裁剪窗口为[xleft,xright,ytop,ybottom],裁剪该线段的伪代码如下。

```
function LiangBarskyClipLine (Point p1, Point p2)
    t0 ← 0
    t1 ← 1
    dx ← p2.x - p1.x
    if clip(-dx , p1.x - xleft, t0 , t1) then
        if clip(-dx , xright - p1.x, t0 , t1) then
            dy ← p2.y - p1.y
            if clip(-dy , p1.y -ybottom, t0, t1) then
                if clip(dy, ytop - p1.y , t0 , t1) then
                    if t1 < 1 then
                        x1 ← p1.x + t1 * dx
                        y1 ← p1.y + t1 * dy
                    end
                    if t0 >0 then
                        x0 ← p1.x + t0 * dx
                        y0 ← p1.y + t0 * dy
                    end
                end
            end
        end
    return (x0,y0), (x1,y1)                          /*裁剪线段*/
end function
        function clip(p, q , t0 , t1)
            accept ← True
            if p <0 then
              r ← q/p
              if r > t1 then accept = False          /*拒绝裁剪*/
              else if r > t0 then t0 = r
              end
            else if p > 0 then
              r ← q/p
              if r < t0 then accept = False          /*拒绝裁剪*/
              else if r < t1 then t1 ← r
            end else if q < 0 then accept = False    /*拒绝裁剪*/
            return accept
        end function
```

□

2.3.2 多边形填充

复杂模型的表面通常由简单的封闭多边形面片组合而成,例如三角面片相邻的边拼接形成复杂三角网格。这些多边形在进行绘制时,也需要对多边形内部进行光栅化处理,才能得到一个表面封闭的模型。这个过程称为区域填充。这类算法实质上是要确定屏幕上哪些像素位于多边形内部,并采用相应的颜色对这些内部像素进行绘制来填充多边形。

最简单的填充算法是逐像素判断是否在多边形内部,但是效率很低,不利于复杂模型的快速绘制。扫描转换是图形流水线中经常使用的区域填充算法,其基本思想是通过逐行扫描来记录每一条扫描线和多边形的边的交点。然后,基于扫描区域的连贯性完成多边形内部区域的像素填充。

在进行扫描转换时,通常选取平行于 x 轴的水平线作为扫描线。从多边形最底端开始,也就是满足 $y=y_{\min}$ 的行,自下而上逐行扫描。对于每一行,利用多边形边界的直线方程得到与扫描线的交点,并按照从左到右的顺序对交点进行编号,如图 2.13 所示。

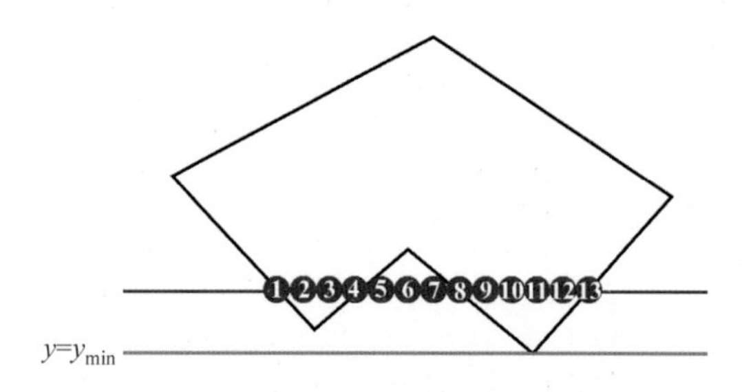

图 2.13 多边形扫描线填充算法示意图

然后,利用交点数量的奇偶规则判断多边形边界所包围的内部区域:奇数表示在多边形内部,偶数表示在多边形外部。例如,在图 2.13 所示的例子中,编号为 2 和 3 的点是产生在第 1 个交点(奇数)之后,属于多边形内部;编号为 5、6、7 的点是产生在第 2 个交点(偶数)之后,属于多边形外部;编号为 9、10、11、12 的点是产生在第 3 个交点(奇数)之后,属于多边形内部。

为了降低扫描算法的空间复杂度,通常采用链表数据结构记录交点位置,并使用插入排序方法对扫描像素的 x 坐标排序,从而提高计算效率。

例题 2-6 用扫描线算法绘制多边形。

问题:写出采用扫描线算法绘制多边形的伪代码。

解答:假设预定义的多边形为 poly,通过扫描线填充进行绘制的伪代码如下。

```
function PolyScanLine (Polygon poly)
    for each y in get_lines (poly) do                /*沿着 y 方向进行扫描*/
        ps ← get_crossover_points (poly, y)          /*计算扫描线和边界交点*/
        number_points (ps)
        is ← get_inner_sections (ps)                 /*计算内部像素*/
        fill_poly (is)                               /*填充内部像素*/
    end for
end function
```

□

2.3.3 剔除

在进行光栅化时,需要确定场景中哪些物体模型在经过几何变换后,最终可以在屏幕上显示。这样就可以预先剔除不可见的图元,仅对剩余的图元进行处理。这个过程也称为消隐。剔除的目的是将不会在屏幕上显示的图元预先排除,从而减少图形绘制的计算量。常见的剔除算法包括视域剔除、小物体剔除、背面剔除、退化剔除等。

1. 视域剔除

视域剔除算法是认为视域体以外的物体模型都是在屏幕之外,从而仅需对位于视域体之内的模型进行光栅化处理,如图 2.14(a)所示。在进行视域剔除时,需要判断场景中的模型和视域体是否发生了相交。然而,精确判断两个几何体的相交情况是非常困难的,尤其是当几何体的形状比较复杂时。为了便于图形流水线处理,通常利用包围盒进行模型相交的快速判断。包围盒是平行于物体空间坐标平面且包围整个物体的最小六面体,也就是能够容纳该物体的最小长方体。这样就可以将物体与视域体之间的求交问题,转化为物体包围盒与视域体的求交问题。显而易见,后者的计算量则大为降低。

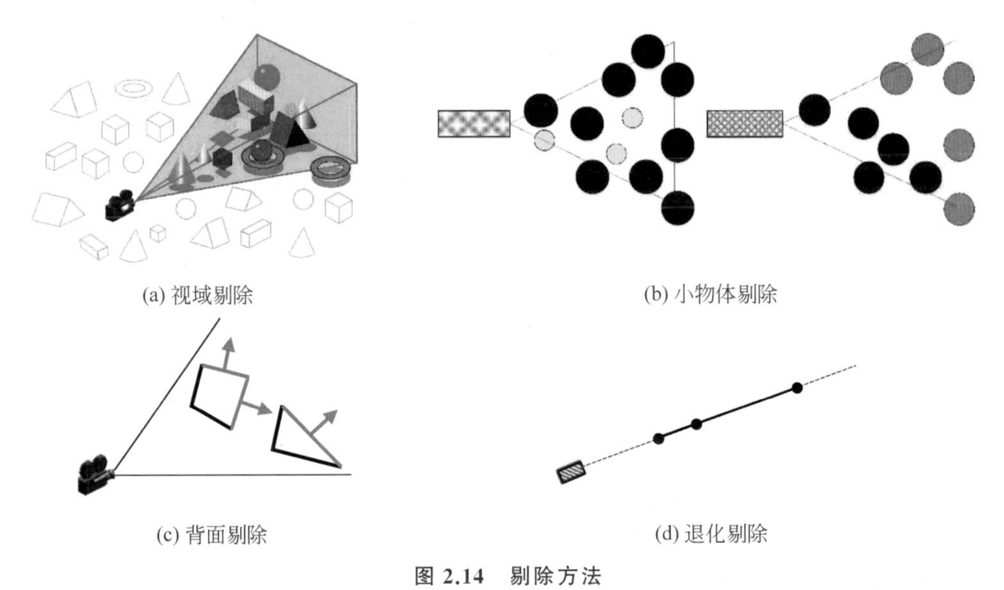

(a) 视域剔除　(b) 小物体剔除

(c) 背面剔除　(d) 退化剔除

图 2.14 剔除方法

2. 小物体剔除

小物体剔除算法是指小于特定尺寸的物体预先直接被剔除,不再进行任何光栅化处理。这类物体经过投影变换到屏幕上后,小于若干指定大小的像素区域,因此往往不需要进行绘制,如图 2.14(b)所示。在实际处理时,通常是计算物体的包围盒,然后剔除那些变换到屏幕后包围盒尺寸比一个像素阈值还小的物体模型。

3. 背面剔除

背面剔除算法是对于有正面和背面之分的封闭物体的剔除操作。当视点位置固定时,背对眼睛的面是不可见的,因此不需要进行光栅化处理。例如,对于三角面片来说,如果其正面是背对眼睛的,则它是不可见的。数学上,通过三角面片法向和投影线的夹角进行判断是否为背面，如图 2.14(c)所示。据统计，在由三角面片组成的物体模型中，大约50%的三角面片处于背面位置。因此，背面剔除能够减少绘制时一半的计算量。在背面剔除时，通常设定三角形的顶点索引值递增方向为逆时针方向，也就是可见方向；反之，则不可见。通过这个简单运算，就可以快速判断哪些面是需要绘制的正面，而哪些面是不需要绘制的背面，从而提高模型的整体绘制速度。

4. 退化剔除

退化剔除算法是对面积为零的几何图元不进行光栅化处理。这种面积为零的几何图元就称为退化图元。例如，图 2.14(d)所示的三角形的三个顶点位于同一条直线上，或者三个顶点位于同一个位置，或者三角面片的法向量为零等。在这些情况下，图元光栅化时可以直接忽略，从而进一步提高绘制效率。

2.3.4 可见性判断

剔除操作主要面向场景中单个物体模型。如果场景中包含多个物体模型，则需要根据模型到眼睛距离的远近进行光栅化处理，也就是深度测试。这个过程又被称为图元的消隐或可见性判断。这类操作主要是根据前后模型之间的深度值差异，获取不同物体的相互遮挡关系，从而确定投影变换后覆盖的像素具体是要被哪一个模型所填充。常见的可见性判断算法有画家算法、深度缓存算法等。

画家算法也称为优先填充，是将场景中的图元根据深度进行排序，然后按照前后顺序进行绘制。这种算法在执行时会将不可见的部分覆盖，以此解决可见性问题。画家算法思想简单，是一种过时的算法。

目前的图形流水线广泛采用深度缓存算法，也就是 z-buffer 机制，在光栅化时进行高效的深度测试。事实上，z-buffer 是和绘制窗口尺寸相同的一块缓存，记录了每个填充后的像素和眼睛的距离，也就是 z 值。在开始绘制场景前，先把 z-buffer 中所有的值初始化为无穷大，也就是物体位于无穷远处。然后，在绘制图元面片时，对面片的每个像素计算相应的 z 值，并和 z-buffer 中当前已存放的 z 值进行比较。如果 z-buffer 中的 z 值较大，就表示目前要填充的像素到眼睛的距离更近，所以应该在屏幕上绘制，并同时更新 z-buffer 中的 z 值。如果 z-buffer 中的 z 值较小，那就表示目前要填充的像素是比较远的，会被当前缓存中的像素遮挡，所以就不需要填充，也就不用更新 z 值。通过对深度 z 值的记录，就可以用任意的顺序来绘制这些三角面片，得到正确的绘制结果，如图 2.15 所示。

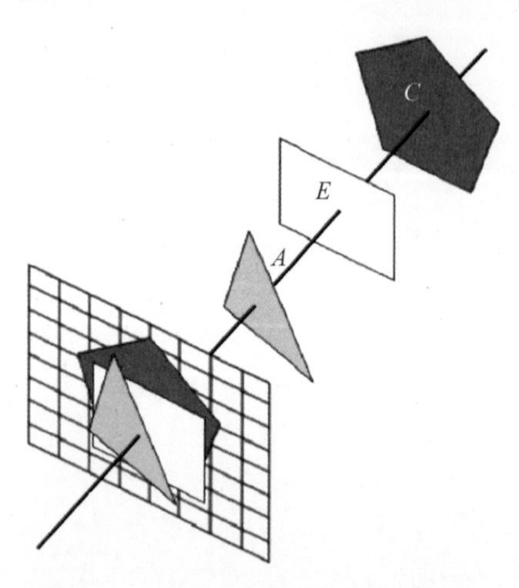

图 2.15 基于 z-buffer 的可见性判断

例题 2-7 z-buffer 算法的深度测试。

问题： 写出采用 z-buffer 深度测试进行可见性判断的伪代码。

解答： 给定多个模型 models，采用 z-buffer 深度测试对可见性进行判断的伪代码如下。

```
function Draw (ModelList models)
    z_buffer[screen_width][screen_height] ← max          /*初始化最大深度值*/
    color_buffer[screen_width][screen_height] ← black    /*初始化像素颜色值*/
    for each model in models do
        for each pixel in model.pixels do
            (x, y) ← pixel.position
            z ← get_depth (pixel)
            if z <z_buffer[x][y] then                      /*深度判断*/
                z_buffer[x][y] ← z
                color_buffer[x][y] ← get_color (pixel)
            end if
        end for
    end forend function
```

□

除了以上光栅化处理的步骤，实际图形流水线上还包含更多复杂的操作，例如纹理贴图、(半)透明、反走样、阴影、雾化、模糊等现象的处理，以获得更加多样和丰富的绘制效果。通过在流水线上开闭或改变这些操作及其状态参数，就可以对场景中物体模型进行准确绘制与显示。

2.4 可微绘制

前面介绍的几何变换和光栅化处理是目前图形流水线中广泛使用的绘制方式，并被众多硬件、软件环境所支持，也构成了计算机图形学的重要基础——光栅图形学。近些年，随着人工智能尤其是深度学习技术的飞速发展，可微绘制(Differential Rendering)作为一种新的图形学绘制方式日益受到关注。

2.4.1 基本原理

可微绘制是深度学习中可微学习这一概念在计算机图形学中的体现，是一种端到端、借助可微分梯度优化输出图像的绘制过程，而不再是通过几何变换、光栅化等得到输出图像的过程。总体而言，可微绘制在降低绘制算法对于输入图形的要求、提高绘制效率等方面具有一定的优势。

目前可微绘制的具体实现技术不完全相同。为了便于理解，这里选用与图2.1所示的光栅图形流水线最接近的一种可微绘制框架进行介绍，其核心算法如图2.16所示。这里图形的几何信息表示为G，眼睛或机视点表示为E，材质、纹理等外表信息表示为A。那么，图形绘制是根据相关的几何、相机信息获得屏幕上的像素信息P，再结合外表信息得到图像f，使得整体来看就是用G、E、A这三种信息输出最终的二维图像。换而言之，由该框架实现的图形到图像的转换过程或绘制过程，可以写成$f(G,E,A)$的函数形式，同时也可以视为一种神经网络形式。这里像素信息P是几何信息投影到屏幕上的像素位置集合，图像f则是每个像素点的RGB颜色值，P和f之间按像素存在一一对应的关系。

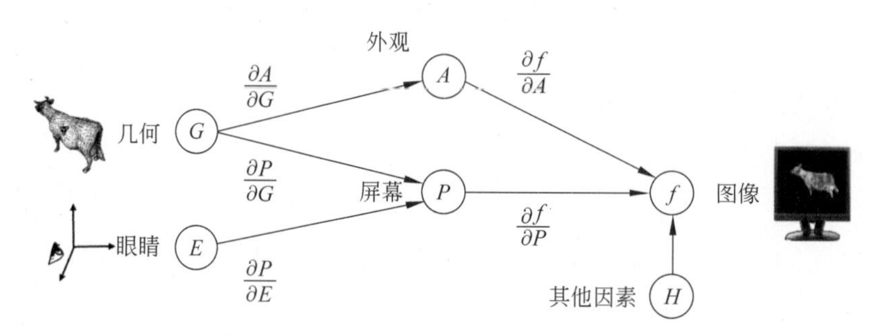

图 2.16　可微绘制的算法框架

根据深度学习的理论，为了将输入图形经过可微绘制转换为输出图像，需要通过训练数据以及反向传播计算神经网络权重。这就需要对 f 进行微分求导运算。根据微积分的链式法则，为了求得 f 关于 G、E、A 的偏导数，需要计算的偏导数主要有$\frac{\partial f}{\partial A}$、$\frac{\partial f}{\partial P}$、$\frac{\partial A}{\partial G}$、$\frac{\partial P}{\partial G}$和$\frac{\partial P}{\partial E}$。其中，$\frac{\partial f}{\partial A}$是屏幕图像像素颜色对外表信息的偏导数，其可微性是由具体流水线中采用的实现方式所定的。$\frac{\partial f}{\partial P}$是像素颜色对屏幕坐标的偏导数，通常情况下是不可微的。$\frac{\partial A}{\partial G}$是外表信息对图元顶点的偏导数，其可微性是由用户自己使用时所定义的函数可微性确定的。$\frac{\partial P}{\partial G}$是屏幕坐标对图元顶点的偏导数，$\frac{\partial P}{\partial E}$是屏幕坐标对眼睛参数的偏导数。这两者主要涉及 2.2 节中介绍的各种几何变换的矩阵运算，本质上反映的是坐标系的变化，一般都具有显式的微分运算公式。总而言之，在图 2.16 所示的框架中存在不符合深度学习技术所需的全部可微性要求。这就需要引入新的技术实现基于可微绘制的图形流水线，以实现通过深度学习技术进行图形到二维屏幕上图像的转换。

2.4.2　绘制流水线

为了能够与现有的光栅图形学流水线进行兼容，可微绘制流水线也会借助成熟的几何变换以及光栅化处理中的部分图元和像素操作。OpenDR（Open Differentiable Renderer）是一个典型的可微绘制流水线，通过对绘制过程中出现的不可微函数的近似求导，实现整个流水线的微分运算，从而用于反向传播。接下来，主要介绍 OpenDR 中计算$\frac{\partial f}{\partial A}$和$\frac{\partial f}{\partial P}$的方式，从而了解整个的可微绘制流水线。

在光栅图形学流水线中，屏幕像素颜色是由纹理信息 T 和外表信息 A 共同作用产生，也就是 $f=T\times A$。因此，由$\frac{\partial f}{\partial A}=T$ 可知该偏导数可以通过纹理映射的操作快速计算。具体来讲，在纹理映射时将赋予图元顶点的颜色值设为 1.0，那么经过纹理映射得到的像素值就是相应的偏导数，而图元内部像素则可以通过重心坐标插值等方式直接获得。

由于屏幕像素 P 得到屏幕上绘制的图像 f 的过程，对应于光栅化处理时的剔除、深度测试等操作，不具备函数的连续性，也导致了偏导数 $\frac{\partial f}{\partial P}$ 无法直接进行计算。OpenDR 采用近似求导的策略。具体来讲，OpenDR 把像素分为遮挡边界像素和内部像素两个集合。遮挡边界是构成图元的一条边，位于遮挡边界两侧的像素往往会因深度测试或者背面剔除等操作产生像素值的突变，从而产生不连续性。内部像素则是对应于图元内部不包含遮挡边界的像素。OpenDR 是将这种非严格意义连续函数的导数进行近似计算，利用图像像素颜色的梯度表示像素颜色对屏幕坐标的偏导数，并进一步采用类似图像处理中 Sobel 滤波算子的差分运算计算图像颜色梯度。Sobel 滤波算子是图像处理领域的一种重要的边缘检测方法，主要用于获得图像的一阶梯度，其核心思想是把图像中每个像素的上下左右四领域的灰度值作加权差，在边缘处达到极值，从而得到图像梯度，并以此为基础进行边缘检测。

如图 2.17 所示，假设 f_i 是遮挡边界像素，f_{i-1} 和 f_{i+1} 分别是左邻和右邻像素。如果 f_i 是位于图元的左侧边界，那么水平方向的差分是 $f_{i+1}-f_i$，相应的滤波算子是[0,−1,1]。如果 f_i 是位于图元的右侧边界，那么水平方向的差分是 f_i-f_{i-1}，相应的滤波算子是[−1,1,0]。竖直方向的差分则是使用相应滤波算子的转置。

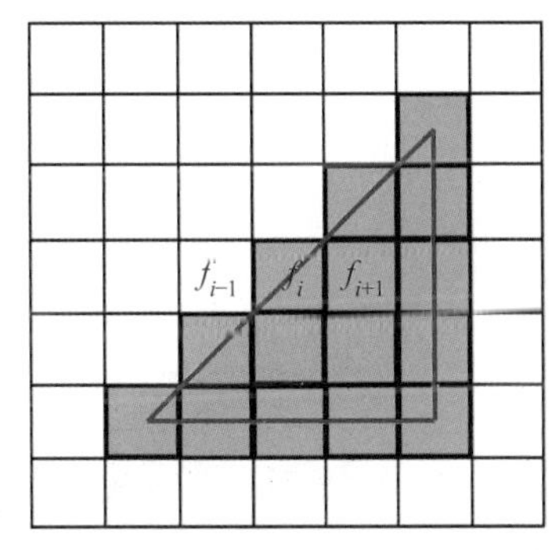

图 2.17 图像像素的差分运算

假设 f_i 变成了内部像素，f_{i-1} 和 f_{i+1} 同样分别是左邻和右邻像素。这时对应水平方向的差分是 $(f_{i+1}-f_{i-1})/2$，相应的滤波算子是 $\frac{1}{2}[-1,0,1]$。竖直方向的差分则是使用相应滤波算子的转置。

通过上述差分运算来计算图像颜色梯度，就可以对屏幕像素颜色的偏导数进行近似处理，进而使得整个绘制流水线变得可微。这样就能够进行反向传播等深度神经网络的训练，实现可微学习。图 2.18 展示了可微绘制的流水线，从中可以看出神经网络取代了光栅图形学流水线中的几何变换、光栅化处理等操作，是一种端到端的图形到图像的转换过程。其中，光栅化神经网络建立起图形与光栅化图形之间可微分映射关系，是实现可微绘制的关键部分。

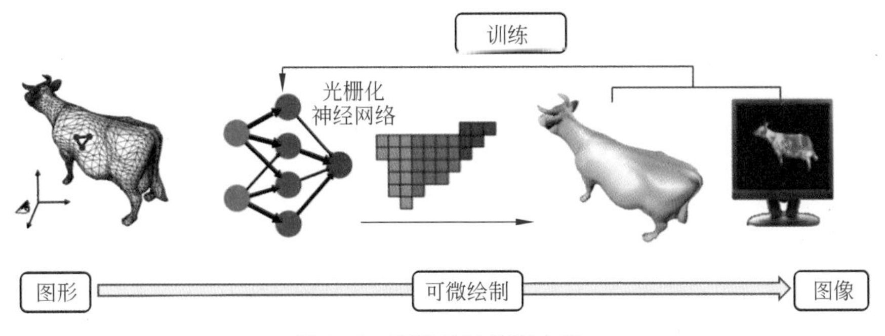

图 2.18 可微绘制的流水线

2.5 图形硬件

计算机的硬件组成中，很多部件与计算机图形学的建模、绘制和交互有着密切的关系。例如键盘和鼠标可以作为交互工具，显示器则是进行图形显示的设备等。在计算机硬件中，显卡是与计算机图形学最为紧密的设备，承担着输出显示图形的任务。可以说，显卡就是专为图形绘制而设计的，已成为计算机硬件组成不可缺少的部分。

2.5.1 显卡及 GPU

早期的显卡是集成在主板上的一块芯片，主要用于文字数据的显示，不具备图形处理的能力。如图 2.19 所示，第一块独立的显卡出现在 20 世纪 90 年代初期，Trident 8900/9000 显卡是当时二维图形显卡的代表。这个时期的显卡主要用于加速图形流水线的若干步骤，将一些简单算法，如线绘制、多边形绘制、三角形填充等固化到显卡上专门的芯片内，这样可以适当加快图形绘制的速度。但图形流水线上更多的操作还是由 CPU 来完成。

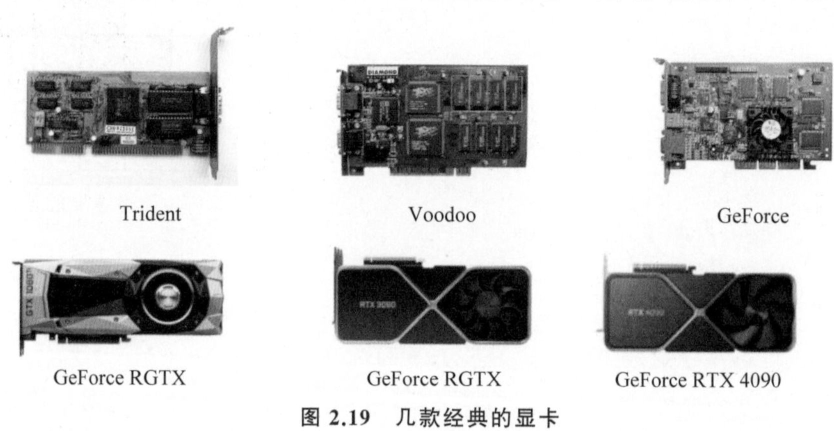

图 2.19 几款经典的显卡

1996 年，美国 3dfx 公司推出的 Voodoo 显卡，虽然只有 4MB 显存、50MHz 频率的处理速度，但成为了图形硬件发展过程中的里程碑。其主要意义在于开始支持三维图形的绘制，并以专门的芯片设计提高绘制效率。此后，显卡也开始成为计算机不可或缺的重要硬件，但大量的图形绘制算法还是依赖于 CPU 的计算。

1999 年，美国 Nvidia 公司提出了 GPU（Graphics Processing Unit）的概念，并在 GeForce 256 显卡中实际应用。GPU，中文名为图形处理单元，是一种由数以千计的更小、更高效的核心组成的大规模并行计算架构。GPU 的出现，使得显卡减少了对 CPU 的依赖，尤其是在三维图形处理时取代了部分原本 CPU 的工作。接下来的十多年时间，GPU 的硬件水平和计算能力取得了飞速发展。

进入 21 世纪，支持可编程 GPU 的显卡开始出现。2001 年，Nvidia 公司推出的 GeForce 3 显卡，可以通过顶点着色器的编程进行几何操作之后，又出现了针对像素的片元着色器（Fragment Shader），例如 GeForce X800 显卡，允许对纹理内存的直接访问，进行一些像素操作的编程。

常用的编程语言如C、C++等都有面向GPU的版本,从而使GPU的使用更加方便。2013年,Nvidia公司发布的GeForce TITAN显卡,包含有70亿个晶体管、6GB显存,因其强大的计算能力而广泛应用于高性能计算、无人驾驶等领域。2016年,Nvidia公司发布了GeForce GTX 1080显卡,其中GPU的核心频率达到2144MHz,是GPU运算速度首次突破2GHz大关。随后在2020年,Nvidia推出了GeForce GTX 3090显卡,其运算能力更为强大,而且拥有24GB的大显存。2022年,Nvidia又发布了GeForce RTX 4090显卡,具有760亿个晶体管、16384个CUDA核心和24 GB高速镁光GDDR6X显存,在4K分辨率的游戏中持续以超过100 FPS运行。RTX 4090采用全新的DLSS 3技术,相比GeForce GTX 3090,性能提升可达2～4倍,同时保持了相同的450W功耗。

2.5.2 GPU上的图形处理

2.1节介绍了图形流水线中包含的两条主线:几何操作和像素操作。其中,几何操作主要处理顶点等基本图元,例如2.2节中的各种几何变换。像素操作主要处理像素的显示,例如2.3节中的各种处理。通过GPU的并行计算架构,可以显著提升图2.2所示的固定图形流水线上的几何操作和像素操作的计算效率。此外,GPU也可以借助可编程的顶点着色器和片元着色器来更加自由地绘制图形。

着色器(Shader)可以看作在GPU上独立运行的程序,而GPU编程通常就是指编写着色器来完成的程序。如图2.20所示,图形流水线以记录图元位置的顶点数据作为开始。顶点数据由CPU传递到GPU后,就可以按照顶点着色器指定的方式进行相应的几何操作,例如不同变换下的坐标转换等。接着,流水线对顶点着色器的输出数据进行基本装配,确定顶点之间的连接方式,建立经过各种变换后的图元表示。这部分操作大多仍是由固定流水线中的程序自动来完成。然后,图元经过部分光栅化处理变成和像素相对应的片元数据。这些片元还不是最终显示在屏幕上的像素,而是可以作为片元着色器的输入进行相应的像素操作,例如纹理映射、颜色填充、雾化等,输出带有颜色、深度、透明度等属性的像素数据。最后,片元着色器的输出被写入颜色缓存,等待在屏幕上进行显示。因此,GPU上的光栅化处理主要是通过顶点着色器和片元着色器完成。

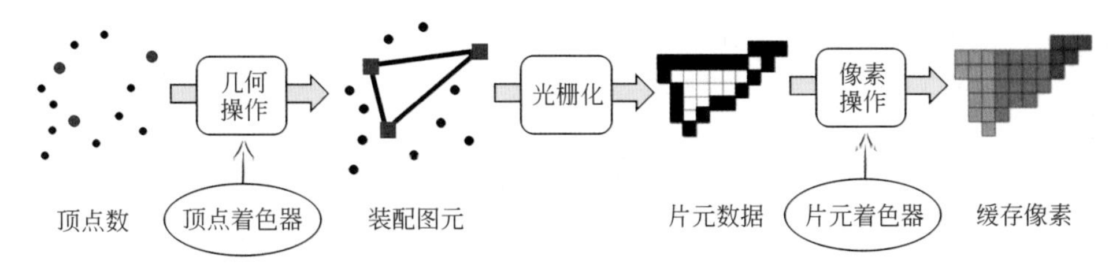

图2.20 图形流水线中的顶点着色器和片元着色器

1. 顶点着色器

顶点着色器,顾名思义,就是对构成图元的顶点数据进行操作的着色器。这里顶点数据除了最基本的空间位置属性,还可以包括颜色、法线、纹理坐标等属性,或者用户自定义的其他属性。

顶点数据被传输到GPU的内存后,就可以用作顶点着色器的输入。针对每个顶点,顶点着色器都会执行一次,而各顶点之间是无法彼此访问的,所以着色器默认不知道顶点之间的边连接关系。换句话说,顶点着色器接收一个顶点作为输入,执行后输出一个顶点,因而输入和输出顶点之间有着 1∶1 的对应关系。

顶点着色器执行顶点位置变换、法向变换、顶点光照和纹理坐标计算等操作,主要是顶点在图形流水线的局部坐标系、世界坐标系和眼睛坐标系中并行进行的三维变换计算。

2. 片元着色器

片元着色器,顾名思义,就是对光栅化后的片元数据进行操作的着色器。片元着色器也称为像素着色器(Pixel Shader)。片元着色器的输入是由光栅化器提供的,片元着色器的输出包括和每一像素对应的深度值、颜色值以及可能的模板值。这些数据将被捕获在位于双缓冲帧缓冲区的后缓冲区中的颜色缓存中。双缓冲帧缓冲区中的前缓存的内容最终会显示在屏幕上。

片元着色器执行纹理映射、像素着色及填充、雾化等操作,主要是光栅化后的片元数据在图像坐标系和窗口坐标系中进行逐像素的并行计算。

事实上,目前的图形流水线,例如 OpenGL 4.0 以上的版本,除了上述的顶点着色器和片元着色器外,还出现了其他类型的着色器,例如细分着色器(Tessellation Shader)和几何着色器(Geometry Shader)。在图形流水线中,细分着色器处于顶点着色器的下一个阶段,用于增加图元中三角面的数量。几何着色器同样位于顶点着色器(或者细分着色器)和片元着色器之间,用于光栅化之前对顶点施加其他变换。如果在图形流水线中启动了着色器,那么顶点着色器是必不可少的环节,而像片元着色器、细分着色器和几何着色器则可以根据绘制需要进行选择。

2.6 小　　结

图元是构成图形的基本元素,经过图形流水线上的几何变换、光栅化处理等,最终绘制成由像素组成的二维图像,进而在显示器等终端进行呈现。整个图形流水线可以看作状态机,通过更改图元操作的属性值,实现指定效果的图形到图像的转化。通过 GPU 的着色器,可以提高图形流水线绘制的灵活性。

思考题

2.1　计算机图形流水线的主要步骤有哪些?它们分别负责什么样的图元处理?

2.2　计算机图形流水线上的几何变换有哪些?它们分别完成什么样的坐标系转换?

2.3　几何变换时为什么采用齐次坐标进行矩阵和向量运算?

2.4　透视投影和正视投影的数学表示形式和变换效果有什么不同?它们各自的用途是什么?

2.5　如何判断平面上的一个点在三角形的内部还是外部?

2.6　光栅化处理时的剔除算法有哪些?

2.7　深度测试的 z-buffer 算法原理是什么?

2.8　可微绘制与光栅绘制的主要区别是什么?

2.9　常用的着色器有哪些类型?它们在计算机图形流水线中的作用是什么?

第3章 几何建模

计算机图形学的早期发展动力源自于CAD/CAE/CAM系统中对几何造型的需求。它们需要通过计算机表示、存储、分析、控制并输出指定形状的几何模型。这里的形状既可以是单个物体的外形,也可以是由一组物体所构成的复杂场景的外形。此外,在各种类型图形的真实感绘制过程中,模型的几何形状也会直接影响其表面光照分布、纹理密度等因素,进而与模型的绘制效果也是密切相关的。因此,长期以来几何建模都是计算机图形学中的重要内容。

本章介绍几何建模涉及的数学基础知识,包括形状表达的数学形式、常用几何性质等。接下来围绕三种重要的几何建模技术:自由曲线/曲面建模、细分曲面建模和三维重建,介绍相应的概念、模型及其使用方法。最后,针对计算机内部数据存储特点,介绍面向几何建模的典型数据结构。

3.1 数学基础

一般来讲,计算机图形学中的几何建模是指构造物体或场景二维/三维形状的数学表达形式及其在计算机内表示的数据结构。通常意义下,这种数学形式具有直接、明确的函数关系,使得所有满足该关系的形状也具有相应的几何性质。因此,首先需要了解表达几何形状的数学形式。

3.1.1 几何形状的数学形式

数学上,连续几何形状的表达方式主要有三种:显式表达式、隐式表达式和参数表达式。其中,显式表达式和隐式表达式又称为代数形式。这三种形式的主要区别在于定义函数时,其因变量和自变量的表达方式和相互之间代数制约关系的不同。下面分别介绍这三种表达式。

1. 显式表达式

显式表达式是一种因变量随自变量变化而变化的函数形式。二维平面上几何形状的显式表达式通常为$y=f(x)$,其中,x是自变量,y是因变量。例如,$y=2x+1$代表平面直线,$y=x^2+x+1$代表平面抛物线。三维空间中几何形状的显式表达式通常为$z=f(x,y)$,其中,x和y是自变量,z是因变量。例如,$z=2x+y+1$表示了三维空间中的一张平面,$z=\sqrt{1-x^2-y^2}$表示了半径为1的半球面。从表达形式上看,显式表达式的因变量和自变量分别位于等号两侧,二者具有明显的对应关系。

2. 隐式表达式

隐式表达式是由多个变量共同定义的一种函数形式。这里的变量是没有自变量和因变量之分的，不能单独进行表示。二维平面上几何形状的隐式表达式通常具有 $f(x,y)=0$ 的形式。例如，$x^2+y^2-1=0$ 表示了平面圆形。三维空间中几何形状的隐式表达式具有 $f(x,y,z)=0$ 的形式。例如，$x^2+y^2+z^2-1=0$ 表示了三维球面。从表达形式上看，隐式表达式的因变量和自变量是混合在一起的，都位于等式的同侧，二者没有明显的对应关系。

3. 参数表达式

参数表达式是采用若干独立变量作为自变量的显式表达式组成的集合。这种表达方式下几何形状是由指定集合的参数作为自变量而得到的因变量所表示的。作为自变量的参数也称为参变量。例如，二维平面和三维空间中的几何形状分别具有如下表达形式：

$$\begin{cases} x=f(t) \\ y=g(t) \end{cases} \qquad \begin{cases} x=f(u,v) \\ y=g(u,v) \\ z=h(u,v) \end{cases} \tag{3.1}$$

其中，t、u 和 v 是参变量。它们在给定取值范围内变化，从而产生相应的几何形状。

从代数形式来讲，参数表达式也可以看作为一种显式表达式。但是，参数表达式具有更加直观的几何意义，反映了参变量变化所产生的各个维度的变化情况。例如，曲线可以看作单个参变量在指定区间内变化所形成的空间点的集合；而曲面则可以看作双参变量变化形成的空间点的集合。此外，参数表达式的代数和微积分运算非常方便，适合对几何形状的性质进行分析。

对于一些几何形状，可能存在多种不同形式的表达式。如图 3.1 所示，三维空间中半径为 1 的球面，除了上述隐式表达式，也可以采用基于球极坐标的参数表达式，也就是

$$\begin{cases} x=\sin\varphi\cos\theta \\ y=\sin\varphi\sin\theta \\ z=\cos\varphi \end{cases} \tag{3.2}$$

其中，参变量 θ 和 φ 分别对应于方位角和俯仰角。但是对于球面而言，一般不存在直接的显式表达式。

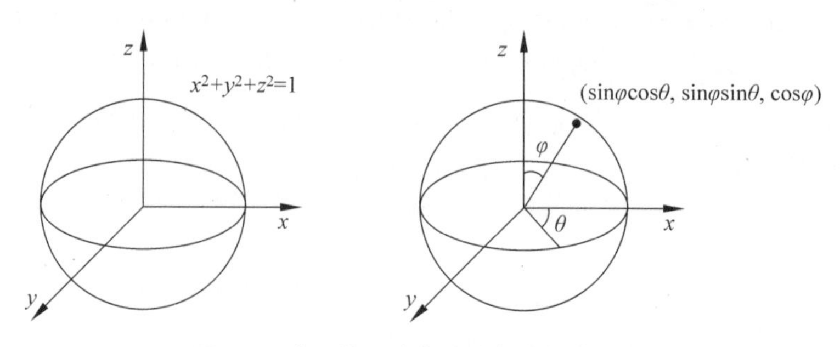

图 3.1 球面的隐式表达式与参数表达式

例题 3-1 平面曲线的数学表达式。

问题：如图3.2所示，平面坐标系第一象限内的单位圆弧的显式表达式和参数表达式分别是什么？

解答：该圆弧的显式表达式可以写为：

$$y=\sqrt{1-x^2},\quad 0\leqslant x\leqslant 1$$

对应的参数表达式可以写为：

$$\begin{cases}x(t)=(1-t^2)/(1+t^2)\\y(t)=(2t)/(1+t^2)\end{cases},\quad 0\leqslant t\leqslant 1$$

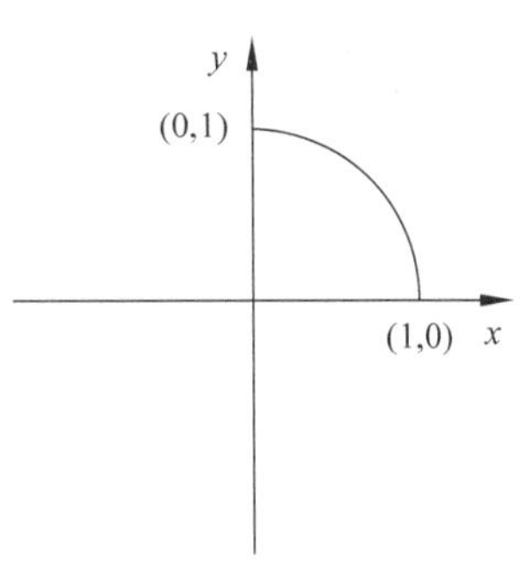

□ **图 3.2 平面上的单位圆弧**

3.1.2 几何性质

通过几何形状的数学形式，可以研究模型所具备的几何性质，从而更好地设计和控制建模效果。计算机图形学中几何建模所涉及的形状主要包括两种类型：曲线和曲面。曲线又包括二维平面曲线和三维空间曲线，而曲面主要是指三维空间中的曲面。这些也是在日常生产生活中，人们接触最多的物体形状。

1. 二维平面曲线

二维平面曲线理论上可以采用显式、隐式或参数形式进行表达。显式形式是具有一个自变量和一个因变量的表达式，也就是 $y=f(x)$。隐式形式是由两个变量构成的方程式，也就是 $f(x,y)=0$。而参数形式则是单参变量表示的二维向量，也就是 $\gamma(t)=(x(t),y(t))$。例如，平面上椭圆的隐式表达式和参数表达式分别具有如下形式：

$$\frac{x^2}{a^2}+\frac{y^2}{b^2}=1,\quad \begin{cases}x=a\cos\theta\\y=b\sin\theta\end{cases}\tag{3.3}$$

其中，a 和 b 是非零常数，θ 是参变量。平面曲线常用的几何性质有曲线弧长、曲率等，反映了曲线本身的形状。

以参数形式表达的曲线为例，它的弧长描述了曲线在某一参变量取值区间内的测度，计算公式为

$$l=\int_{t_0}^{t_1}\sqrt{\dot{x}^2(t)+\dot{y}^2(t)}\,\mathrm{d}t\tag{3.4}$$

其中，$\dot{x}(t)$ 和 $\dot{y}(t)$ 是函数关于参变量 t 的一阶导数，$[t_0,t_1]$ 是 t 的取值区间。曲率定义为切线方向角相对于弧长的变化率，计算公式为

$$\kappa(t)=\frac{|\dot{x}(t)\ddot{y}(t)-\ddot{x}(t)\dot{y}(t)|}{(\dot{x}^2(t)+\dot{y}^2(t))^{\frac{3}{2}}}\tag{3.5}$$

其中，$\ddot{x}(t)$ 和 $\ddot{y}(t)$ 是函数关于参变量 t 的二阶导数。实际上，曲率反映了曲线在某一点的弯曲程度，例如直线的曲率处处为0。此外，平面曲线上某一点的曲率大小等于该点处密切圆半径 r 的倒数，而密切圆的圆心位于曲线凹向的一侧，如图3.3(a)所示。

2. 三维空间曲线

三维空间曲线可以采用单个参变量作为参数的三维向量进行表示，也就是 $\boldsymbol{\gamma}(t)=(x(t),y(t),z(t))$。它直观上反映了质点在三维空间中单自由度的运动轨迹。这里需

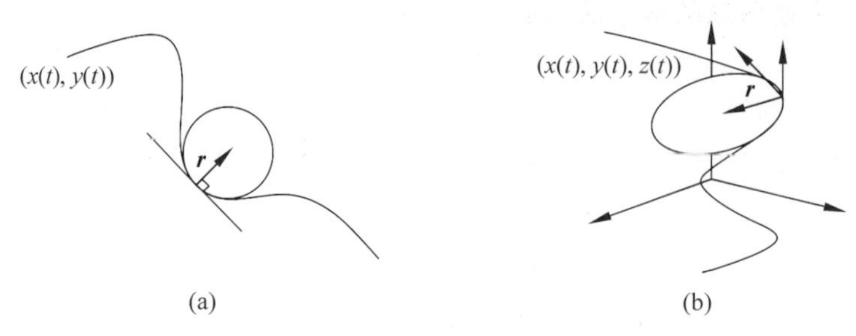

图 3.3 平面二维曲线和三维空间曲线的曲率圆

要注意的是，三维空间曲线一般不存在显式表达式，而其隐式表达式由两张曲面的隐式表达式组成的方程组所构成，可以记为

$$\begin{cases} f(x,y,z)=0 \\ g(x,y,z)=0 \end{cases} \tag{3.6}$$

它反映了三维空间曲面可以看作两张曲面相交而产生。弧长、曲率和挠率是空间曲线的三种基本属性，反映了三维曲线的形状。与平面曲线类似，弧长表示了指定区间内的曲线长度，计算公式为

$$l=\int_{t_0}^{t_1}\sqrt{\dot{x}^2(t)+\dot{y}^2(t)+\dot{z}^2(t)}\,\mathrm{d}t \tag{3.7}$$

曲率反映了曲线在空间中的弯曲程度，计算公式为

$$\kappa(t)=\frac{|\dot{\boldsymbol{\gamma}}(t)\times\ddot{\boldsymbol{\gamma}}(t)|}{(|\dot{\boldsymbol{\gamma}}(t)|)^{\frac{3}{2}}} \tag{3.8}$$

其中，$\dot{\boldsymbol{\gamma}}(t)$ 和 $\ddot{\boldsymbol{\gamma}}(t)$ 分别是曲线所对应三维向量的一阶和二阶导数。如图 3.3(b)所示，曲率也与该点密切圆半径 r 成反比关系。与平面曲线不同，空间曲线具有挠率属性，计算公式为

$$\tau(t)=\frac{(\dot{\boldsymbol{\gamma}}(t)\times\ddot{\boldsymbol{\gamma}}(t))\cdot\dddot{\boldsymbol{\gamma}}(t)}{|\dot{\boldsymbol{\gamma}}(t)\times\ddot{\boldsymbol{\gamma}}(t)|^2} \tag{3.9}$$

挠率反映了曲线切平面的扭转状况。例如，所有平面曲线的挠率都为 0。

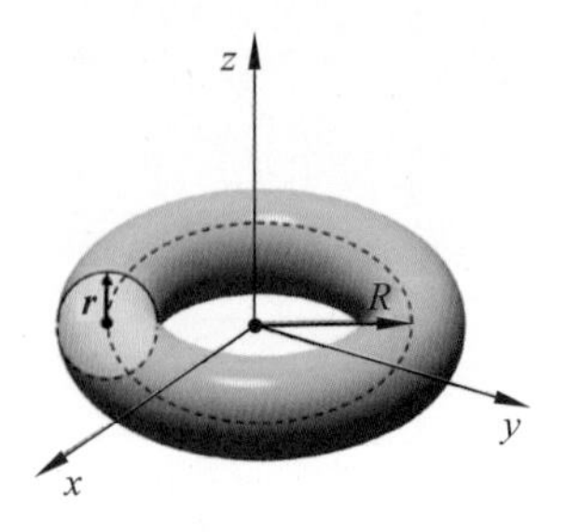

图 3.4 环面

3. 三维空间曲面

三维空间曲面理论上可以采用显式、隐式或参数形式进行表达。显式形式是具有两个自变量和一个因变量的表达式，通常记为 $z=f(x,y)$。隐式形式是由三个变量构成的方程式，也就是 $f(x,y,z)=0$。参数形式则是由两个参变量表示的三维向量形式，通常记为 $\boldsymbol{\pi}(u,v)=(x(u,v),y(u,v),z(u,v))$。例如，图 3.4 所示环面的隐式表达式和参数表达式分别为：

$$(x^2+y^2+z^2+R^2-r^2)^2-4R^2(x^2+y^2)=0,\quad \begin{cases} x(u,v)=(R+r\cos v)\cos u \\ y(u,v)=(R+r\cos v)\sin u \\ z(u,v)=r\sin v \end{cases} \tag{3.10}$$

其中,R 和 r 分别表示环截面半径和内环半径。

空间曲面常用的几何性质涉及面积、法曲率、主曲率、高斯曲率、平均曲率等属性。以参数形式表示的曲面为例,其面积是指双参变量在取值范围内的表面测度,计算公式为

$$s=\int_{u_0}^{u_1}\int_{v_0}^{v_1}|\dot{\boldsymbol{\pi}}_u\times\dot{\boldsymbol{\pi}}_v|\,\mathrm{d}u\,\mathrm{d}v \tag{3.11}$$

其中,$[u_0,u_1]$和$[v_0,v_1]$分别是参变量 u 和 v 的取值范围。曲面上某点处的曲率和经过该点的曲面上曲线的弯曲程度相关,称为法曲率。事实上,曲面在一点处有无穷多个切方向,因此可以定义无穷多个法曲率。其中,法曲率的最大值和最小值称为主曲率,代表了该点处法曲率的极值分布情况,也就是能达到的最大和最小弯曲程度。曲面上某点处主曲率的平均值,称为平均曲率,而主曲率的乘积则称为高斯曲率。事实上,平均曲率和高斯曲率是反映曲面局部形状的两个重要属性。

3.1.3 建模工具

根据建模对象的不同,几何建模可以简单地分为自然物体建模和人造物体建模。所谓自然物体建模,是指建模对象来自于自然界中正常存在的物体,例如各种动物、植物、地形、地貌等,如图 3.5(a)所示。这类物体的几何形状往往很难用精确的数学公式直接表示。人造物体建模,是指通过手工交互或自动化的方式,利用相应的工具对基本几何形状进行变换和重组,获得具有新形状的物体,如图 3.5(b)所示。这类物体的几何形状,通常可以借助变换或重组时的数学表达式进行准确描述。

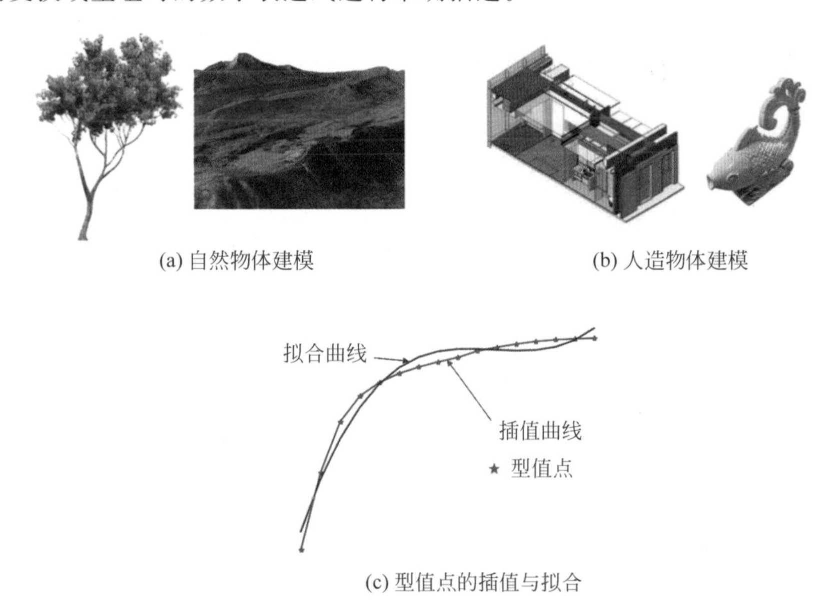

(a) 自然物体建模　(b) 人造物体建模

(c) 型值点的插值与拟合

图 3.5　物体对象几何建模的方式:插值与拟合

无论自然物体建模,还是人造物体建模,主要有插值和拟合两种方式,如图 3.5(c)所示。这两种方式都是先对物体形状有个大概的主观描述,在此基础上按照精度的要求进行形状的构建。插值,是要求形状能够严格满足给定数据点的几何位置约束。这些数据

点也称为型值点，是对建模对象外形的离散采样。拟合则是在一定的几何意义下，建模的形状尽可能逼近给定的型值点。不论对形状进行插值或拟合，常用的数学工具有自由曲线/曲面、细分曲面等，它们为自然物体建模和人造物体建模提供了有效的数学工具。

3.2 自由曲线/曲面建模

经典几何形状，如平面、圆柱面、圆锥面等都具有明确的解析表达式。然而，绝大部分的自然物体，例如人脸等，其形状往往无法使用一个解析函数进行显式表示，需要构造新的函数形式来表示其形状。所谓自由曲线/曲面，是指不能用初等解析函数完全准确地表达全部形状的曲线和曲面。因此，自由曲线/曲面的出现，是为了克服使用解析函数进行形状表示的局限性，采用更广泛意义下的数学函数来表示形状。

3.2.1 平面三次多项式曲线

多项式曲线是一种最常见的平面曲线表达形式。在给定型值点集合后，计算 n 次多项式进行插值或拟合。这样就可以转化为线性方程组来求解该多项式。数学上，多项式次数越高，其对应曲线出现的拐点就越多，能表示的形状也就越复杂。但是次数越高，越可能在拟合时出现过拟合，难以控制那些没有采样点处的形状。此外，五次以上多项式的计算比较复杂，不利于快速建模。如果多项式次数较低，又会出现欠拟合情况，导致形状的表现力不足。在实际应用中，三次多项式曲线是使用较广泛的一类多项式曲线。它对应的参数表达式为：

$$\boldsymbol{p}(t)=\boldsymbol{c}_0+\boldsymbol{c}_1 t+\boldsymbol{c}_2 t^2+\boldsymbol{c}_3 t^3 \tag{3.12}$$

其中，$\boldsymbol{c}_i=(x_i,y_i)^{\mathrm{T}}$ 称为控制顶点，$t\in[0,1]$是参变量取值范围。通过公式(3.12)可以看出，$\{\boldsymbol{c}_i\}$取值不同，就会产生不同的曲线形状。

如图 3.6 所示，给定 4 个型值点$\{\boldsymbol{p}_1,\boldsymbol{p}_2,\boldsymbol{p}_3,\boldsymbol{p}_4\}$，可以计算通过这些型值点的一条三次多项式曲线。这是由于三次多项式总共有 4 个系数，每个系数同时有 x 和 y 两个分量，因此一共有 8 个未知数。而 4 个型值点恰好可以提供 8 个约束条件。如果给定的型值点多于 4 个，那么可以通过最小二乘法计算一条最优的三次多项式曲线来拟合这些型值点，使得它们距离曲线的总体几何距离最小。

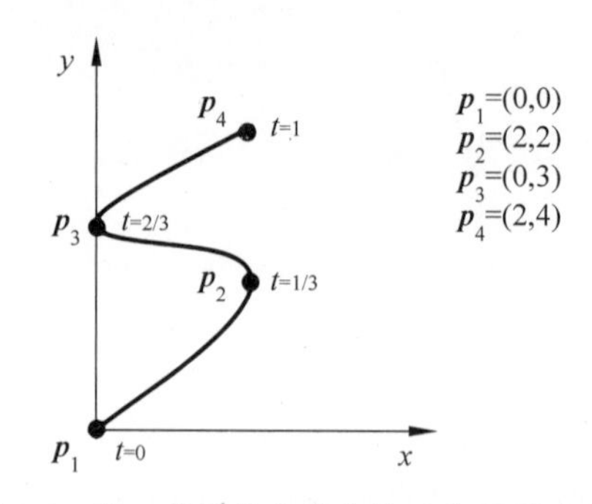

图 3.6 由 4 个型值点定义的三次多项式曲线

例题 3-2 平面三次多项式插值曲线。

问题：计算图 3.6 所示的多项式曲线的参数表达式 $\boldsymbol{p}(t)$。

解答：根据 4 个型值点 $\{\boldsymbol{p}_1,\boldsymbol{p}_2,\boldsymbol{p}_3,\boldsymbol{p}_4\}$ 的 x 和 y 坐标，分别计算 $\boldsymbol{p}(t)=(x(t),y(t))$ 控制顶点 $\boldsymbol{c}_i=(x_i,y_i)^{\mathrm{T}}$。其中，$x$ 和 y 坐标分别满足如下等式：

$$\begin{cases}0=x_0\\ 2=x_0+\dfrac{1}{3}x_1+\dfrac{1}{9}x_2+\dfrac{1}{27}x_3\\ 0=x_0+\dfrac{2}{3}x_1+\dfrac{4}{9}x_2+\dfrac{8}{27}x_3\\ 2=x_0+x_1+x_2+x_3\end{cases}$$

$$\begin{cases}0=y_0\\ 2=y_0+\dfrac{1}{3}y_1+\dfrac{1}{9}y_2+\dfrac{1}{27}y_3\\ 3=y_0+\dfrac{2}{3}y_1+\dfrac{4}{9}y_2+\dfrac{8}{27}y_3\\ 4=y_0+y_1+y_2+y_3\end{cases}$$

通过求解上述两个线性方程组，可以得到 4 个控制顶点的坐标分别是 $\boldsymbol{c}_0=(0,0)$、$\boldsymbol{c}_1=(20,8.5)$、$\boldsymbol{c}_2=(-54,-9)$ 和 $\boldsymbol{c}_3=(36,4.5)$。

□

平面三次多项式能够通过插值或拟合的方式对平面曲线建模，但是像公式(3.12)这样的表达式缺少直观的几何解释(例如，其控制顶点无法直接描述曲线形状)，这样就不利于工程人员按照主观意图进行曲线建模来设计相应的形状。此外，受单个多项式代数性质的影响，能有效表示的曲线形状有限，并不适合更加丰富多样的几何外形设计。因此，需要更灵活的自由曲线/曲面建模技术，典型的建模技术有 Bézier 曲线/曲面和 B 样条曲线/曲面。

3.2.2 Bézier 曲线/曲面

Bézier 曲线是以法国工程师 Pierre Bézier 命名的。而 Bézier 曲线的计算方法最早可以追溯到法国雷诺公司工程师 Paul de Casteljau。他提出了适用于计算机编程的递归算法，只是没有意识到这种算法最后所生成的曲线形状就是 Bézier 曲线的形状。1962 年，Bézier 明确给出了这种曲线的数学公式，并成功地应用于汽车外形设计。

Bézier 曲线是第一种在工业界被广泛采用的自由曲线建模工具，其本质也是多项式曲线。但是，这种曲线具有更直观的几何表达形式，能够方便工程师通过操纵控制顶点来进行建模。具体地讲，n 次 Bézier 曲线是一种单参变量的参数表达式，数学上定义为：

$$\boldsymbol{p}(t)=\sum_{i=0}^{n}B_i^n(t)\boldsymbol{c}_i=\sum_{i=0}^{n}\binom{n}{i}(1-t)^{n-i}t^i\boldsymbol{c}_i,\quad t\in[0,1]\tag{3.13}$$

其中，$\{\boldsymbol{c}_0,\boldsymbol{c}_1,\cdots,\boldsymbol{c}_n\}$ 是 $n+1$ 个控制顶点。这些控制顶点依次连接形成控制多边形。单参变量函数 $B_i^n(t)$ 也称为 Bernstein 多项式函数。图 3.7 分别展示了二次和三次 Bézier

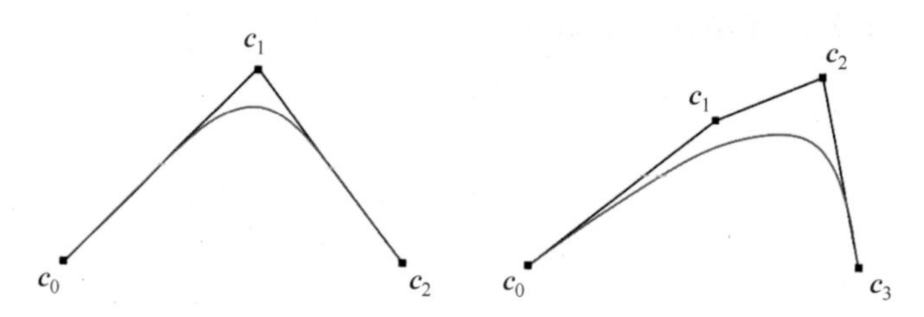

图 3.7　二次和三次 Bézier 曲线

曲线。

数学上，多项式函数空间是可以采用 Bernstein 函数作为一组基函数。因此，Bézier 曲线就是采用这组基函数的线性组合来表示的一类多项式函数。在此基础上，可以将公式(3.12)所表示的任意形式的多项式曲线转化为公式(3.13)表示的 Bézier 曲线。这个过程实质上就是将多项式基函数$\{1,t,t^2,t^3\}$转化为 Bernstein 基函数表示。

Bézier 曲线之所以在工业设计中广受欢迎，主要是因为公式(3.12)定义的几何形状具有以下良好性质，能够方便设计人员对形状进行控制。

(1) 首末端点插值。曲线经过控制多边形的首末端点，也就是曲线端点满足 $\boldsymbol{p}(0)=\boldsymbol{c}_0$ 和 $\boldsymbol{p}(1)=\boldsymbol{c}_n$。此外，曲线在两个端点处的切线方向与控制多边形的边平行，也就是 $\boldsymbol{p}'(0)$与线段$\overline{\boldsymbol{c}_0\boldsymbol{c}_1}$的方向一致，而 $\boldsymbol{p}'(1)$与线段$\overline{\boldsymbol{c}_{n-1}\boldsymbol{c}_n}$的方向一致。这使得 Bézier 曲线插值首末端点的切向量。

(2) 保凸性。曲线位于控制多边形构成的凸包(凸多边形边界)内。这样在给定控制多边形后，就可以通过凸包来限定生成的 Bézier 曲线的范围。例如，图 3.7 所示的二次 Bézier 曲线位于三角形$\triangle\boldsymbol{c}_0\boldsymbol{c}_1\boldsymbol{c}_2$ 的内部，而三次 Bézier 曲线则位于四边形$\square\boldsymbol{c}_0\boldsymbol{c}_1\boldsymbol{c}_2\boldsymbol{c}_3$ 的内部。这个性质方便设计人员通过控制顶点的位置来对曲线形状进行调控。

(3) de Casteljau 递归算法。在计算公式(3.13)表示的 Bézier 曲线时，除了直接采用多项式的代数运算，还可以借助 de Casteljau 递归算法实现更加快速地计算。如图 3.8 所示。该递归算法基于以下递推公式：

$$\begin{cases}\boldsymbol{p}_i^{[r]}(t)=(1-t)\cdot\boldsymbol{p}_{i-1}^{[r-1]}(t)+t\cdot\boldsymbol{p}_i^{[r-1]}(t)\\ \boldsymbol{p}_i^{[0]}(t)\equiv\boldsymbol{p}_i^{[0]}=\boldsymbol{c}_i\end{cases}\tag{3.14}$$

上述 de Casteljau 递归算法证明了当 $r=n$ 时，$\boldsymbol{p}_n^{[n]}(t)$一定是位于 Bézier 曲线上的点。这种递归算法非常适合计算机编程实现，计算效率很高。

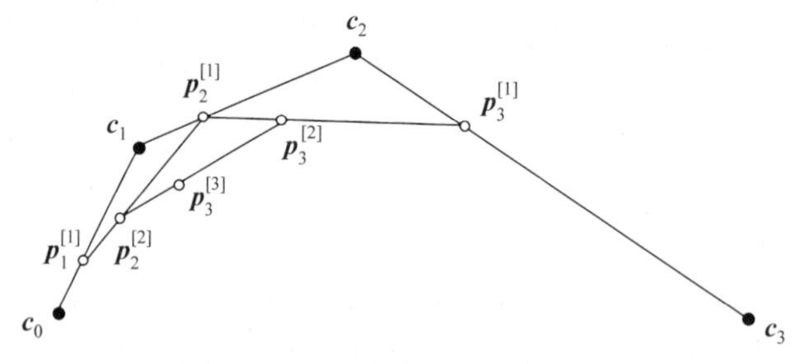

图 3.8　de Casteljau 递归过程

例题 3-3 平面三次 Bézier 曲线。

问题：写出图 3.9 所示的控制顶点定义的三次 Bézier 曲线，其中 4 个控制顶点坐标分别是 $\boldsymbol{c}_0(-2,0)$，$\boldsymbol{c}_1(-1,1)$，$\boldsymbol{c}_2(1,1.5)$，$\boldsymbol{c}_3(2,0)$。然后，给出采用 de Casteljau 递归算法计算曲线上任意一点的递归过程。

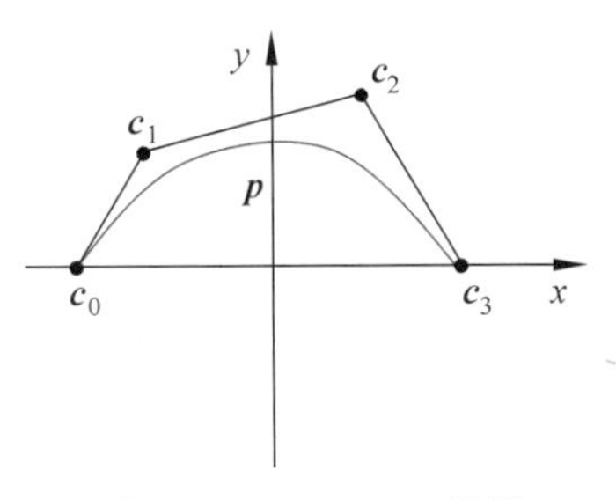

图 3.9 三次 Bézier 曲线

解答：将 4 个控制顶点的坐标代入公式(3.13)，可以得到如下相应的 Bézier 曲线表达式：

$$
\begin{aligned}
p(t) &= \sum_{i=0}^{3} B_i^3(t)\boldsymbol{c}_i \\
&= \begin{pmatrix} -2B_0^3(t) - B_1^3(t) + B_2^3(t) + 2B_3^3(t) \\ B_1^3(t) + 1.5B_2^3(t) \end{pmatrix} \\
&= \begin{pmatrix} -2(1-t)^3 - 3(1-t)^2 t + 3(1-t)t^2 + 2t^3 \\ 3(1-t)^2 t + 4.5(1-t)t^2 \end{pmatrix}
\end{aligned}
$$

其中，$t\in[0,1]$。进一步，根据公式(3.14)定义的 de Casteljau 递归算法，对于曲线上任意一点 $\boldsymbol{p}(t_0)$，$0\leqslant t_0\leqslant 1$，其递归计算过程如下：

$$
\boldsymbol{p}(t_0) = \boldsymbol{p}_3^{[3]}(t_0) = (1-t_0)\boldsymbol{p}_2^{[2]}(t_0) + t_0\boldsymbol{p}_3^{[2]}(t_0)
$$

$$
\begin{cases}
\boldsymbol{p}_2^{[2]}(t_0) = (1-t_0)\boldsymbol{p}_1^{[1]}(t_0) + t_0\boldsymbol{p}_2^{[1]}(t_0) \\
\boldsymbol{p}_3^{[2]}(t_0) = (1-t_0)\boldsymbol{p}_2^{[1]}(t_0) + t_0\boldsymbol{p}_3^{[1]}(t_0)
\end{cases}
$$

$$
\begin{cases}
\boldsymbol{p}_1^{[1]}(t_0) = (1-t_0)\boldsymbol{p}_0^{[0]}(t_0) + t_0\boldsymbol{p}_1^{[0]}(t_0) \\
\boldsymbol{p}_2^{[1]}(t_0) = (1-t_0)\boldsymbol{p}_1^{[0]}(t_0) + t_0\boldsymbol{p}_2^{[0]}(t_0) \\
\boldsymbol{p}_3^{[1]}(t_0) = (1-t_0)\boldsymbol{p}_2^{[0]}(t_0) + t_0\boldsymbol{p}_3^{[0]}(t_0)
\end{cases}
$$

其中，$\boldsymbol{p}_0^{[0]}(t_0)=\boldsymbol{c}_0$，$\boldsymbol{p}_1^{[0]}(t_0)=\boldsymbol{c}_1$，$\boldsymbol{p}_2^{[0]}(t_0)=\boldsymbol{c}_2$ 以及 $\boldsymbol{p}_3^{[0]}(t_0)=\boldsymbol{c}_3$。

□

进一步，Bézier 曲面是由两个参变量的 Bernstein 混合函数表示的参数曲面。具体来讲，$m\times n$ 次 Bézier 曲面是由 $(m+1)\times(n+1)$ 个控制顶点组成的多面体(也称为控制网格)来定义，记为：

$$
\boldsymbol{p}(s,t) = \sum_{i=0}^{m}\sum_{j=0}^{n} B_i^m(s)B_j^n(t)\boldsymbol{c}_{ij},\quad s\in[0,1],\ t\in[0,1] \tag{3.15}
$$

与 Bézier 曲线类似，Bézier 曲面也具有很多良好的性质。例如，Bézier 曲面的边界是由 4 个边界多边形作为控制多边形所定义的 4 条 Bézier 曲线；角点插值性，也就是说 Bézier 曲面在 4 个角点插值控制网格的顶点；凸包性，也就是说 Bézier 曲面位于曲面控制网格形成的凸包内。

与一般的平面多项式曲线/曲面表达式相比，Bézier 曲线/曲面的主要优点是容易编程实现、具有端点和切向插值等性质，而且方便各种微积分运算的数值求解。但 Bézier 曲线/曲面的缺点也很明显，就是缺乏对曲线形状的局部可控性。具体来讲，改变其中一个控制顶点的位置，就会改变整个曲线/曲面的形状。例如，图 3.10 所示的四次 Bézier 曲线，当其他控制顶点位置不变，只要控制顶点 $\boldsymbol{c}_2$ 移动到 $\boldsymbol{c}'_2$ 的位置，整条曲线上除 $\boldsymbol{c}_0$ 和 $\boldsymbol{c}_4$ 两个端点外，其余点的位置都会发生变化。这种局限性也限制了 Bézier 曲线/曲面的几何建模能力。

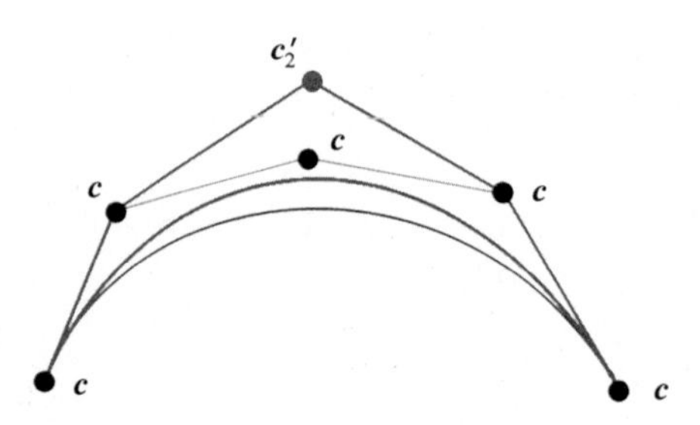

图 3.10 Bézier 曲线形状缺乏局部可控性

3.2.3 B 样条曲线/曲面

为了克服 Bézier 曲线/曲面的不足，美国 Utah 大学的 William Gordon 和 Richard Riesenfeld 在 1974 年将 B 样条参数曲线引入几何建模。样条，源于生产实践，本意是指富有弹性的细长条。样条利用压铁使其通过指定的型值点，并调整样条使它具有满意的形状，然后沿样条画出曲线。B 样条曲线则是通过 B 样条函数表示的曲线，本质上是分段多项式曲线。因此，B 样条曲线是由多个在连接处满足一定连续性的多项式曲线所构成的曲线，是一类多项式组合的曲线。在此之前，美国 Wisconsin-Madison 大学的 Isaac Schoenberg 早在 1946 年就利用 B 样条进行统计数据的光滑处理，开创了样条逼近的现代理论。

由于分段多项式的性质，B 样条曲线的定义除了需要控制顶点 $\{\boldsymbol{c}_0,\boldsymbol{c}_1,\cdots,\boldsymbol{c}_n\}$，还需要设置节点向量 $t_0\leqslant t_1\leqslant\cdots\leqslant t_{n+k+1}$。在此基础上，$k$ 次（$k+1$ 阶）B 样条曲线定义为：

$$\boldsymbol{p}(t)=\sum_{i=0}^{n}N_i^k(t)\boldsymbol{c}_i,\quad n\geqslant k \tag{3.16}$$

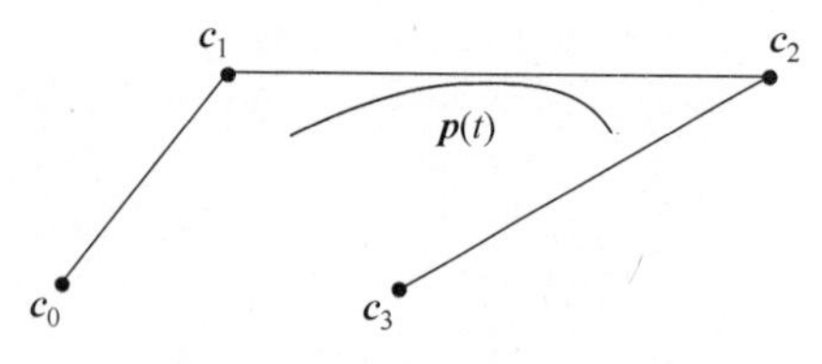

图 3.11 三次 B 样条曲线

这里，相邻两个节点形成的区间 $[t_k,t_{k+1})$ 定义了在其每一段上的多项式函数，而这些多项式函数的组合就定义了 B 样条曲线。图 3.11 展示了一条三次 B 样条曲线。

具体来讲，在公式(3.16)中，$N_i^k(t)$ 是 B 样条基函数，可以通过如下递推公式来定义：

$$\begin{cases}N_i^0(t)=\begin{cases}1, & t\in[t_i,t_{i+1})\\ 0, & t\notin[t_i,t_{i+1})\end{cases}\\ N_i^k(t)=\dfrac{t-t_i}{t_{i+k}-t_i}N_i^{k-1}(t)+\dfrac{t_{i+k+1}-t}{t_{i+k+1}-t_{i+1}}N_{i+1}^{k-1}(t)\end{cases} \tag{3.17}$$

公式(3.17)称为 de Boor-Cox 公式。由公式(3.17)可以看出，基函数 $N_i^k(t)$ 只有在位于节点 t_i 和 t_{i+k+1} 之间的区间内取非负值，而在其他处则取值为零。这也意味着在区间 $[t_i,t_{i+1})$ 上，总共只有 $k+1$ 个 B 样条基函数取非负值，它们依次是 $N_{i-k}^k(t)$，$N_{i-k+1}^k(t)$，$\cdots$，$N_i^k(t)$。基于该递归公式，B 样条曲线就可以采用类似 Bézier 曲线的递归方式进行计算，也就是通过逐次迭代的方式计算公式(3.16)表示的B样条曲线上任意点的位置坐标。这种计算方式称为de Boor递归算法。

该递归算法与Bézier曲线的de Casteljau递归算法类似，都是从控制顶点组成的控制多边形$\boldsymbol{c}_{j-k}\boldsymbol{c}_{j-k+1}\cdots\boldsymbol{c}_j$开始，依次执行$k$次割角操作。其中，如图3.12所示第$r$次割角是用线段$\boldsymbol{p}_i^{[r]}(t)\boldsymbol{p}_{i+1}^{[r]}(t)$割去角$\boldsymbol{p}_i^{[r-1]}$。这里$\boldsymbol{p}_i^{[r]}(t)=(1-\lambda_{i,k-r+1})\boldsymbol{p}_{i-1}^{[r-1]}(t)+\lambda_{i,k-r+1}\boldsymbol{p}_i^{[r-1]}(t)$，而割角时线段端点在控制多边形边上的比例是$\lambda_{i,k-r+1}=(t-t_i)/(t_{i+k-r+1}-t_i)$。那么，最后得到的角点$\boldsymbol{p}_j^{[k]}(t)$就是B样条曲线上的点$\boldsymbol{p}(t)$。整个递归割角过程可以用如下公式表示：

$$\boldsymbol{p}(t)=\sum_{i=j-k}^{j}N_i^k(t)\boldsymbol{p}_i^{[0]}=\sum_{i=j-k+1}^{j}N_i^{k-1}(t)\boldsymbol{p}_i^{[1]}\cdots=\sum_{i=j-1}^{j}N_i^1(t)\boldsymbol{p}_i^{[k-1]}\cdots=\boldsymbol{p}_j^{[k]} \tag{3.18}$$

其中，$\boldsymbol{p}_i^{[0]}=\boldsymbol{c}_i$是控制顶点。事实上，该B样条曲线是定义在区间$[t_j,t_{j+1})$上的一条多项式曲线。该区间也是公式(3.18)中能够使得所有B样条基函数取非零值的区间。

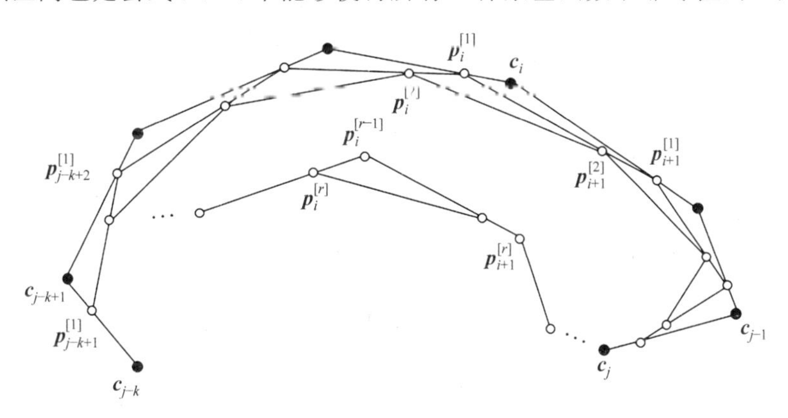

图3.12　de Boor递归过程

B样条曲线保留了Bézier曲线良好的几何性质，同时具备了对曲线形状的局部可控性。具体来讲，根据B样条基函数的局部支撑性，改动其中一个控制顶点，B样条曲线上仅仅和该控制顶点相关的曲线形状发生变化。这可以从B样条曲线的定义公式(3.16)得出。例如当控制顶点$\boldsymbol{c}_i$的位置变化时，只有B样条基函数$N_i^k(t)$不为零值的区间上对应的B样条曲线才发生改变，也就是在区间$[t_i,t_{i+k+1})$以外的B样条曲线不会发生任何改变。此外，在进行多个B样条曲线拼接时，也可以根据节点设置很容易地保持拼接时的几何连续性。因此，B样条曲线具有更加灵活的几何建模能力。

例题3-4　平面三次B样条曲线。

问题：如图3.13所示的三次均匀B样条曲线$\boldsymbol{p}(t)$的控制顶点分别是$\boldsymbol{c}_0$、$\boldsymbol{c}_1$、$\boldsymbol{c}_2$、$\boldsymbol{c}_3$，节点间距相等，设为$t_i=i$。写出$t\in[t_3,t_4)$区间上的B样条曲线表达式。然后，给出采用de Boor-Cox递归算法计算曲线上任意一点的递归过程。

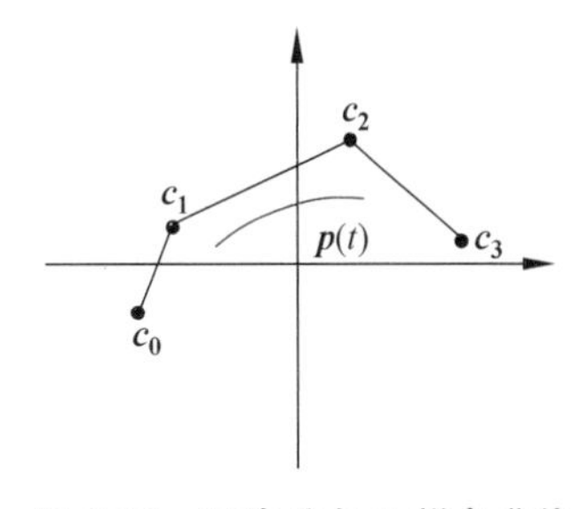

图3.13　三次均匀B样条曲线

解答：根据公式(3.17)中B样条基函数的定义，可以得到区间$[t_3,t_4)$上4个非零基函数的表达式：

$$N_0^3(t)=(-t^3+3t^2-3t+1)/6, N_1^3(t)=(3t^3-6t^2+4)/6$$
$$N_2^3(t)=(-3t^3+3t^2+3t+1)/6, N_3^3(t)=t^3/6$$

因此，对应的三次均匀B样条曲线可以写为：

$$\boldsymbol{p}(t)=\sum_{i=0}^{3}N_i^3(t)\boldsymbol{c}_i=\frac{1}{6}(t^3,t^2,t^1,1)\boldsymbol{M}_{4\times4}\cdot\begin{bmatrix}\boldsymbol{c}_0\\\boldsymbol{c}_1\\\boldsymbol{c}_2\\\boldsymbol{c}_3\end{bmatrix}$$

$$\boldsymbol{M}_{4\times4}=\begin{bmatrix}-1&3&-3&1\\3&-6&3&0\\-3&0&3&0\\1&4&1&0\end{bmatrix}$$

对于曲线上任意一点 $\boldsymbol{p}(t_0)$，$3\leqslant t_0<4$，其递归计算过程如下：

$$\boldsymbol{p}(t_0)=\boldsymbol{p}_3^{[3]}(t_0)=(4-t_0)\boldsymbol{p}_2^{[2]}(t_0)+(t_0-3)\boldsymbol{p}_3^{[2]}(t_0)$$

$$\begin{cases}\boldsymbol{p}_2^{[2]}(t_0)=\dfrac{4-t_0}{2}\boldsymbol{p}_1^{[1]}(t_0)+\dfrac{t_0-2}{2}\boldsymbol{p}_2^{[1]}(t_0)\\[2ex]\boldsymbol{p}_3^{[2]}(t_0)=\dfrac{5-t_0}{2}\boldsymbol{p}_2^{[1]}(t_0)+\dfrac{t_0-3}{2}\boldsymbol{p}_3^{[1]}(t_0)\end{cases}$$

$$\begin{cases}\boldsymbol{p}_1^{[1]}(t_0)=\dfrac{4-t_0}{3}\boldsymbol{p}_0^{[0]}(t_0)+\dfrac{t_0-1}{3}\boldsymbol{p}_1^{[0]}(t_0)\\[2ex]\boldsymbol{p}_2^{[1]}(t_0)=\dfrac{5-t_0}{3}\boldsymbol{p}_1^{[0]}(t_0)+\dfrac{t_0-2}{3}\boldsymbol{p}_2^{[0]}(t_0)\\[2ex]\boldsymbol{p}_3^{[1]}(t_0)=\dfrac{6-t_0}{3}\boldsymbol{p}_2^{[0]}(t_0)+\dfrac{t_0-3}{3}\boldsymbol{p}_3^{[0]}(t_0)\end{cases}$$

其中，$\boldsymbol{p}_0^{[0]}(t_0)=\boldsymbol{c}_0$，$\boldsymbol{p}_1^{[0]}(t_0)=\boldsymbol{c}_1$，$\boldsymbol{p}_2^{[0]}(t_0)=\boldsymbol{c}_2$ 以及 $\boldsymbol{p}_3^{[0]}(t_0)=\boldsymbol{c}_3$。

□

进一步，B样条曲面是一种双参变量B样条函数组成的混合多项式曲面。B样条曲面可以看作B样条曲线在三维空间沿另外一条B样条曲线滑动形成。例如双三次B样条曲面的表达式为 $\boldsymbol{p}(s,t)=\sum_{i=0}^{3}\sum_{j=0}^{3}N_i^k(s)N_j^k(t)\boldsymbol{c}_{ij}$。与B样条曲线类似，B样条曲面也具有很多优良性质，例如局部性，即曲面形状只和最相关的几个控制顶点有关；凸包性，即B样条曲面的每一片都位于定义该片曲面的控制顶点的凸包之内；磨光性，即同一组控制顶点定义的B样条曲面，随着次数的升高越来越光滑。此外，Bézier 曲面也可以看作B样条曲面的特例。

然而，B样条曲面无法直接表示圆锥等有理曲面。为此，研究人员又提出了非均匀有理B样条曲面(NURBS)。与普通的B样条曲线/曲面相比，NURBS 的特点是采用非均匀节点，同时也是一种有理表示形式。与此同时，加入了权重因子，以更好地控制曲线/曲面形状，如图3.14所示。具体来讲，NURBS 具有如下表达式：

$$p(s,t)=\frac{\sum_{i=0}^{n}\sum_{j=0}^{m}w_{ij}N_i^k(s)N_j^k(t)\boldsymbol{c}_{ij}}{\sum_{i=0}^{n}\sum_{j=0}^{m}w_{ij}N_i^k(s)N_j^k(t)} \tag{3.19}$$

其中，$\boldsymbol{c}_{ij}$ 是控制顶点，w_{ij} 是权重因子。

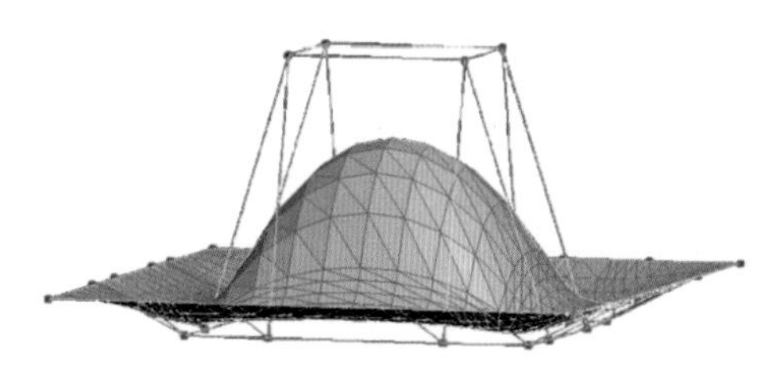

图 3.14 NURBS 定义的曲面形状

NURBS 兼具 B 样条曲线/曲面形状局部可调以及连续阶数可调的优点，又能像有理 Bézier 曲线可精确地表示圆锥曲线的特性。1991 年，国际标准化组织(ISO)在其正式发布的工业产品数据交换 STEP 标准中，把 NURBS 作为自由曲线/曲面的唯一定义，成为设计工业产品几何形状的唯一数学方法。许多国际著名的 CAD 软件也把 NURBS 作为几何造型工具的首选，例如 AutoCAD、CATIA 等软件。

3.3 细分曲面建模

B 样条曲线/曲面、NURBS 等自由曲线/曲面在 CAD 中已得到广泛的应用。然而，这类自由曲线/曲面对它们自身的控制多边形或控制网格的拓扑结构有严格要求。这里的拓扑结构通常是指控制顶点之间的边连接关系。例如，B 样条曲面、NURBS 曲面等只能定义在矩形网格拓扑结构上，如图 3.14 所示。然而，现实中几何建模对象的拓扑结构往往是复杂多样的，例如计算机动画中要表示人的头和人的手。此外，因为模型是活动的，要在曲面的连接处保持光滑也是需要解决的问题。

针对上述问题，科研人员进一步发明了细分曲面。所谓细分曲面，是指多面体按照指定的细分规则进行无穷细化的极限。细分曲面可以看作自由曲线曲面在任意拓扑定义域上的推广。例如，B 样条曲线的递归算法实际上就是对其控制多边形或控制网格的切割磨光过程。因此，人们自然地希望将这一算法推广到任意拓扑的多面体上去，也就是通过几何和拓扑的修改，重新添加边、顶点、面来重定义新的控制网格，以及移动顶点的空间位置来平滑该控制网格，并由此定义细分建模过程。这个过程所产生的极限曲面就是细分曲面。

细分曲面提供了更加灵活、更好光滑性的曲面生成方法，早期主要应用于计算机动画领域。最典型的是 Pixar 公司的 Tony DeRose 将细分曲面应用于电影动画 *Geri's Game* 的制作，并获得了 1998 年奥斯卡最佳动画短片奖。对于细分曲面，最核心的是如何设计细分规则，也就是顶点、边、面的几何和拓扑生成方式。接下来主要介绍 4 种典型的细分规则及其生成的极限曲面：Catmull-Clark、Doo-Sabin、Loop 和 Butterfly 细分曲面。

3.3.1 Catmull-Clark 细分曲面

Catmull-Clark 细分曲面将双三次 B 样条曲面的生成方法推广到任意拓扑的控制网格，由 Edwin Catmull 和 Jim Clark 于 1978 年首次提出。普通的双三次 B 样条曲面由 16 个控制顶点 $\{\boldsymbol{c}_{ij}\}_{i=1,j=1}^{4,4}$ 定义。根据 B 样条曲线/曲面的递归算法，在每两个节点的中点处嵌入一个新节点，就会产生 25 个新的控制顶点。这些新的控制顶点就定义了四片新的子曲面。这样，对应于原控制网格中的每一个小四边形（如 $\square\boldsymbol{c}_{11}\boldsymbol{c}_{12}\boldsymbol{c}_{22}\boldsymbol{c}_{21}$），都有一个新顶点产生，称为面点；对于每一条边，也会有一个新顶点产生，称为边点；对于每一个顶点 $\boldsymbol{c}_{ij}$，也产生一个新顶点。这些新的面点、边点和顶点组成一个新的控制网格。该过程可重复进行下去，最终控制网格收敛到双三次 B 样条曲面。受此启发，Catmull 和 Clark 提出了面向任意拓扑控制网格的细分规则，具体包括如下两方面的几何细分和拓扑细分规则。

（1）几何规则。如图 3.15 所示，每个控制网格面在中心处加一个新的面点，如 Q_{11}；每条控制网格边加一个新的边点，如 Q_{12}；每个顶点用新的位置取代旧的位置，如 Q_{22}。

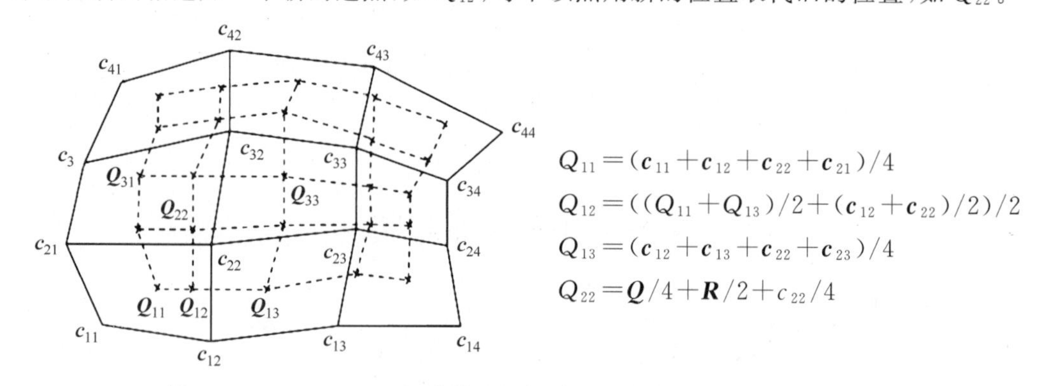

图 3.15　Catmull-Clark 细分的几何规则和拓扑规则（图片来自[8]）

新顶点 Q_{22} 的计算公式中有 $\boldsymbol{Q}$ 和 $\boldsymbol{R}$ 两个新的变量，其中，$\boldsymbol{Q}=(Q_{11}+Q_{13}+Q_{33}+Q_{31})/4$，$\boldsymbol{R}=(1/4)((\boldsymbol{c}_{22}+\boldsymbol{c}_{12})/2+(\boldsymbol{c}_{22}+\boldsymbol{c}_{21})/2+(\boldsymbol{c}_{22}+\boldsymbol{c}_{32})/2+(\boldsymbol{c}_{22}+\boldsymbol{c}_{23})/2))$。

（2）拓扑规则。如图 3.15 中的虚线所示，新的边是由连接每个面点到邻接的边点以及连接每个顶点到邻接的边点所形成。这些新的顶点和边就组成了新的控制网格。

与 B 样条曲面采用矩形拓扑的控制网格不同，Catmull-Clark 细分曲面不受控制网格的拓扑限制，可作用到任意拓扑的控制网格上去。上述细分规则在作用一次以后，所有的面均变为四边形，而且从此以后度数不为 4 的顶点（称为奇异点）的个数会保持不变。除了奇异点以外，Catmull-Clark 曲面可以看作由一系列双三次 B 样条曲面覆盖而成，通过上述的细分规则就能够达到几乎处处连续的曲率。而在奇异点处，也能够保持切平面连续，但需要对细分规则做一些相应调整。

例题 3-5　Catmull-Clark 细分曲面。

问题：如图 3.16 所示的正立方体的 8 个顶点坐标分别是 $A(-1,1,1)$、$B(1,1,1)$、$C(1,1,-1)$、$D(-1,1,-1)$、$E(-1,-1,1)$、$F(1,-1,1)$、$G(1,-1,-1)$ 和 $H(-1,-1,1)$。写出采用 Catmull-Clark 细分生成新的控制网格顶点的伪代码。

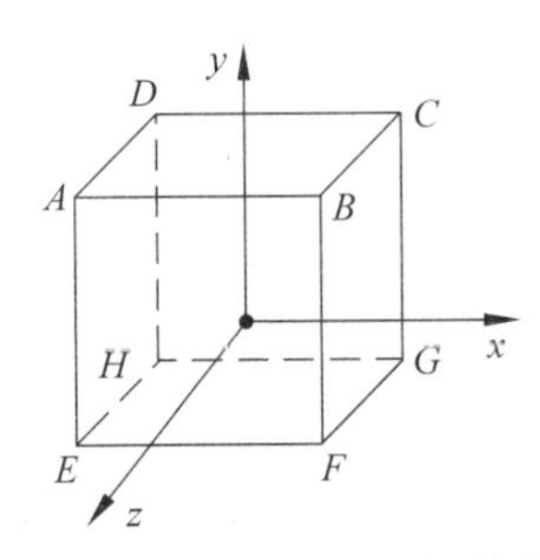

图 3.16 Catmull-Clark 细分曲面

解答：假设 $k-1$ 次细分后顶点集合是 $V^{k-1}=\{v_1^{k-1},v_2^{k-1},\cdots\}$，其中，$V^0=\{A,B,C,D,E,F,G,H\}$，在 $k-1$ 次细分后所得的面和边的集合分别记为 $F^{k-1}=\{f_1^{k-1},f_2^{k-1},\cdots\}$ 和 $E^{k-1}=\{\boldsymbol{e}_{ij}^{k-1}\}$，那么第 k 次细分生成新的控制网格顶点的伪代码如下。

```
function CCSubdivision (V^(k-1), F^(k-1), E^(k-1))
    for each face f_ijmn^(k-1) = (v_i^(k-1), v_j^(k-1), v_m^(k-1), v_n^(k-1)) in F^(k-1) do      /* 计算新的面点 */
        ṽ_ijmn^k ← (v_i^(k-1) + v_j^(k-1) + v_m^(k-1) + v_n^(k-1)) / 4
    end for
    for each edge e_ij^(k-1) = (v_i^(k-1), v_j^(k-1)) in E^(k-1) do      /* 计算新的边点 */
        ṽ_ij^k ← ((v_i^(k-1) + v_j^(k-1)) / 2 + (v_ijmn^k + v_ijpq^k) / 2) / 2      /* v_ijmn^k 和 v_ijpq^k 是面点 */
    end for
    for each vertex v_i^(k-1) in V^(k-1) do      /* 计算新的顶点 */
        ṽ_i^k ← Q/4 + R/2 + v_i^(k-1) / 4      /* Q 和 R 是新变量 */
    end for
end function
```

□

3.3.2 Doo-Sabin 细分曲面

Doo-Sabin 细分曲面将双二次 B 样条曲面的生成方法推广到任意拓扑的控制网格，是由 Daniel Doo 和 Malcolm Sabin 在 1978 年最先提出的。普通的双二次 B 样条曲面在递归计算过程中，每一个面上对应于每一个顶点，产生一个新顶点。连接这些新顶点，就会产生对应于原控制网格中的面点、边点和顶点的新面，并由此形成不断加密的控制网格。最终，这个加密过程得到的极限曲面就是双二次 B 样条曲面。受此启发，Doo-Sabin 细分采用如下两方面的几何和拓扑规则。

(1) 几何规则。每个控制网格面的 K 个顶点 $Q_1,Q_2,\cdots,Q_K$ 生成新的对应顶点 $Q_1',Q_2',\cdots,Q_K'$，其中

$$Q_k'=\sum_{j=1}^{K}\alpha_{ij}Q_j,\quad \alpha_{ij}=\begin{cases}\dfrac{K+5}{4K}, & i=j\\[2mm] \dfrac{3+2\cos(2(i-j)\pi/K)}{4K}, & i\neq j\end{cases}\tag{3.20}$$

这些新的顶点就定义了新的控制网格，如图 3.17(a)所示。

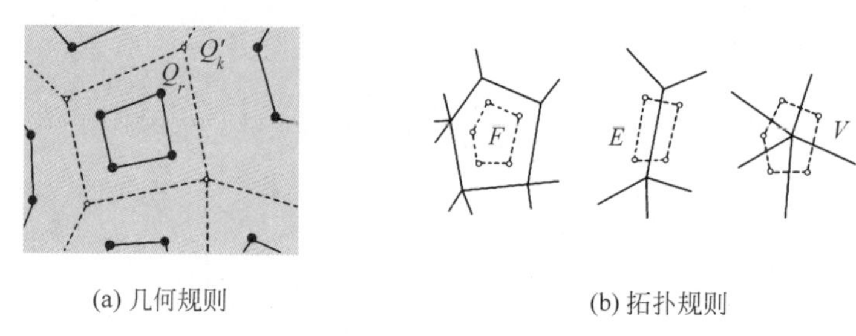

(a) 几何规则　　(b) 拓扑规则

图 3.17　Doo-Sabin 细分规则

（2）拓扑规则。如图 3.17(b)所示，每个旧控制网格面的新顶点连接形成一个新的面 F；每条旧边两侧的 4 个新顶点连接形成新的面 E；每个旧顶点周围的新顶点连接形成新的面 V。

经过一次 Doo-Sabin 细分后，每个顶点的度数均变为 4。再经过一次细分后，度数不为 4 的面的个数会保持不变。因此除了在有限个奇异点外，Doo-Sabin 细分曲面是由一系列双二次 B 样条曲面覆盖而成。此外，Doo-Sabin 曲面在奇异点处也具有一阶光滑连续性。

3.3.3　Loop 细分曲面

Loop 细分曲面将箱样条推广到三角形组成的控制网格，由 Charles Loop 在 1987 年最先提出。相比于 Catmull-Clark 细分曲面和 Doo-Sabin 细分曲面，Loop 细分曲面的细分规则较为简单。通过生成新的顶点，并依次将其连接形成新的控制网格，如图 3.18 所示。具体来讲，Loop 细分采用如下几何和拓扑规则。

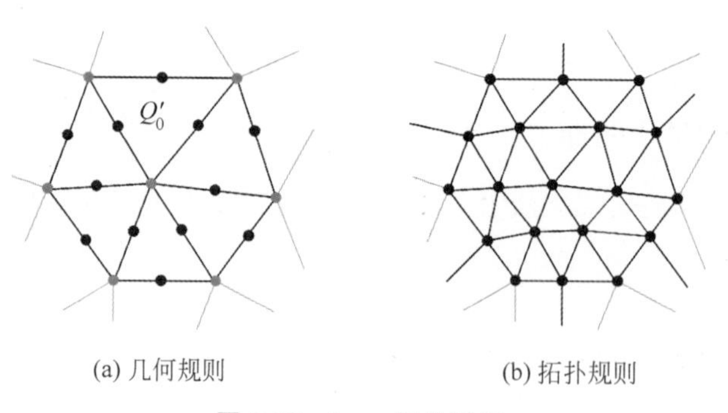

(a) 几何规则　　(b) 拓扑规则

图 3.18　Loop 细分规则

（1）几何规则。对于控制网格内部顶点 Q_0，假设其 N 个相邻顶点为 $Q_1, Q_2, \cdots, Q_N$，那么对应的新顶点 $Q'_0=(1-N\beta)Q_0+\beta\sum_{i=1}^{N}Q_i$，其中，$\beta=\left(\frac{5}{8}-\left(\frac{3}{8}+\frac{1}{4}\cos\frac{2\pi}{N}\right)^2\right)\Big/N$。对于控制网格边界上顶点 Q_0，假设与它相连的两个顶点是 Q_1 和 Q_2，那么对应的新顶点满足 $Q'_0=\frac{3}{4}Q_0+\frac{1}{8}(Q_1+Q_2)$。假设控制网格内部一条边的两个顶点是 Q_1 和 Q_2，相对的两个

顶点是 Q_3 和 Q_4，那么新增加的顶点是 $Q'_0=\frac{3}{8}(Q_1+Q_2)+\frac{1}{8}(Q_3+Q_4)$。如果 Q_1 和 Q_2 是控制网格的边界边上的两个顶点，则对应于该边界边所新增加的顶点是 $Q'_0=\frac{1}{2}(Q_1+Q_2)$。

(2) 拓扑规则。按照三角形控制网格的顶点和边的连接关系，将新顶点连接形成新的控制网格。

Loop 细分曲面除了一些特殊点外，几乎处处具有二阶光滑的连续性。

例题 3-6 Loop 细分曲面。

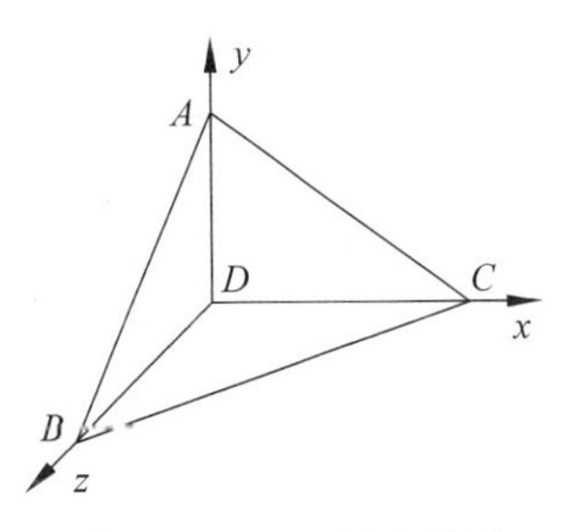

图 3.19 Loop 细分曲面

问题：如图 3.19 所示正四面体的 4 个顶点的坐标分别为 $A(0,1,0)$、$B(0,0,1)$、$C(1,0,0)$ 和 $D(0,0,0)$。写出采用 Loop 细分生成新的控制网格顶点的伪代码。

解答：假设 $k-1$ 次细分后顶点集合是 $V^{k-1}=\{v_1^{k-1},v_2^{k-1},\cdots\}$，其中，$V^0=\{A,B,C,D\}$。在 $k-1$ 次细分后所得的边的集合记为 $E^{k-1}=\{\boldsymbol{e}_{ij}^{k-1}\}$，那么第 k 次细分生成新的控制网格顶点的伪代码如下。

```
function LoopSubdivision (V^{k-1}, F^{k-1}, E^{k-1})
    for each vertex v_i^{k-1} in V^{k-1} do
        if v_i^{k-1} in v_i^{k-1} ∈ V_int then                  /* 计算内部顶点 */
            ṽ_i^k ← (1 - Nβ) v_i^{k-1} + β Σ_{j=1}^{N} v_ij^{k-1}     /* {v_ij^{k-1}} 是相邻 N 个顶点 */
        else                                                    /* 计算边界顶点 */
            ṽ_i^k ← 3/4 v_i^{k-1} + 1/8 (v_i1^{k-1} + v_i2^{k-1})  /* v_i1^{k-1} 和 v_i2^{k-1} 是相邻顶点 */
        end if
    end for
    for each edge e_ij^{k-1} = (v_i^{k-1}, v_j^{k-1}) in E^{k-1} do
        if e_ij^{k-1} in E_int then                              /* 计算内部边界顶点 */
            ṽ_ijpq^k ← 3/8 (v_i^{k-1} + v_j^{k-1}) + 1/8 (v_p^{k-1} + v_q^{k-1})   /* v_p^{k-1} 和 v_q^{k-1} 是相对顶点 */
        else                                                    /* 计算边界边顶点 */
            ṽ_ij^k ← 1/2 (v_i^{k-1} + v_j^{k-1})
        end if
    end for
end function
```

□

3.3.4 Butterfly 细分曲面

Butterfly 细分曲面是由 Nira Dyn 等人于 1990 年提出的，主要针对三角形组成的控制网格。具体来讲，对于每个边，使用指定的规则创造一个新顶点，然后和旧的顶点把一

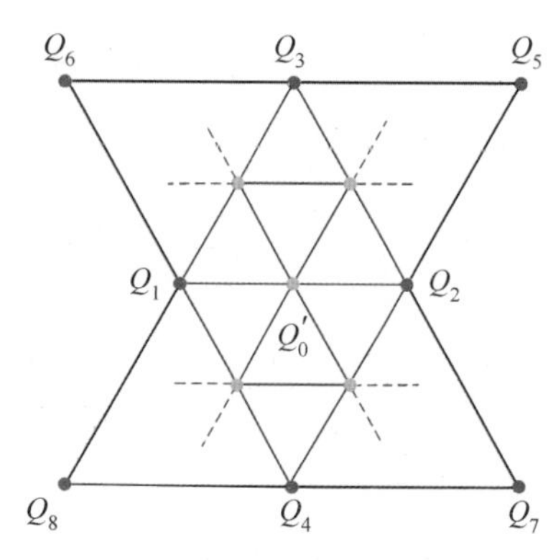

图 3.20 Butterfly 细分的几何规则和拓扑规则

个三角面片转化成四个新的三角面片，如图 3.20 所示。Butterfly 细分采用如下几何和拓扑规则。

（1）几何规则。对于三角形控制网格的每条边，利用可调控的权因子 ω 定义新的控制网格顶点 $Q_0'=\frac{1}{2}(Q_1+Q_2)+\omega(Q_3+Q_4)-\frac{\omega}{2}(Q_5+Q_6+Q_7+Q_8)$。这里的权因子 ω 是可以根据细分曲面的外形要求而设定的。

（2）拓扑规则。依次将新的顶点和旧控制网格顶点连接，形成新的控制网格。

根据上述几何和拓扑规则得到的 Butterfly 细分曲面，除了一些特殊点外，几乎处处具有一阶光滑的连续性。

上述细分曲面在细分过程中使用的几何和拓扑规则不同，由此产生不同性质的细分曲面。图 3.21 展示了同一个控制网格，采用不同细分规则后所生成的细分曲面，可以看出其结果在形状和光滑性上都有着明显的差异。

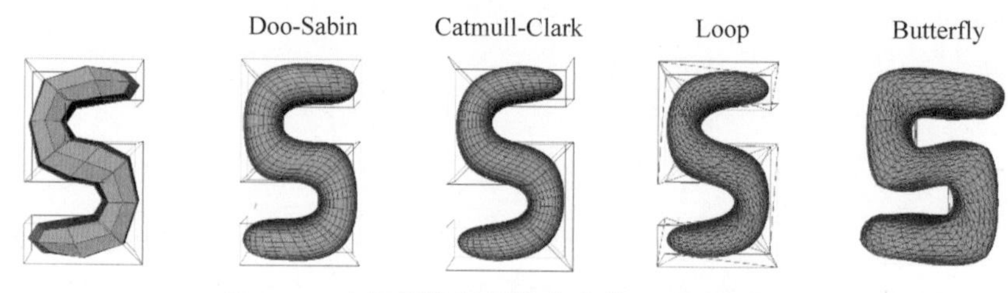

图 3.21 由相同控制网格生成的不同细分曲面

3.4 三维重建

自由曲线/曲面、细分曲面等几何建模方式是从数学模型出发来设计和构造几何形状，一定程度上要依赖设计人员关于几何形状的直觉和理解。与此相反，三维重建是直接或间接地获取真实世界中物体的形状和表观，使之能够在计算机中存储、处理和显示。因此，三维重建是一种从真实世界物体出发的几何建模方式。最具代表性的是美国 Stanford 大学的“数字米开朗基罗”计划。从 1998 年到 2000 年，该项目采用最先进的激光三维扫描仪将文艺复兴时代的著名雕塑作品全部进行几何建模，从而实现了文物的计算机数字化，起到了文物保护和文化传承的作用。

3.4.1 被动式与主动式建模

按照数据来源的不同，采用三维重建进行几何建模主要分为两种方式：被动式和主动式，如图 3.22 所示。这两种都属于光学测量的范畴。其中，被动式包括基于图像的三维重建、基于视频的三维重建等；主动式包括基于激光测距的三维重建、基于 Kinect 的三维重建等。这两种方式各有优缺点，适用于不同的场合。

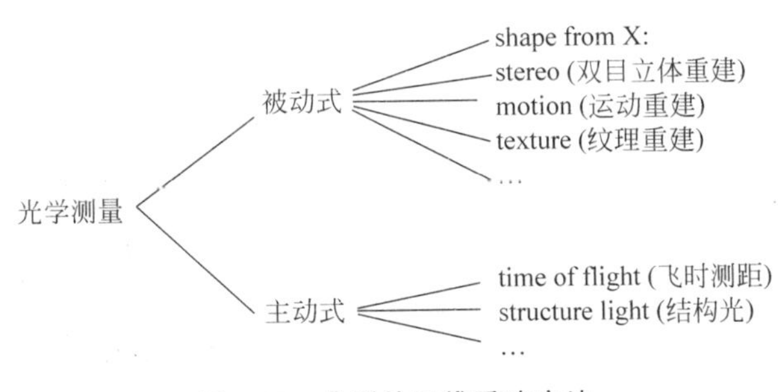

图 3.22　典型的三维重建方法

1. 被动式建模

被动式建模不需要与重建对象接触。在进行重建时，输入的数据是图像、视频等视觉信息，然后通过成像方式测量物体表面来推测三维结构。这类方法通常称为 shape from X，X 可以指代轮廓、着色、纹理、阴影等能够通过设备获取的视觉信息。

被动式方法的优点是破坏性小、安全、成本较低。在数据采集时不需要和物体接触，所以不会对物体造成破坏，因此也避免了安全隐患。在建模时通常只需要根据拍摄的图像、视频数据作为输入，因而成本较低。但缺点是对物体透明度敏感、不能处理镜面反射和内部折射，因此无法对玻璃材质的物体进行有效的几何建模。

2. 主动式建模

主动式建模是在采集数据时通过机械接触或主动观测等方式获取三维信息，例如传感器标记、结构光、激光、超声波等。按照扫描方式的区别可以分为三维扫描仪、飞时测距、三角测距、结构光等。

三维扫描仪，如坐标测量机等，具有测量精确度高的优点，可达到微米级别。但是这种方式价格昂贵，且需要专业的操作者。飞时测距，是通过发出激光脉冲，并计算这束光返回所需要的时间来测算距离。这种方式的优点是扫描速度快、便携、方便，而且测量范围大；但缺点是精度有限，只能达到毫米级别。三角测距，是通过发射一道激光到待测物上，并利用摄影机记录待测物上的激光光点，然后利用激光光点、摄影机、激光源构成的三角形来测算距离。这种方式的优点是精度较高、适合测量大尺寸物体；但缺点是扫描速度慢，需要花费较长时间来完成三维重建。结构光扫描，如 Kinect 等，则使用红外线发射器发射红外光线，然后利用红外线传感器接收反射回来的红外光线来获取深度图像。这种方式的优点是设备价格便宜、易于安装，但缺点是精度较差，而且测量范围有限(0.4～3.5m)。

3.4.2　基于图像的三维重建

基于图像的三维重建(Image-Based Reconstruction，IBR)，是指从拍摄的图像对三维物体的外形进行重建。按照输入图像数量的不同，可分为多视角重建和单幅图像重建。多视角重建需要输入多幅图像，然后恢复物体的外形。单幅图像重建仅需要一幅图像作为输入进行重建。一般情况下，图像像素记录了来自不同方向的入射光信息。因此，增加输入图像数量能够提升几何模型重建的精度。

如图3.23所示，多视角重建的算法流程一般包括四个步骤：摄像机标定(Calibration)、三角测量(Triangulation)、从运动恢复结构(稀疏形状估计)(Structure-From-Motion, SFM)以及立体匹配(稠密形状估计)(Stereo Match)。

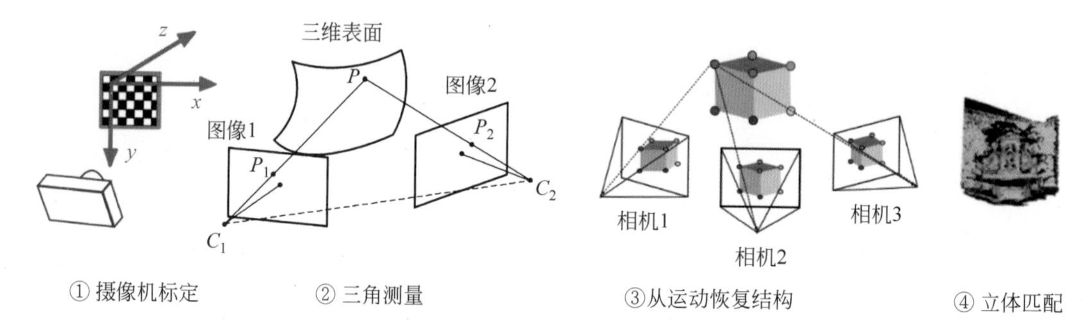

图3.23 多视角三维重建算法流程

1. 摄像机标定

该步骤从一些已知坐标的三维空间点集，反求摄像机相关一些参数。这些参数可以分为内参(Intrinsic Parameter)和外参(Extrinsic Parameter)两种类型。内参是描述摄像机镜头、传感器特性的参数，例如镜头焦距、传感器畸变、成像中心位置等。外参是描述摄像机在世界坐标系下位置和方向的参数，反映了相机运动时的位姿变化。由标定出来的摄像机内/外参就可以得到和物体三维信息有关的相机运动。因此，摄像机标定是基于图像三维重建的关键步骤，决定了后续重建结果的准确性。

摄像机标定是计算机视觉领域的一个基础问题，往往需要借助特定的相机运动或拍摄图像才能获得可靠、稳定的数值。一般情况下，摄像机的成像模型通常简化为小孔成像模型，那么从三维空间到二维成像平面的成像可以看作投影变换。因此，摄像机的成像模型表示为：

$$\boldsymbol{x}_{3\times1}=\boldsymbol{P}_{3\times4}\cdot\boldsymbol{X}_{4\times1}\Rightarrow\begin{bmatrix}x\\y\\1\end{bmatrix}=\begin{bmatrix}p_{11}&p_{12}&p_{13}&p_{14}\\p_{21}&p_{22}&p_{23}&p_{24}\\p_{31}&p_{32}&p_{33}&p_{34}\end{bmatrix}\begin{bmatrix}X\\Y\\Z\\1\end{bmatrix}\tag{3.21}$$

其中，$\boldsymbol{x}$是二维成像平面上的像素坐标，$\boldsymbol{X}$是三维空间中的点坐标，$\boldsymbol{P}_{3\times4}$是描述小孔成像过程的投影矩阵。为了方便统一的表示，这里采用齐次坐标形式。摄像机标定的主要任务就变成计算投影矩阵$\boldsymbol{P}_{3\times4}$，进一步可以分解为内参矩阵$\boldsymbol{K}_{3\times3}$和外参矩阵$\boldsymbol{M}_{3\times4}$，即$\boldsymbol{P}_{3\times4}=\boldsymbol{K}_{3\times3}\cdot\boldsymbol{M}_{3\times4}$。内参矩阵和外参矩阵的矩阵元素就对应了待标定的内参和外参。

具体来讲，内参矩阵$\boldsymbol{K}_{3\times3}$描述了在摄像机坐标系下，三维空间中的点到二维图像像素的投影变换。假设摄像机位于世界坐标系的原点，朝向与z坐标轴重合，如图3.16所示，而二维图像坐标系的原点在图像中心，那么内参矩阵$\boldsymbol{K}_{3\times3}$可以表示为一个对角矩阵和上三角矩阵的乘积：

$$\boldsymbol{K}_{3\times3}=\begin{bmatrix}m_x&&\\&m_y&\\&&1\end{bmatrix}\begin{bmatrix}f&&p_x\\&f&p_y\\&&1\end{bmatrix}\tag{3.22}$$

其中，m_x 和 m_y 是由于透镜弯曲产生的畸变系数，f 是焦距，(p_x, p_y)是图像中心的像素坐标。

外参矩阵 $\boldsymbol{M}_{3\times4}$ 则描述了摄像机姿态的变化对不同视角成像的影响。通常把摄像机看作刚体，其姿态变化就可以通过旋转和平移变换来实现，也就得到 $\boldsymbol{M}_{3\times4}=[\boldsymbol{R}|\boldsymbol{t}]$。其中，$\boldsymbol{R}_{3\times3}$ 是三维空间中的旋转矩阵，$\boldsymbol{t}$ 是平移向量。通过该矩阵，就可以描述摄像机在拍摄两幅图像时的空间位置关系。

而在实际中，不同视角图像拍摄时的相机姿态是不同的，这就可以直接从多幅图像之间的对应关系计算相应的内参和外参矩阵。这个过程通常包含 4 个步骤：角点检测、投影变换计算、参数估计、参数优化。在已有的摄像机标定方法中，微软研究院张正友博士提出的张氏标定法是目前使用较为实用的一种方法。如图 3.24 所示，这个方法只需要一张棋盘格标定板，就可以对摄像机的内参和外参进行鲁棒的计算。下面以张氏标定法为例，具体介绍四个步骤。

棋盘格

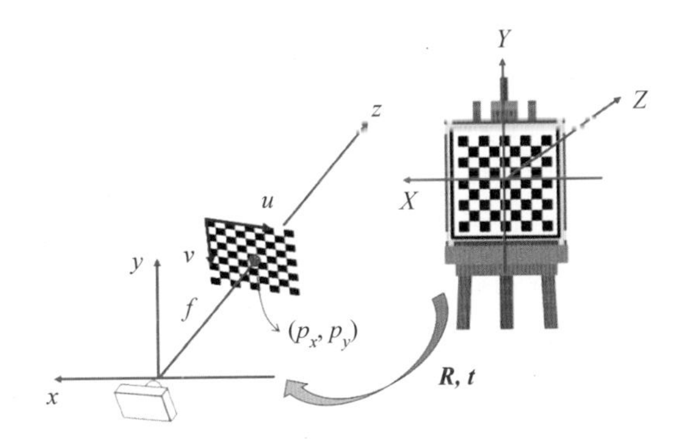

图 3.24 张氏标定法

角点检测是为了获取图像中具有视觉显著性的特征点，然后通过匹配特征点建立不同图像之间的对应关系。为了提高检测和匹配的准确性，采用具有固定模式的棋盘格做参考标定物。棋盘格图像是由黑白相间规则排布的方格组成，具有模式简单、方便处理的优势。对于拍摄得到的棋盘格图像，首先进行边缘检测，将各个矩形框边缘拟合成直线；然后，计算直线交点作为角点位置。这样通过角点所在直线的行列排布，就可以直接建立不同图像之间角点的对应关系。进一步，将棋盘格摆放在摄像机前的位置，就能获得这些角点在三维空间中的坐标。例如，默认情况下，将棋盘格标定板放置于 $Z_w=0$ 的平面处，这样在世界坐标系下，棋盘格的角点坐标具有$(X_w, Y_w, 0, 1)$的形式。

投影变换计算则是通过角点的二维图像坐标与三维空间坐标求解变换矩阵 $\boldsymbol{P}_{3\times4}$。根据公式(3.22)定义的内参矩阵 $\boldsymbol{K}_{3\times3}$ 以及外参矩阵 $\boldsymbol{M}_{3\times4}$，该投影变换满足以下矩阵与向量的运算：

$$\begin{bmatrix} u \\ v \\ 1 \end{bmatrix} \sim \begin{bmatrix} m_x & 0 & 0 \\ 0 & m_y & 0 \\ 0 & 0 & 1 \end{bmatrix} \begin{bmatrix} f & 0 & p_x \\ 0 & f & p_y \\ 0 & 0 & 1 \end{bmatrix} \begin{bmatrix} r_{11} & r_{12} & r_{13} & t_1 \\ r_{21} & r_{22} & r_{23} & t_2 \\ r_{31} & r_{32} & r_{33} & t_3 \end{bmatrix} \begin{bmatrix} X_w \\ Y_w \\ 0 \\ 1 \end{bmatrix} \tag{3.23}$$

其中,(u,v)是角点对应的图像坐标系中的像素坐标,符号~表示在齐次坐标形式下的等同关系。因为棋盘格标定板被置于世界坐标系中 $Z_w=0$ 的平面处,所以公式(3.23)进一步可以简化为如下形式:

$$\begin{bmatrix} u \\ v \\ 1 \end{bmatrix} \sim \begin{bmatrix} fm_x & 0 & p_x m_x \\ 0 & fm_y & p_y m_y \\ 0 & 0 & 1 \end{bmatrix} \begin{bmatrix} r_{11} & r_{12} & t_1 \\ r_{21} & r_{22} & t_2 \\ r_{31} & r_{32} & t_3 \end{bmatrix} \begin{bmatrix} X_w \\ Y_w \\ 1 \end{bmatrix} = \boldsymbol{H} \begin{bmatrix} X_w \\ Y_w \\ 1 \end{bmatrix} \tag{3.24}$$

其中,$\boldsymbol{H}$ 是 3×3 的矩阵。该矩阵包含9个未知数,但由于是齐次坐标表示,具有8个自由度。因此,这需要至少4对三维空间和二维图像上对应的角点进行求解。一般情况下,对应角点会多于4对,常用直接线性变换法(Direct Linear Transform,DLT)或最小二乘优化等方法来计算矩阵 $\boldsymbol{H}$。7.4.1节会详细介绍DLT方法。这些方法的本质是优化三维空间点在投影变换后与图像角点的代数或者几何误差。

参数估计是通过 $\boldsymbol{H}$ 的矩阵分解分别计算内参矩阵和外参矩阵。根据公式(3.24),矩阵 $\boldsymbol{H}$ 可以写为 $\boldsymbol{H}=[\boldsymbol{h}_1 \quad \boldsymbol{h}_2 \quad \boldsymbol{h}_3]=\boldsymbol{K}[\boldsymbol{r}_1 \quad \boldsymbol{r}_2 \quad \boldsymbol{t}]$,其中,$\boldsymbol{h}_1$、$\boldsymbol{h}_2$ 和 $\boldsymbol{h}_3$ 分别对应矩阵 $\boldsymbol{H}$ 的第1、2和3列向量,而 $\boldsymbol{r}_1$、$\boldsymbol{r}_2$ 和 $\boldsymbol{t}$ 分别对应外参矩阵的第1、2和4列向量。进一步,$\boldsymbol{r}_1=\boldsymbol{K}^{-1}\boldsymbol{h}_1$ 以及 $\boldsymbol{r}_2=\boldsymbol{K}^{-1}\boldsymbol{h}_2$。由于 $\boldsymbol{r}_1$ 和 $\boldsymbol{r}_2$ 是旋转矩阵 $\boldsymbol{R}_{3\times3}$ 的列向量,那么它们满足约束条件 $\boldsymbol{r}_1\cdot\boldsymbol{r}_2=0$ 和 $\boldsymbol{r}_1\cdot\boldsymbol{r}_1=1$、$\boldsymbol{r}_2\cdot\boldsymbol{r}_2=1$,从而得到关于矩阵 $\boldsymbol{K}$ 中各元素的方程。最后,外参矩阵各列向量可以表示为 $\boldsymbol{r}_1=\boldsymbol{K}^{-1}\boldsymbol{h}_1$、$\boldsymbol{r}_2=\boldsymbol{K}^{-1}\boldsymbol{h}_2$、$\boldsymbol{r}_3=\boldsymbol{r}_1\times\boldsymbol{r}_2$ 和 $\boldsymbol{t}=\boldsymbol{K}^{-1}\boldsymbol{h}_3$。这样就计算出了内参矩阵和外参矩阵所有矩阵元素的数值。

上述参数估计是对单张图像的角点投影误差进行优化求解,而不同视角下的内参矩阵需要保持一致。另一方面,通过矩阵分解计算的内参矩阵和外参矩阵,本质上是通过优化代数距离进行的计算,并没有实际的物理意义。这也就是说,获得的解是有几何上的偏差。因此,可以对更多三维空间中角点 $\boldsymbol{X}_i$ 投影到二维图像上的角点 $\boldsymbol{x}_i$ 的多视角投影误差 $\|\boldsymbol{x}_i-\boldsymbol{P}\boldsymbol{X}_i\|$ 做进一步优化。这样可以进一步提高摄像机标定的准确性。

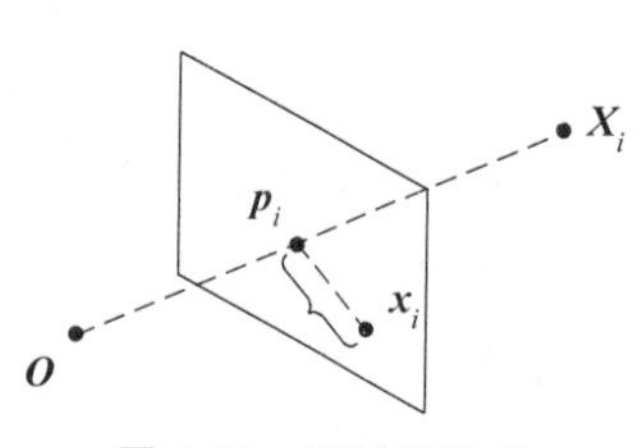

图 3.25 重投影误差

给定多视角下 n 组对应角点的二维图像坐标和三维空间点坐标,其中二维图像中的点 $\boldsymbol{p}_i$ 可以看作三维空间点 $\boldsymbol{X}_i$ 与相机所在位置 $\boldsymbol{O}$ 的连线和图像平面的交点,如图3.25所示。进一步,计算角点检测位置与其通过投影变换模型预测的成像点之间的重投影误差,将其做误差最小化处理,建立关于矩阵元素的优化模型。该过程可以通过非线性最小二乘优化进行计算,也就是求解能量函数 $E(\boldsymbol{K},\boldsymbol{R},\boldsymbol{t})=\min\limits_{P}\sum\limits_{i}\|\boldsymbol{x}_i-\boldsymbol{K}[\boldsymbol{R} \quad \boldsymbol{t}]\boldsymbol{X}_i\|^2$ 的局部最优解。数学上,这个优化问题可以使用LM算法(Levenberg-Marquardt Algorithm)进行有效求解。

2. 三角测量

通过摄像机标定后,就可以根据不同角度拍摄的图像对物体表面进行三维重建。这首先需要通过标定的内参和外参矩阵,并结合两幅或多幅图像间匹配特征点的对应关系,计算相应的三维空间坐标。

三角测量是一种最简洁的方法。它利用物体表面三维空间点 $\boldsymbol{X}$ 在两幅图像上的投射点，以及两条投射线与基准线的夹角，估计这些点在三维空间中的位置。基准线是指两个相机坐标系原点的连线，例如图3.26中的线段$\overline{OO'}$。那么，由基准线和两条投影线构成的三角形的第三个点就是三维空间中的点所在位置。但是由于摄像机拍摄图像时的成像噪声及计算误差的原因，两条射线在三维空间中可能不会产生严格意义的相交点。这时，就需要通过求解到两条射线距离最近的点作为近似交点，以此获得对应三维空间中点的位置。

如图3.26所示，假设三维空间中的点$\boldsymbol{X}$在两幅图像中的投影点分别为$\boldsymbol{p}$和$\boldsymbol{p}'$，对应的投影矩阵分别为$\boldsymbol{P}$和$\boldsymbol{P}'$，那么可以得到如下关于$\boldsymbol{X}$的等式：

$$\begin{cases}\boldsymbol{p}\times\boldsymbol{PX}=0\\ \boldsymbol{p}'\times\boldsymbol{P}'\boldsymbol{X}=0\end{cases}\tag{3.25}$$

其中，二维和三维空间中的点采用齐次坐标形式，×表示向量的叉积运算。通过求解公式(3.25)，可以得到三维空间中的点的位置。

3. 从运动恢复结构

从运动恢复结构是要将摄像机标定和三角测量的结果作为初始值，通过分析物体在不同视角拍摄图像中的运动，得到更加准确的三维模型的结构信息。这一过程通常是利用同一个三维空间点投影到不同视角图像上二维特征点的投影关系来实现，同时也能对摄像机内/外参数和三维空间坐标做进一步优化。

光束平差法(Bundled Adjustment，BA)是常用的方法之一。它是基于三维模型结构和视角参数(如相机位置、朝向、固有标定和径向畸变)的优化问题，用于获得最佳的三维坐标和摄像机外参有关的运动估计。这种方法本质上是最小化投影变换所决定的重投影误差。具体来讲，对应于如图3.27所示的一个三维空间点的重投影误差，可以采用如下公式进行优化求解：

$$\min\sum_{1}^{n}\sum_{1}^{m}\omega_{ij}\|x_{ij}-P(\boldsymbol{O}_i,\boldsymbol{X}_j)\|^2\tag{3.26}$$

其中，$\boldsymbol{x}_{ij}$表示三维空间中的点$\boldsymbol{X}_j$在第i个摄像机投影后的像素位置，ω_{ij}是和摄像机位置分布有关的权因子，$P(\cdot,\cdot)$表示对应的摄像机投影操作，$\boldsymbol{O}_i$是摄像机位置。公式(3.26)可以使用非线性最小二乘优化算法来进行最小化误差的计算，最终得到最优的投影矩阵和物体的三维结构。

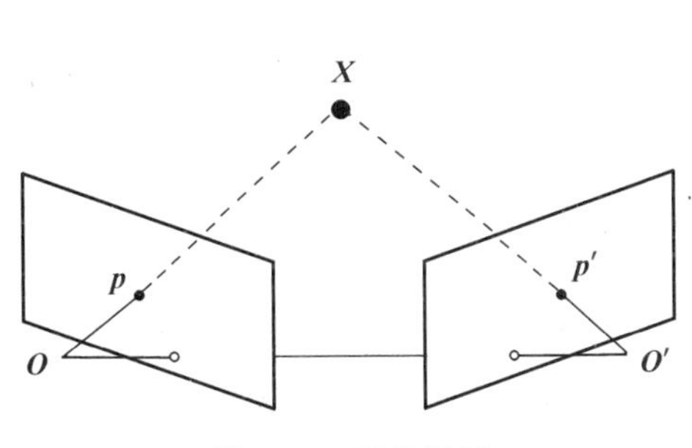

图3.26 三角测量

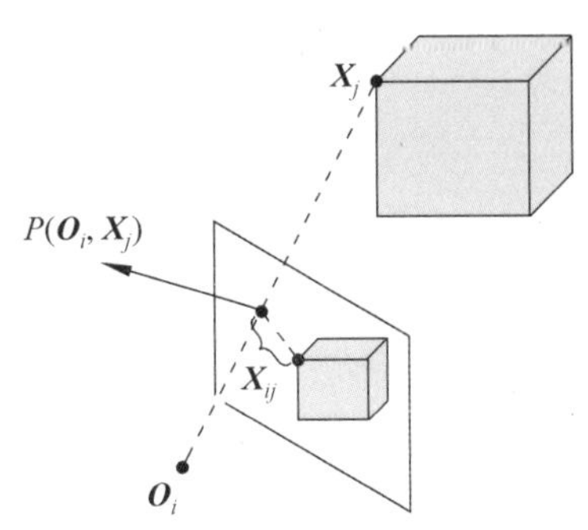

图3.27 光束平差法的重投影误差

4. 立体匹配

通过从运动恢复结构,可以得到更精确的摄像机参数和特征点的三维空间位置。然而,由特征点重建的形状通常是稀疏的点云。这主要是由于能够作为特征点的像素只是占图像的很少一部分。因此,需要对所有的像素点同时应用特征匹配标准来获取它们的三维深度值,从而得到更加稠密的三维点云模型。这个过程就是立体匹配。

极线约束是在立体匹配时常用的方法。图3.28展示了极线约束的求解方法。具体来讲,假设空间中的点 X,在两个相机成像平面上的投影点分别为 $\boldsymbol{x}_{\mathrm{L}}$ 和 $\boldsymbol{x}_{\mathrm{R}}$。这里,$\boldsymbol{O}_{\mathrm{L}}$ 和 $\boldsymbol{O}_{\mathrm{R}}$ 分别为两个相机的中心,也就是相机坐标系的原点。在极线几何中,$\boldsymbol{O}_{\mathrm{L}}$ 和 $\boldsymbol{O}_{\mathrm{R}}$ 的连线称为基线。基线和两个相机成像平面的交点 $\boldsymbol{e}_{\mathrm{L}}$ 和 $\boldsymbol{e}_{\mathrm{R}}$ 分别为极点。它们分别是两个相机中心 $\boldsymbol{O}_{\mathrm{L}}$ 和 $\boldsymbol{O}_{\mathrm{R}}$ 在对应的成像平面上的投影点。$\boldsymbol{X}$、$\boldsymbol{O}_{\mathrm{L}}$ 和 $\boldsymbol{O}_{\mathrm{R}}$ 组成的三角形所在的平面称为极平面 π。在极平面上另外取一个点 $\boldsymbol{X}_1$,那么它在两个相机平面上的投影点分别是 $\boldsymbol{x}_{\mathrm{L}}$ 和 $\boldsymbol{x}_{\mathrm{R1}}$。这里,$\boldsymbol{x}_{\mathrm{R1}}$ 和 $\boldsymbol{x}_{\mathrm{R}}$ 都在极线 l_{R} 上。这种共线性质就是极线约束。因此,当给定一点后,它的匹配点一定出现在它所对应的极线上。根据极线约束,可以将搜索空间压缩到一维的极线上。在求得极线后,对图像上沿极线方向上的像素点按照灰度相似性进行匹配,能够很方便地找出该点在对应图像上的匹配点。在此基础上,借助前面的计算,就可以恢复出该像素所对应的三维空间位置。

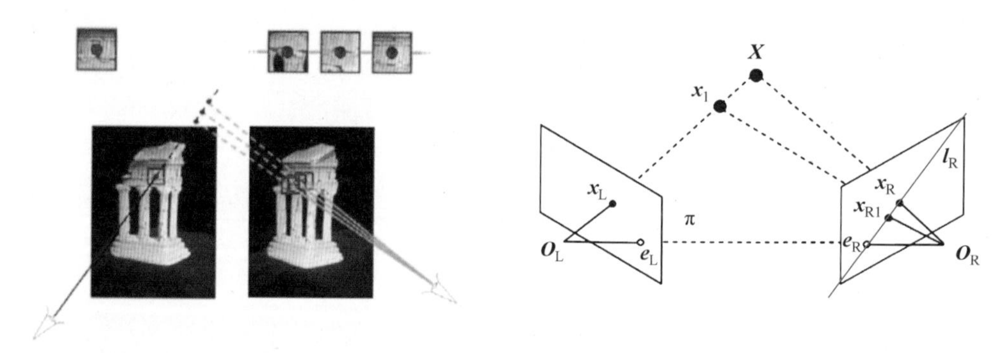

图3.28 立体匹配中的极线约束(图片来自[12])

从上述过程可以看出,多视角重建本身其实是一个病态数学问题。然而,通过摄像机标定等方式可以增加额外约束并获得初始解。这样就能够使得问题变得可以求解。从单幅图像进行三维重建则是一个高度病态的问题,因为这种情况下可用来求解的约束条件变得更加稀少。为了实现单幅图像的三维重建,需要引入更多的先验知识来增加约束条件。人工交互的方式通常认为是增加先验知识的有效手段。此外,也可以结合物体对象本身几何和物理属性,如平面、线结构、对称性等,在人工交互的基础上智能地完成三维重建。

对于拍摄视频产生的连续帧图像数据,可以采用先抽取关键帧序列图像,再通过上述多视角重建方法获取拍摄对象的三维模型。这里的关键帧序列图像既要能够从不同视角覆盖拍摄对象,又要有一定的视差变化而不会产生太多相似图像带来的信息冗余。例如,关键帧提取时可以采用帧图像在几何变换时的误差作为帧图像相似性的度量,以此抽取具有较大视差的图像作为关键帧图像。在此基础上,对关键帧序列图像进行多视角重建。

3.4.3 视觉同时定位与地图构建

同时定位与地图构建(Simultaneous Localization and Mapping,SLAM)泛指利用激光雷达、摄像机等传感器数据构建未知环境下的空间位置和运动状态(即定位,如摄像机轨迹和姿态),以及传感器所在环境的三维模型(即建图,如场景的点云数据)的技术。如果这里使用的传感器是摄像机,而采集的数据是视频图像,那么称为视觉 SLAM。前面介绍的基于图像的三维重建大多是针对已知环境下物体或场景的建模,而视觉 SLAM 则提供了在未知环境下通过视频对物体及场景对象进行建模的手段。视觉 SLAM 在构建三维模型时,也能够获得摄像机的运动轨迹和姿态等信息。

在获得摄像机拍摄的视频帧图像序列时,视觉 SLAM 主要通过前端视觉里程计(Visual Odometry)、后端优化(Optimization)、回环检测(Loop Closure Detection)和建图(Mapping)来完成相应的定位和地图构建,获得摄像机运动和场景的三维模型,如图 3.29 所示。

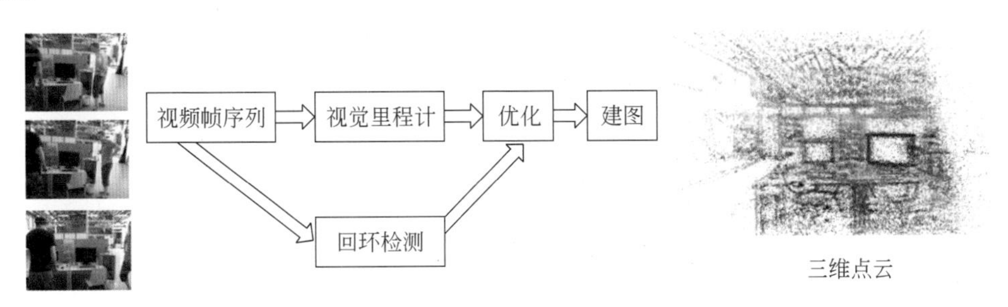

图 3.29 基于视觉 SLAM 的三维重建

1. 视觉里程计

视觉里程计,又称为前端,输入视频帧图像序列,据此估计相邻视频帧图像之间相机的运动,也就是相机姿态的变化。三维空间中的相机运动是一种刚体运动,主要包括旋转和平移两方面,由此产生视频帧图像的运动。例如后一时刻图像为前一时刻图像向左旋转 30°后得到,或者后一时刻图像为前一时刻图像向上平移 10cm 后得到。相机的运动估计可用于定位和建图。一方面,将相邻图像之间相机的运动连接起来可以得到相机的运动轨迹,称为定位;另一方面,根据每一时刻相机的位置以及像素、相机、三维空间点之间的映射关系,可以恢复场景的三维空间结构,称为建图。

视觉里程计包含直接法和特征点法两种方式。相比于直接法从图像之间差异估计相机运动,特征点法更为普遍。特征点法提取和匹配图像之间的特征点,以此估计两帧的相机运动。图像中的特征点可以采用 3.4.2 节中介绍的角点检测或其他检测方法,通过 ORB(Oriented FAST and Rotated BRIEF)描述符进行特征表示。具体来讲,对于当前帧图像 $\boldsymbol{I}$ 中的每个像素 $\boldsymbol{x}$,假设其颜色强度为 $\boldsymbol{I}_x$,那么以 $\boldsymbol{x}$ 为圆心,选取半径为 3 的圆覆盖周围的 16 个像素。如果有连续 n 个像素的强度大于 $\boldsymbol{I}_x+\delta$ 或者小于 $\boldsymbol{I}_x-\delta$(δ 是指定的阈值),那么 $\boldsymbol{x}$ 可以作为一个特征点。在此基础上,增加特征点的尺度和旋转描述符。在尺度方面,通过构建多层级的图像金字塔,并在每一层上检测角点,保证尺度不变性;在旋转方面,首先计算特征点附近邻域范围内的图像灰度质心 $\boldsymbol{c}$,然后连接图像的几何中心 $\boldsymbol{o}$

与灰度质心 $\boldsymbol{c}$ 得到向量 $\boldsymbol{oc}$,作为特征点的主方向。描述符由长度为128的二进制向量对提取的特征点所在的周围区域(邻域)进行描述,其中0和1编码代表关键点周围两个随机像素的大小关系,然后按照描述符相似性进行特征点匹配。

根据匹配的特征点,可以采用对极几何、PnP(Perspective-n-Point)和迭代最近点(Iterative Closest Point,ICP)3种方式计算帧间相机运动。对极几何方式完全使用二维帧图像信息,计算相邻两帧 $\boldsymbol{I}_1$ 和 $\boldsymbol{I}_2$ 之间的相机旋转和平移运动,分别记为 $\boldsymbol{R}$ 和 $\boldsymbol{t}$。假设 $\boldsymbol{x}_1$ 和 $\boldsymbol{x}_2$ 分别是图像 $\boldsymbol{I}_1$ 和 $\boldsymbol{I}_2$ 上匹配的一对特征点,它们都对应于同一个三维空间中的点 $\boldsymbol{X}$。根据3.4.2节中介绍的针孔相机模型,可以得到投影变换下的对应关系 $\boldsymbol{x}_1 \sim \boldsymbol{KX}$ 和 $\boldsymbol{x}_2 \sim \boldsymbol{K}(\boldsymbol{RX}+\boldsymbol{t})$。进一步消去 $\boldsymbol{X}$ 便得到了上一小节中介绍的极线约束,如图3.28所示:

$$\boldsymbol{x}_2^{\mathrm{T}} \boldsymbol{F} \boldsymbol{x}_1 = 0 \tag{3.27}$$

其中,矩阵 $\boldsymbol{F}=\boldsymbol{K}^{-\mathrm{T}}\boldsymbol{E}\boldsymbol{K}^{-1}$ 称为基础矩阵,而 $\boldsymbol{E}=\hat{\boldsymbol{t}}\boldsymbol{R}$ 称为本质矩阵,$\hat{\boldsymbol{t}}$ 是三个向量分量构成的反对称矩阵。那么,按照公式(3.29),根据两幅图像对应的特征点求解基础矩阵 $\boldsymbol{F}$,并通过矩阵分解就可以得到相机运动 $\boldsymbol{R}$ 和 $\boldsymbol{t}$。

3.4.2节中介绍的光束平差法是一种典型的PnP方式,所以这里不再赘述。ICP方式则是完全基于三维空间点对计算帧间相机运动。这些由帧图像特征点反求的三维空间点对应于各自的二维图像特征点,记为 $\{X_1, X_2, \cdots, X_n\}$ 和 $\{X_1', X_2', \cdots, X_n'\}$,那么帧间的相机运动 $\boldsymbol{R}$ 和 $\boldsymbol{t}$ 应当满足 $\boldsymbol{X}_i=\boldsymbol{R}\boldsymbol{X}_i'+\boldsymbol{t}$。假设 $\boldsymbol{X}$ 和 $\boldsymbol{X}'$ 分别是两个集合的质心,可以得到相关性矩阵 $\boldsymbol{W}=\sum_{i=1}^{n}(\boldsymbol{X}_i-\boldsymbol{X})(\boldsymbol{X}_i'-\boldsymbol{X}')^{\mathrm{T}}$。进一步对矩阵 $\boldsymbol{W}$ 做奇异值分解 $\boldsymbol{W}=\boldsymbol{U\Sigma V}^{\mathrm{T}}$,由此得到描述相机运动的旋转变换 $\boldsymbol{R}=\boldsymbol{UV}^{\mathrm{T}}$ 和平移变换 $\boldsymbol{t}=\boldsymbol{X}-\boldsymbol{RX}'$。

2. 回环检测

回环检测,又称为闭环检测,接收视频帧图像序列,检测相机是否经过之前的位置而形成的环路。如果检测到回环,则把信息提供给后端优化。回环检测主要用于解决视觉里程计过程中产生的累积漂移。这是使用视觉里程计估计相机轨迹产生的不可避免的问题。由于视觉里程计只能估计相邻视频帧图像间的相机运动,而每次估计时由于图像像素值及非线性优化收敛问题等都会产生误差。这样对于不断输入的视频帧图像序列就会导致误差的不断累积,使得相机轨迹产生偏离。如图3.30所示,左图是未使用回环检测前,相机到达原来的位置时,其定位轨迹未能与原来位置重合而存在偏差,右图是经过回环检测后,将两个位置偏差消除,形成相机轨迹闭环。

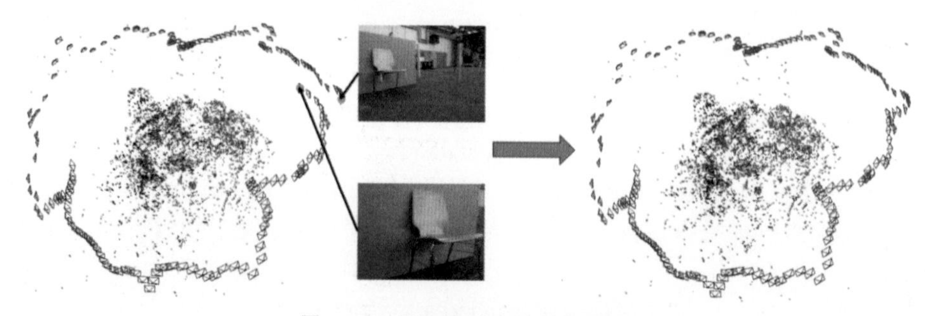

图3.30 回环检测消除累积误差

3. 优化

优化，又称为后端，接收视觉里程计估计的不同时刻的相机位姿，以及回环检测的信息，进一步对相机位姿进行优化，得到全局一致的轨迹和地图。优化主要使用滤波和非线性优化算法处理前端数据中的噪声，这些噪声主要来源于传感器的测量误差。

直接滤波主要是采用基于马尔可夫假设的卡尔曼滤波器，可以从某一时刻的状态估计推导至下一时刻的状态。非线性优化考虑之前的所有状态，进一步使用BA方法和图优化对视觉里程计得到的相机位姿和特征点对应的空间位置进行优化。这里的图是由相机的位姿作为顶点、相对位姿关系作为边构成，那么在图优化时调整顶点位置，使其尽量满足边的约束。通过这一步操作，可以对视觉里程计中获得的相机位姿进行整体的调整。

检测相机是否经过之前的位置可以使用视频帧图像间的相似性来判断。相似的帧图像内容往往对应于场景中同一个位置的场景。如果系统检测到相机经过了之前的位置，而由于累积漂移，此刻相机的估计位置会偏离实际位置，系统将检测到回环的信息传递给后端，从而在后端中调整相机的运动轨迹和场景地图。

词袋模型(Bag-of-Words，BoW)是一种常用的判断图像相似性的方法。BoW使用图像中每种特征的类别和数量来表示图像内容，BoW中的单词表示一类特征，例如“人”“车”“椅”等，所有单词组成词典，词典包含所有特征。这样通过统计单词出现的次数得到一个特征直方图，也可以表示为一个向量。由此，一幅复杂的图像可以转化为一个简单的向量，然后计算向量之间的相似度，进而通过阈值判断来检测回环。向量之间相似度计算方法很多。例如，假设帧图像$\boldsymbol{I}_1$和$\boldsymbol{I}_2$对应的BoW向量分别是$\boldsymbol{v}_1$和$\boldsymbol{v}_2$，那么两幅图像的相似度可以通过下面的公式计算：

$$s(\boldsymbol{v}_1,\boldsymbol{v}_2)=2\sum_{i=1}^{n}|\boldsymbol{v}_{1i}|+|\boldsymbol{v}_{2i}|-|\boldsymbol{v}_{1i}-\boldsymbol{v}_{2i}| \tag{3.28}$$

其中，$\boldsymbol{v}_{1i}$和$\boldsymbol{v}_{2i}$是两个BoW向量的分量。

4. 建图

建图，即构建地图的过程，在接收优化后的相机位姿后，根据估计的轨迹构建符合任务要求的三维场景结构，或者称为地图。地图分为度量地图和拓扑地图。度量地图可以描述复杂场景的三维空间信息，精确地表示地图中物体的相对位置关系。度量地图又分为稀疏地图和稠密地图。稀疏地图只关注场景中的关键部分，例如视频帧图像中二维特征点对应的三维空间点，可用于定位。稠密地图关注场景中的所有可视部分，可用于导航、路径规划等。但是度量地图存在存储空间大和度量不一致的问题。相较于度量地图，拓扑地图更加简洁紧凑，它将地图划分为节点和边，关注节点之间的连通性。但是拓扑地图无法表示复杂场景，应用受到限制，可用于定位等对地图精度要求不高的任务。开发人员可以根据任务的具体要求和实际环境，构建不同形式的地图，如栅格地图、网格地图、点云地图等。

建图中比较常见的是稠密地图重建，其中以RGB-D稠密重建为主，重建比较简单的包含位置信息和颜色信息的点云地图。点云重建使用彩色图和深度图，根据相机内参计算RGB-D点云，然后再使用相机外参直接加到点云来获得全局的点云重建结果。重建的过程中也会使用外点去除滤波器和体素网格的降采样滤波器等进行滤波处理，以达到更好的重建效果。外点去除滤波器通过统计每个点与距离它最近的 N 个点的距离值,去掉距离均值较大的点。体素网格的降采样滤波器使用体素网络滤波,保证在固定大小的体素内仅有一个点,相当于对二维空间进行降采样,大大节省了存储空间。比点云重建更复杂的是网格重建。网格重建通常首先计算点云的法线,再从法线恢复出三维网格。

视觉 SLAM 在无人驾驶、智能机器人等应用中有着重要作用,甚至有些无人驾驶系统完全采用视觉 SLAM 实现了完全自动驾驶(Full-Self Driving,FSD)。

3.4.4 基于激光测距的三维重建

这种方式是利用激光测距工作的原理,通过记录被测物体表面大量的、稠密的三维坐标、反射率和纹理等信息,直接获取物体的三维模型。

基于激光测距的三维重建首先使用三维扫描仪采集物体表面的点云数据,并通过视点规划来选择合适的位姿以消除由于遮挡所导致的点云空洞。然后,把从多个视点扫描得到的点云数据经过配准转换到同一个坐标系下,合并成为一个完整的物体表面点云模型。接着,利用点云重建算法得到连续的网格形式的三维模型。最后,结合纹理映射等方式可以进一步对模型添加颜色等信息。对于物体表面数据的扫描获取,已经可以通过成熟的硬件和软件实现。现阶段三维重建的主要问题是从离散点云到连续网格的转换,也就是点云网格化。

数学上,点云网格化可以看作是采用 C^0 连续的多面体插值或者拟合离散的点云,从而精确或近似地表现物体表面的三维形状。例如在图 3.31 中,点云数据经过三维重建后表示成三角形面片组成的网格。经典的点云网格化方法有 Marching Cube 方法、Delaunay 三角化方法、移动最小二乘拟合方法、泊松方法等。其中,Marching Cube 方法和 Delaunay 三角化方法属于计算几何的方法,而移动最小二乘拟合方法和泊松方法则是借助显式或隐式函数来对物体表面形状进行三维重建。

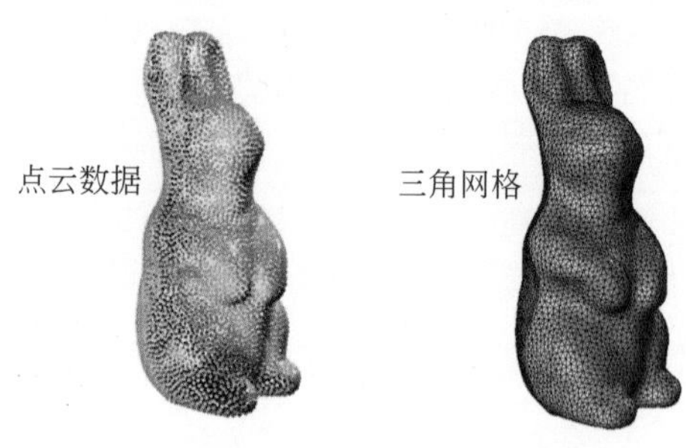

图 3.31 点云网格化

1. Marching Cube 方法

三维模型的表面可以看作物体内部和外部的分隔面。如果存在某一个函数 f,使得外部的点取值为负,内部的点取值为正,那么模型表面就可以看作 f 取值为 0 的点构成的集合,称为等值面。Marching Cube 方法则是通过构造函数等值面的网格化表示进行三维重建,由美国 GE 公司的 William Lorensen 和 Harvey Cline 于 1987 年最早提出。数学上,二维平面上的等值线采用隐式表达式 $f(x,y)=0$ 表示,而三维空间中的等值面采

用隐式表达式 $f(x,y,z)=0$ 表示。该方法早期处理的对象一般是断层扫描(CT)、磁共振成像(MRI)等产生的三维图像,但对于后期出现的三维激光扫描数据也同样适用。

图3.32展示了二维平面上通过 Marching Cube 构造等值面网格化表示的过程。图中所示物体内部区域用绿色表示,外部区域用白色表示,物体表面轮廓则是通过需要寻找的多边形来表示。首先,平面被划分为大小相等的正方形,每个正方形对应4个顶点,按照0～3的顺序建立索引。这4个顶点被物体轮廓分隔为外部点(蓝色)和内部点(红色)。然后,对于每个正方形所包含的内部和外部点,分析轮廓与正方形4条边相交的情况,将表面轮廓转化为线段表示。

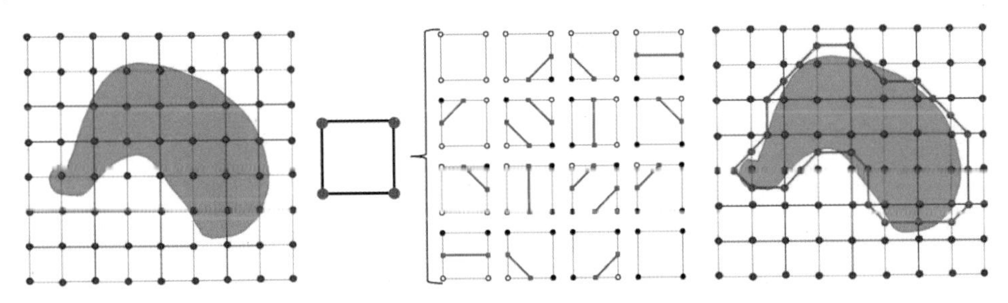

图3.32　二维平面上的 Marching Cube 示例

在图3.32中,根据正方形顶点所在的内部和外部区域,表面轮廓和正方形4条边相交可以分为16种情况。例如,如果4个顶点都在外部,那么该正方形内没有多边形的边。如果左上角顶点(索引值0)在内部,其余顶点(索引值1、2、3)在外部,那么该正方形内部有一条连接边0-1和边3-0中点的线段,将作为轮廓多边形的一条边。以此类推,可以将轮廓转化为多边形表示,完成二维平面上的网格化。

三维空间中的等值面网格化也是类似过程。这里的等值面对应于三维重建物体的表面,进行离散采样后的点云数据作为输入。Marching Cube 方法首先将其分割为多个小立方体,这样相邻的8个顶点则会构成一个立方体,如图3.33所示。每个立方体的8个顶点按照顺序进行编号,建立0～7的顶点索引。根据立方体8个顶点在物体内外部的分布,总共有 $2^8=256$ 种情况。这些不同情况之间有一些是彼此等价,最终可以转化为图3.33所示的15种等值面和立方体相交的情况。然后,按扫描线顺序在每个立方体中构建等值面的近似平面表示,以此作为采样点的三维重建表面,将所有立方体内的平面相连得到完整

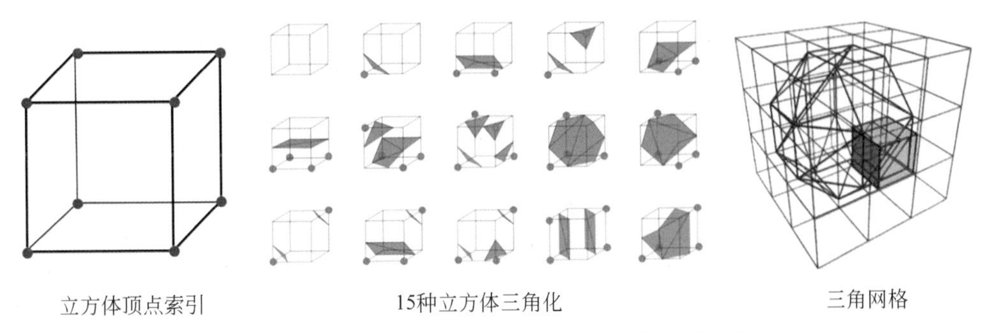

图3.33　Marching Cube 方法中的立方体及网格化

的三维网格。在图3.33中,右侧每个立方体(绿色)中蓝色三角形就组成了重建的三角网格。

2. Delaunay 三角化方法

该方法利用计算几何中Delaunay/Voronoi图进行点云的网格化。Delaunay图是对离散点集进行三角剖分的一种方法,也就是通过三角形的边构建离散点之间的连接关系。数学上,三角剖分对应于离散点集的图表示。以平面上的三角剖分为例,假设$\boldsymbol{V}=\{\boldsymbol{v}_i\}$是平面上的有限离散点集,$\boldsymbol{E}=\{\boldsymbol{e}_i\}$是由点集中的点作为端点构成的边线段的集合,那么该点集$\boldsymbol{V}$的三角剖分$\boldsymbol{T}=(\boldsymbol{V},\boldsymbol{E})$是满足如下条件的平面图:

(1) 除了边的两个端点,$\boldsymbol{E}$中的边不包含$\boldsymbol{V}$中其他任何点;

(2) $\boldsymbol{E}$中没有相交的边;

(3) $\boldsymbol{T}$中所有的面都是三角形,所有三角面的合集是$\boldsymbol{V}$的凸包。

给定一个离散点集后,其对应的三角剖分通常情况下并不唯一。图3.34展示了两种不同的三角剖分结果。Delaunay图所对应的三角剖分遵循"最小角最大"和"空外接圆"准则。"最小角最大"是指Delaunay图对应的三角剖分中三角形的最小角是所有三角剖分结果中最大的,因而避免了出现狭长三角形。"空外接圆"是指Delaunay图中任意三角形的外接圆内不包含其他点。图3.34中左侧三角剖分的结果中存在三角形的外接圆包含其他点,而在右侧Delaunay图中则不存在这种情况。因此,Delaunay图通常能够使得三角化的三角网格具有良好的几何规整性。

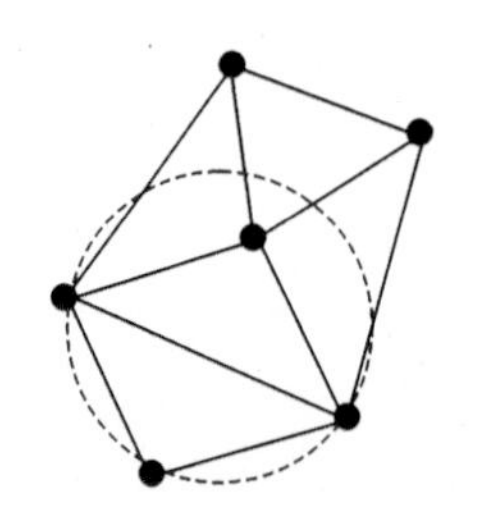
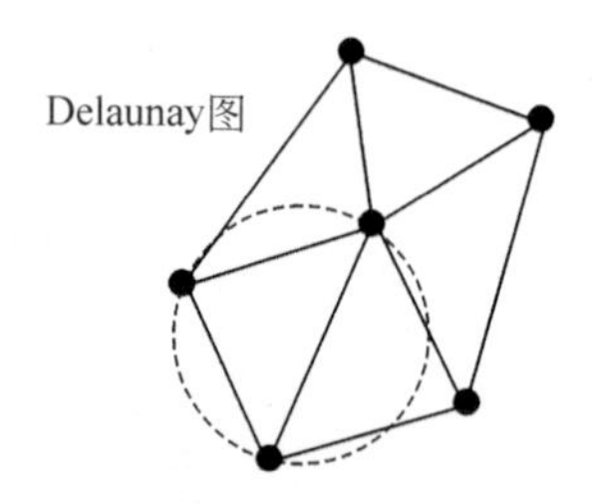

图3.34 离散点集的三角剖分

Delaunay图的构造是计算几何的经典问题,而大部分的Delaunay图构造算法是通过逐点插入来实现,典型的有Lawson算法和Bowyer-Watson算法。这些算法都已经成熟,并被收入很多的算法库,因而本书中不再过多介绍。

Voronoi图则是Delaunay图的对偶图:每个Delaunay三角形对应于一个Voronoi图的顶点;相邻Delaunay三角形对应Voronoi顶点的连线作为Voronoi图的边(如图3.35(a)所示的绿色多边形)。这些三角形的几何中心也成为Voronoi图的顶点(如图3.35(a)所示的红色顶点)。Voronoi图可以看作依据离散点集中的点的分布做区域划分,使得每个点位于各自的一块区域内,称为Voronoi区域。

在对三维空间采样的点云数据做网格化时,首先计算点云数据对应的三维Voronoi图,其顶点作为和采样点相对应的极点(如图3.35(b)中所示的红色点)。然后,连同极点和采样点再做一次三维空间中的Delaunay三角剖分。图3.35(b)是在二维平面上对离散点集和极点做Delaunay三角剖分的示意图。根据这种三角剖分的结果,从中抽取出两个

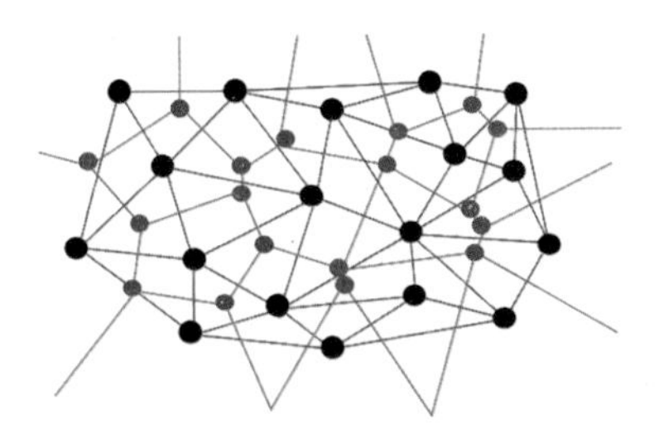

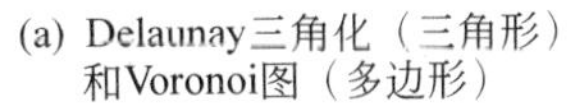

(a) Delaunay三角化（三角形）和Voronoi图（多边形）　　(b) 基于 Delaunay 图的网格化

图 3.35　Delaunay 图及点云网格化(图片来自[13])

顶点都是采样点的三角形的边,构成重建的多边形。而对于三维空间中采样的点云数据,则是抽取出三个顶点都是采样点的三角形。这样就形成了离散的三角面片集合,得到网格化结果。

3. 移动最小二乘拟合方法

该方法利用移动最小二乘(Moving Least Squares)函数来对三维点云数据进行函数拟合,其本质是一种基于局部多项式拟合或插值给定型值点集的方法。移动最小二乘是一种广义的(加权)最小二乘法方法,也是从一组离散的采样点集构造连续函数的方法。

假设 n 维欧氏空间中的函数 $f:\mathbb{R}^n \to \mathbb{R}$,有限个空间中的点 $\boldsymbol{x}_{i\in I} \in \mathbb{R}^n$ 对应于一组采样点集合 $S=\{(\boldsymbol{x}_i, f_i) \mid f(\boldsymbol{x}_i)=f_i\}$,那么定义在 S 上的移动最小二乘函数 $\widetilde{f}$ 满足:

$$\widetilde{f}(\boldsymbol{x})=f_x(\boldsymbol{x})=\min_{f_x \in \prod_m^n} \sum_i \rho(\|\boldsymbol{x}-\boldsymbol{x}_i\|)\|f_x(\boldsymbol{x}_i)-f_i\|^2 \tag{3.29}$$

其中,$\prod_m^n$ 表示定义在 n 维空间的至多 m 次的多项式集合,ρ 是作为权重系数的单调函数。从公式(3.29)的定义可以看出,移动最小二乘函数是逐点定义、距离加权的多项式函数。例如图 3.36 中平面上的离散点集,通过在点集的每一个局部区域(如图 3.36 左图中所示的红色和蓝色椭圆区域)内计算公式(3.29)所定义的二次多项式曲线,就可以得到分段多项式曲线的组合来拟合平面上的离散点集。如果 $f_x(\boldsymbol{x}_i)=f(\boldsymbol{x}_i)$ 是一般的多项式,那么公式(3.29)定义的函数是加权最小二乘函数,而进一步,当 $\rho(\|\boldsymbol{x}-\boldsymbol{x}_i\|)=1$ 时,就变成了最小二乘函数。

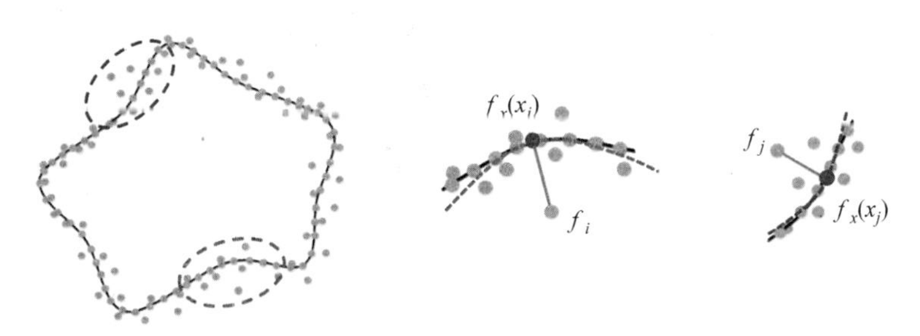

图 3.36　移动最小二乘函数拟合

借助移动最小二乘函数拟合，可以对三维空间中的点云数据构造连续函数进行三维重建。假设三维空间中的 N 个点，如果采用高斯函数作为权重函数，那么公式(3.29)变成：

$$\widetilde{f}(\boldsymbol{X}) = \min_{f_X \in \prod_m^n} \sum_{i=1}^{N} e^{-\| x-\boldsymbol{P}_i \|^2/h^2} \| f_{\boldsymbol{X}}(\boldsymbol{X}_i) - \boldsymbol{P}_i \|^2 \tag{3.30}$$

其中，h 是指定的常数作为高斯函数的方差，$\boldsymbol{P}_i$ 表示三维空间中离散采样点，$\widetilde{f}(\boldsymbol{X})$是定义在三维空间中的向量函数，表示了三维空间中的曲面。通过该函数可以度量拟合函数和插值点的几何误差，那么借助几何误差最小化来找到对应每个点的最优函数 $f_{\boldsymbol{X}}$，并通过投影可以得到每个点 $\boldsymbol{X}_i$ 所对应的重建表面上的点。如图 3.37 所示，通过移动最小二乘拟合的重建表面具有比较好的光滑性，而且对于局部几何细节的重建也相对准确。

图 3.37　移动最小二乘方法重建的三维模型

4. 泊松方法

该方法利用隐式函数的等值面表示物体表面，通过求解泊松方程获得物体表面的三维形状。如图 3.38(a)所示，给定三维空间中一个物体表面离散采样的有向点集 $\boldsymbol{M}=\{\boldsymbol{X}_i, \boldsymbol{n}_i\}$，也就是具有法向信息的三维点云，其中，$\boldsymbol{n}_i$ 是每个点的法向。这样每个采样点都可以定义一个指向物体内部的方向，如法向的反方向。该物体对应于一个定义在三维空间中的指示函数 $\chi_{\boldsymbol{M}}$。该函数在模型内部的点取值为 1，外部的点取值为 0，而对应于物体表面上的点的函数梯度和法向一致。图 3.38(b)展示了对应于图 3.38(c)中紫色截面的指示函数。这样待重建的三维物体形状需要满足梯度方程$\nabla \chi_{\boldsymbol{M}}(\boldsymbol{X}_i)=\boldsymbol{n}_i$，其中，$\nabla$是定义在三维空间中的梯度算子，即$\nabla \chi_{\boldsymbol{M}}=(\partial \chi_{\boldsymbol{M}}/\partial x, \partial \chi_{\boldsymbol{M}}/\partial y, \partial \chi_{\boldsymbol{M}}/\partial z)$。

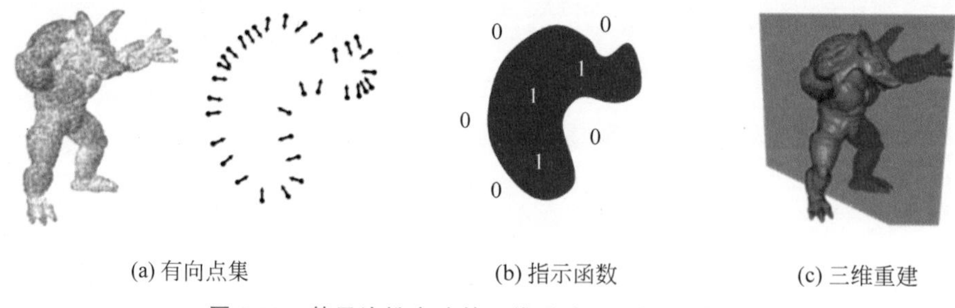

(a) 有向点集　　(b) 指示函数　　(c) 三维重建

图 3.38　基于泊松方法的三维重建(图片来自[13])

上述梯度方程是典型的偏微分方程。然而通常情况下，法向不具有积分性质，导致无法直接求解偏微分方程得到指示函数。为此，进一步对梯度方程求导，转化成如下所示的泊松方程：

$$\nabla^2 \chi_{\boldsymbol{M}}(\boldsymbol{X}_i) = \Delta \chi_{\boldsymbol{M}}(\boldsymbol{X}_i) = \nabla \cdot \boldsymbol{n}_i \tag{3.31}$$

其中，∇是定义在三维空间中的散度算子，相应的重建曲面对应于泊松方程的解。通过数值求解该方程，并提取0和1之间的等值面即可获取重建的三维形状，如图3.38(c)所示。泊松重建的网格是封闭的，在其表面可以不出现空洞。

3.4.5 基于Kinect的三维重建

基于Kinect的三维重建是一种典型的基于结构光的主动式方法。Kinect是Microsoft公司在2010年左右推出的体感设备，最早用于Xbox游戏操作。它提供了一种基于人体姿态的非接触式交互方式。作为该设备的核心功能，Kinect搭载有一个彩色摄像头、一个红外发射器以及一个红外摄像头，如图3.39所示。该设备能够实现场景深度的实时捕捉，获得RGB-D数据。

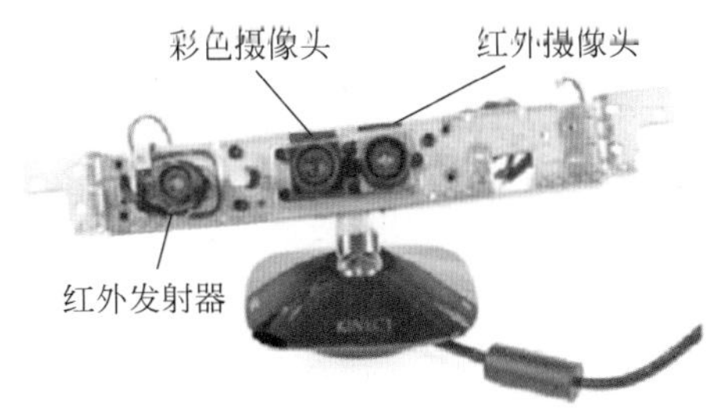

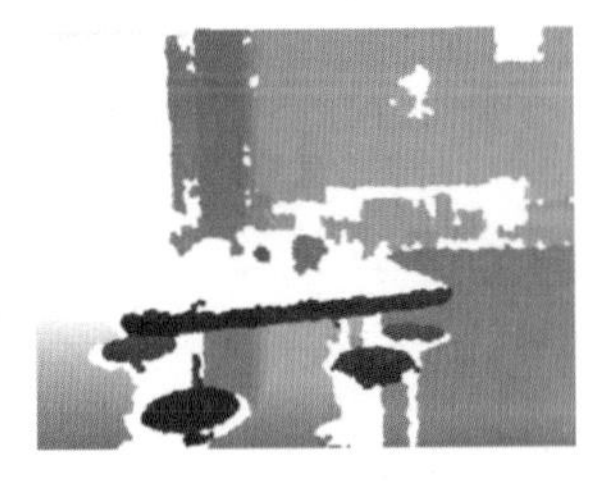

图3.39 Kinect设备及拍摄的彩色和深度图像(图片来自[16])

红外发射器发射激光散斑，那么空间中不同位置的散斑成像图案都是不同的。只要在三维空间中发射这样的结构光，整个空间就都被做了标记。如果把一个物体放入空间，通过拍摄物体表面上的散斑图案，那么就可以推测其空间位置，也就是获取了场景深度。由于深度测量的精度与物体离Kinect的实际距离成反比，当距离超过3m时，获取的深度精度通常会大大降低。因此，Kinect仅适用于室内环境下体积较小物体的三维重建。

KinectFusion是目前广泛使用的基于Kinect的三维重建方法。该方法采用一台围绕物体移动的Kinect，实时重建物体的三维模型。不同于深度图的简单拼接，KinectFusion方法的特性在于：如果对物体进行持续的扫描，三维重建精度可以由粗到细、自适应地逐渐提高。该方法主要包括深度图转换、姿态配准、立体空间融合、模型绘制四个步骤。

1. 深度图转换

如图3.40所示，该步骤将Kinect中获取的原始深度帧数据转换为和Kinect摄像头朝向一致的点云数据，也就是转换到相机坐标系中。由于RGB摄像机和红外摄像头在同一个载体上，利用RGB摄像机的内参矩阵进行变换即可实现相应的转换。同时也将RGB彩色图的像素和深度图的深度信息建立了关联，从而获得物体表面相关的法向、纹理等信息。

具体来讲，假定在t时刻对应的第t帧获取的RGB-D数据为$\{I_t(\boldsymbol{u}), D_t(\boldsymbol{u})\}$，$I_t(\boldsymbol{u})$和$D_t(\boldsymbol{u})$分别表示该时刻对应的彩色图像和深度图像，$\boldsymbol{u}=(x, y)$为图像中的像素点坐

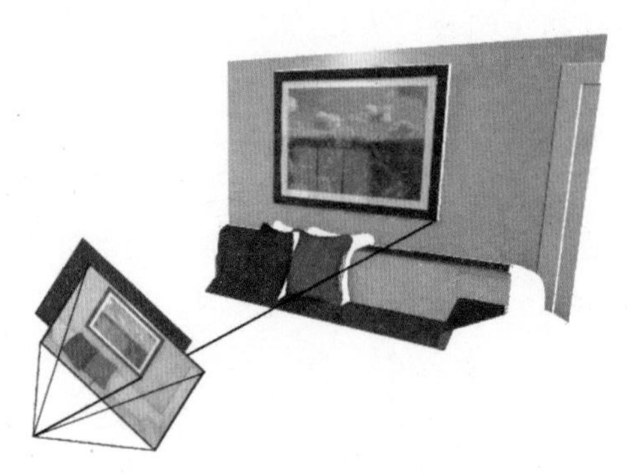

图 3.40 深度图转换

标。根据 Kinect 相机的内参矩阵 $\boldsymbol{K}_{3\times3}$，计算位于当前相机坐标系下该像素点对应的三维点数据 $\boldsymbol{v}_t(\boldsymbol{u})=D_t(\boldsymbol{u})K^{-1}[\boldsymbol{u},1]$，并将 $\boldsymbol{u}$ 点的颜色数据 $I_t(\boldsymbol{u})$ 赋值给 $\boldsymbol{v}_t(\boldsymbol{u})$，从而得到朝向一致的带颜色纹理的点云数据 $V_t(\boldsymbol{u})=\{\boldsymbol{v}_t(\boldsymbol{u}),I_t(\boldsymbol{u})\}$。相应地，可按照下面公式计算每个三维点 $\boldsymbol{v}_t(\boldsymbol{u})$ 处的法向：

$$\boldsymbol{n}_t(\boldsymbol{u})=(\boldsymbol{v}_t(x+1,y)-\boldsymbol{v}_t(x,y))\times(\boldsymbol{v}_t(x,y+1)-\boldsymbol{v}_t(x,y)) \tag{3.32}$$

上述法向进一步归一化为单位向量 $\bar{\boldsymbol{n}}_t(\boldsymbol{u})=\boldsymbol{n}_t(\boldsymbol{u})/|\boldsymbol{n}_t(\boldsymbol{u})|$，从而得到与当前时刻的彩色图像对应的三维点云的法向数据 $\boldsymbol{N}_t(\boldsymbol{u})=\{\bar{\boldsymbol{n}}_t(\boldsymbol{u})\}$。

2. 姿态配准

这一步将不同时刻的帧所对应的深度图进行对齐。数学上，这是计算不同深度图之间的刚体变换，使得变换后的深度和其他帧上彼此对应的点的深度相吻合，从而计算出每帧深度图相对位置姿态。目前大多采用经典的迭代最邻近点 ICP 优化方法。KinectFusion 也采用基于 RGB-D 数据的 ICP 方法进行姿态配准。

首先，根据上一次迭代求得的姿态变换 $\boldsymbol{T}_{t-1}$，作为当前时刻相机姿态的初始值。然后采用投影匹配算法，计算当前深度图转换的点云数据与上一帧点云数据之间的匹配对应关系。

如图 3.41 所示，对于当前时刻 t 的 RGB-D 数据以及转化的点云数据 $\boldsymbol{V}_{t-1}$，投影匹配的目标是计算每个像素坐标点 $\boldsymbol{u}$ 在上一时刻的 RGB-D 数据中的对应点 $\boldsymbol{u}'$。首先，根据深度图转换，计算像素点 $\boldsymbol{u}$ 对应的三维点 $\boldsymbol{X}\in\boldsymbol{V}_t$。然后根据前面计算的姿态 $\boldsymbol{T}_{t-1}$ 将 $\boldsymbol{X}$ 投影到上一时刻图像上的 $\boldsymbol{u}'$ 点，其相应的三维点为 $\boldsymbol{X}'\in\boldsymbol{V}_{t-1}$。如果 $\boldsymbol{X}$ 与 $\boldsymbol{X}'$ 之间的欧氏距离 $|\boldsymbol{X}-\boldsymbol{X}'|$ 以及法向 $\boldsymbol{n}$ 和 $\boldsymbol{n}'$ 之间的点积 $n\cdot\boldsymbol{n}'$ 均小于给定阈值，则认为 $\boldsymbol{n}'$ 是 $\boldsymbol{n}$ 的对应点，否则不是对应点。

最后根据匹配对应关系，通过极小化匹配点到切平面的距离，计算更准确的相机姿态 $\boldsymbol{T}_t$。这里需要极小化的目标能量函数是

$$E(\boldsymbol{T}_t)=\sum_{u}|(\boldsymbol{T}_t\boldsymbol{v}_t(\boldsymbol{u})-\boldsymbol{v}'_{t-1}(\boldsymbol{u}'))^{\mathrm{T}}\cdot\boldsymbol{n}_t(\boldsymbol{u})|^2 \tag{3.33}$$

该函数可以通过线性最小二乘优化方法，转化成线性方程进行迭代求解，直到目标函数误差小于设定的阈值。此外，这个求解过程可以使用 GPU 进行高效并行处理，进而实时获得关于 $\boldsymbol{T}_t$ 的姿态估计结果。由此计算的最优相机位姿即为当前时刻相机姿态的最

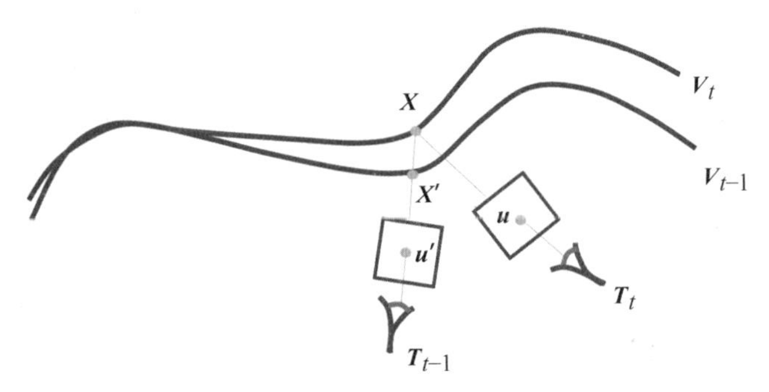

图 3.41 投影匹配

优估计。

3. 立体空间融合

在对每帧 RGB-D 数据进行姿态配准后，KinectFusion 采用立体空间融合方式将所有的 RGB-D 数据按照计算得到的相机姿态，融合到三维空间中。如图 3.42 所示，KinectFusion 采用截断符号距离函数(Truncated Signed Distance Fusion，TSDF)表示三维空间的几何信息。TSDF 是定义在三维空间的隐式函数，其中如果三维点 $\boldsymbol{X}$ 到物体表面距离未超过预设的阈值 μ，则 TSDF($\boldsymbol{X}$)=0。否则，如果 $\boldsymbol{X}$ 位于物体内部，那么 TSDF($\boldsymbol{X}$)=d；如果位于物体外部，则 TSDF($\boldsymbol{X}$)=$-d$。这里，d 为点 $\boldsymbol{X}$ 到物体表面的距离。在实际的计算过程中，KinectFusion 采取将三维空间划分成三维网格体素的形式，将截断符号距离函数 TSDF 离散成 TSDF 体素场[$F(\boldsymbol{X})$,$W(\boldsymbol{X})$]，其中 $F(\boldsymbol{X})$和 $W(\boldsymbol{X})$分别是 $\boldsymbol{X}$ 点处的 TSDF 函数值和相应的权重。进一步，KinectFusion 采用对离散 TSDF 体素场 $F(\boldsymbol{X})$进行增量式融合的方式，将深度数据融合到立体空间。

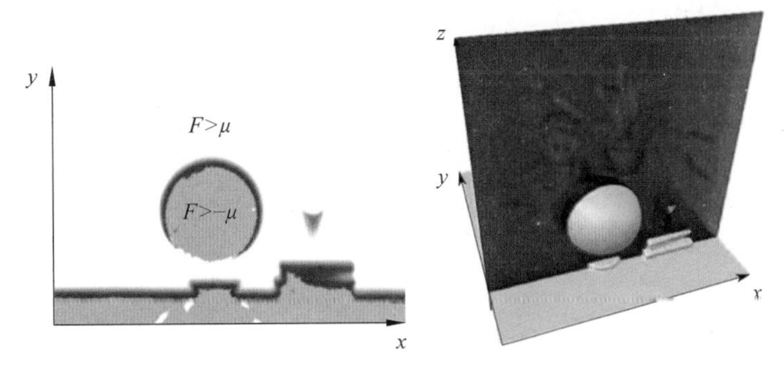

图 3.42 截断符号距离函数 TSDF(图片来自[16])

具体而言，对于当前时刻 t 的深度数据 $\boldsymbol{D}_t$ 和相机姿态 $\boldsymbol{T}_t$，首先使用如下公式对离散 TSDF 体素场[$F(\boldsymbol{X})$,$W(\boldsymbol{X})$]进行计算：

$$
\begin{aligned}
&F(\boldsymbol{X})=\Psi(\lambda^{-1}(|\boldsymbol{t}_g-\boldsymbol{X}|_2-D_t(\boldsymbol{X})))\\
&\lambda=|\boldsymbol{K}^{-1}\pi(\boldsymbol{K}T_t^{-1}\boldsymbol{X})|_2\\
&\Psi(\eta)=\begin{cases}\min(1,\eta/\mu)\operatorname{sgn}(\eta) & \eta\geqslant-\mu\\ \text{null} & \eta<-\mu\end{cases}
\end{aligned}
\tag{3.34}
$$

其中，$\boldsymbol{K}$ 是相机的内参矩阵，$\boldsymbol{t}_g$ 是姿态矩阵 $\boldsymbol{T}_t$ 的平移向量，$\pi(\cdot)$是相机投影矩阵，μ 是 TSDF 函数中设定的阈值。在此基础上，对于所有非空的 $F(\boldsymbol{X})$体素点，按照下述公式更新其离散的 TSDF 场$[F(\boldsymbol{X}),W(\boldsymbol{X})]$：

$$F_t(\boldsymbol{X})=\frac{W_{t-1}(\boldsymbol{X})F_{t-1}(\boldsymbol{X})+W(\boldsymbol{X})F(\boldsymbol{X})}{W_{t-1}(\boldsymbol{X})+W(\boldsymbol{X})} \tag{3.35}$$

以及

$$W_t(\boldsymbol{X})=W_{t-1}(\boldsymbol{X})+W(\boldsymbol{X}) \tag{3.36}$$

由此便得到立体空间融合结果。

4. 模型绘制

在离散 TSDF 场$[F_t(\boldsymbol{X}),W_t(\boldsymbol{X})]$的基础上，KinectFusion 基于光线跟踪的思想，通过投射光线与体模型的相交运算，得到模型表面对应交点位置、法向等参数。然后，利用光线跟踪方法对模型进行真实感绘制。同时，结合捕获的颜色等信息，使得绘制的模型外观更加生动。光线跟踪的具体算法将在第 5 章真实感绘制中详细介绍。

具体而言，KinectFusion 首先使用光线跟踪方法，从当前绘制视角的每条入射光线出发，计算光线与物体表面相交的点 $\boldsymbol{X}$，即位于 $F_t(\boldsymbol{X})=0$ 处的点，从而得到物体表面点集合 $S=\{\boldsymbol{X}\}$。对于每个物体表面点 $\boldsymbol{X}$，计算 TSDF 函数的梯度$\nabla F(\boldsymbol{X})=\left[\frac{\partial F}{\partial x},\frac{\partial F}{\partial y},\frac{\partial F}{\partial z}\right]$，作为该点处的法向。然后，入射光线在图像平面的像素坐标颜色值，赋值给 $\boldsymbol{X}$ 点作为颜色值。最后使用该颜色对模型进行着色。图 3.43 展示了使用 KinectFusion 重建后几何模型的绘制效果。

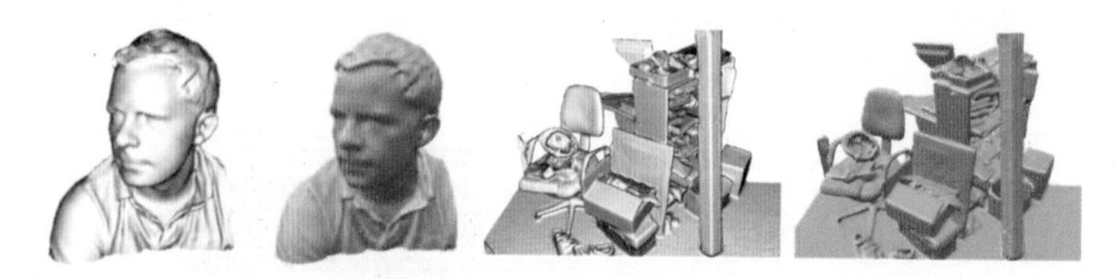

图 3.43 KinectFusion 重建结果的绘制效果（图片来自[16]）

3.5 几何数据结构

计算机内部需要采用合适的数据结构对几何建模的过程和结果进行表示和存储。这里的数据结构是指在计算机内部表示、存储几何模型的数据组织形式。常见的数据结构有层次模型、构造实体几何模型、八叉树模型、边界模型、体素模型等，需要根据实际的应用场合选择合适的数据结构。其中，层次模型、构造实体几何模型、八叉树模型属于实体造型中的常用数据结构，侧重于建模的规则，以及模型的物理真实程度，而不仅仅是视觉和仿真上的精确性。边界模型则主要是面向计算机动画、计算机仿真等应用中的三维形状，追求视觉上的真实感和仿真效果。体素模型属于离散化的隐式表示模型，通过将三维空间划分为稠密的体素块，并存储每个体素块中心位置的隐式函数值的形式，可对三维模型在任意分辨率、任意拓扑结构情况下进行存储和表示。接下来，介绍构造实体几何模型、边界模型和体素模型三种典型的数据结构。

3.5.1 构造实体几何模型

构造实体几何模型(Constructive Solid Geometry，CSG)，是通过元几何体素及其布尔操作来描述三维形状，从而把复杂实体构造转化为一些有序的简单实体的布尔运算。这里的元几何体素包括长方体、球体、圆柱体、圆锥体、圆环体等，布尔操作则包括并、交、差等正则集合运算，分别用符号∪、∩、－表示。图 3.44 展示了两个体素在不同布尔操作下的运算结果。

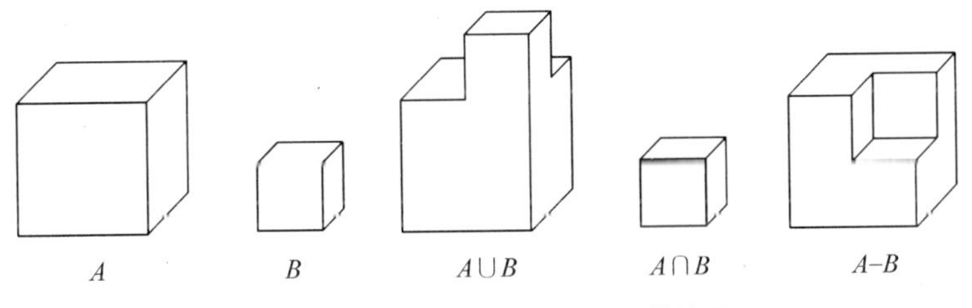

图 3.44 元几何体素的布尔运算结果

构造实体几何模型的优点是具有非常高的数学精确性，能够有效表示固体或者密闭物体的模型，因此广泛应用于 CAD/CAM 等系统。但其缺点也很明显，表示形式复杂，而且表示的物体大多是具有规则外形的机械零件等形状。

3.5.2 边界模型

这是一种采用几何元素列表描述多面体网格的数据结构，又称为边界表示法(B-rep)。与构造实体几何模型不同，边界表示法显式地记录了构成模型的外形信息，一般采用顶点、边、面等作为基本几何元素。其中，简单边界模型和半边模型是两种典型的数据结构。

1. 简单边界模型

简单边界模型只记录最基本的顶点、面的信息。其中，顶点信息可以包括空间坐标、纹理坐标、法向等，而面信息主要记录构成一个多边形面片的顶点序列。以图 3.45 中的三角网格为例，它是由三角形面片组成的多面体。对于每个顶点 $\boldsymbol{v}$，记录其三维空间坐标 (v_x, v_y, v_z)。如果三维模型具有纹理和法向信息，那么也可以记录相应的二维纹理坐标 (t_x, t_y) 和三维法向 (n_x, n_y, n_z)。对于每个三角形面片，记录其三个顶点的索引 $\{v_1, v_2, v_3\}$。如果三维模型具有纹理和法向信息，那么也可以追加三个顶点对应的纹理坐标和法向的索引，即 $\{v_1, v_2, v_3, t_1, t_2, t_3, n_1, n_2, n_3\}$。

简单边界模型最常见的数据结构是由一个共享的顶点列表和一个存储指向它的顶点的指针列表构成。简单边界模型的优点是简单、方便构造；但其缺点也明显，复杂数据操作困难，尤其体现在不容易获得属于不同面片的顶点、边等几何元素之间的相邻关系，以及快速地执行插入/删除操作。

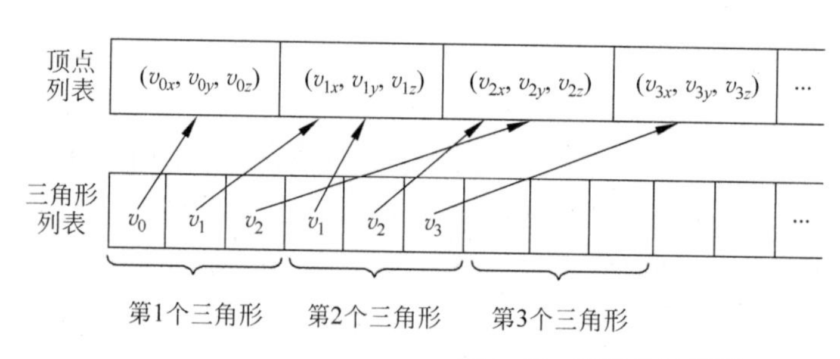

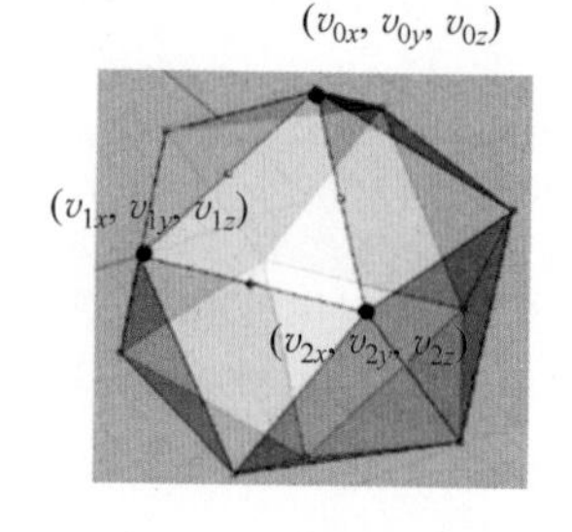

图 3.45 简单边界模型

例题 3-7 三维物体的简单边界模型数据结构。

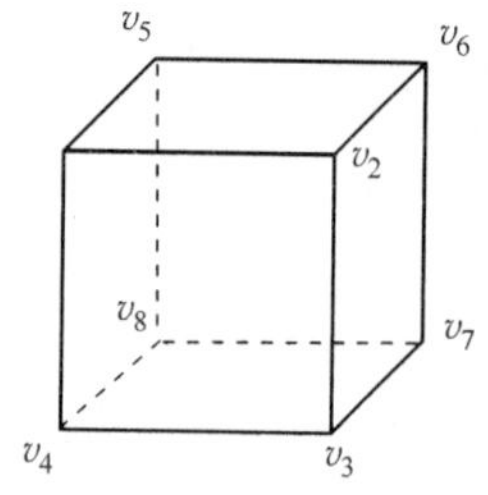

图 3.46 简单边界模型

问题：如图 3.46 所示单位立方体，假设 8 个顶点坐标分别是$v_1(0,1,1)$、$v_2(1,1,1)$、$v_3(1,0,1)$、$v_4(0,0,1)$、$v_5(0,1,0)$、$v_6(1,1,0)$、$v_7(1,0,0)$、$v_8(0,0,0)$。那么，对于顶点和面分别采用一维数组的数据结构表示该立方体的简单边界模型。

解答：单位正方体 8 个顶点对应一维数组 float V[24]，依次记录顶点的 x、y、z 坐标分量，定义为：

float V[24]={0,1,1,1,1,1,1,0,1,0,0,1,
0,1,0,1,1,0,1,0,0,0,0,0}；

此外，该正方体 6 个面都是四边形，分别是 $f_1(v_1,v_2,v_3,v_4)$、$f_2(v_2,v_6,v_7,v_3)$、$f_3(v_5,v_6,v_7,v_8)$、$f_4(v_1,v_5,v_8,v_4)$、$f_5(v_1,v_2,v_6,v_5)$、$f_6(v_4,v_3,v_7,v_8)$。那么，可以采用一维数组 int F[24]，依次记录每个面的顶点在数组 V 中的 x 坐标索引，定义为：

int F[24]={0,3,6,9,3,15,18,6,12,15,18,21,0,12,21,9,0,3,15,12,9,6,18,21}；

这里，第 n 个顶点对应的 x 坐标在数组 V 中的索引为$(n-1)\times3$。通过 V 和 F 两个数组，就可以直接获得立方体的每个面所包含的顶点及其坐标信息。

□

2. 半边模型

半边模型的主要特点是将三维网格的一条边表示成两条具有相反指向的半边。因此，对应于同一条边的两个半边具有相反的方向，如图 3.47 所示。一般情况下，半边记录相应的顶点、下一个半边、前一个半边、相邻面片等信息。因此，从半边模型可以很容易得到各种几何元素之间的相邻关系。以图 3.47 为例，基于半边模型的数据结构可以使用顶点或半边作为主要索引。其中，如图 3.47(b)所示，以顶点为主要索引的半边数据结构记录顶点的三维空间坐标、指向的半边等信息。以半边作为主要索引的半边数据结构记录开始顶点、相反半边、下一个及前一个半边等，如图 3.47(c)所示。

半边模型的优点是可以直接记录顶点、边、面片等信息，并且允许在常量时间内执行所有的相邻关系查询。在实际操作中，这样的优势更大，很多情况下，我们的操作都是对附近几何元素的改变，这样就不需要遍历所有的点，实时性强。但是半边模型的数据结构形式相对于简单边界表示更为复杂。

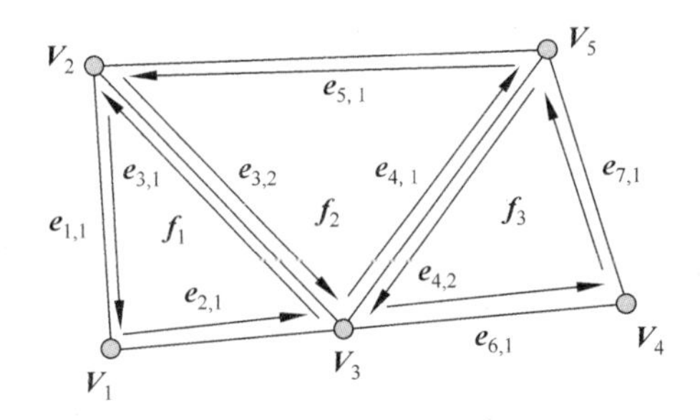

(a) 半边结构

顶点	坐标	开始点的半边
V_1	(v_{1x}, v_{1y}, v_{1z})	$e_{2,1}$
V_2	(v_{2x}, v_{2y}, v_{2z})	$e_{1,1}$
V_3	(v_{3x}, v_{3y}, v_{3z})	$e_{4,1}$
V_4	(v_{4x}, v_{4y}, v_{4z})	$e_{7,1}$
V_5	(v_{5x}, v_{5y}, v_{5z})	$e_{5,1}$

(b) 顶点列表

半边	开始点	相反半边	三角形	下一个半边	前一个半边
$e_{3,1}$	v_3	$e_{3,2}$	f_1	$e_{1,1}$	$e_{2,1}$
$e_{3,2}$	v_2	$e_{3,1}$	f_2	$e_{4,1}$	$e_{5,1}$

(c) 半边列表

图 3.47　以顶点为索引和以半边为索引的半边模型

3.5.3　体素模型

体素模型是一种三维几何模型的隐式表示。在建立体素模型时，通常首先将三维几何模型表示为隐式函数，例如符号距离函数（Signed Distance Function）、示性函数（Indicator Function）等，然后将几何模型所在的三维空间离散化为稠密的体素块，最后存储每个体素块索引以及该体素中心位置的隐式函数值，作为该三维几何模型表达和存储的数据结构。以图 3.48 为例，隐式函数 $S(\boldsymbol{v}\in\mathbb{R}^3)\rightarrow s\in\mathbb{R}$ 描述三维空间中的几何模型，其中，$S(\cdot)$表示特定隐式函数，$\boldsymbol{v}\in\mathbb{R}^3$ 为三维空间点的位置，$s\in\mathbb{R}$ 是该点的隐式函数值，那么将该三维模型所在三维空间离散成三维体素块集合$\{i \mid i=\text{index}(\lfloor v_x/a\rfloor,\lfloor v_y/a\rfloor,\lfloor v_z/a\rfloor)\}$，其中，$a$ 为体素块的分辨率，$\lfloor\cdot\rfloor$为取整操作，index$(\cdot)$为索引函数。在此基础上，该三维模型的体素模型存储每个体素块的索引列表，以及该体素块中心点对应的隐式函数值。

索引列表	隐式函数值
0	s_0
…	…
i	s_i
…	…
j	s_j
…	
k	s_k
…	
N	s_N

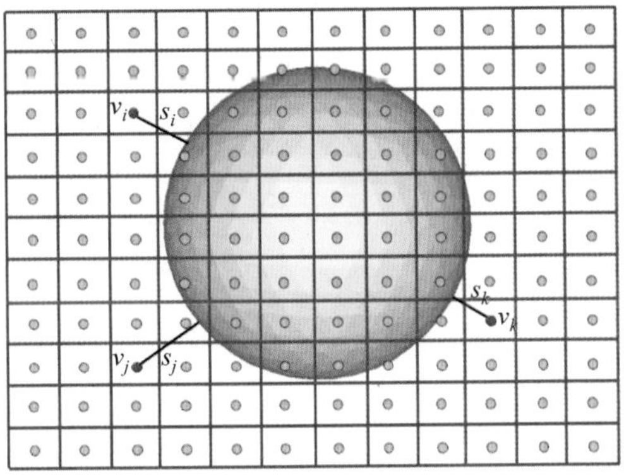

图 3.48　以体素块为索引的体素模型

体素模型的优点是可以灵活、完整地表示任意拓扑结构的三维几何模型，而且能够根据用户需要，对三维几何模型进行任意分辨率下的离散化处理。此外，存储的体素块的隐式函数值相互独立，可方便地利用GPU显卡加速并行处理三维几何模型。在三维几何体素模型的基础上，还可以使用3.4.4节中的Marching Cube方法，快速地提取体素模型对应的零等值面，从而获得三维几何模型的表面网格。目前，体素模型被广泛应用于神经隐式三维模重建等领域。但缺点是体素存储量很大，需要更加紧凑的存储结构和额外的索引检索开销，限制其在大规模三维几何建模领域的应用。

3.6 小　结

本章介绍了计算机图形学中的几何建模技术，包括面向传统CAD制造的自由曲线/曲面建模技术、基于图像/视频的三维重建技术以及其他类型的建模技术。不同的技术各有特点，以满足不同应用场合对于形状获取和表示的要求。最后，介绍了面向几何建模的数据结构类型及特点。

虽然这些建模技术能够生成满足要求的形状，但建模的过程仍然需要一定量的人工交互，使得建模的效率较低。由此产生的几何模型的数据规模远不如图像/视频的数据规模。如何通过现有的几何模型有效地生成新的几何形状，也就是数据驱动的几何建模，将是进一步提高几何建模效率的重要途径之一。

思考题

3.1 几何形状的数学表达形式有哪些？各自具有什么特点？

3.2 证明Bézier曲线的保凸性。

3.3 B样条曲线相比Bézier曲线的优势有哪些？

3.4 列举具有非矩形拓扑结构的细分曲面，并指出它们在曲面连续性方面的不同。

3.5 基于图像的三维重建的基本步骤有哪些？

3.6 同时定位与地图构建的基本步骤有哪些？

3.7 Delaunay图与Voronoi图之间的对偶关系有哪些？

3.8 举例Kinect采集数据适用于哪些三维物体的几何建模？

3.9 什么是实体构造几何模型数据结构？它适用于表示哪类三维物体？

3.10 三维物体常用的边界模型数据结构有哪些？各自的优缺点是什么？

第4章 数字几何处理

计算机图形学中的几何建模是与数学上的几何学密切相关的。从信息载体的角度来讲，几何和声音、图像、视频等可视媒体数据形式一样，也属于多媒体。随着计算机技术的发展，多媒体先后经历了声音的数字化（20世纪70年代）、图像的数字化（20世纪80年代）、视频的数字化（20世纪90年代）等阶段。到了20世纪90年代后半期，多媒体开始了几何数字化的阶段。数字几何处理就是对几何建模所得到的三维几何模型通过计算机进行各种方式的处理。

数字几何处理的产生和发展，主要来自于生产生活中对三维模型的广泛需求。例如，Pixar公司在1995年推出了第一部纯计算机制作的电影动画《玩具总动员》，其中的三维动画角色完全是由几何建模所完成。然后，通过对三维模型几何形状的处理产生连续的动画序列，从而进行电影制作。1997年，美国Stanford大学联合CMU等其他大学，开展了“数字米开朗基罗”计划，将意大利文艺复兴时期的雕塑进行数字化扫描和建模，将真实的文物转化为几何模型，从而能够进行计算机存储和处理，有力地促进了文化遗产的数字保护。1998年，时任美国副总统的戈尔提出“数字地球”概念，其核心内容是全球地理信息的数字化。此后，Google、Apple等公司将地球以三维几何模型的形式在计算机、手机等终端进行展示，为普通大众的日常出行提供了极大的便利。

本章首先介绍与数字几何处理有关的一些几何学基础知识，接下来按照几何模型的数字处理方法，着重介绍网格去噪、网格简化、网格参数化、网格编辑和网格形变等数字几何处理方法。

4.1 几何基础

几何的数字化产生了由离散元素表示的数字几何形状。数字几何处理研究如何基于计算机的存储和计算能力来处理这些数字几何形状。这些形状通过一定形式的几何模型进行数字化表示，进而运用几何学工具进行分析和处理。

4.1.1 几何模型

几何模型是从数学形状的角度描述物体的外观。除了第3章中涉及的几何建模中形状的表示形式外，常用的数字几何模型还包括图4.1所示的两种形式：点云和多边形网格。

(a) 点云

(b) 网格

图 4.1　常用的数字几何模型：点云和网格

1. 点云

点云采用离散的三维空间点作为几何形状表示的基本元素，可以记录构成形状的点的三维坐标信息(表示为 $\boldsymbol{v}=(x,y,z)$)，以及在该点处的法向信息(表示为 $\boldsymbol{n}=(n_x,n_y,n_z)$)。一般而言，点的数目越多，能够展现出的几何细节越清晰，也就是能描述的几何形状越准确。点云的优点在于数据结构简单，只需逐点记录相应的三维坐标、法向等几何信息，而不用记录不同点之间的连接关系。通过增加点的数目，可以对几何形状进行更准确表示。

然而，点云表示的形状没有任何的表面连续性，而且通常模型的点的数目较多。例如，“数字米开朗基罗”计划中大卫雕塑数字化之后的点云模型包含了 10 亿多个三维空间点，而对应的原始雕塑高 3.96m。此外，由于缺乏连续性，点云数据容易引入形状歧义，很难有效地表示拓扑结构复杂的几何形状。

2. 多边形网格

由顶点、边和多边形面组成的集合来表示的几何形状，通常称为网格(Mesh)。例如在图 4.2 中，同样的三维几何模型既可以表示为三角形面片组成的三角网格，也可以表示为四边形面片组成的四边形网格。这类网格可以采用 3.5 节中介绍的边界模型的数据结构进行存储和表示。从数学上讲，多边形网格采用分段线性函数，也就是 C^0 连续函数，逼近三维物体表面的几何形状。显然，使用的多边形数量越多，网格表示的几何形状就越准确和精细。

(a) 几何模型

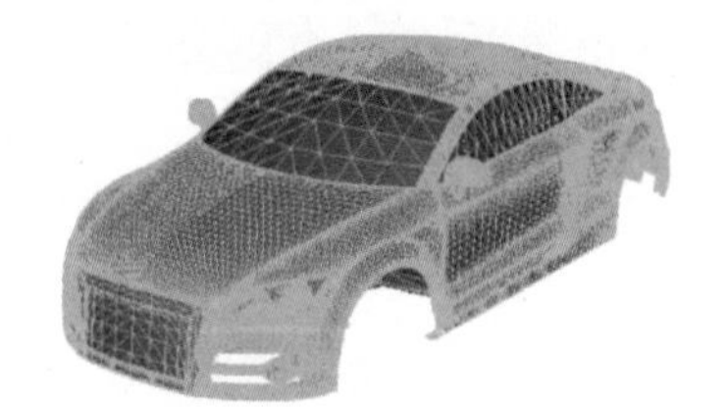

(b) 三角网格

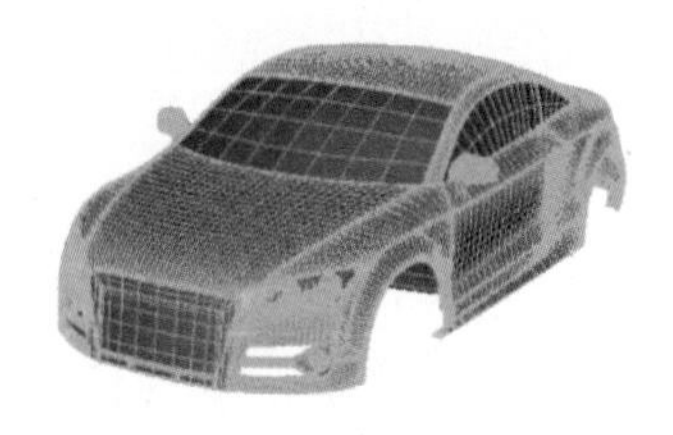

(c) 四边形网格

图 4.2　同一个几何模型分别采用三角网格和四边形网格表示

相比于离散的点云和连续的自由曲面，网格在表示几何形状时具有更大的优势。例如，与 NURBS 相比，网格虽然只具有 C^0 连续性，但它能表示的几何形状不受拓扑限制。

正如第3章中所介绍的，NURBS的定义域必须是四边形。这样就大大限制了其形状表示的能力。与离散的点云相比，网格的多边形顶点之间具有明确的边连接关系。因此，这种网格的表示形式在进行一些几何处理时具有更大的灵活性和可控性。在不同形式的多边形网格中，三角网格由于其形状表示的灵活性而被广泛使用，如图4.2(b)所示。因此，本章主要针对三角网格介绍相关的数字几何处理方法，但其中的部分方法也适用于四边形网格。

4.1.2　几何性质

网格作为由多边形面片组成的多面体，具有一些数学上的几何性质。在数字几何处理方法中，经常用到以下一些数学上的基本概念和性质。

1. 顶点的度

顶点的度是指与一个顶点相连的所有边的数目。顶点 $\boldsymbol{v}$ 的度记为 $\deg(\boldsymbol{v})$。例如，图4.3(a)中顶点 A 的度为4，与其相邻的边分别是 $<A,B>$、$<A,C>$、$<A,D>$ 和 $<A,E>$。其中，度为0的顶点称为孤立顶点。数学上，网格顶点的度和边的数目满足以下形式的握手引理(Handshaking Lemma)：

$$\sum_{v \in V} \deg(V) = 2 \mid E \mid \tag{4.1}$$

其中，V 是网格所有顶点的集合，E 是所有边的集合，$|E|$ 表示边的数目。例如，图4.3(a)中所示的三角网格，所有顶点的度数之和为46，而边的数目为23，因而满足公式(4.1)定义的握手引理。

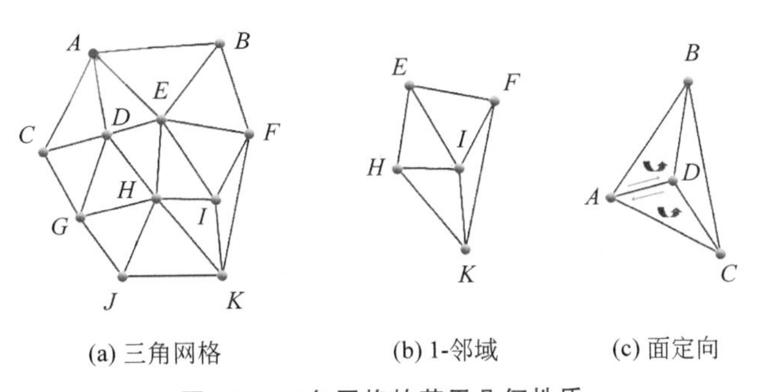

(a) 三角网格　(b) 1-邻域　(c) 面定向

图4.3　三角网格的若干几何性质

2. 顶点的1-邻域

顶点的1-邻域是指与一个顶点相连的所有三角形面片组成的区域。例如，在图4.3(b)中，顶点 I 的1-邻域就是由顶点 E、F、K、H 所构成。因此，顶点1-邻域内除了该顶点以外的其他顶点的数目就是该顶点的度。

3. 边界边

边界边是指有且只有一个相邻多边形面的边。边界边的两个顶点称为边界顶点。具有边界边的网格称为开网格，没有边界边的网格称为闭网格。例如，图4.3(a)所示的三角网格，实际上就是一个开网格。其中，顶点 A、B、C、G、J、K、F 是边界顶点，同时该网格的边界边包括 $<A,B>$、$<B,F>$、$<F,K>$、$<K,J>$、$<J,G>$、$<G,C>$ 和 $<C,A>$。

4. 面定向

面定向指构成每一个多边形面的顶点按照顺时针方向或者逆时针方向排列的顺序。如果一条边的两个顶点在与其相邻的两个多边形面定向时的顺序相反，那么这两个多边形面的定向称为相容的，如图4.3(c)所示。实际上，多边形面的定向决定了其法向的朝向，以及按什么顶点顺序定义的面是几何模型的正面。

5. 网格拓扑

网格拓扑指组成网格的各种几何元素(点、线、面)的连接关系。拓扑本身是研究连续性问题的数学分支，也就是在连续变换下不变的几何性质。由于网格是 C^0 连续的曲面，网格拓扑也就反映了顶点、边和多边形面之间的连接关系。

6. 连通分支

连通分支是由网格上彼此能够通过边形成的路径进行连接的顶点所构成的集合。连通分支的数目是反映网格拓扑的一个重要性质。其中，只有一个连通分支的网格称为单连通网格。这种网格上任意两个顶点之间都可以找到一条由边组成的路径连接起来。

7. 网格亏格

网格亏格指影响网格表面连续性的分割线的数目。亏格是代数几何和代数拓扑中最基本的概念之一。具体是指，若曲面中最多可画出 g 条闭合曲线且不将该曲面分裂，则称该曲面亏格为 g。以闭曲面为例，亏格 g 就是曲面上洞眼的个数。例如，球面没有洞，故 $g=0$；环面有一个洞，故 $g=1$。网格可以看作 C^0 连续的曲面，也具有相同的亏格定义。

8. 流形网格

流形网格指局部与圆盘同胚的网格。同胚是指两个集合之间连续的双射。因此，如图4.4(a)所示，流形网格的每条边只连接一个或者两个多边形面。局部与圆盘不同胚的网格称为非流形网格，典型的是具有呈伞状结构的网格，如图4.4(b)所示。可定向的流形网格是其所有面都满足定向相容的流形网格，也就是所有多边形面的定向都是一致的。

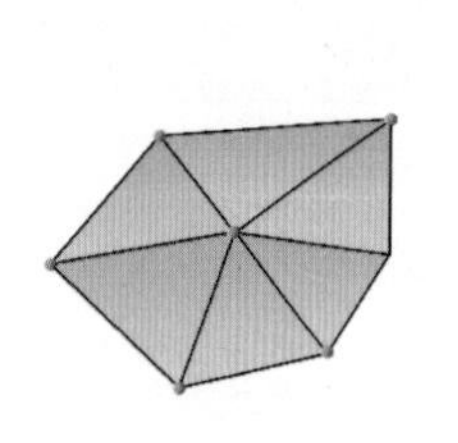
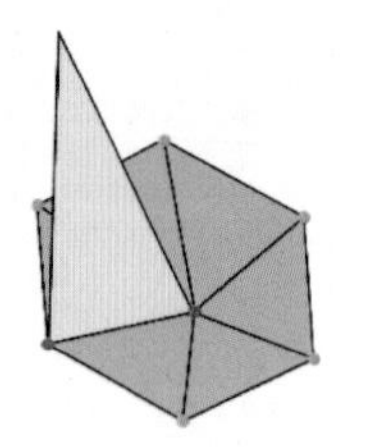
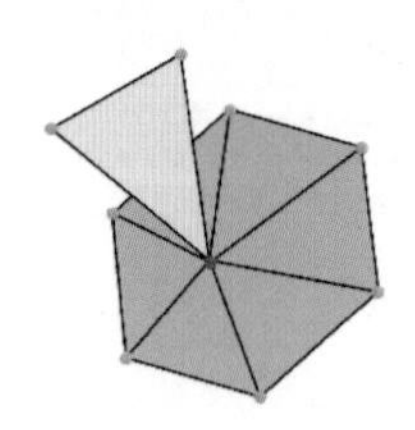
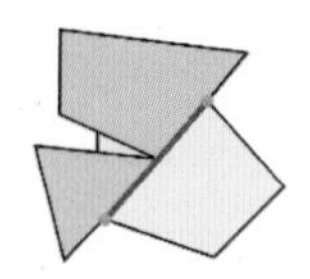

(a) 流形网格　　(b) 非流形网格

图4.4　流形网格和非流形网格

流形网格是一类具有良好几何性质的网格。这类网格满足欧拉-庞加莱特性，也就是说给定一个单连通的闭流形网格 $M=\{V,E,F\}$，它的顶点、边和多边形面的数目满足等式 $g=|V|-|E|+|F|$，其中，g 是网格亏格。

9. 微分算子

与第3章中连续几何形状的切向、法向、曲率、挠率等微分性质相对应，网格上也可以定义相应的微分性质来刻画形状的局部形态。由于网格表面的连续性和光滑性不一定都能得到保证，网格上的微分性质通常要借助离散求导（称为微分算子）计算来获得。切向、曲率等常用的微分性质主要涉及一阶和二阶微分运算。因此，这里主要介绍三角网格上的一阶和二阶微分算子。

三角网格可以看作定义在三角面片上的分片函数，在每一个面片内部是连续的，而在三角面片交界的边上则不连续。假设 $\boldsymbol{v}_i$、$\boldsymbol{v}_j$、$\boldsymbol{v}_k$ 是三角面片 T_{ijk} 的三个顶点，那么该三角面片内部任意一点 $\boldsymbol{x}$ 可以写成三个顶点线性组合的形式，即

$$\boldsymbol{x}=\boldsymbol{v}_iB_i(u,v)+\boldsymbol{v}_jB_j(u,v)+\boldsymbol{v}_kB_k(u,v) \tag{4.2}$$

其中，B_i、B_j 和 B_k 是对应于三角形重心坐标的三个分段线性基函数，而 u、v 是三角面片的局部平面坐标系对应的两个参数。如图 4.5(a)所示，每个基函数都是定义在三角面片上的线性函数，在三角形的一个顶点上取值为 1，而在另外两个顶点上取值为 0。这样的基函数描述了以三角面片所在平面作作为局部坐标系定义的基本三角形的形状。例如基函数 B_i，在顶点 $\boldsymbol{v}_i$ 处取值为 1，因而 $B_i(\boldsymbol{v}_i)=1$；而在顶点 $\boldsymbol{v}_j$ 和 $\boldsymbol{v}_k$ 处取值为 0，因而 $B_i(\boldsymbol{v}_j)=B_i(\boldsymbol{v}_k)=0$。图 4.5(b)展示了基函数在三角面片不同顶点的取值情况。这样，基函数 B_i、B_j 和 B_k 应当满足下面公式(4.3)中的性质。

$$\begin{aligned}
&B_i(u,v)+B_j(u,v)+B_k(u,v)=1\\
&B_i(\boldsymbol{v}_i)=1,B_i(\boldsymbol{v}_j)=0,B_i(\boldsymbol{v}_k)=0\\
&B_j(\boldsymbol{v}_i)=0,B_j(\boldsymbol{v}_j)=1,B_j(\boldsymbol{v}_k)=0\\
&B_k(\boldsymbol{v}_i)=0,B_k(\boldsymbol{v}_j)=0,B_k(\boldsymbol{v}_k)=1
\end{aligned} \tag{4.3}$$

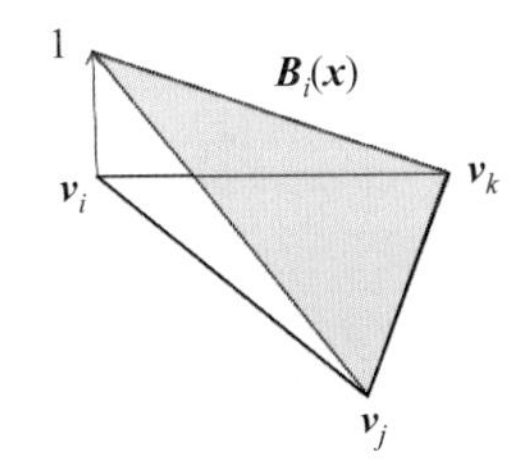

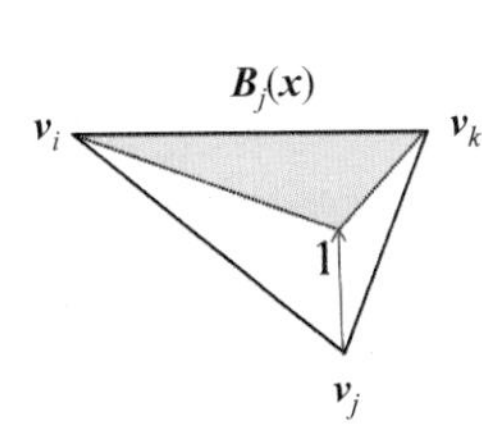

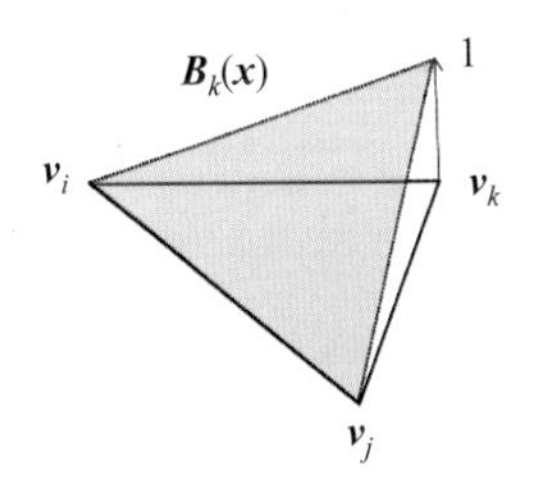

(a) 三角面片上定义的基函数

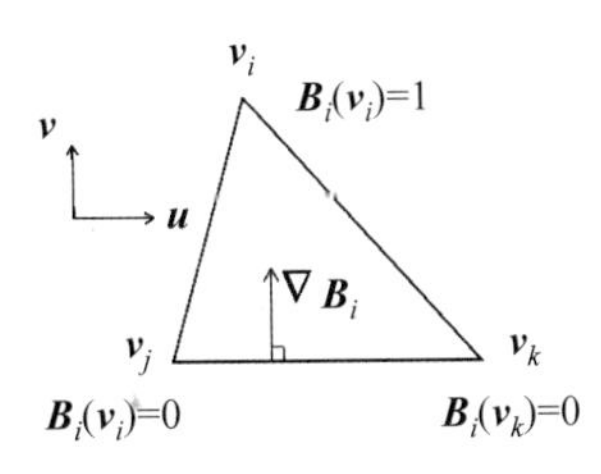

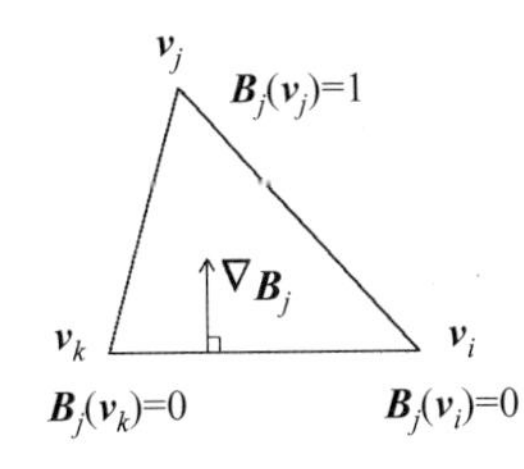

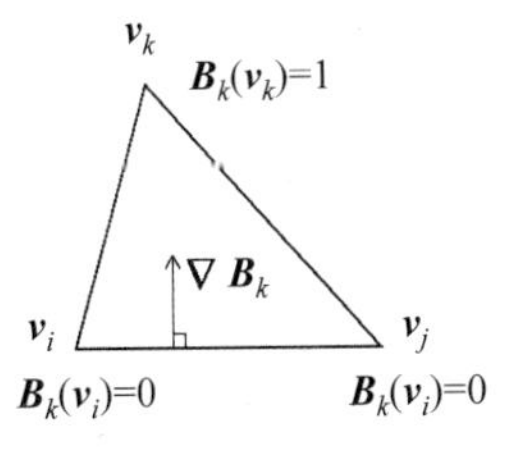

(b) 基函数的一阶求导

图 4.5　三角面片上的基函数及其一阶求导

对每一个基函数在 u 和 v 表示的局部平面坐标系内计算一阶导数，可以得到如下结果：

$$\nabla_{u,v}B_i(u,v)=\frac{(\boldsymbol{v}_k-\boldsymbol{v}_j)^{\perp}}{2A_{T_{ijk}}},\quad \nabla_{u,v}B_j(u,v)=\frac{(\boldsymbol{v}_i-\boldsymbol{v}_k)^{\perp}}{2A_{T_{ijk}}},\quad \nabla_{u,v}B_k(u,v)=\frac{(\boldsymbol{v}_j-\boldsymbol{v}_i)^{\perp}}{2A_{T_{ijk}}} \tag{4.4}$$

其中，$\perp$表示逆时针旋转 90°，$A_{T_{ijk}}$ 表示三角面片 T_{ijk} 的面积。如图 4.5(b)所示，根据基函数在三角面片顶点的取值，每个基函数的一阶导数对应于一个向量，其方向垂直于三角面片的一条边而指向相对的顶点。例如基函数 B_i 的一阶导数，其向量方向垂直于连接顶点 $\boldsymbol{v}_j$ 和顶点 $\boldsymbol{v}_k$ 的边，同时指向顶点 $\boldsymbol{v}_i$。

根据公式(4.2～4.4)，可以计算三角面片内部每一点 $\boldsymbol{x}$ 的一阶导数，相应的微分算子(也称为梯度算子)可以表示为

$$\begin{aligned}\nabla_{u,v}\boldsymbol{x} &= \boldsymbol{v}_i\ \nabla_{u,v}B_i(u,v) + \boldsymbol{v}_j\ \nabla_{u,v}B_j(u,v) + \boldsymbol{v}_k\ \nabla_{u,v}B_k(u,v) \\ &= (\boldsymbol{v}_j - \boldsymbol{v}_i)\ \nabla_{u,v}B_j(u,v) + (\boldsymbol{v}_k - \boldsymbol{v}_i)\ \nabla_{u,v}B_k(u,v) \\ &= (\boldsymbol{v}_j - \boldsymbol{v}_i)\ \frac{(\boldsymbol{v}_i - \boldsymbol{v}_k)^{\perp}}{2A_{T_{ijk}}} + (\boldsymbol{v}_k - \boldsymbol{v}_i)\ \frac{(\boldsymbol{v}_j - \boldsymbol{v}_i)^{\perp}}{2A_{T_{ijk}}}\end{aligned} \tag{4.5}$$

其中，$(\boldsymbol{v}_j-\boldsymbol{v}_i)(\boldsymbol{v}_i-\boldsymbol{v}_k)^{\perp}$ 和 $(\boldsymbol{v}_k-\boldsymbol{v}_i)(\boldsymbol{v}_j-\boldsymbol{v}_i)^{\perp}$ 对应阿达马积(Hadamard Product)运算，也就是对应向量分量的乘积。因此，如图 4.6(a)所示，三角网格上的一阶微分算子可以在三角面片上分段定义和计算。

结合公式(4.5)定义的梯度算子，可以进一步求导计算二阶微分算子。在数字几何处理中常用的是拉普拉斯(Laplacian)算子，具体定义如下所示：

$$\Delta_{u,v}\boldsymbol{x} = \sum_{\boldsymbol{v}_j \in N(\boldsymbol{v}_i)} \frac{1}{2}(\cot\alpha_j + \cot\beta_j)(\boldsymbol{v}_i - \boldsymbol{v}_j) \tag{4.6}$$

其中 $N(\boldsymbol{v}_i)$是顶点 $\boldsymbol{v}_i$ 的 1－邻域，α_j 和 β_j 是和边$<\boldsymbol{v}_i,\boldsymbol{v}_j>$相对的两个三角形内角，如图 4.6(b)所示。

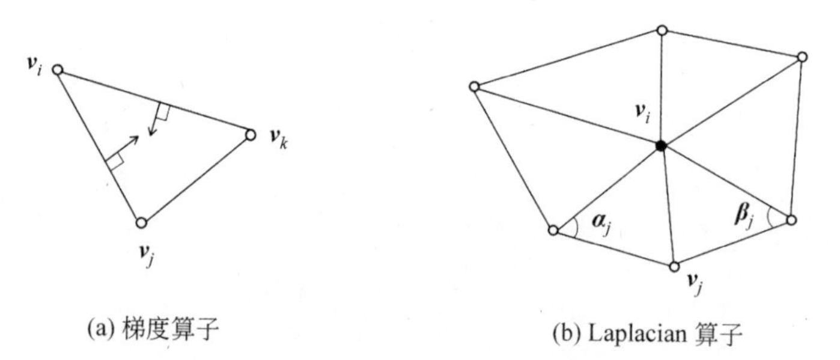

(a) 梯度算子　　(b) Laplacian 算子

图 4.6　三角面片上的梯度算子和顶点 1-邻域上的 Laplacian 算子

例题 4-1　平面三角网格的几何性质。

问题：写出如图 4.7 所示的平面三角网格中每个顶点的度、1-邻域顶点以及所有的边界边。

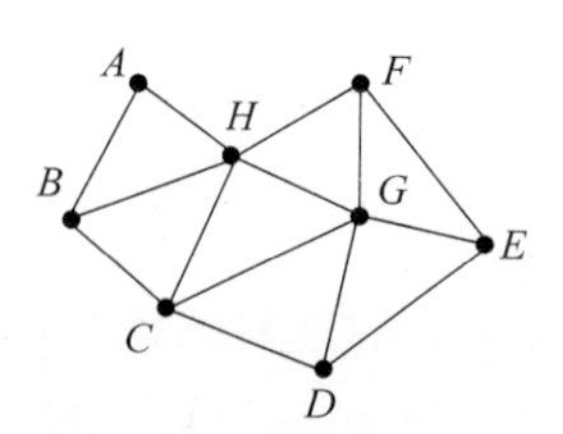

图 4.7　平面三角网络

解答：该三角网格中每个顶点的度和1-邻域顶点如下表所示：

顶点	A	B	C	D
度	2	3	4	3
1-邻域	BH	ACH	$BDGH$	CEG
顶点	E	F	G	H
度	3	3	5	5
1-邻域	DFG	EGH	$CDEFH$	$ABCGF$

进一步，该三角网格的边界边共有7条，分别是$\langle A,B\rangle$、$\langle B,C\rangle$、$\langle C,D\rangle$、$\langle D,E\rangle$、$\langle E,F\rangle$、$\langle F,H\rangle$、$\langle H,A\rangle$。

□

4.1.3　三维几何的深度学习

以深度神经网络(Deep Neural Network，DNN)为代表的深度学习技术在计算机图像和视频处理、计算机视觉等领域取得了广泛应用，极大地推动了相关问题的解决。然而，传统深度神经网络是定义在具有规则、均匀分布的图像像素域上，无法直接应用在不规则、非均匀的三维几何模型。因此，三维几何的深度学习需要构建面向三维几何模型的深度神经网络。

1. 点云神经网络

点云是最直接地表示三维几何模型的形式，其表示的形状与三维空间点的排列顺序无关，而且点与点之间没有显式的关联性。因此，点云神经网络需要能够满足这些性质，从而能够通过深度神经网络处理点云模型。

PointNet是面向三维点云模型的深度神经网络之一。图4.8展示了PointNet的基本网络结构。该网络以一个点云模型作为输入，首先转换成$n\times3$的向量形式，其中，n是三维空间点的数量，3表示每一个点的坐标(x,y,z)。然后，向量经过一个T-Net网络学习到的3×3矩阵相乘进行仿射变换。这里的T-Net是所有三维空间点共享的一个多层感知机(Multiple Layer Perception，MLP)，其目的是对点云数据进行简单的规范化处理。每个三维空间点经过仿射变换后，得到一组新的$n\times3$的向量。接着，经过两层的MLP(64,64)抽取特征，获得每一个三维空间点64位的特征表示，形成$n\times64$的向量。该向量再经过T-Net进行变换处理。与最初的T-Net不同，这里是对点云抽取的特征进行变换，以消除不同变换下特征表示的不一致性。以此类推，再经过三层的MLP(64,128,1024)以及最大池化(Max Pooling)操作，最终得到1024维的向量，作为网络的输出。该向量描述了三维点云模型整体特征，可以用于分类、分割等数字几何处理。

PointNet是一种直接定义在三维点云模型上的深度神经网络，很好地反映了点云的几何性质。但是，PointNet是对三维点云整体形状的表示，无法获取局部特征。这不利于复杂几何模型的分析与处理。为此，有一些其他的点云神经网络如PointNet++等，专门通过分区域的PointNet进行特征提取，能够对局部特征进行有效地表示。

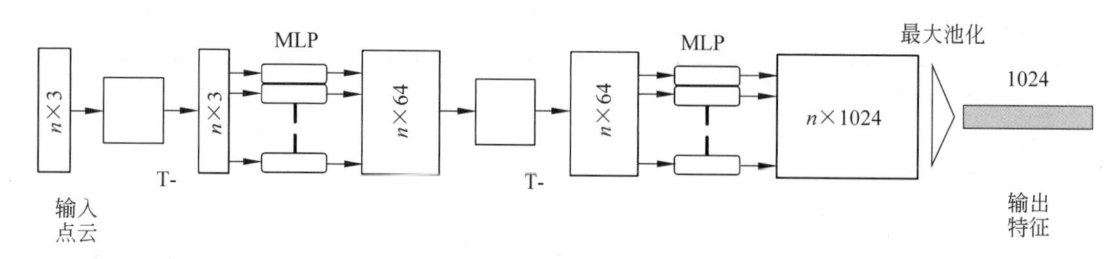

图 4.8　PointNet 的深度神经网络(图片来自[23])

2. 网格神经网络

网格具有三维空间点的边连接关系。这类似图像相邻像素间天然的连接关系,但是相邻三维空间点的数目是不固定的,而且距离分布也是不均匀的。因此,网格神经网络需要选择合适的几何元素作为对象,并定义相应的算子及特征。

为了解决上述问题,MeshCNN 采用网格的边作为基本元素,并定义和边相关的几何性质作为输入深度卷积神经网络(Convolutional Neural Network,CNN)的基本量。以三角网格为例,如果不考虑边界边,那么每条边都有 2 个相邻的三角面片。这样就形成了类似图像像素具有规则的 4 个相邻像素的连接关系。一般图像的 CNN 是以像素的 R、G、B 颜色作为卷积算子的输入,因此 MeshCNN 构造以边为核心的基本量及卷积算子。如图 4.9(a)所示,每条边定义 5 维向量$[\alpha,\beta,\gamma,p,q]$。其中,$\alpha$ 是和该边相邻的两个三角面片之间的二面角,β 和 γ 是在两个三角面片内和该边相对的内角,p 和 q 是与该边垂直的线段与该边的长度比值。

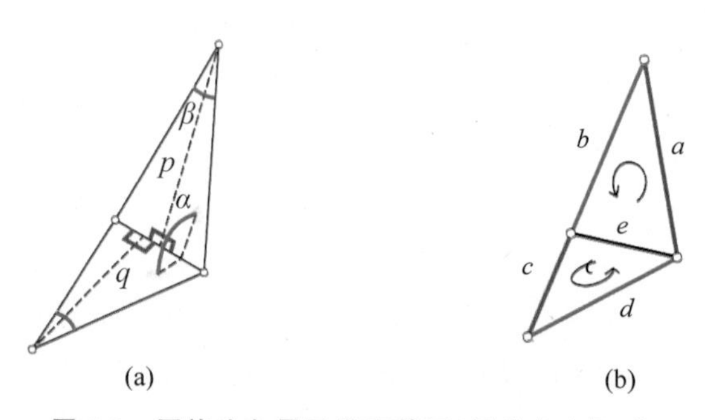

图 4.9　网格边向量及卷积算子(图片来自[25])

进一步,利用每条边相邻的两个三角面片其余 4 条边定义卷积算子。如图 4.9(b)所示,边 e 上的卷积是通过 a、b、c、d 的 4 条边的向量卷积算子来计算。借助相邻两个三角面片定向相容,可以实现旋转、平移、均匀缩放等变换下卷积结果的不变性,从而学习到和三角网格几何相关的特征。

图 4.10 展示了基于 MeshCNN 的网格神经网络结构。其中,卷积算子是定义在边上,通过边邻接的两个三角面片的其余 4 条边进行卷积运算 conv(・),例如对边 e 进行的卷积运算为 $\mathrm{conv}(e)=k_0\boldsymbol{F}(e)+k_a\boldsymbol{F}(a)+k_b\boldsymbol{F}(b)+k_c\boldsymbol{F}(c)+k_d\boldsymbol{F}(d)$,其中,$k_0,k_a,k_b,k_c,k_d$ 为卷积参数,$\boldsymbol{F}(\cdot)$代表对边提取的特征向量;池化操作则是对应卷积后的 4 条边向量执行求平均的运算 avg(・),也就是 $\mathrm{avg}(a,b,e)$ 和 $\mathrm{avg}(c,d,e)$。经过多次卷积和

池化操作后，通常再接入全连接网络进行特征提取等操作。这样就构成了整个的网格神经网络。

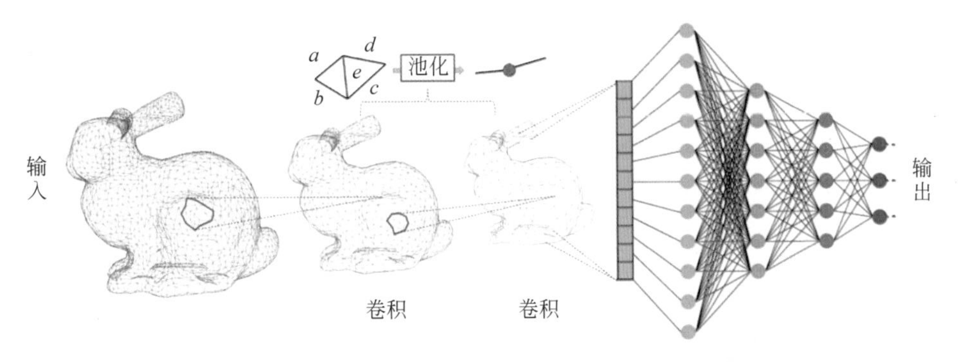

图 4.10　MeshCNN 的深度神经网络（图片来自[25]）

4.2　网格去噪

通过三维扫描或者图像重建获取真实物体的三维离散点云模型，进而转化为连续的网格模型，这已经成为几何建模的重要途径。但由于采集环境、设备精度等因素的影响，重建的网格表面往往包含不同类型的噪声。在对模型进行几何处理时，首先需要对噪声进行过滤，以此生成表面相对光滑的网格。这个过程就是网格去噪。简单地讲，网格去噪是要消除三维网格模型表面的几何噪声，获得一个表面光滑的几何模型。网格去噪又称为网格平滑、网格滤波等。

4.2.1　基本方法

一般来讲，网格噪声缺乏严格的数学定义，很难区分模型表面出现的是噪声，还是模型本身的形状。这就导致噪声检测也非常困难。从信号处理的角度来讲，噪声是某种信号的高频部分。因此，网格去噪是在消除高频噪声的同时，尽可能地保留几何模型的局部细节特征。这样才能使去除噪声后的网格仍然具有物体原有的几何形状。

形状演化是网格去噪的基本方法。形状演化通过移动网格顶点达到表面平滑状态。这个过程可以描述为顶点位置随时间的变化，即$\partial \boldsymbol{p}/\partial t=F(\boldsymbol{p})$，其中，$F$ 泛指以网格顶点位置坐标作为变量的演化函数。这种方法能够保持网格拓扑，因此不会改变顶点之间的边连接关系。形状演化的过程可以描述为不断地使用网格顶点新的几何位置代替旧的几何位置，最终达到平衡状态，从而生成表面平滑的网格。

形状演化可以采用两种策略：直接的形状演化和间接的形状演化。直接的形状演化，可以表示为 $\boldsymbol{p}_{n+1}=\boldsymbol{p}_n+\lambda\cdot F(\boldsymbol{p}_n)$，每次迭代时要用新的网格顶点位置 $\boldsymbol{p}_{n+1}$ 直接取代之前的旧的顶点位置。这也意味着平滑之后的网格顶点可以由原始网格顶点来显式地表示。间接的形状演化，可以表示为 $\boldsymbol{p}_{n+1}=\boldsymbol{p}_n+\lambda\cdot F(\boldsymbol{p}_{n+1})$。因此，平滑之后的网格顶点位置 $\boldsymbol{p}_{n+1}$ 需要通过求解相应的函数来获得。当 F 表示二阶求导运算时，形状演化的偏微分方程就变成了热传导方程$\partial \boldsymbol{p}/\partial t=\Delta \boldsymbol{p}$，其中，$\boldsymbol{\Delta}$ 是对应二阶求导的拉普拉斯算子。这也是常用的基于顶点的网格去噪方法。接下来，重点介绍基于拉普拉斯算子描述几何特征的网格去噪方法，既有属于直接形状演化的显式拉普拉斯平滑和加权拉普拉斯平滑，也有属于间接形状演化的全局拉普拉斯平滑。

4.2.2 拉普拉斯平滑

拉普拉斯平滑的基本思想是采用拉普拉斯微分算子描述网格局部的几何细节特征。一般情况下，在顶点 $\boldsymbol{v}_i$ 处的拉普拉斯算子定义为

$$\delta_i = \frac{1}{d_i}\sum_{j\in N(i)}(\boldsymbol{v}_i - \boldsymbol{v}_j) \tag{4.7}$$

其中，d_i 是顶点 $\boldsymbol{v}_i$ 的度，$N(i)$ 是顶点 $\boldsymbol{v}_i$ 的 1- 邻域顶点的数目。从微积分的角度来看，公式(4.7) 可以看作曲面上曲线积分的离散化，如图 4.11 所示。该曲线积分表示为 $\frac{1}{|\gamma|}\int_{v\in\gamma}(\boldsymbol{v}_i - \boldsymbol{v})\mathrm{d}l(\boldsymbol{v})$，其中，$\gamma$ 是 $\boldsymbol{v}_i$ 点附近的一条封闭曲线，$l(\boldsymbol{v})$ 表示沿曲线 γ 做积分。

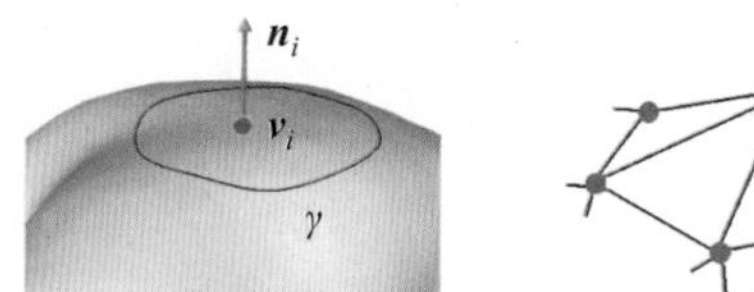

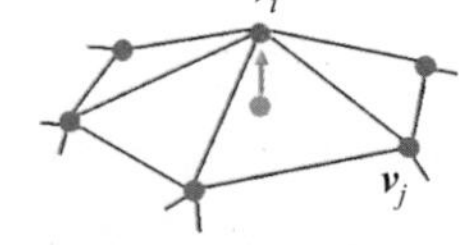

图 4.11 拉普拉斯微分算子示意图

当上述曲线长度趋于无穷小时，就可以得到如下极限情况下的表达式：

$$\lim_{|\gamma|\to 0}\frac{1}{|\gamma|}\int_{v\in\gamma}(\boldsymbol{v}_i - \boldsymbol{v})\mathrm{d}l(\boldsymbol{v}) = -H(\boldsymbol{v}_i)\boldsymbol{n}_i \tag{4.8}$$

其中，$H(\boldsymbol{v}_i)$代表点 $\boldsymbol{v}_i$ 处的平均曲率，$\boldsymbol{n}_i$ 是该点处的单位法向。由公式(4.8)可以看出，拉普拉斯平滑是通过拉普拉斯算子计算的向量来描述与平均曲率相关的局部特征。因此，拉普拉斯平滑既可以得到相对光滑的表面，又能够在一定程度上保持网格的几何形状。

1. 直接拉普拉斯平滑

直接拉普拉斯平滑的基本原理是将每个顶点都移动到 1- 邻域顶点的几何平均位置。这种情况下，在公式(4.7) 中令 $\delta_i = 0$，就可以得到理想的顶点位置，也就是满足 $\boldsymbol{v}_i = \frac{1}{d_i}\sum_{j\in N(i)}\boldsymbol{v}_j$。该过程对每一个网格顶点循环执行，直到相邻两次的顶点误差小于给定的阈值，或者迭代次数达到最大值。直接拉普拉斯平滑算法简单，但邻域内不同的网格顶点 $\boldsymbol{v}_j$ 都使用相同的权重$\frac{1}{d_i}$(称为伞形权重)。因此，该方法不能反映网格局部的几何细节特征差异，导致直接拉普拉斯平滑的结果也无法很好地表示网格的形状，如图 4.12(b) 所示。

2. 加权拉普拉斯平滑

加权拉普拉斯平滑的基本原理是通过权重来调节拉普拉斯算子对不同网格顶点的作

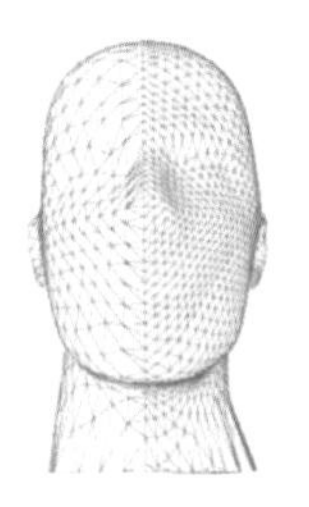
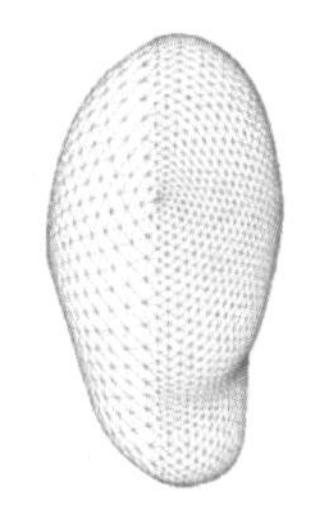
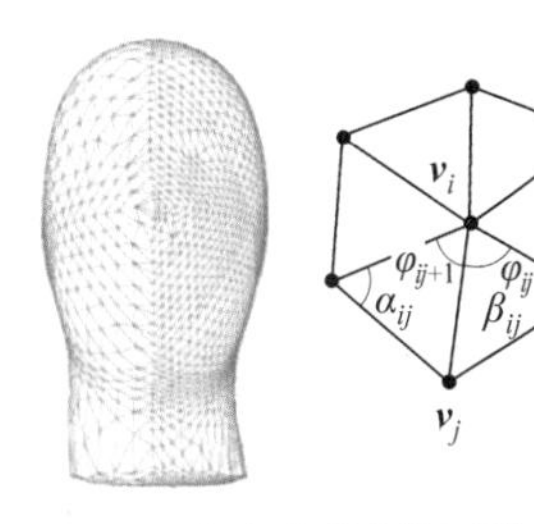

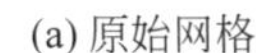

(a) 原始网格　　(b) 直接拉普拉斯平滑　　(c) 加权拉普拉斯平滑

图 4.12　直接策略的两种拉普拉斯平滑方法

用，从而保持网格的局部几何形状。因此，权重的选择对于网格平滑后的几何形状具有直接的影响。

常用的方法是采用均值权重取代直接拉普拉斯平滑时使用的伞形权重，也就是通过和顶点 $\boldsymbol{v}_i$ 相邻三角形内角的三角函数来定义顶点 $\boldsymbol{v}_j$ 的权重。这种权重的具体形式定义为 $w_j=(\tan\varphi_{ij}+\tan\varphi_{ij+1})/2$，其中，$\varphi_{ij}$ 和 φ_{ij+1} 是和边 $\boldsymbol{v}_i\boldsymbol{v}_j$ 相邻的两个三角形内角。该权重对应于求解网格上的调和方程所得到的调和系数。此外，典型的权重还有余切权重，具体定义为 $w_k=\cot\alpha_{ij}+\cot\beta_{ij}$，其中，$\alpha_{ij}$ 和 β_{ij} 是和边 $\boldsymbol{v}_i\boldsymbol{v}_j$ 相对的两个三角形内角，如图 4.12(c)所示。这种余切权重是和公式(4.6)中拉普拉斯微分算子定义的形式一致。通过加权拉普拉斯算子，可以在网格平滑时更好地保持局部几何形状。

3. 全局拉普拉斯平滑

全局拉普拉斯平滑属于间接策略。它的基本原理是通过增加约束条件来求解拉普拉斯算子构成的线性方程组。如果采用 $L(\cdot)$ 作为拉普拉斯算子的符号，那么公式(4.7)可以写为：

$$L(\boldsymbol{v}_i)=\boldsymbol{v}_i-\sum_{j\in N(i)} w_{ij}\boldsymbol{v}_j \tag{4.9}$$

这里 w_{ij} 可以设置为相应的伞形权重、均值权重或余切权重。借助于直接拉普拉斯的思想，也就是令 $\delta_i=0$，可以将所有顶点对应的拉普拉斯算子转换为关于顶点坐标的线性方程组，记为 $\boldsymbol{L}\cdot\boldsymbol{V}=\boldsymbol{0}$。该线性方程组也称为拉普拉斯方程组，其具体表达形式如公式(4.9)所示。其中，$\boldsymbol{L}$ 是 $|\boldsymbol{V}|\times|\boldsymbol{V}|$ 的矩阵，对应于公式(4.9)中等号左边的系数矩阵，$|\boldsymbol{V}|$ 是网格顶点个数。

拉普拉斯方程组本身是一个齐次方程组，而且等号右侧为零向量。这意味着该方程组存在平凡的零解，也就是 $x_i=y_i=z_i=0$。这使得平滑后的网格顶点退化为同一个点。这显然不能满足网格平滑时保持形状的要求。数学上，拉普拉斯方程组的系数矩阵的秩为 $|V|-k$，其中，k 为网格的连通分支的个数。因此，对于单连通的网格，$k=1$，使得方程组系数矩阵的秩为总的顶点数减 1。

通常情况下，选取网格上的 m 个顶点作为控制顶点，使得平滑后的网格形状尽量不偏离这些控制顶点所定义的形状。这些控制顶点的集合记为 $\boldsymbol{C}=\{\boldsymbol{c}_i=(x_i,y_i,z_i)\}_{i=1}^{m}$，其中，$\boldsymbol{c}_i$ 表示第 i 个控制顶点。相应地将 $\boldsymbol{v}_i=\mu\cdot\boldsymbol{c}_i$ 作为约束条件加入拉普拉斯方程组，这里 $\mu>0$ 是约束因子，决定该约束条件对控制顶点的影响程度，也就是网格平滑后偏离网格初始形状的程度。

最终,拉普拉斯方程组的求解转化为计算如下目标函数的最优解:

$$\underset{V=\{v_i\}}{\operatorname{argmin}}\left(\|\boldsymbol{L}\cdot\boldsymbol{V}\|^2+\mu\sum_{i=1}^{m}\|\boldsymbol{v}_i-\boldsymbol{v}_i\|^2\right) \tag{4.10}$$

该公式可以利用线性最小二乘优化,计算唯一的非平凡解,从而得到平滑后的网格顶点坐标。图4.13展示了全局拉普拉斯平滑的两个例子。可以看出,通过增加约束的全局拉普拉斯平滑既能够有效去除噪声,也能够很好地保持网格的局部几何形状。

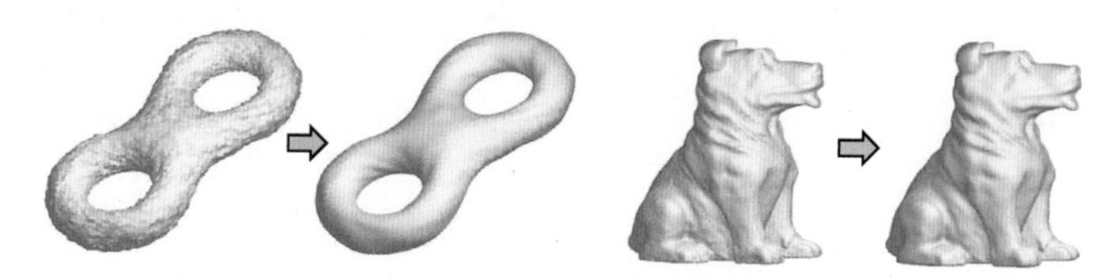

图 4.13 三角网格的全局拉普拉斯平滑

例题 4-2 三角网格的直接拉普拉斯平滑。

问题:假设三角网格 M 具有 n 个顶点,记为 $V=\{\boldsymbol{v}_i=(x_i,y_i,z_i)\}_{i=1}^n$。写出通过直接拉普拉斯平滑方法去除网格噪声的伪代码。

解答:假设最大迭代次数为MAX_NUM,那么直接拉普拉斯平滑时的伪代码如下。

```
function directLaplacian (M)
    num ← 0
    repeat
        for each vertex vi in V do                /* 计算每个顶点邻域的几何平均位置 */
            vi ← Σ_{j∈N(i)} vj /di                /* 顶点 vi 的邻域 N(i) 有 di 个顶点 */
        end for
        num ← num +1
    until num ==MAX_NUM end
end function
```

□

4.3 网格简化

通过三维重建获得的网格模型通常规模较大,体现在网格顶点和多边形面片的数量较多,从而不利于网格模型的存储、传输和显示。网格简化是指通过删除或者修改对几何形状影响不大的几何元素(顶点、边和多边形面片等),以减少网格模型的数据规模。例如,图4.14所示的三维网格模型,从左到右三角网格的顶点和三角面片数目不断减少,而整体形状是能够保持较少变化。

网格简化时,由于对构成原始网格的几何元素进行了修改,不可避免地造成简化后的网格形状和原始网格形状之间的差异,从而引入形状误差。因此,在进行网格简化时,往

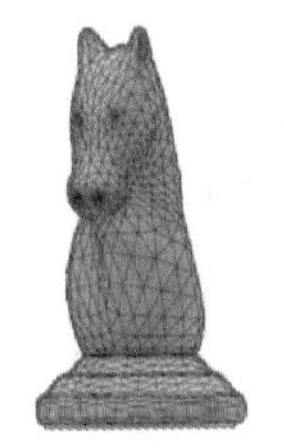
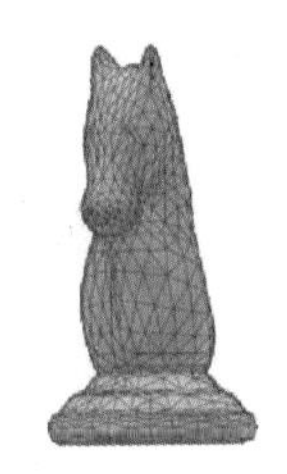
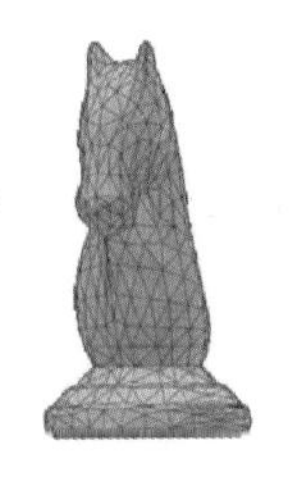
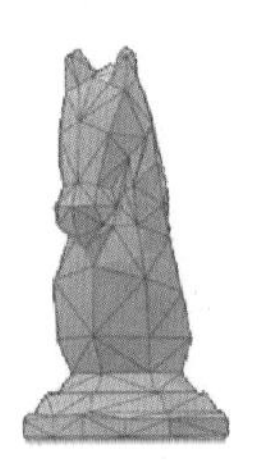
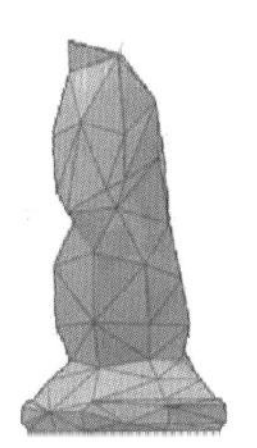

图 4.14　网格简化

往需要遵循两项基本的原则：顶点最少原则和误差最小原则。顶点最少原则是指在给定误差上界的情况下，使得简化后网格模型的顶点数目最少。误差最小原则，是指给定简化后模型的顶点数目后，简化模型与原始模型之间的几何误差最小。目前，网格简化主要是围绕其中的一项或两项来设计简化算法。典型的方法包括顶点聚类和渐进式抽取。此外，深度学习技术也被用于网格简化。

4.3.1　顶点聚类

顶点聚类是将网格顶点按照其在三维空间中的位置关系进行合并，用合并后得到的较少数目的顶点来代替原始网格顶点，从而实现网格的简化。这种方法主要包含三个步骤：聚类生成、顶点合并、拓扑重构。

1. 聚类生成

聚类生成是根据原始网格相邻顶点几何位置的相近性，将顶点划分成不同的簇(Cluster)。通常情况下，一个簇内的顶点具有空间相近的位置。常用的聚类方法是将原始网格按照其包围盒的空间八叉树进行划分，那么每一个簇是空间划分后树节点对应的一个单元。此外，聚类生成也可以借助三维空间中点集的 K-means 聚类、谱聚类、均值漂移聚类等方法来实现。

2. 顶点合并

顶点合并是为每一个簇计算一个新的顶点，用于替代这个簇内所有的原始网格顶点。这样就把原始网格上空间位置相近的顶点合并成一个顶点，进而减少顶点数目。如图 4.15 所示，合并时可以采用不同的策略获得新的顶点 $\boldsymbol{v}_{\text{new}}$。如图 4.15 所示，假设簇内有 5 个顶点$\{\boldsymbol{v}_1,\boldsymbol{v}_2,\boldsymbol{v}_3,\boldsymbol{v}_4,\boldsymbol{v}_5\}$，平均值合并法采用簇内顶点坐标的平均值作为合并顶点的位置，也就是 $\boldsymbol{v}_{\text{new}}=(\boldsymbol{v}_1+\boldsymbol{v}_2+\boldsymbol{v}_3+\boldsymbol{v}_4+\boldsymbol{v}_5)/5$，这样就用新顶点位置 $\boldsymbol{v}_{\text{new}}$ 表示了簇内顶点平均的形状。中值合并法采用簇内顶点坐标的中值顶点(即位于中间位置的顶点)作为合并顶点的位置，也就是 $\boldsymbol{v}_{\text{new}}=\boldsymbol{v}_3$。二次误差合并法对每个簇内的顶点用二次曲面拟合，然后采用误差最小的顶点作为合并后的顶点，也就是 $\boldsymbol{v}_{\text{new}}=\underset{\boldsymbol{v}_1,\cdots,\boldsymbol{v}_5}{\operatorname{argmin}}\{d(\boldsymbol{v}_i,S)\}$，其中，$S$ 是由 5 个顶点拟合的二次曲面，$d(\cdot,\cdot)$表示顶点到二次曲面的距离。这样就能够在一定误差范围内用新顶点替代簇内原有的顶点。

不同策略下得到的顶点合并结果也不相同。如图 4.15(c)所示，通常使用二次曲面拟合的结果要优于平均值或者中值顶点的结果，其原因在于二次多项式具有更高的逼近精度，能够更好地近似原始网格的形状。

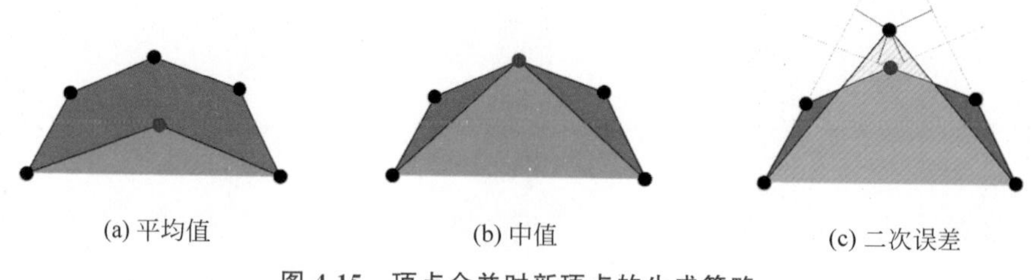

(a) 平均值　　(b) 中值　　(c) 二次误差

图 4.15　顶点合并时新顶点的生成策略

3. 拓扑重构

拓扑重构是根据合并后新的网格顶点分布，建立顶点之间的边连接关系，生成简化后的网格模型。例如，对于两个聚类后的簇，如果它们的空间位置是相邻的，也就是具有相同的边，那么可以在两个簇对应的新的网格顶点之间连接一条网格的边，如图 4.16(a)所示。

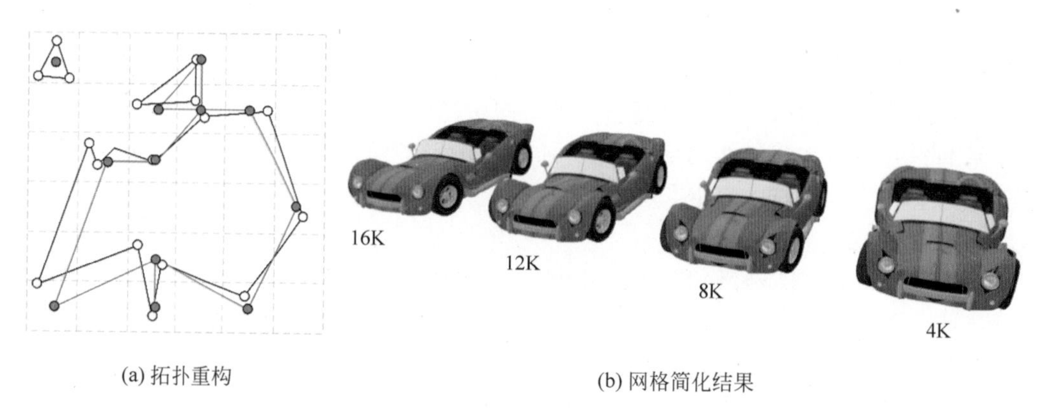

(a) 拓扑重构　　(b) 网格简化结果

图 4.16　基于顶点聚类的网格简化

借助顶点聚类的网格简化方法计算速度快，能够用于生成不同规模的简化网格，如图 4.16(b)所示。但是，这种方法在简化过程中往往难以控制网格拓扑结构的变化，可能会引起简化后网格拓扑连接关系的退化。此外，虽然可以通过二次曲面拟合的新顶点在全局范围内控制误差，但也是很难生成满足原始网格形状最优的简化结果。

4.3.2　渐进式网格

渐进式网格的基本思想是通过预定义的顶点和边的原子操作作为简化算子，然后利用这些算子的组合进行一系列顶点和边的简化，最终实现网格模型数据规模的化简。如图 4.17 所示，常用的原子操作包括顶点移除(DeleteV)和边合并(MergeE)两种简化算子。顶点移除是每次删除网格中的一个顶点，然后对该顶点的 1-邻域组成的多边形进行剖分，从而形成新的多边形面片。边合并是在不影响网格拓扑有效性的前提下，将该边的两个顶点进行合并，从而将两个顶点合并为一个顶点，同时该边消失。在合并时，要避免出现顶点翻转现象，也就是避免不同边的交叉的情况，否则会破坏网格的流形性质。

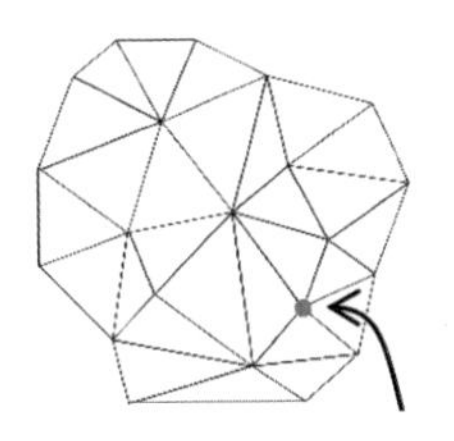

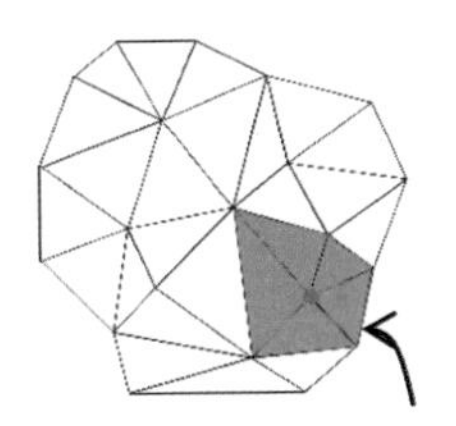

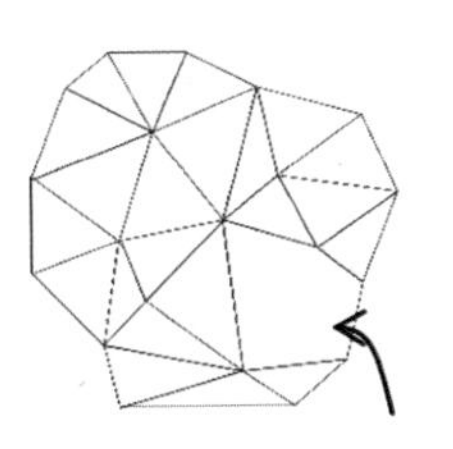

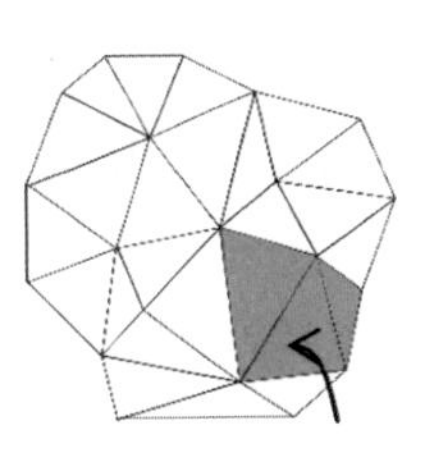

(a) 顶点移除

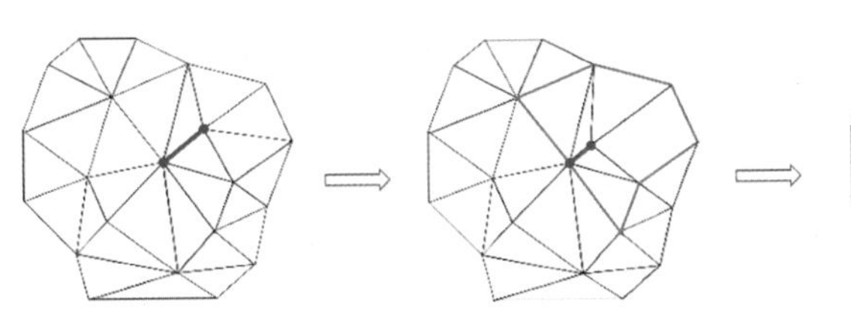

(b) 边合并

图 4.17　渐进式网格的简化算子

基于上述简化算子，就可以依次对原网格的顶点和边进行简化操作，减少顶点和边的数目。在简化过程中，需要记录网格原顶点和新顶点位置，以及顶点间的连接关系的变动信息。最后，生成原始网格模型的最简化模型，以及一系列由简化算子构成的渐进序列表示，记为$\{\mathrm{DeleteV}_0, \mathrm{MergeE}_0, \mathrm{DeleteV}_1, \mathrm{MergeE}_1, \cdots\}$。这一系列简化算子所产生的中间网格序列就构成了渐进式网格。

因此，渐进式网格的生成是一个迭代的过程。而在每一次迭代中，往往根据一定的标准选取操作对象。例如，采用简单的随机选择的策略，挑选任意网格顶点或边执行相应的顶点移除或边合并操作。这样每次可以减少一定数量的顶点或边，进而达到模型简化的目的。对于更优的简化方式，则可以根据网格顶点到视点距离远近或者网格表面曲率的大小，采用相应的简化算子，直到顶点或边没有更多减少的可能。相比于顶点聚类的网格简化，渐进式网格能够在网格质量与计算效率之间达到更好的平衡。此外在生成过程中，还可以保证网格拓扑结构不改变。

例题 4-3　三角网格的渐进式网格简化。

问题： 假设三角网格 M 包含 n 个顶点和 m 条边。其中，该网格所有边的集合记为 $E=\{\boldsymbol{e}_j=<\boldsymbol{v}_{j1},\boldsymbol{v}_{j2}>\}_{j=1}^{m}$。写出采用随机选择策略进行边合并对网格进行渐进式简化的伪代码。

解答： 假设简化操作的最多执行次数为 MAX_NUM，那么采用边合并做简化的伪代码如下。

```
function PMSimplification (M)
    num ← 0
    repeat
        es ← selectEdge (E)                          /* 每次选择一条候选边 */
```

```
        vs ← calculateVertex (vs1, vs2)          /* 计算新生成的顶点 */
        deleteEdge (es)                          /* 删除候选边 */
        num ← num +1
    until num ==MAX_NUM end
end function
```

□

4.3.3 基于深度学习的网格简化

网格简化的过程可以看作从复杂网格到简单网格的映射，而顶点聚类和渐进式网格是基于贪心算法逐步迭代地构造相应的映射函数。深度神经网络具有良好的函数拟合能力，从而为网格简化提供了一种端到端的新途径。下面介绍的基于深度学习的网格简化方法包含点采样器、边预测器和面分类器三个组成部分。如图 4.18 所示，每一部分都对应一个深度神经网络，最终得到简化后的网格。

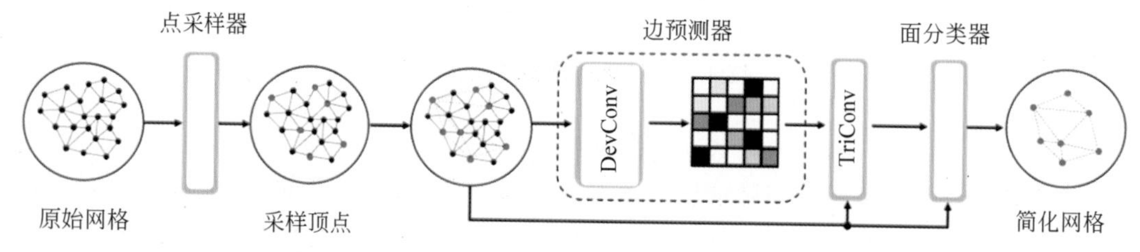

图 4.18 基于深度学习的网格简化（图片来自[28]）

点采样器是从原始网格的 N 个顶点中选取用于构造简化网格的 M 个顶点。假设原始网格的 N 个顶点是 $\mathbf{V}=\{\boldsymbol{v}_i\}_{i=1}^{N}$，它们表示成 $N\times3$ 维的向量作为神经网络的输入。对于每个顶点 $\boldsymbol{v}_i$，定义它与 1—邻域 $N(v_i)$ 内顶点的偏离程度为

$$\boldsymbol{f}_i=\sigma\left(\boldsymbol{W}_\varphi \max_{j\in N(v_i)} \boldsymbol{W}_\theta (N_i-N_j)\right) \tag{4.11}$$

其中的 $\boldsymbol{W}_\varphi$ 和 $\boldsymbol{W}_\theta$ 是网络参数，$\sigma(\cdot)$是非线性函数。在此基础上，可以利用图卷积(DevConv)将顶点和 1-邻域顶点进行聚合，从而更新该顶点的偏离程度。这样就可以利用图神经网络(Graph Neural Network，GNN)获得 $M\times3$ 维的向量，作为原始网格的采样顶点。

边预测器的目的是建立采样顶点之间的边连接关系。为了避免边连接后产生的孤立采样顶点，首先在原始网格边连接基础上建立采样顶点最近邻的边连接，从而形成一个新的图。在该图中，简化网格两个顶点 $\boldsymbol{v}_i$ 和 $\boldsymbol{v}_j$ 之间有边连接的概率定义为

$$\boldsymbol{S}[i,j]=\frac{\exp((\boldsymbol{W}_q\boldsymbol{f}_j)^{\mathrm{T}}(\boldsymbol{W}_k\boldsymbol{f}_i))}{\sum\limits_{k\in N_i}\exp((\boldsymbol{W}_q\boldsymbol{f}_j)^{\mathrm{T}}(\boldsymbol{W}_k\boldsymbol{f}_k))} \tag{4.12}$$

其中的 $\boldsymbol{W}_q$ 和 $\boldsymbol{W}_k$ 是网络参数，$\boldsymbol{f}_i$ 和 $\boldsymbol{f}_j$ 由公式(4.11)定义。如图 4.18 所示，通过 GNN 并由自注意力层辅助，可以得到描述所有顶点边连接概率的矩阵 $\boldsymbol{S}$。为了避免相邻顶点出现的相同概率，进一步定义如下邻接矩阵 $\boldsymbol{A}_S$：

$$\boldsymbol{A}_S[i,j]=\boldsymbol{S}[i,:]\boldsymbol{AS}[j,:]^{\mathrm{T}} \tag{4.13}$$

这里的 $\boldsymbol{A}$ 是原始网格的邻接矩阵，也就是当顶点 $\boldsymbol{v}_i$ 和 $\boldsymbol{v}_j$ 之间有边时，$\boldsymbol{A}[i,j]=1$，否则 $\boldsymbol{A}[i,j]=0$。那么，对于由顶点 $\boldsymbol{v}_i$、$\boldsymbol{v}_j$ 和 $\boldsymbol{v}_k$ 构成的三角面片，它出现在简化网格中的概率可以表示为 $p_t=\frac{1}{3}(\boldsymbol{A}_S[i,j]+\boldsymbol{A}_S[i,k]+\boldsymbol{A}_S[j,k])$。接下来，通过面分类器选择合适的三角面片来构造采样顶点之间最终的边连接。

面分类器是根据边预测器得到的三角面片概率作为初值，通过图神经网络挑选能够出现在简化网格中的三角面片。对于两个三角面片 T_n 和 T_m，采用如下向量 $\boldsymbol{r}_{n,m}$ 编码它们之间的相对位置关系：

$$
\begin{aligned}
&\boldsymbol{r}_{n,m}=[(\boldsymbol{t}_n^{\min}-\boldsymbol{t}_m^{\min})\,\|\,(\boldsymbol{t}_n^{\max}-\boldsymbol{t}_m^{\max})\,\|\,(\boldsymbol{b}_n-\boldsymbol{b}_m)]\\
&\boldsymbol{t}_n^{\max}=\max(\boldsymbol{e}_{ij}^n,\boldsymbol{e}_{ik}^n,\boldsymbol{e}_{jk}^n)\quad \boldsymbol{t}_n^{\min}=\min(\boldsymbol{e}_{ij}^n,\boldsymbol{e}_{ik}^n,\boldsymbol{e}_{jk}^n)\\
&\boldsymbol{t}_m^{\max}=\max(\boldsymbol{e}_{ij}^m,\boldsymbol{e}_{ik}^m,\boldsymbol{e}_{jk}^m)\quad \boldsymbol{t}_m^{\min}=\min(\boldsymbol{e}_{ij}^m,\boldsymbol{e}_{ik}^m,\boldsymbol{e}_{jk}^m)
\end{aligned}
\tag{4.14}
$$

其中，$\boldsymbol{e}_{ij}^n$、$\boldsymbol{e}_{ik}^n$ 和 $\boldsymbol{e}_{jk}^n$ 是三角面片 T_n 的三条边，$\boldsymbol{e}_{ij}^m$、$\boldsymbol{e}_{ik}^m$ 和 $\boldsymbol{e}_{jk}^m$ 是三角面片 T_m 的三条边，max()为对三维向量取最大值的操作，$\boldsymbol{b}_n$ 和 $\boldsymbol{b}_m$ 分别是三角面片 T_n 和 T_m 的重心，而 ‖ 表示向量组合。基于边预测器得到的图形式，每个三角面片和相邻的其他三角面片可以通过图卷积(TriConv)进行聚合，具体按照下面的多层感知机进行更新：

$$
\boldsymbol{f}_n^{(l)}=\sum_{k\in N(T_n)}\mathrm{MLP}(\boldsymbol{r}^{n,k}\,\|\,(\boldsymbol{f}_n^{(l-1)}-\boldsymbol{f}_k^{(l-1)}))
\tag{4.15}
$$

这里的 $N(T_n)$ 表示三角面片 T_n 的1－邻域，也就是和 T_n 相邻的其他三角面片。由此获得每个三角面片属于简化网格的概率，并通过和预设的阈值比较，得到保留下来的三角面片，组成简化后的网格。图4.19展示了由这种方法得到的网格简化结果。

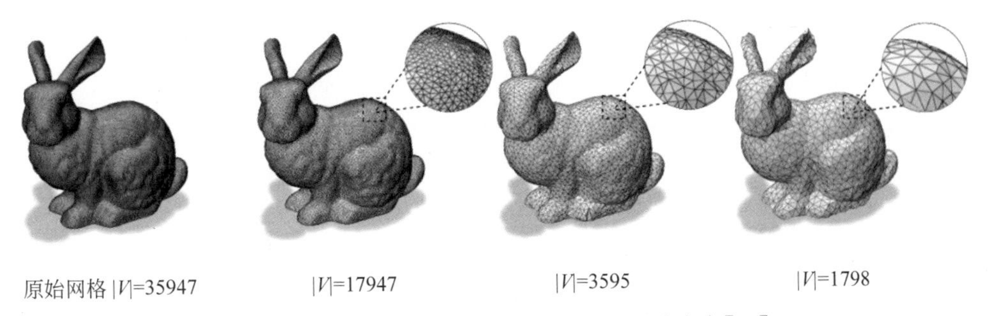

图 4.19 基于深度学习的网格简化结果(图片来自[28])

4.4 网格参数化

网格参数化是数字几何处理中的基础问题之一。网格参数化最早起源于电影制作时纹理映射的需求。1974年，Edwin Catmull 首次将纹理映射技术应用于计算机图形学，通过纹理图像和三维模型表面之间的映射关系，计算三维曲面绘制后在屏幕上所对应的每一点的颜色值。这个过程需要建立三维曲面和二维图像之间的一一映射，也就是参数化。曲面参数化后的取值范围称为参数域。

三角网格是常用的三维模型表示形式。三角网格的参数化就是建立网格上每个三角形的顶点与参数域之间的一一映射关系。因此，三角网格参数化的输入是一个三维网格，输出则是一个在参数域上和三维模型同构的，且由三角形组成的平面多边形。

4.4.1 数学模型

地图的绘制可以看作是一种典型的参数化技术的应用，通常可以采用球极坐标的形式将地球表面上的每一点映射到一个理想的球面。但在实际应用中，人们更习惯于将世界地图画在平面图纸上，这样更容易阅读。这样就需要建立三维地球表面和二维平面之间的一一映射关系，称为平面参数化。这种参数化的参数域是二维平面。从世界地图的绘制方式，可以更直观地理解参数化的数学模型。

典型的地图绘制方法有球极平面投影法、墨卡托投影法和朗伯等积投影法。球极平面投影是将一个圆球面通过指定极点投射至一个平面的映射。那么除了极点(例如北极)外，该投影能够建立球面上的点到平面上的点之间的双射，而且保持角度不变。这种映射也就是共形映射。但是，球极平面投影时的区域面积会发生改变，尤其在靠近极点附近，会产生局部地区面积的明显变化。墨卡托投影使得投影后的经线变成一系列竖直的、等距离的平行直线，而纬线是垂直于经线的一组平行直线。墨卡托投影也是一种共形映射，也就是在映射时角度保持不变，但面积会发生明显的改变。朗伯等积投影则是一种等面积的平面投影，可以精确记录地区的面积，但是地球表面的陆地形状往往会发生比较大的扭曲。

上述三种地图绘制方法所对应的映射可以看作保角度参数化和保面积参数化，描述了参数化映射过程中所保持的各种几何性质。理想的参数化是保形参数化，也就是保持局部形状不发生改变。这里的形状包括角度、面积等几何度量，是对形状的具体描述。保形参数化等价于保持长度不发生变化。但理论上，只有可展曲面存在保形参数化。可展曲面是每一点的高斯曲率都为零的曲面，包括圆柱面、圆锥面、直纹面等少数类型的曲面。一般的曲面在进行参数化时都会存在不同程度的形状扭曲，这是由曲面内蕴几何性质所决定的。因此，对于一般曲线的平面参数化，就是要尽可能减少映射过程中的形状扭曲。

下面以平面参数化为例，构造参数化映射时的数学模型。如图4.20所示，平面参数化的参数域是二维平面，参数化映射就是建立平面参数域与网格顶点之间的一一映射关系 F，即 $F(u,v)=(x(u,v),y(u,v),z(u,v))$，其中，$(u,v)$也称为参数化坐标。在此基础上，参数化映射函数 F 的雅可比矩阵可以写为

$$\boldsymbol{J}(u,v)=\frac{\partial F(u,v)}{\partial(u,v)}=\begin{bmatrix}\partial x/\partial u & \partial x/\partial v\\ \partial y/\partial u & \partial y/\partial u\\ \partial z/\partial u & \partial z/\partial v\end{bmatrix} \tag{4.16}$$

其中，$\boldsymbol{J}(u,v)$是 3×2 的矩阵。在矩阵运算中，雅可比矩阵是函数的一阶偏导数所构成的矩阵，反映了对原始函数的最优的线性逼近。因此，研究雅可比矩阵的性质，对于建立网格的平面参数化映射函数 F 具有重要意义，如图4.20所示。

如果对矩阵 $\boldsymbol{J}$ 进行奇异值分解，可以得到两个奇异值 Γ 和 γ，同时它们满足 $\Gamma\geqslant\gamma$。那么，当且仅当 $\Gamma=\gamma$ 时，F 是保角度参数化；当且仅当 $\Gamma\cdot\gamma=1$ 时，F 是保面积参数化；当且仅当 $\Gamma=\gamma=1$ 时，F 是保形参数化。因此，建立合适的参数化，等价于寻找奇异值满

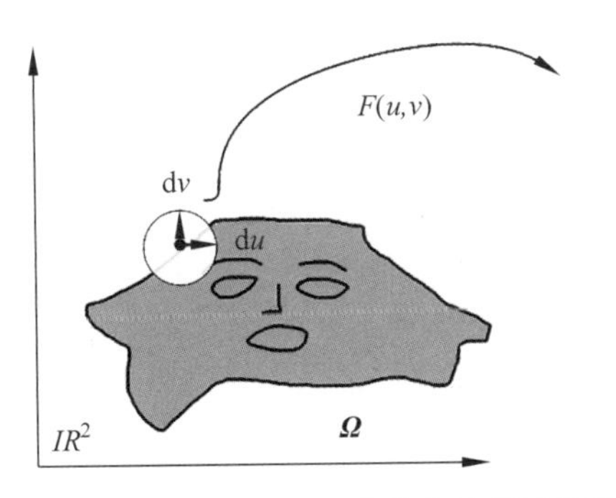

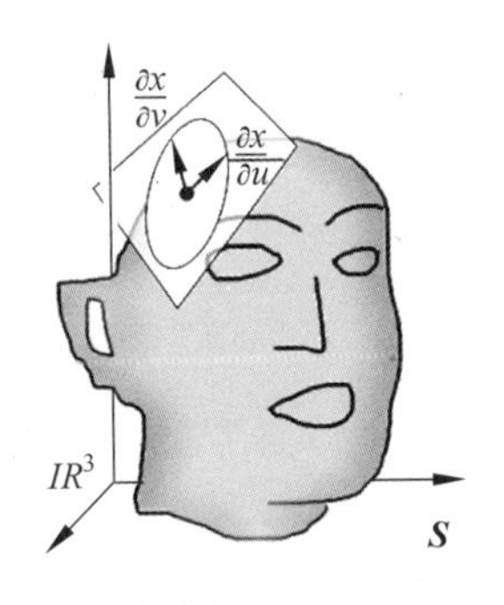

图 4.20 参数化映射函数的雅可比矩阵分析

足相应性质的雅可比矩阵，进而反求参数化对应的映射函数，使其雅可比矩阵满足相应的代数性质。

数学上，每一个保形参数化映射都是既保角度又保面积的，反之亦然。此外，按照参数域的不同，网格参数化可以分为平面参数化、球面参数化和基域参数化。平面参数化，是将网格映射到平面，所有网格顶点在映射后分布于平面上。球面参数化，是将网格映射到规则的球面，所有网格顶点在映射后分布于球面上。基域参数化，是采用一个和原模型同构的简化模型作为参数域，所有网格顶点在映射后分布于选定的基域上。其中，平面参数化主要针对开网格，球面参数化和基域参数化主要针对闭网格。下面具体介绍各种不同的参数化方法。

4.4.2 平面参数化

平面参数化选择二维平面作为参数域，建立网格顶点和平面上点之间的一一映射。对于具有边界边的开网格，平面是一个自然的参数域。这是由于两者之间的拓扑同胚性质所决定的。在构建参数化映射函数时，常用的求解模型有弹簧模型、最小二乘共形模型等。

1. 弹簧模型

弹簧模型是将网格顶点之间彼此连接的边看作弹簧，那么将顶点位置限定在平面后，在平衡状态下形成的顶点位置分布就是参数化结果。物理上，弹性势能是描述弹簧能量的一种物理量。弹簧系统的弹性势能函数采用如下表达式描述：

$$E=\sum_{i=1}^{n}\sum_{j\in N_i}\frac{1}{2}D_{ij}\ ||\ \boldsymbol{t}_i-\boldsymbol{t}_j\ ||^2 \tag{4.17}$$

其中，n 是顶点数目，N_i 是顶点 1- 邻域内的顶点数目，$\boldsymbol{t}_i$、$\boldsymbol{t}_j$ 是顶点的空间位置，D_{ij} 是弹簧系数，描述了弹簧所处的拉伸状态。这里 $\boldsymbol{t}_i$ 可以视作二维或三维空间中的位置。

弹簧系统在平衡状态下满足特定的条件，其势能函数的一阶导数处处为零，也就是顶点分布满足$\frac{\partial E}{\partial \boldsymbol{t}_i}=\sum_{j\in N_i}D_{ij}(\boldsymbol{t}_i-\boldsymbol{t}_j)=0$。因此，这就能得到弹簧在平衡状态下的顶点位置满足如下等式关系：

$$\boldsymbol{t}_i-\sum_{j\in N_i}\lambda_{ij}\boldsymbol{t}_j=0 \tag{4.18}$$

其中,$\lambda_{ij}=D_{ij}/\sum_{k\in N_i}D_{ik}$ 表示相邻顶点的仿射组合系数,构成线性方程组的系数矩阵。那么,如图 4.21 所示,当弹簧顶点限定在平面上时,就得到顶点参数化后在二维平面上的位置,也就是 $\boldsymbol{t}_i=(u_i,v_i)$。

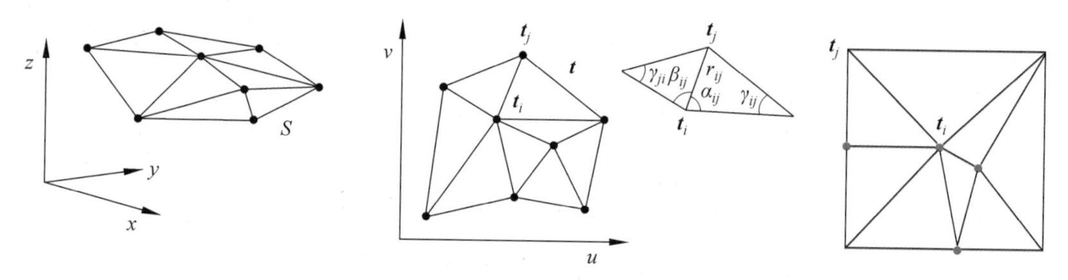

图 4.21 基于弹簧模型的平面网格参数化(图片来自[30])

公式(4.18)是关于顶点位置的齐次线性方程组。这就需要增加额外的约束条件以计算非零的有效解。常用的约束条件是将开网格的边界顶点固定在指定的凸多边形边界上(例如图 4.21 中所示的正方形),也就是将边界顶点在参数化后的平面位置作为约束(例如图 4.21 中的红色顶点)。然后,通过求解线性方程组,就能够得到内部顶点的位置。事实上,这种方式可以看作三角形重心坐标的推广。因为三角形内部每一点都可以通过其三个顶点的线性组合表示,所以类似公式(4.18)定义的参数化映射又称为重心坐标参数化映射。

此外,公式(4.18)中的仿射组合系数 λ_{ij} 也影响了网格参数化结果。根据雅可比矩阵奇异值定义的参数化映射模型,可以将仿射组合系数设置为调和坐标对应的数值。这种情况下的系数具体表示为 $\lambda_{ij}=(\cot\gamma_{ij}+\cot\gamma_{ji})/2$,其中,角度 γ_{ij} 和 γ_{ji} 的定义如图 4.21 所示。由于该系数只和角度有关,可以近似地描述从三维空间到二维平面的保角度映射关系。

通过求解基于边界约束条件的弹簧模型,就可以得到有效的平面参数化结果,而且该模型实质上是线性方程组,计算速度快。但是,由于正方形等的凸边界约束,导致参数化结果的几何扭曲较大,尤其是越靠近开网格边界边的位置,几何扭曲的程度越大。

2. 最小二乘共形模型

最小二乘共形模型是利用几何上的共形映射性质,计算保角度的平面参数化。三维网格的每个三角形可以看作局部的平面三角形。因此,网格的平面参数化就可以转化成三维空间三角形和平面三角形之间的一一映射。数学上,两个平面形状之间的共形映射 $F:(x,y)\rightarrow(u,v)$ 需要满足如下 Cauchy-Riemannian 方程:

$$\begin{cases}\partial v/\partial x=-\partial u/\partial y\\ \partial v/\partial y=-\partial u/\partial x\end{cases}\tag{4.19}$$

其中,$\partial(\cdot)$是计算函数关于其中一个变量的偏导数。进一步,基于三角面片的线性特点,上述方程可以写成如下关于参数化后顶点位置 $\boldsymbol{t}_i=(u_i,v_i)$ 的线性方程:

$$E(\boldsymbol{t}_i)=\sum_{\Delta t_{i1}t_{i2}t_{i3}}|(\boldsymbol{t}_{i1}-\boldsymbol{t}_{i3})-R^{\alpha}(\boldsymbol{t}_{i2}-\boldsymbol{t}_{i3})l_2/l_1|^2\tag{4.20}$$

其中，$\Delta \boldsymbol{t}_{i1}\boldsymbol{t}_{i2}\boldsymbol{t}_{i3}$ 对应于三维网格三角形所在的局部平面三角形，α 是边 $\boldsymbol{t}_{i3}\boldsymbol{t}_{i1}$ 和边 $\boldsymbol{t}_{i3}\boldsymbol{t}_{i2}$ 的夹角，R^{α} 是 2×2 的旋转矩阵，l_1 和 l_2 是这两条边的长度。

一般来讲，公式(4.20)具有平凡的零解。为了得到有效解，需要额外指定至少三个点的参数化坐标作为已知条件代入公式，从而将公式(4.20)的求解转化为最小二乘问题进行优化求解。一般情况下，需要指定网格中一个三角形的三个顶点的参数化坐标作为已知条件。这种方法的优点是能够保持参数化过程中的角度不变，而且求解过程是线性的，计算速度快。但是，缺点是无法保证参数化后平面三角形的有效性，有时会发生三角形的“翻转”。

此外，上面介绍的网格参数化方法是对具有边界的开网格进行处理。如果对闭网格进行平面参数化，通常的做法是首先需要将闭网格切割来产生边界，再运用前面的各种开网格参数化进行计算。因此，闭网格平面参数化的关键是寻找合适的切割线，能够有效地将闭网格切开，变成开网格。常用的切割线计算方法主要是基于网格边的最小生成树作为切割线。

如果将网格看作由顶点和边构成的图，那么最小生成树就是边权重之和最小的树，同时该树包含了图中指定的所有的顶点。在图4.22(a)中，黑色粗线对应的边就组成了最小生成树。通过定义不同权重，就可以得到不同类型的最小生成树。为了减少切割线对于平面参数化结果的影响，通常在网格顶点中选择弯曲程度比较大的区域的顶点。这可以根据4.1.2节中的二阶微分算子，计算每个顶点处高斯曲率，然后选择曲率数值较大的顶点。然后这些顶点根据权重计算最小生成树作为切割线。在进行网格参数化时，主要有两种类型的权重：边长和可见性。

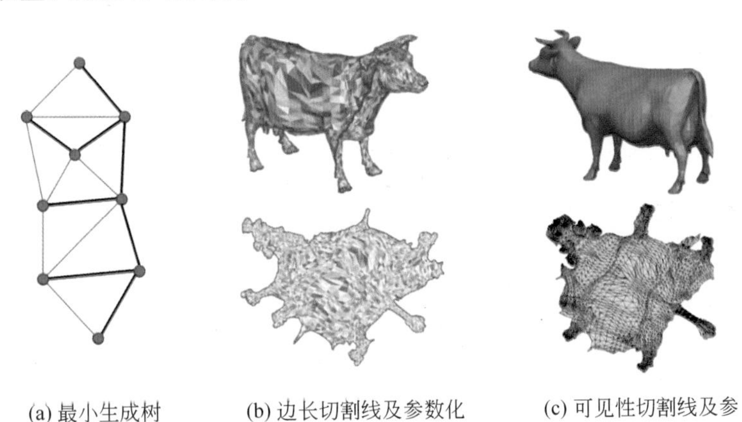

图4.22　最小生成树切割线及网格平面参数化(图片来自[36]和[37])

以边长为权重，需要将指定顶点所在边按照边长排序，依次连接长度短的边形成最小生成树，如图4.22(b)所示。这种方式可以使得切割线整体长度最短，从而减小参数化后不连续区域。以可见性为权重，是希望切割线尽量被隐藏在不容易被看到的边的位置。这就需要通过分析网格的边在不同视角下的可见性分布特点，寻找那些在多数视角下尽可能不被看见的边，将这些边对应的网格顶点依次连接起来作为切割线，如图4.22(c)所示。

例题 4-4 三角网格的平面参数化。

问题：输入具有开边界三角网格 M，采用基于弹簧模型的参数化方法进行平面参数化，写出相应的伪代码。

解答：假设三角网格 M 的所有顶点集合为 $V=\{\boldsymbol{v}_i=(x_i,y_i,z_i)\}_{i=1}^n$，经过平面参数化后的顶点集合为 $\boldsymbol{P}$，那么平面参数化的伪代码如下。

```
function springParameterization (M)
    vrtOut ← detectBoundary (M)                 /* 检测边界顶点 */
    setBoundary (vrtOut)                        /* 将边界顶点设为平面固定边界位置 */
    L ← 0                                       /* 系数矩阵初始化为零矩阵 */
    for each vertex vi in vrtInt do             /* 计算内部顶点平面位置 */
        Ni ← countNeighbor (vi)                 /* 邻域顶点个数 */
        L[i][i] ← 1                             /* 设置系数矩阵的元素取值 */
        for j ← 0 to Ni do
            L[i][j] ← 1 / Ni
        end for
    end for
    Bx,y,z ← 0                                  /* 零向量 */
    for each vertex vi in vrtOut do             /* 设置边界顶点向量 */
        Bx[index(vi)] ← xi
        By[index(vi)] ← yi
        Bz[index(vi)] ← zi
    end for
    P ← L^-1 · Bx,y,z                           /* 求解线性方程组得到参数化结果 */
end function
```

□

4.4.3 球面参数化

虽然闭网格可以切割成开网格进行平面参数化，但在切割线附近会导致参数化结果的不连续，具体表现为纹理映射后网格表面图像的跳跃。这本质上是由于闭网格和平面参数域在几何性质上的不同所造成。因此，如何对封闭网格进行整体参数化，是数字几何处理非常重要的问题之一。亏格为零的闭网格与球面同胚，所以对于这类网格，自然的参数域应该是球面，也就是应建立闭网格和球面之间的球面参数化映射，记为 $F:(x,y,z)\to(u,v,w)$。

球面参数化是将亏格为零的三维封闭网格映射到球面，等价于将网格顶点之间的拓扑连接关系嵌入单位球面。数学上，球面参数化的理论基础是 Steinitz 定理。该定理描述了任何亏格为零且封闭的三角化可以映射成球面三角化。因此，亏格为零的闭网格的球面参数化是一定存在的，这为球面参数化提供了理论基础。

事实上，平面参数化方法中的重心坐标参数化的思想，可以推广到球面重心坐标映射，从而建立网格的球面参数化。假设网格上顶点 $\boldsymbol{v}_i=(x_i,y_i,z_i)$ 在参数化后映射为球

面上的顶点为 $\boldsymbol{t}_i=(u_i, v_i, w_i)$，那么球面参数化映射满足以下等式关系：

$$\begin{cases} u_i^2+v_i^2+w_i^2=1 \\ \alpha_i x_i-\sum\limits_{j \in N_i} \lambda_{ij} x_j=0 \\ \alpha_i y_i-\sum\limits_{j \subset N_i} \lambda_{ij} y_j=0 \\ \alpha_i z_i-\sum\limits_{j \in N_i} \lambda_{ij} z_j=0 \end{cases} \tag{4.21}$$

其中，$\{\lambda_{ij}\}$是顶点 $\boldsymbol{v}_i$ 的 1-邻域的重心坐标(见公式(4.18)中的定义)，α_i 是尺度因子。通过上述公式计算得到的顶点一定是位于单位球面上。因此，通过求解该带约束的非线性优化问题，就可以得到网格的球面参数化。直观上，公式(4.21)是将网格每个顶点的邻域顶点的重心坐标投影到单位球面。如图 4.23 所示，G 是 A、B、C、D 四个点的几何重心，那么将球心 O 和 G 的连线延长一定倍数，也就是按照尺度因子进行缩放，就可以投影到球面上的 H 点，从而得到球面参数化结果。

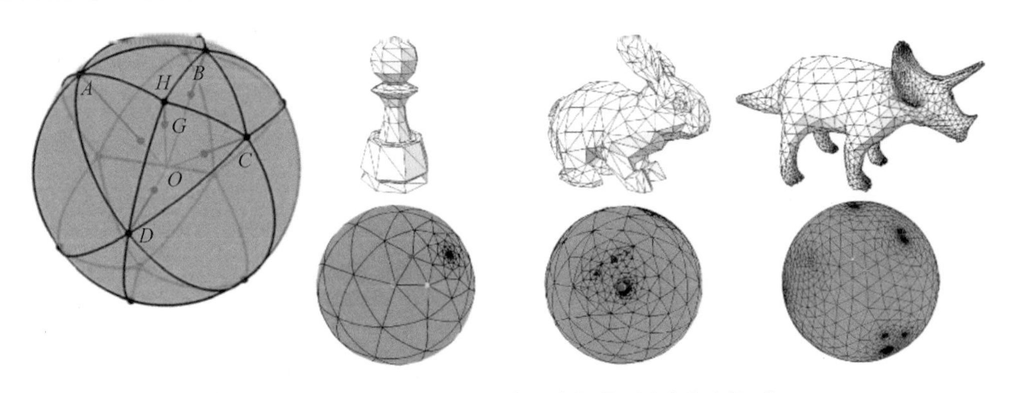

图 4.23　基于重心坐标的球面参数化(图片来自[38])

4.4.4　基域参数化

当闭网格的亏格大于零时，需要选择与其拓扑同胚的参数域。这类参数化所选择的参数域能够反映任意形状和拓扑的网格，因而将其参数域称为基域，也就是对应于网格本身形状和拓扑性质的一种基本参数域。因为网格参数化需要建立网格顶点和基域之间的一一映射，所以在选择基域时通常采用形状简单、拓扑同胚的基础几何形状，从而方便网格顶点映射为基域上的点。最常用的基域有多面立方体(Polycube)、单纯复形(Simplex)等。它们在形状上能够反映网格的整体外观，在拓扑上具有完全等价的性质。

多面立方体采用和网格形状相近的多面体作为基域。同时，该多面体的多边形面片平行于 x、y 和 z 三个轴平面，如图 4.24(a)所示。这种定义方式方便了网格顶点到最相近多边形面片的映射。单纯复形则是由三角形按照规定方式形成的几何形状。如图 4.24(b)所示，这些三角形或者不相交，或者相交于公共顶点或公共边。多面立方体和单纯复形在构造时遵循网格顶点的就近原则，因此可以利用投影等直接方法建立网格和这些基域之间的映射关系。同时，为了避免投影扭曲和错位，也会采用后处理的方式来优化投影结果，以使得网格上顶点和基域上投影点之间满足一对一的映射关系。

(a) 多面立方体　　(b) 单纯复形

图 4.24　复杂几何模型的基域参数化(图片来自[39]和[40])

对于以单纯复形作为基域的参数化，可以利用4.3节中的网格简化方法构造参数域，同时建立参数化映射。这其中代表性的方法是多分辨率自适应参数化(Multiresolution Adaptive Parameterization of Surfaces，MAPS)。该方法对输入的网格采用渐进式网格简化中的顶点移除算子进行简化。如图4.25(a)所示，在顶点移除时，将与该顶点相邻的三角面片映射到平面上，也就是建立该顶点及其1—邻域顶点的平面参数化。然后，通过三角化构造顶点移除后空洞的边连接关系，形成新的三角面片。那么移除的顶点在简化后网格的参数化映射可以通过该顶点所在三角面片上的重心坐标来表示。随着网格的不断简化，最终得到作为基域的单纯复形，其本身也是三角网格。由于每次顶点移除时，记录了移除顶点对应于简化网格的映射，所以能够建立输入网格到基域网格的映射关系，从而获得基域参数化结果，如图4.25(b)所示。

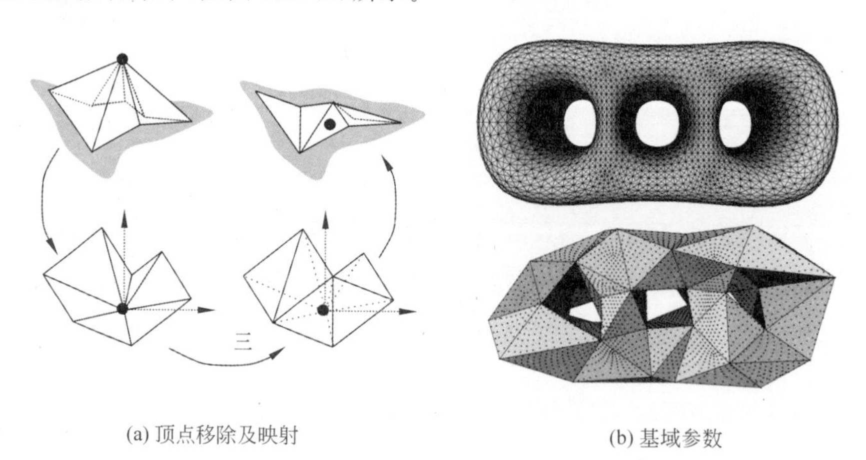

(a) 顶点移除及映射　　(b) 基域参数

图 4.25　多分辨率自适应参数化(MAPS，图片来自[41])

总而言之，基域参数化可以看作平面参数化和球面参数化的扩展，可用于任意亏格的网格参数化。此外，基域参数化也为后续章节中的网格编辑、网格形变等数字几何处理任务提供基础工具。

4.5　网格编辑

通过三维重建等方式进行几何建模，需要对每个形状建立相应的几何模型。甚至是同一个物体在不同时刻产生了形状变化，也需要对各个时刻的形状分别建模。这就大大影响了几何建模的效率，特别是在游戏、电影、计算机辅助设计等应用中，这种建模方式费时费力。网格编辑(Mesh Editing)，是操纵和修改现有网格的几何形状的过程，能够实现更有效的几何建模。

网格编辑需要对形状进行修改，是一种交互式的建模方式。因此，网格编辑主要解决的问题有两个：有效的三维模型交互，以及形状改变时的几何细节特征保持。计算机中的三维模型往往通过第三方输入设备(如键盘、鼠标等)进行操作，因此这种交互应当是便捷且尽可能接近现实中对物体的各种操作模式。网格编辑的目标是改变原始网格的形状，但同时需要保留几何细节，使得编辑后的网格仍具有原始网格的外形特征。下面介绍三类典型的网格编辑方法，分别采用不同的途径实现网格编辑时的交互模式及特征保持。

4.5.1　自由编辑

这类方法是受自由曲面建模方法的启发，通过控制顶点位置的改变来影响几何形状。自由编辑方法的基本思想是将原始网格嵌入一个简单的控制多面体中。这个多面体称为控制网格。然后通过对控制网格顶点的操控，改变原始网格形状。控制网格通常选取具有比原始网格更简单形状的多面体，这样能够更加容易地进行交互操作。此外，借助控制网格顶点对原始网格形状的约束，可以一定程度地保持编辑后原始形状的几何特征。常用的自由编辑方法包括基于样条的自由编辑和基于重心坐标的自由编辑，它们都是采用控制网格对三维网格进行编辑，但是前者采用样条控制顶点构建控制网格，后者则采用网格简化构建控制网格。

1. 基于样条的自由编辑

基于样条的自由编辑是通过样条函数的控制顶点来定义相应的控制网格。具体来讲，通常采用三变量张量积样条函数来表示原始网格的形状。这样，原始网格就嵌入由控制顶点形成的控制网格中，如图4.26所示。从而，网格上的任意一点$\boldsymbol{P}(s,t,u)$可以通过控制顶点的样条函数表达式进行表示，其中，s、t、u分别对应三个样条函数的参变量。

在网格编辑时，通过操纵控制顶点，就可以改变嵌入在控制网格内部的网格表面上点的位置，从而达到编辑形状的目的。由于样条函数的局部连续性，可以实现编辑过程中几何特征的连续变化，从而使得编辑后的网格能够尽可能地保持原始网格的几何特征。例如在图4.26中，虽然拖动一个控制顶点改变了球面部分区域的形状，但在其他不受控制顶点影响的区域，其形状仍近似球面。

2. 基于重心坐标的自由编辑

基于重心坐标的自由编辑是将原始网格表面上的点表示为控制网格顶点的线性组合，从而通过改变控制顶点的位置来快速地编辑网格形状。这种方法是三角形重心坐标

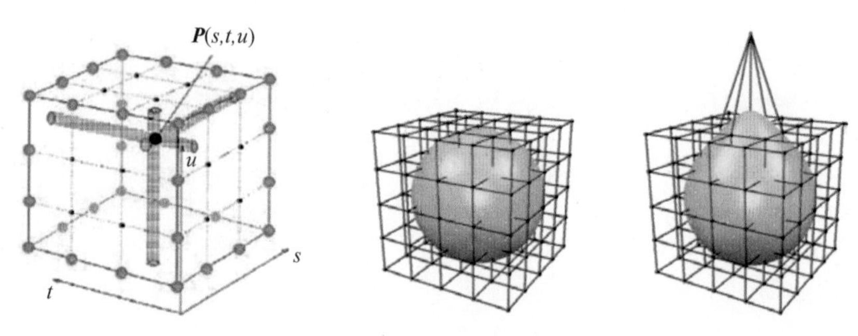

图 4.26　基于样条的自由编辑(图片来自[43])

的直接推广。具体来讲,平面三角形内部的每个点可以通过三个顶点的线性组合表示,那么相应的组合系数称为该点的重心坐标。因此,改变三角形顶点的位置,其内部的每一个点也会发生相应的位置改变,从而影响三角形的形状。类似地,将三角形的重心坐标推广到三角网格表面,那么网格表面上每一点就能够表示为某种形式的控制网格顶点的线性组合。这种组合系数称为三角网格的重心坐标。

假设 $\boldsymbol{v}$ 是原始网格表面上的点,$\{\boldsymbol{c}_1,\boldsymbol{c}_2,\boldsymbol{c}_3\}$ 是控制网格上的一个三角形面片的三个顶点,那么相应的重心坐标计算公式为

$$f_i=\frac{\boldsymbol{n}_i\cdot\boldsymbol{m}}{\boldsymbol{n}_i\cdot(\boldsymbol{c}_i-\boldsymbol{v})},\quad i=1,2,3 \tag{4.22}$$

其中,$\boldsymbol{n}_i$ 是锥面法向,$\boldsymbol{m}$ 是三角面片法向,如图 4.27 所示。这样,网络顶点 v 就可以表示为控制网格顶点的线性组合:$v=f_1c_1+f_2c_2+f_3c_3$。类似于基于样条的自由编辑方法,通过操纵控制网格顶点的位置,就可以改变原始网格形状。此外,由于重心坐标表示的连续性,这种方法也能够对形状进行连续地改变,从而尽可能地保持局部几何特征。

图 4.27　三角网格重心坐标及自由编辑(图片来自[44])

自由编辑的优点是计算简单、快速,能够满足实时形状编辑的应用需求。但其缺点是编辑过程是以几何性质作为约束,难以满足真实的物理效果,也就是说编辑后的形状有可能存在不符合实际形状改变的情况。

4.5.2　带约束的编辑

自由编辑的过程完全依赖于控制网格的改变,编辑效果很难保证物理的真实性和有效性。因此,需要在编辑过程中添加额外约束条件来限制编辑效果。这种方法称为带约

束的编辑。常见的方法包括骨架驱动编辑和局部约束编辑，前者借助物体的整体骨架作为约束，后者则是可以施加局部约束来实现更有效的网格编辑。

1. 骨架驱动编辑

骨架驱动编辑主要针对具有肢体的物体，例如动物、人体等。这类物体由于内部存在骨架作为支撑，在编辑时其形状需要根据骨架的分布进行调整。因此，可以考虑先提取代表物体形状的骨架，然后通过改变骨架的形状来驱动外部网格的形状改变，以此实现骨架驱动的编辑效果。此外，通过骨架作为约束，能够一定程度上保持编辑后的物体形状特征。骨架驱动编辑方法多用于计算机动画制作，以方便设计人员更加灵活地控制具有骨架结构的物体变形。

2. 局部约束编辑

局部约束编辑通过对原始网格局部添加约束条件，使得编辑后的形状满足相应的约束限制，同时不影响物体的外观特征。因此，局部约束编辑需要解决两个主要问题：适合交互操纵的局部约束形式，以及保持几何特征的网格变形。局部约束只是对三维网格局部区域内顶点、边、三角形面片几何性质的限制，因此可以通过简单的鼠标单击选取或者笔画勾画来设定约束条件。这些约束条件可以是点/边/面的空间位置、朝向等形式。给定这些约束后，就需要计算满足相应条件的形状，以此得到编辑后的网格。

一种典型的约束形状的方法是 Laplacian 网格编辑方法。该方法借助离散的 Laplacian 微分坐标表示几何细节特征。这样根据约束条件改变顶点位置后，通过计算 Laplacian 微分坐标就可以得到新的网格形状，以此作为编辑后的结果。这里 Laplacian 微分坐标可以看作是 4.2.2 节中 Laplacian 微分算子作用在网格顶点上得到的向量形式。

根据公式(4.7)，顶点 $\boldsymbol{v}_i$ 对应的 Laplacian 微分坐标为 $\delta_i=\boldsymbol{v}_i-\sum_{j\in N(i)}\boldsymbol{v}_j/N_i$，几何上描述了该顶点处的法向朝向和平均曲率，如图 4.11 和图 4.28 所示。借助该微分坐标可以表示局部几何特征，那么编辑后的网格形状在相应顶点处也应该尽可能保持该微分坐标。此外，假设 $\{\boldsymbol{u}_i\}_{i\in C}$ 指定了网格上局部区域内一组顶点在编辑后的位置，那么编辑后的网格顶点 $\boldsymbol{v}'_i\in V'$ 可以通过优化如下形状方程获得：

$$\underset{V'}{\operatorname{argmin}}\left(\|L(V')-\Delta\|^2+\sum_{i\in C}\|\boldsymbol{v}'_i-\boldsymbol{u}_i\|^2\right)\tag{4.23}$$

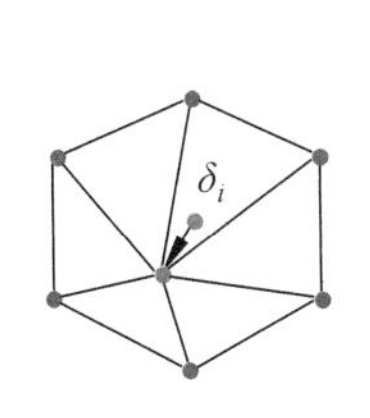

图 4.28　Laplacian 微分坐标及带约束的网格编辑(图片来自[45])

其中，$\Delta=\{\delta_i\}$是所有顶点微分坐标的集合，$L(V')$表示对顶点 V' 计算的 Laplacian 微分坐标。该形状方程使得编辑后的网格形状一方面能够在局部保持原始网格的几何特征，另一方面尽可能满足指定的约束条件$\{\boldsymbol{u}_i\}_{i\in C}$。

上述方程可以转化为以网格顶点空间位置为未知量的非线性最小二乘优化问题。公式(4.23)中的未知量就是编辑后的网格顶点位置坐标，那么可以通过迭代最小二乘优化进行快速求解。具体来讲，当顶点微分坐标是已知的，公式(4.23)变成关于未知顶点坐标的线性最小二乘问题，可以转化为类似公式(4.10)所对应的线性方程组，求解后即可得到顶点位置 $\boldsymbol{V}'=\{\boldsymbol{v}_i'\}$。当顶点位置是已知的，则根据 Laplacian 微分算子可以得到对应每个顶点的 Laplacian 微分坐标 $\boldsymbol{\Delta}=\{\boldsymbol{\delta}_i\}$。根据迭代终止时计算的顶点位置就可以获得编辑后的网格形状。

4.5.3 编辑迁移

自由编辑和局部约束编辑都是通过对源网格的直接操纵来达到形状改变的目的。然而，许多物体具有极其相似的几何外形或特征，因此可以将针对一个网格的编辑过程转移到相似的网格上，称为编辑迁移。这种编辑方法就不需要直接去交互编辑源网格形状，而是把已经做过编辑的源网格映射到需要编辑的网格(也就是目标网格)上，从而得到相应的编辑效果，如图4.29所示。因此，编辑迁移的关键问题是在源网格和目标网格之间建立一一映射关系。这其实也就是网格参数化问题，即将目标网格作为源网格的参数域，寻找符合几何特征的参数化映射。根据源网格和目标网格的形状及拓扑性质，可以选择相应的球面参数化、基域参数化等方法建立两个网格之间的一一映射。在此基础上，将对源网格的编辑迁移到目标网格，从而快速地实现对目标网格的形状编辑。

图4.29 编辑迁移(图片来自[46])

4.6 网格形变

网格形变是利用现有网格形状，实现对新形状的更有效的几何建模。但与网格编辑交互式地改变源网格形状不同，网格形变是在给定源网格和目标网格形状后，通过自动插值方式生成中间过渡形状，从而得到从源网格到目标网格的具有连续形状变化的几何模型。因此，网格形变需要借助于源网格和目标网格之间的映射关系，同时在形变过程中要能够兼顾两者的几何细节特征，以生成合理的中间形状。这些中间形状，就可以作为从源网格到目标网格形变时的网格。接下来，介绍两种典型的网格形变方法，以及基于深度学习技术的网格形变方法。

4.6.1　基于参数化的网格形变

给定源网格和目标网格之后，网格形变也可以看作是在两个网格之间建立参数化的过程，也就是将目标网格作为源网格的参数域。因此，通过参数化的方式可以有效建立源网格和目标网格之间的一一映射关系。在此基础上，通过网格对应点之间的插值生成中间形状。典型的方法是如图4.30所示的采用多分辨率自适应参数化(MAPS)的网格形变。这里的MAPS方法属于4.4.4节中介绍的以单纯复形作为基域的基域参数化方法。具体来讲，利用多分辨率自适应参数化的网格形变主要包含以下4个主要步骤。

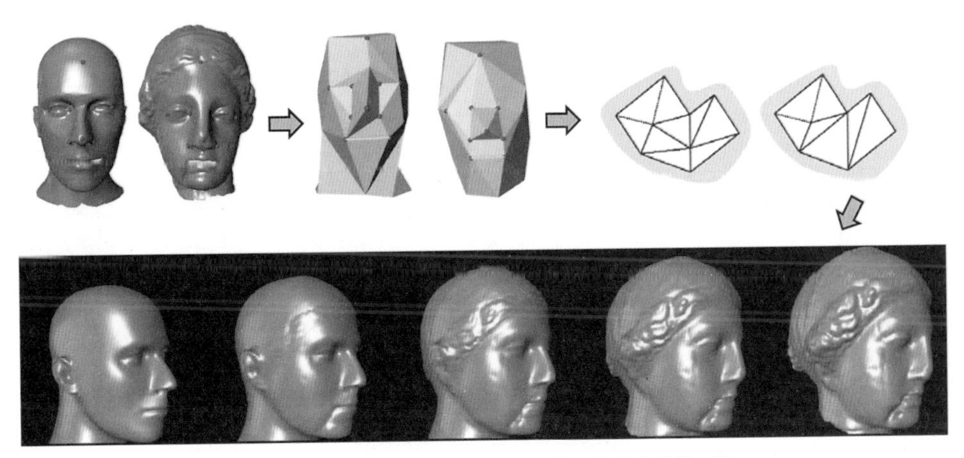

图4.30　基于MAPS的网格形变(图片来自[47])

(1) 指定源网格 S 和目标网格 T 之间的特征点对和特征线对，从而确保重要几何特征在形变过程中的对齐。

(2) 使用MAPS构造基域 S_b 和 T_b，作为源网格和目标网格的参数域。MAPS借助网格简化思想和边合并的顶点消除法，获得和源网格/目标网格拓扑一致的基域网格。同时，两个基域网格之间的顶点对应形成参数域之间的同胚映射关系。

(3) 根据网格简化过程中顶点的一致性，在基域网格同胚映射关系的基础上，建立源网格和目标网格之间的一一对应关系。

(4) 通过源网格和目标网格对应顶点之间的线性插值等方式，生成中间形状的网格，记为 $M_t = t\bar{S}_b + (1-t)\bar{T}_b$。其中，$\bar{S}_b$ 和 $\bar{T}_b$ 分别表示经过基域映射后得到的具有顶点对应关系的源网格和目标网格。

通过上述过程得到的一系列网格 $\{M_t\}$，就可以作为从源网格到目标网格形变时所产生的几何形状。这里需要注意，在第(4)步中可以选择不同的插值方式来生成中间形状的网格顶点位置，而不局限于最简单的顶点之间的线性插值。

4.6.2　基于微分坐标的网格形变

通过参数化的方法直接插值源网格和目标网格顶点的三维空间位置，在形变过程中会导致中间形状容易产生体积收缩、几何特征扭曲等问题。这是由于源网格和目标网格之间显著的几何差异所造成的。因此,选择合适的几何特征进行插值,很大程度上影响了网格形变及相应中间网格形状的质量。而利用微分坐标表示网格表面的几何特征,并通过微分坐标的插值实现网格形变,能够更好地保持这些形状的几何特征。

典型的微分坐标形式如4.5.2节中的Laplacian微分坐标,分别计算源网格和目标网格对应顶点的Laplacian微分坐标,记为$\boldsymbol{\delta}_i^S$和$\boldsymbol{\delta}_i^T$。那么,如图4.31所示,中间形状的微分坐标$\boldsymbol{\delta}_i^{M_t}$可以采用$\boldsymbol{\delta}_i^S$到$\boldsymbol{\delta}_i^T$的几何变换的插值来求解。为了使中间形状网格$M_t$能够保持几何特征,该几何变换应该是刚性变换和各向同性的相似变换的复合变换。这样才能够使得中间形状更好地保持来自于源网格和目标网格的几何特征。

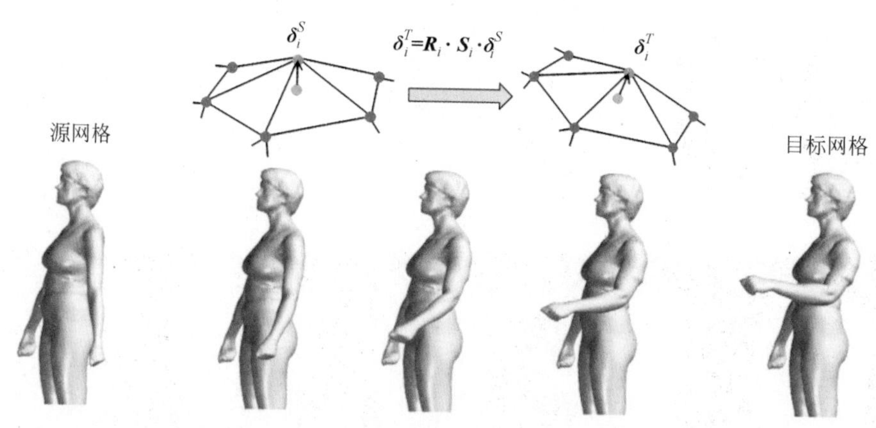

图4.31 基于微分坐标的网格形变(图片来自[48])

假设从$\boldsymbol{\delta}_i^S$到$\boldsymbol{\delta}_i^T$的几何变换为$\boldsymbol{H}_i$,那么通过极分解运算可以将$\boldsymbol{H}_i$转化为旋转变换$\boldsymbol{R}_i$和相似变换$\boldsymbol{S}_i$的乘积,记为$\boldsymbol{\delta}_i^T=\boldsymbol{H}_i\cdot\boldsymbol{\delta}_i^S=\boldsymbol{R}_i\cdot\boldsymbol{S}_i\cdot\boldsymbol{\delta}_i^S$。这里,$\boldsymbol{H}_i$可以是源网格和目标网格上对应顶点1-邻域之间的仿射变换。进一步,对分解得到的旋转变换$\boldsymbol{R}_i$和相似变换$\boldsymbol{S}_i$分别进行插值,得到作用于中间形状上的几何变换,记为$\boldsymbol{H}_i^t=\boldsymbol{R}_i^t\cdot((1-t)\boldsymbol{I}+t\boldsymbol{S}_i^t)$,其中,$t$代表产生中间形状时的插值参数。这里,$\boldsymbol{R}_i^t$是对旋转变换矩阵$\boldsymbol{R}_i$对应的旋转角度进行插值后得到的旋转矩阵。那么,将$\boldsymbol{H}_i^t$作用在源网格的微分坐标上,就得到了插值后的中间形状的顶点所对应的微分坐标。最后,通过求解公式(4.23)对应的形状方程,就可以得到符合微分坐标几何特征的中间形状网格。

相比于直接的顶点插值,基于微分坐标插值的网格形变可以更好地保持形状的局部几何特征,从而得到质量更高的中间形状网格,如图4.31所示。这是由于微分坐标能够比顶点位置更好地反映局部几何特征,从而使插值后的中间形状尽可能地保留了源网格和目标网格的局部形状。

4.6.3 基于深度学习的网格形变

除了微分坐标的几何特征表示方法外,深度学习技术也为几何特征提取和表示提供了新的途径,尤其是非监督式的深度神经网络。因此,可以通过深度神经网络获得三角网格的几何特征,在潜在形状空间对网络输出的几何特征向量进行插值,再重建相应的网格形状,实现三角网格形变。

变分自编码器(Variational Auto-Encoder,VAE)是一种典型的非监督式深度神经网络,能够用于表示三角网格特征和生成插值的中间形状。为了对变分自编码器中的神经网络进行训练,采用逐顶点定义的旋转不变网格差分(Rotation-Invariant Mesh Difference,RIMD)特征 $\boldsymbol{f}$ 取代顶点的三维坐标作为网络的输入。在获得神经网络编码的特征向量后,经过解码再重建符合该特征的三维网格形状,如图 4.32 所示。这样能够更好地利用深度神经网络的多层表达能力来表示网格形状的内在几何特征。

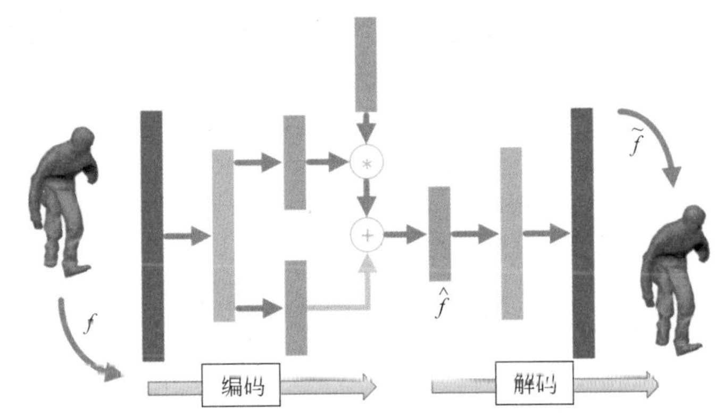

图 4.32 基于变分自编码器的深度神经网络特征表示(图片来自[49])

具体来讲,三角网格的每个顶点 $\boldsymbol{v}_i$ 对应如下变换矩阵 $\boldsymbol{T}_i$:

$$\boldsymbol{T}_i = \operatorname{argmin} \sum_{j \in N(\boldsymbol{v}_i)} (\cot\theta_{ij} + \cot\theta_{ji}) \| (\boldsymbol{v}'_i - \boldsymbol{v}'_j) - \boldsymbol{T}_i(\boldsymbol{v}_i - \boldsymbol{v}_j) \|^2 \tag{4.24}$$

其中,$N(\boldsymbol{v}_i)$是顶点的 1-邻域,θ_{ij} 和 θ_{ji} 是与边$<\boldsymbol{v}_i, \boldsymbol{v}_j>$相对的两个三角面片内角,$\boldsymbol{v}_i$、$\boldsymbol{v}_j$ 和 $\boldsymbol{v}'_i$、$\boldsymbol{v}'_j$ 是两个三角网格对应的顶点。类似 4.6.2 节中的方式,通过优化公式(4.24)定义的目标函数,可以计算每个顶点的变换矩阵 $\boldsymbol{T}_i$,并根据矩阵的极分解可以得到 $\boldsymbol{T}_i = \boldsymbol{R}_i \cdot \boldsymbol{S}_i$。那么,三角网格的 RIMD 特征定义为 $\boldsymbol{f} = \{\log \boldsymbol{R}_i^{\mathrm{T}} \boldsymbol{R}_j ; \boldsymbol{S}_i : \forall\, \boldsymbol{v}_i, \boldsymbol{v}_j \in N(v_i)\}$。事实上,该特征与顶点的三维坐标、微分坐标等不同,是从几何变换的角度描述形状。

给定源网格 S 和目标网格 T 的 RIMD 特征,将其输入训练过的 VAE 得到各自对应的输出向量。这里在训练时可以使用三维网格的运动序列,既呈现不同的形状,又具有相同的顶点数目和边连接拓扑结构。相应的损失函数定义为

$$\mathrm{Loss}_{\mathrm{VAE}} = \alpha \frac{1}{2MK} \sum_{j=1}^{M} \sum_{i=1}^{K} (\tilde{\boldsymbol{f}}_i^j - \boldsymbol{f}_i^j)^2 + D_{\mathrm{KL}}(q(z \mid \boldsymbol{f}) \| p(z)) \tag{4.25}$$

其中,M 是训练数据集中的三维模型数量,z 是对应编码 $\boldsymbol{f}$ 的潜变量,$\tilde{\boldsymbol{f}}$ 是 VAE 解码后输出向量,该向量的特征维度是 K,α 是调节权重参数,$p(\cdot)$和 $q(\cdot)$是后验概率算子,$D_{\mathrm{KL}}(\cdot)$是 KL 散度算子。

然后,对 VAE 输出的向量进行线性插值,也就是$\hat{\boldsymbol{f}}^t = t\,\hat{\boldsymbol{f}}_S + (1-t)\hat{\boldsymbol{f}}_T$,其中,$\hat{\boldsymbol{f}}$表示三角网格的 RIMD 特征 $\boldsymbol{f}$ 经过 VAE 神经网络后输出的特征向量。接着,将对源网格和目标网格插值后的向量输入到解码器,得到插值形状的 RIMD 特征。最后根据公式(4.25)求解满足相应变换的三角网格的顶点坐标。图 4.33 展示了采用该方法得到的网格形变结果。

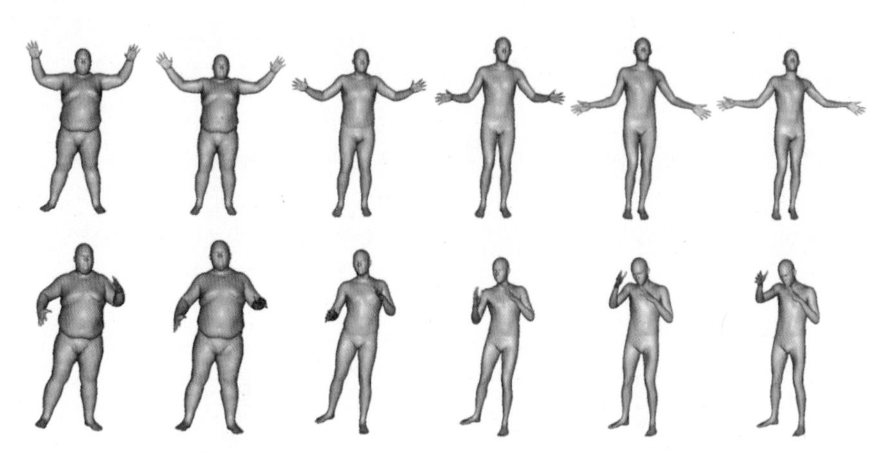

图 4.33 基于深度学习的网格形变(图片来自[49])

4.7 小结

数字几何处理是继音频处理、图像处理、视频处理之后的新的数字媒体处理形式。数学上的几何学知识为数字几何处理提供了理论和方法支撑。但是,将连续的几何分析应用于离散的三角网格模型,还是需要根据计算机数据存储和处理的特点,设计网格去噪、网格简化、网格参数化、网格编辑、网格形变等数字几何处理算法。

目前的数字几何处理主要还是从信号处理、函数优化等方面进行算法设计。虽然能够取得一定的处理效果,但在智能化方面还存在很多不足。进一步结合形状的语义分析进行数字几何处理,是当前计算机图形学研究的一个重要问题。

思考题

4.1 点云和多边形网格在表示几何模型时,各自具有什么优缺点?

4.2 流形网格和非流形网格的区别是什么?哪些三角网格是非流形网格?

4.3 三角网格的 Laplacian 平滑算法中,设置不同加权因子对平滑效果的影响是什么?

4.4 三维几何模型上的深度神经网络与图像上的深度神经网络有哪些不同?

4.5 三角网格的 Laplacian 平滑算法中,设置不同加权因子对平滑效果的影响是什么?

4.6 渐进式网格简化的简化算子有哪些?

4.7 三角网格参数化的形状扭曲如何度量?

4.8 闭网格的参数域是什么,对应的参数化方法有哪些?

4.9 三角网格编辑时的 Laplacian 微分坐标的定义是什么?数学上有什么含义?

4.10 如何实现两个不同形状的网格之间的形变?

第5章 真实感绘制

计算机图形学中的绘制(Rendering,又称为渲染),是指通过计算机程序将二维或三维几何模型转换为二维光栅图像,从而能够在计算机显示器等终端上显示。计算机图形学中的绘制主要涉及两种类型:真实感绘制和非真实感绘制。真实感绘制是让计算机的绘制结果具有如同相机拍摄真实场景照片般的效果,能够反映出符合自然规律的物体表面颜色、亮度等视觉上可感知的物理属性。非真实感绘制则是不以视觉上的真实感为目标,而是生成具有艺术化效果的图像,以追求特定艺术风格的再现。从计算机图形学诞生后的相当长的一段时间,几何模型及场景的真实感绘制一直是重要问题,直接影响了二维或三维图形的显示效果。

围绕真实感绘制技术,本章着重介绍影响真实感绘制效果的相关因素,如光照、着色等。进一步,根据绘制时所采用的模型的不同,重点介绍若干典型的真实感绘制技术,包括纹理映射、光线跟踪方法、辐射度方法等,以及更一般的 BRDF 绘制方法。神经辐射场等基于深度学习技术的绘制也为真实感绘制提供了新的方法。

5.1 光照

人的眼睛是一个非常复杂的视觉系统。眼睛能够观察到物体外观(颜色、亮度、透明度等),主要是由真实世界中各种光源产生的光照所影响。那些和物体表面作用后进入到眼睛的光线携带了物体表面的属性信息,形成具有不同色彩感受的物体外观。因此,计算机图形学中绘制的真实感可以解释为要让绘制出来的效果,尽可能符合人类所认知的物理规律以及人眼对真实世界观察的结果,换而言之,达到直接拍摄照片的视觉效果。

光照主要涉及光源和光线的物理模型。光源,是本身能发光且正在发光的物体(忽略周围环境的反射光),表示了光线的起始位置。光线,则是描述光源发出的光在空间中传播的载体形式。虽然光线在几何上可以看作一条射线,但是其物理上的本质是电磁波,是一种描述了包含不同波长的复色光。人的眼睛能够直接感受到的光线,主要集中在电磁波谱中的可见光范围内(波长范围为 380～780nm),超出这个范围的光线不会被人眼察觉。光源和光线定义了场景中的光照条件,使得场景中的物体表面呈现出一定的颜色效果。

光源表面上任一点 $\boldsymbol{p}(x,y,z)$ 所发出的光线通常采用方向和强度来描述。其中,光线方向对应于三维空间向量的方向 (θ,φ),光线强度(简称光强)描述了光线传递的能量。这里 θ 和 φ 可以看作球极坐标系中的俯仰角和方位角。那么,由 $\boldsymbol{p}$ 点发出的单条光线可以表示为 $\boldsymbol{l}(x,y,z,\theta,\varphi,\lambda)$,记录了光源位置、方向、波长和强度,其中,$\lambda$ 对应于波长。对于一般的光源而言，其散发出的光强就是沿所有方向上的光线能量的积分。根据发射光线方向的分布不同，光源可以分为点光源、聚光灯、远光等。这些就包含了真实感绘制时场景中光源的主要类型，如图 5.1 所示。

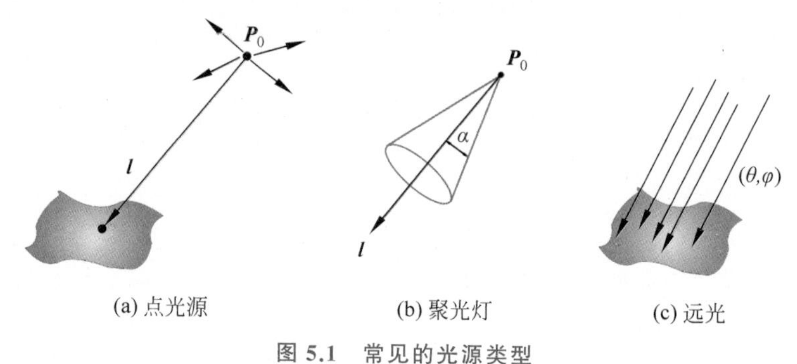

图 5.1 常见的光源类型

1. 点光源

点光源是一种相比于场景中物体模型的尺寸要小得多的光源。因此，点光源通常可以简化为理想的一个点，如图 5.1(a)所示。同时，点光源向四周均匀发射光线。假设在 $\boldsymbol{p}_0$ 点处的点光源发出的光线强度为 $\boldsymbol{l}(\boldsymbol{p}_0)$，那么空间中任意点 $\boldsymbol{p}$ 接收到的光线强度与其到光源的距离成反比，也就是满足 $\boldsymbol{l}(\boldsymbol{p})\propto\frac{1}{|\boldsymbol{p}-\boldsymbol{p}_0|}\boldsymbol{l}(\boldsymbol{p}_0)$。因此，离光源越远的位置，其接收到的来自点光源的光强越弱。

2. 聚光灯

聚光灯相比于点光源，其光线方向集中在一个比较窄的范围。点光源发射的光线通常形成圆锥形的半无穷区域，如图 5.1(b)所示。因此，聚光灯可以在点光源基础上，加上一定的角度限制来表示，使其发射的光线聚集在偏离某一个方向的角度范围内。例如将聚光灯表示为顶点在 $\boldsymbol{p}_0$、中心轴方向 $\boldsymbol{l}$ 的圆锥，其顶角的一半为 α。如果中心轴和母线的夹角 $\alpha=180°$，那么聚光灯变为点光源，就会朝空间中各个方向发射光线。此外，点光源的光强分布函数定义为 $\boldsymbol{l}(\boldsymbol{p}_0)\cos^e\alpha$，其中，指数 e 表示了光强衰减的快慢。因此，在离中心轴越近的地方，受光源发射光线的光强影响越大。

3. 远光

顾名思义就是光源位置位于无穷远处。因而，远光可以认为其发出的光线是平行光，如图 5.1(c)所示。在三维空间中，通常采用球极坐标中的俯仰角 θ 和方位角 φ 来指定光线的方向，并以此作为远光模型。因此，远光就是沿着固定方向具有处处均匀光强的模型。

上述各种光源模型都只是对自然界中常见光源的近似模拟。在实际的光照环境下，场景中往往包含不同类型的多个光源。例如，学校教室的场景中除了室外投射进来的太阳光以外，通常也包含日光灯、投影仪光源灯等来自于多个光源的光线。这些光源的位置和光强都会直接影响到该场景绘制的最终效果。

此外，环境光也是模拟真实光照的一个重要组成部分。环境光用于描述空间中处处均匀的光照效果，使得场景中各处都具有相同的光照强度。严格意义上说，环境光也是来自于某些其他光源，但在光强计算时进行了简化。通常采用从光源发出的光线经过多次反射后的效果来模拟环境光。这样，空间中的光强就是一个常值，与光源位置、方向等因素无关。因此，环境光满足空间均匀分布的条件：

$$I(x,y,z,\theta,\varphi,\lambda)=I_0 \tag{5.1}$$

基于上述光照模型，接下来就可以按照现实世界中光线与物体的作用情况来对计算机中的几何模型和场景进行真实感绘制。真实感绘制技术可以分为两种主要类型：局部绘制技术和全局绘制技术。

局部绘制技术，侧重于模拟光线与物体表面的局部作用过程，例如5.2节中介绍的Gouraud着色模型、Phong着色模型等。局部绘制技术的优点是算法复杂度低、计算速度快，因此适用于实时性要求高的应用场合，如三维计算机游戏。但其缺点是在许多物理场景下，绘制效果的真实感不足，尤其是对包含多个光源的复杂场景的绘制。

全局绘制技术，侧重于光线从光源到成像的整体作用过程，例如5.4节中介绍的光线跟踪模型，5.5节中介绍的辐射度模型。全局绘制技术可以更准确地模拟反射、折射、阴影、色彩扩散等更复杂的光和物体作用效果，绘制效果的真实感强。但其缺点是往往需要复杂的计算过程，整体运行效率比较低。因此，全局绘制技术主要用于电影制作中静态帧画面的逐帧绘制。

从计算机图形学诞生开始，真实感绘制技术就不断革新，涌现出大量不同的局部/全局绘制模型。如图5.2所示，在1967年美国Utah大学的Chris Wylie首先在绘制模型中

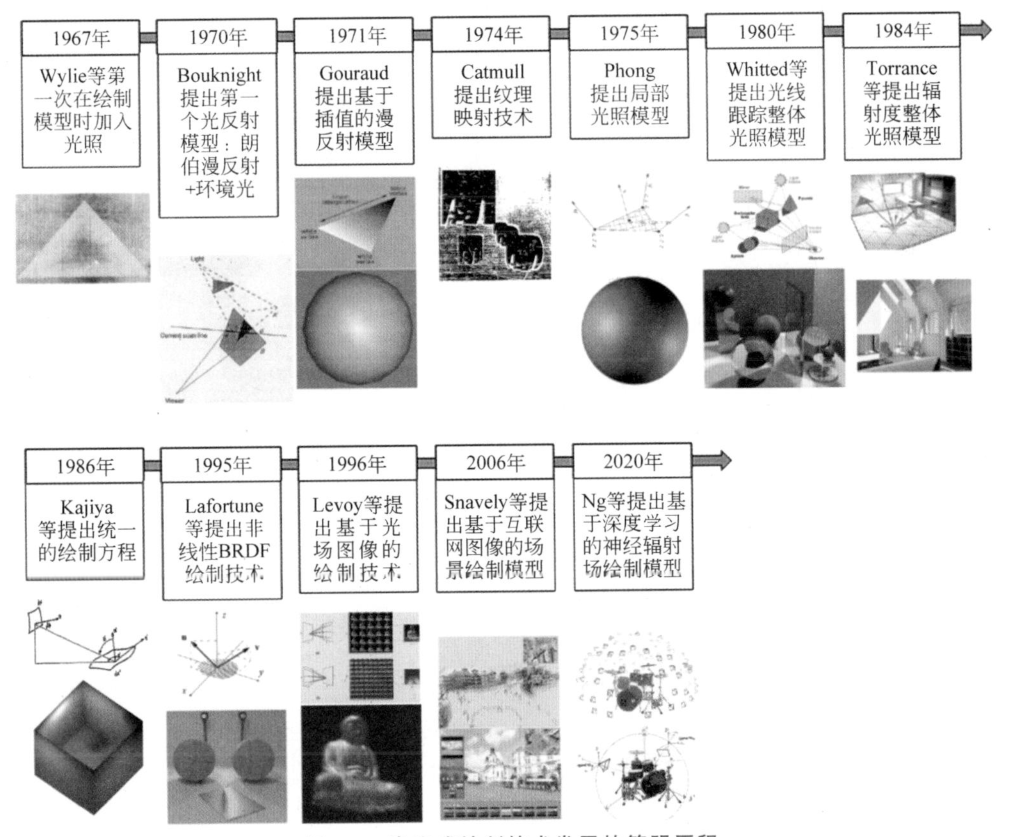

图5.2　真实感绘制技术发展的简明历程

引入了光照，从而开启了真实感绘制的发展历程。1970 年，美国 UIUC 大学的 Jack Bouknight 提出了第一个光照反射模型，也就是包含朗伯漫反射和环境光的光照模型。在这之后，美国 Utah 大学的研究人员又相继提出了 Gouraud 着色模型和 Phong 着色模型等局部绘制技术，使得计算机图形学真实感绘制技术被广泛应用。纹理映射作为一种结合图像的真实感绘制技术也在 1974 年出现。从 20 世纪 80 年代开始，全局绘制技术开始兴起，包括光线跟踪模型、辐射度模型等。此后，一些对这些全局光照模型进行改进的算法不断地被提出，同时也在影视、游戏、仿真等行业中得到了广泛应用。1986 年，美国 Caltech 大学的 Jim Kajiya（2011 年 Coons 奖获得者）提出了面向真实感绘制的统一积分方程。1996 年，美国 Stanford 大学的 Levoy 等人提出了基于光场图像的绘制技术。进入 21 世纪后，互联网和人工智能技术的发展，也催生了基于互联网海量图像的绘制模型和基于深度学习的绘制模型，为真实感绘制开辟了新的途径。接下来，具体介绍这些典型的真实感绘制技术。

5.2 BRDF 和着色

除了光照因素外，即使在相同的光照条件下，对同一个物体设置不同的材质属性，也能够绘制出具有不同真实感效果的图像。材质，也就是材料和质感的结合，反映了物体的物质特性。这些特性通常涉及物体表面的色彩、纹理、光滑度、透明度、反射率、折射率等属性。正是物体有了这些不同的物理属性，材质才会影响光线和物体之间的相互作用，进而影响物体最终的绘制效果，如图 5.3 所示。

图 5.3 同一物体设置不同材质的绘制效果

一般情况下，光源发射的光线照射在物体表面时，部分光线会被物体吸收，而部分光线会被反射或折射，继续在空间传播。从局部来看，如图 5.4(a)所示，光线照射到 A 点，会产生被反射或吸收的光线。一些反射的光线照射到 B，同样会产生被反射或吸收的光线。如果场景中有多个物体，那么上述过程又会在不同物体之间重复循环，直到最终达到一个稳定状态。从整体来看，各种光源发出的光线与场景中的物体发生相互作用。因此，场景的最终绘制效果取决于光线与场景中物体的多次作用程度，如图 5.4(b)所示，并随之产生折射、半透明、阴影、雾化等效果。

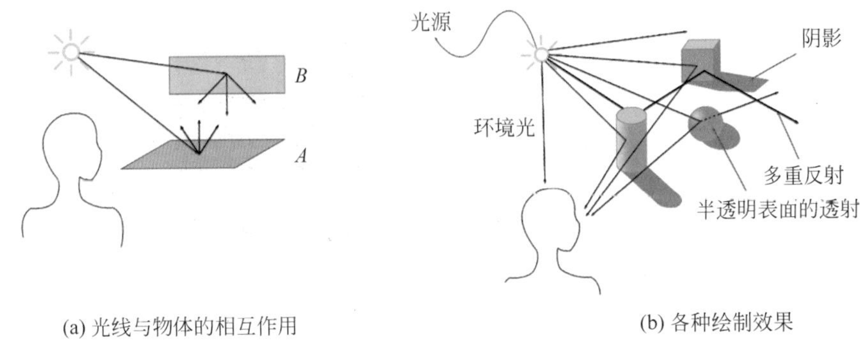

(a) 光线与物体的相互作用　　　　(b) 各种绘制效果

图 5.4　光照与材质影响绘制效果

从物理上讲，光线和物体表面作用时的反射程度、方向等是与物体表面的光滑度、反射率、法向朝向等因素密切相关的。粗糙的表面会将入射光线朝各个方向均匀散射，称为漫反射(Diffuse Reflection)；光滑的表面则会产生镜面反射(Specular Reflection)，形成亮度高度集中的高光效果，也就是物体表面最亮的局部区域。此外，如果物体本身是透明的，那么有些光线也会透射进物体，形成(半)透明的效果。双向反射分布函数(Bidirectional Reflection Distribution Function，BRDF)是一种描述光线与物体表面作用的物理模型，表示了在物体表面上每一点处将光线从任何一个入射方向反射到任何一个出射方向的反射特性。接下来，首先介绍 BRDF 的相关概念，然后介绍实际绘制模型中所采用的相关技术。

5.2.1　BRDF

想象有一个点光源照射到桌面，那么桌面上每一点都只接收到该点光源的光照。如果从各个不同的方向来观察那个亮点，会发现亮点的亮度随着观察方向的不同而发生了改变。另外，如果视点不动，改变光源和桌面的相对位置，也会发现亮点的亮度发生了相应的改变。这说明在给定物体材质后，一个表面对不同的光线入射角和反射角的组合，拥有不同的反射率。BRDF 就是利用这种表面反射性质对光线和物体表面作用以及传播进行全面描述的物理量。

具体来讲，BRDF 是描述光线与物体表面交互的模型，定义为给定出射方向上的辐射能量与入射方向上的辐射能量的比率。因此，BRDF 可以记为如下表达式：

$$f(\theta_i,\varphi_i,\theta_o,\varphi_o,\lambda)=\frac{\mathrm{d}E_o(\theta_o,\varphi_o)}{\mathrm{d}L_i(\theta_i,\varphi_i,\lambda)} \tag{5.2}$$

其中，(θ_o,φ_o)和(θ_i,φ_i)是采用球极坐标定义的三维空间中入射光线和出射光线的方向，如图 5.5(a)所示，$\mathrm{d}L_i$ 和 $\mathrm{d}E_o$ 分别代表入射光能量和出射光能量，λ 则是入射光线的波长。这里，由于一般的 BRDF 需要处理物体表面上半球范围内的各个方向，所以采用了出射或入射方向相对于法向的夹角 θ_o 和 θ_i，称为极角(Polar Angle)，以及方向在平面上的投影相对于平面上一个坐标轴的夹角 φ_o 和 φ_i，称为方位角(Azimuthal Angle)。那么，对于各向同性的物体材质，当入射方向和出射方向同时绕法向旋转时，BRDF值保持不变，此时可以表示为 $f(\theta_i,\theta_o,\varphi,\lambda)$。

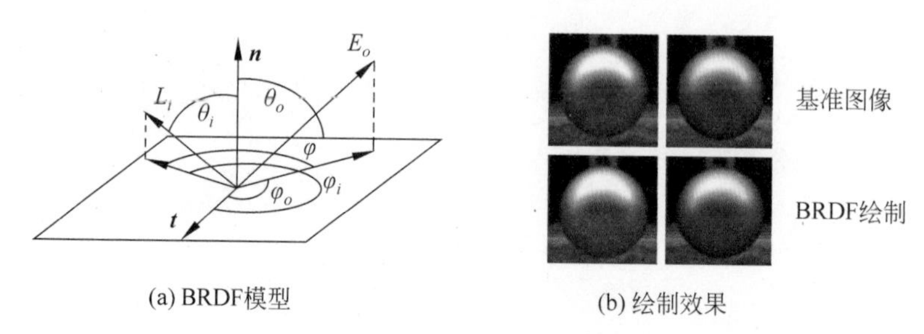

(a) BRDF模型　　(b) 绘制效果

图 5.5　基于 BRDF 的绘制效果

从公式(5.2)可以看出，BRDF的输出结果是一个数值，表示了在给定的入射条件下，在出射方向上反射的能量相对于入射能量的比重。显然，不同的材质会造成物体表面各点处不同的比重值。从物理学光子的概念出发，BRDF也可以解释为入射光子沿特定方向离开的概率。而从物理学辐射度的概念考虑，由公式(5.2)定义的BRDF实际上是辐射率和辐照度的比值。辐射率(Radiance)，表示每单位立体角在单位面积上的辐射通量，也就是单位立体角范围内的辐射度。辐照度表示到达单位面积上的辐射通量。这样就可以简洁地描述出入射光线经过某个表面反射后，如何在各个出射方向上分布。

BRDF对于模型绘制是非常重要的。因为通过BRDF，就可以了解光线与不同材质的物体表面的相互作用情况，进而反映了物体本身的物质属性。那么在此基础上，光照模型就会变得非常简单。例如，通过对物体表面的BRDF进行积分求和，便可以获得表面上的光强分布，进而得到绘制结果，如图5.5(b)所示。5.6节将具体介绍基于BRDF的绘制。

利用BRDF进行绘制的关键是如何预先获取满足相应材质属性的数据，从而简化绘制时针对BRDF数值的实际计算过程。目前主要有三种BRDF模型用于数据的获取：经验模型、物理模型和测量模型。

1. 经验模型

经验模型是根据光与物体相互作用规律的经验提出的数学模型。本节将着重介绍若干典型的经验模型，例如Gouraud模型、Phong模型等。这些模型的绘制方程中所涉及的各类漫反射系数、镜面反射系数、高光系数等都是根据经验设置，并非来自实际的物理规律。在此基础上，计算相应的BRDF数值。因此，经验模型不一定符合真实世界的物理规律，但能够模拟大部分光学现象和光照效果，计算量相对较小。

2. 物理模型

物理模型是指根据物理原理对光线传播及其与物体表面的作用进行建模。例如5.4节中介绍的辐射度模型，它就是基于热传导模型来模拟光能量在空间中的传播和分布情况，以此获得BRDF数值。这种模型符合物理规律，但是计算量比较大。

3. 测量模型

测量模型是指利用光学设备从实际物体的表面直接来获取BRDF数据。例如采用测角仪、图像双向反射计，都可以根据入射角和出射角测量得到反射信息，从而得到

BRDF 数值。这种模型可以更为准确地获取实际场景中光照分布情况，但是数据采集的成本较高，往往需要借助专业设备，并且构造专门的数据集进行存储。图 5.6 展示了一种 BRDF 测量设备——光学测角仪，能够捕捉来自不同方向的反射光线。在此基础上，就可以对不同材质的物体表面进行测量，建立 BRDF 数据集。

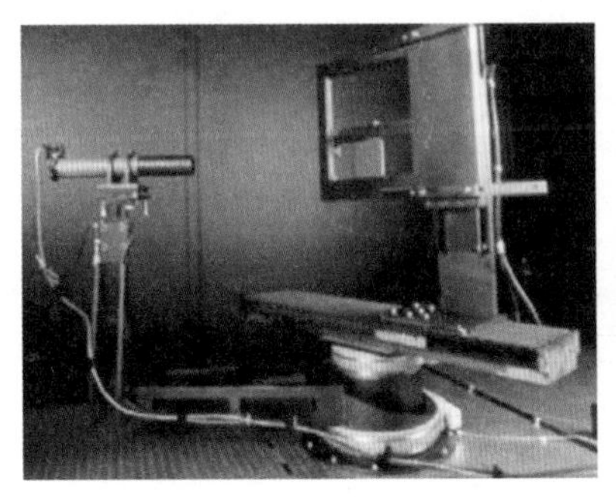

(a) 光学测角仪

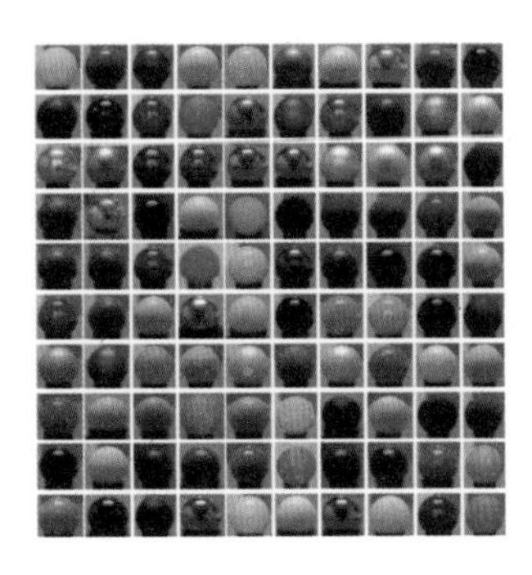

(b) 美国 MERL 实验室 BRDF 数据集

图 5.6 BRDF 数据(图片来自[51])

从计算机图形学发展历史来看，经验模型是最早被提出且广泛使用的 BRDF 模型，解决了许多几何模型和场景在实时真实感绘制时的问题。因此，接下来着重介绍若干基于经验模型的 BRDF 模型，又称为着色(Shading)模型。

5.2.2 着色

着色，顾名思义就是要确定几何模型在屏幕上显示时所对应的像素颜色。本节介绍的着色模型属于局部绘制技术的范畴，也就是只考虑光线和物体表面上每一点处作用所产生的绘制效果。这种着色技术大致可以分为两种类型：平直着色(Flat Shading)和平滑着色(Smooth Shading)。这两类技术主要针对多边形表示的多面体几何模型的绘制。平直着色，是物体表面上属于同一个多边形的所有像素均使用同一种光强效果来填充，例如选用第一个顶点的颜色作为该多边形内部所有点的颜色。因此，平直着色往往产生不连续的视觉效果，表现为如图 5.7(b)所示的相邻多边形在边界处产生明显的差异，称为马赫带效应。平滑着色，是对顶点的颜色、法向等属性进行插值运算，使得多边形面片内部各点的光强效果都会有所变化，由此产生表面连续的视觉效果。Gouraud 着色模型和 Phong 着色模型是两种典型的平滑着色技术，如图 5.7(c)和图 5.7(d)所示。

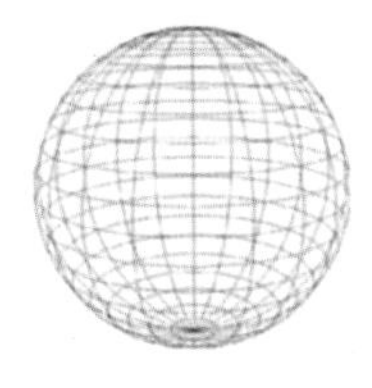

(a) 几何模型

(b) 平直着色

(c) Gouraud着色

(d) Phong着色

图 5.7 局部着色模型绘制效果对比

1. Gouraud 着色模型

Gouraud 着色模型是通过插值多边形顶点的光强来产成连续的绘制效果。该模型是由美国 Utah 大学 Henri Gouraud 在 1971 年提出。从绘制结果的视觉效果来看，Gouraud 着色能够比平直着色产生更加光滑的颜色分布效果，有效减少了物体表面上相邻多边形过渡时的颜色变化，一定程度上减轻了马赫带效应。

Gouraud 着色算法主要包括三个步骤：① 计算每个多边形顶点处法向量；② 采用光照模型计算顶点处光强；③ 采用双线性插值计算多边形内部每点的光强。该算法中每个顶点的法向量，大多是通过计算所有共享该顶点的多边形面片的法向量的平均值得到。这实际上是对该顶点处物体表面弯曲程度的一种近似表示。如图 5.8(a) 所示，顶点 $\boldsymbol{v}_i$ 的法向量记为 $\boldsymbol{n}_i=\sum_{j=1}^{K}\boldsymbol{n}_j/K$，其中，$K$ 表示和该顶点相邻的多边形的个数。接下来计算每个顶点处的光强。这需要根据光源、材质等性质进行计算，相应的内容会在 Phong 着色模型中一并介绍。最后，对顶点的光强进行双线性插值，得到多边形内部每点的光强，如图 5.8(b) 所示。

Gouraud 着色模型计算简单快速。由于是对顶点光强进行线性插值，在边界处的颜色连续性相比平直着色有了较大提高。但是，对于简单的多面体几何模型，仍然存在马赫带效应，其本质原因在于光强的线性插值，而光强又是根据模型表面的几何形状进行计算。同时，Gouraud 模型难以较准确地描述高光现象，因而不适合具有优良镜面反射特性的光滑物体表面的绘制。

例题 5-1　三角形 Gouraud 着色的颜色插值。

问题：假设有图 5.9 所示的平面三角形，其三个顶点 A、B、C 的坐标分别是(0, 0)、(2, 1)和(1, 2)，对应的 RGB 颜色分别是(255, 0, 0)、(0, 255, 0)和(0, 0, 255)，试写出采用 Gouraud 着色的颜色插值绘制该三角形的伪代码。

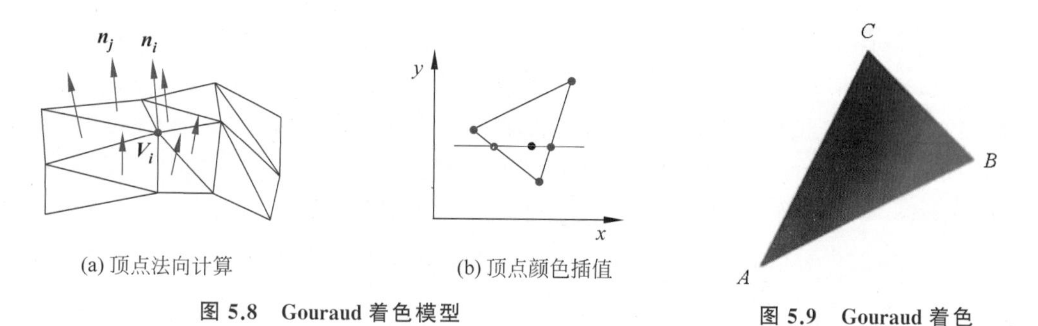

图 5.8　Gouraud 着色模型

图 5.9　Gouraud 着色

解答：假设 A、B、C 三个顶点组成的三角形是 f，那么对每一个内部像素(x, y)进行着色的伪代码如下。

```
function Gouraund (L, M, V, f)
    for each pixel (x,y) in f do
        k1 ← |y -A.y| / |C.y -A.y|
        k2 ← |y -B.y| / |C.y -B.y|
        D ← Point (k1 × C.x -(1 -k1) × A.x, y)
```

```
        E ← Point (k2 × C.x - (1 - k2) × B.x, y)
        colorD ← k1 × colorC + (1 - k1) × colorA
        colorE ← k2 × colorC + (1 - k2) × colorB
        k ← |x - D.x| / |D.x - E.x|
        color[x][y] ← k × colorE + (1 - k) × colorD
    end for
end function
```

□

2. Phong 着色模型

为了进一步提高平滑着色的视觉效果，美国 Utah 大学的另一位美籍越南裔研究人员 Bui Tuong Phong 改进了之前的 Gouraud 着色模型，实现了对局部光照模型更加准确的模拟。与 Gouraud 着色时插值顶点光强不同，Phong 着色技术首先插值多边形顶点处法向量，然后根据光源位置、插值得到的法向等计算多边形内的每一点处的光强。这样在进行光照计算时，充分考虑了物体表面的几何形状，由法向的连续性获得更高阶光照计算的连续性。因而，Phong 模型可以更准确地模拟光照效果。

Phong 着色算法主要包括如下 3 个步骤。

(1) 计算多边形顶点处法向量。

(2) 采用双线性插值计算多边形面片每一点处的法向量。

(3) 通过插值法向量计算每点处的光强。

因此可以看出，Phong 着色和 Gouraud 着色的主要区别在于第(2)步和第(3)步。其中，第(2)步可以通过类似 Gouraud 着色时光强插值的方式对法向量进行插值，也就是对法向量的分量依次进行插值。下面具体介绍第(3)步，这也是 Gouraud 着色模型中计算光强的基本方法。

通常情况下，物体表面上某点处的光强可以看作三种光照分量与物体表面作用后光照效果叠加的结果。这里具体包括三种光照分量，分别是环境光 L_a、漫反射光 L_d 和镜面反射光 L_s 所产生的效果。其中，漫反射光和镜面反射光是点光源发射的光线和物体表面作用的效果。物体表面对这三种光照具有不同的反射属性，分别通过环境光反射系数 k_a、漫反射系数 k_d 和镜面反射系数 k_s 来描述。这三种系数反映了物体材质对不同类型的光线能量吸收和反射的程度。通常情况下，这三种系数取值都介于 0 到 1 之间。

如图 5.10 所示，假设物体表面上的 $\boldsymbol{p}$ 点到光源的方向矢量是 $\boldsymbol{l}$、到人眼视点的方向矢量是 $\boldsymbol{v}$，同时在 $\boldsymbol{p}$ 点处的法向是 $\boldsymbol{n}$、镜面反射的方向矢量是 $\boldsymbol{r}$，那么上述各种光照效果可以通过以下的方式分别进行计算。

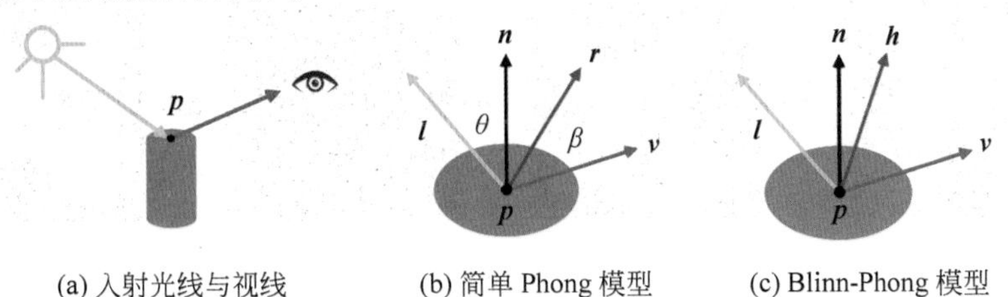

(a) 入射光线与视线　(b) 简单 Phong 模型　(c) Blinn-Phong 模型

图 5.10　Phong 和 Blinn-Phong 着色模型中的光线分布

1）光照效果1——环境光反射

由于环境光在空间中每一点处的光强是均匀分布的，那么对应于环境光反射强度可以表示为 $I_a=k_aL_a$。因此，物体在环境光照射下各点明暗程度是一样的。此外，结合公式(5.2)，k_a 可以看作对应环境光照的BRDF数值。

2）光照效果2——漫反射

由于光线照射在物体表面后会朝各个方向均匀反射光线，那么同一点在不同角度下看到的表面就会呈现相同的亮度。这就意味着漫反射光强和反射光线方向无关，而入射光线和法向夹角以及漫反射系数 k_d 就会影响漫反射光强。具体来讲，漫反射光强可以表示为 $I_d=k_dL_d\cos\theta=k_dL_d(\boldsymbol{l}\cdot\boldsymbol{n})$，其中，$\theta$ 是表面法向 $\boldsymbol{n}$ 与入射光线方向相反的向量 $\boldsymbol{l}$ 的夹角，如图5.10(b)所示。进一步，将前面所述的环境光反射效果加到漫反射效果中，构成如下朗伯光照模型：

$$I=k_aI_a+k_dI_d(\boldsymbol{l}\cdot\boldsymbol{n}) \tag{5.3}$$

其中，k_a 和 k_d 分别是环境光反射系数和漫反射系数。通过公式(5.3)，就可以准确地模拟各向同性的粗糙物体表面上的光照效果。此外，结合公式(5.2)，$k_d(\boldsymbol{l}\cdot\boldsymbol{n})$ 可以看作对应漫反射光照的BRDF数值。

3）光照效果3——镜面反射

遵循光的反射定律，也就是反射角等于入射角。因此，人眼只能在表面法向的反射方向一侧才能看到入射光的反射光。然而，实际物体表面复杂的物理性质会使得光滑表面呈现出一定的高光区域，也就是亮度集中的区域。这是由于入射光被反射后，绝大多数会集中在理想反射方向的附近区域。高光区域的大小可以通过镜面反射系数 k_s 指定。一般情况下，镜面系数越大，物体表面形成的高光区域越小，因而反射光强与反射光线和法向的夹角以及镜面反射系数有关。具体来讲，镜面反射光强可以写为 $I_s=k_sL_s\cos^e\beta=k_sL_s(\boldsymbol{v}\cdot\boldsymbol{r})^e$，其中，$\beta$ 是反射光线 $\boldsymbol{r}$ 与人眼视线方向矢量 $\boldsymbol{v}$ 的夹角，如图5.10(b)所示，e 是高光系数。通常情况下，e 越大，表示物体表面越接近理想的镜面反射表面，镜面反射形成的高光越集中；e 越小，表示物体表面越接近漫反射表面，镜面反射形成的高光越分散。

如图5.11(d)所示，将上述3种光照效果进行综合，按照相应的系数做线性叠加，最终就可以得到Phong着色模型所产生的绘制效果。该模型可以写成如下表达式：

$$I=k_aI_a+k_dI_d(\boldsymbol{l}\cdot\boldsymbol{n})+k_sI_s(\boldsymbol{v}\cdot\boldsymbol{r})^e \tag{5.4}$$

其中，k_a、k_d 和 k_s 分别是环境光反射系数、漫反射系数和镜面反射系数。此外，结合公式(5.2)，$k_s(\boldsymbol{v}\cdot\boldsymbol{r})^e$ 可以看作对应镜面反射光照的BRDF数值。

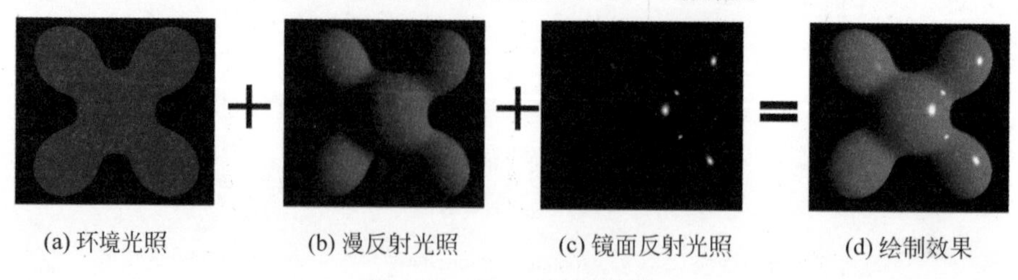

(a) 环境光照　(b) 漫反射光照　(c) 镜面反射光照　(d) 绘制效果

图5.11　Phong绘制效果

相比于 Gouraud 着色模型，Phong 模型的特点是能够在多边形的边界处产生更为连续的视觉效果，适合光滑物体表面的绘制，尤其是具有显著高光区域的模型。但是，Phong 模型的计算量明显比 Gouraud 模型大。这主要是由于除了向量点积运算，还涉及指数运算。

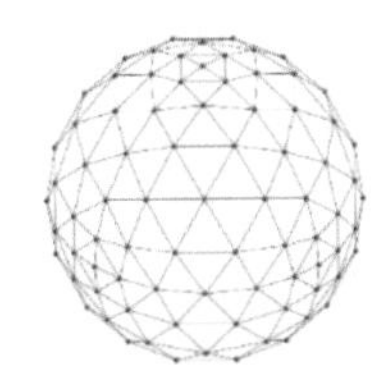

图 5.12 Phong 着色

例题 5-2 Phong 着色模型。

问题：如图 5.12 所示的三角网格圆球面，写出采用 Phong 着色模型进行绘制的伪代码。

解答：根据指定的光源 L、材质 M 和视线 D，对每个$\triangle ABC$ 覆盖像素片元 f 进行着色的伪代码如下。

```
function Phong (L, M, V, f)
    for each fragment f on ball do
        (A, B, C) ← getTriangleVertice (f)
        normal ← normalTrilinearInterpolation (f, A, B, C)
        L ← getLight ()
        M ← getMaterial (f)
        D ← normalize (viewPos - f.pos)
        ambient ← L.ambient × M.ambient
        diffuse ← max (dot(-L.direction, normal), 0) × L.diffuse × M.diffuse
        specular ← pow (max(dot(D, reflect(L.direction, normal)), 0), M.shininess)
                × L.specular× M.specular;
        color (f) ← ambient + diffuse + specular
    end for
end function
```

□

3. Blinn-Phong 着色模型

前面介绍的 Phong 着色模型实际上是一个基于几何的光照模型。在给定光照条件下，能够相对准确地模拟局部光照情况，产生近似于真实世界中光照作用下的绘制效果。但是，在计算公式(5.4)所示的 Phong 模型中的镜面反射效果时，需要对物体表面上的每点计算反射矢量 $\boldsymbol{r}$。而在早期计算机运算能力较差的情况下，逐点计算这种反射光线的矢量是相对比较耗时的任务。

为了进一步简化计算，美国 Utah 大学的 Jim Blinn(1999 年 Coons 奖获得者)建议采用近似方法计算镜面反射效果。这种近似的光照模型称为 Blinn-Phong 着色模型。该模型通过加/减法运算来计算中值矢量，在此基础上给出了近似镜面反射方向的计算方法，从而使得计算更加高效，同时绘制结果也能保持较好的真实感效果。

所谓中值矢量，是指位于观察者的矢量方向与光源的矢量方向之间的一个单位矢量 $\boldsymbol{h}$，表示为 $\boldsymbol{h}=(\boldsymbol{l}+\boldsymbol{v})/|\boldsymbol{l}+\boldsymbol{v}|$，如图 5.10(c)所示。那么，镜面反射中矢量点积$(\boldsymbol{v}\cdot\boldsymbol{r})^e$ 可以转化为$(\boldsymbol{n}\cdot\boldsymbol{h})^e$，这就避免了不断地反复计算反射矢量的过程。Blinn-Phong 模型能够在物体表面生成类似 Phong 模型的光滑着色效果。例如，当反射光线方向和人眼视线方

向一致时，计算得到的 $\boldsymbol{h}$ 与 $\boldsymbol{n}$ 平行，镜面反射分量最大；当人眼视线方向偏离反射方向时，$\boldsymbol{h}$ 也偏离 $\boldsymbol{n}$，镜面反射分量变小。由于 Blinn-Phong 模型在计算时更加方便且快速，也成为 OpenGL 等很多图形流水线中普遍使用的绘制方法。

例题 5-3 Blinn-Phong 着色模型。

问题：如图 5.13 所示的三角网格圆球面，写出采用 Blinn-Phong 着色模型进行绘制的伪代码。

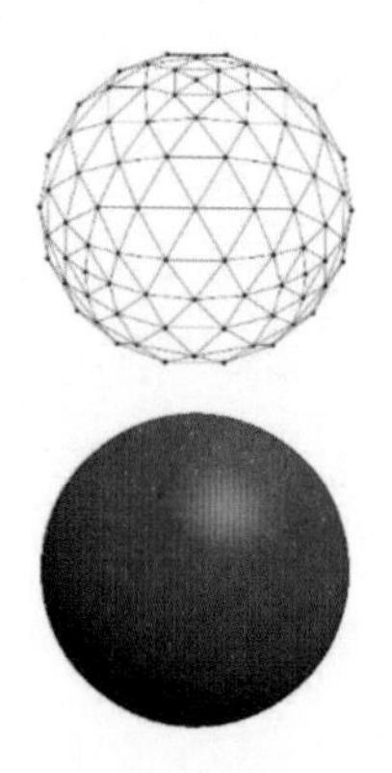

图 5.13 Blinn-Phong 着色

解答：根据指定的光源 L、材质 M 和视线 D，对每个$\triangle ABC$ 覆盖像素片元 f 进行着色的伪代码如下。

```
function Blinn-Phong (L, M, V, f)
    for each fragment f on ball do
        (A, B, C) ← getTriangleVertice (f)
        normal ← normalTrilinearInterpolation (f, A, B, C)
        L ← getLight ()
        M ← getMaterial (f)
        D ← normalize (viewPos -f.pos)
        H ← normalize (D +normal);
        ambient ← L.ambient × M.ambient
        diffuse ← max (dot(-L.direction, normal), 0) × L.diffuse × M.diffuse
        specular ← pow (max(dot(H, normal), 0), M.shininess) × L.specular×
M.specular
        color (f) ← ambient +diffuse +specular
    end for
end function
```

□

5.3 纹理映射

纹理映射(Texture Mapping)，又称纹理贴图，是将纹理空间中的二维图像像素映射到三维模型表面，再转化为屏幕上二维像素的过程。与 Phong 着色等 BRDF 模型不同，纹理映射可以看作是把一幅图像直接贴到物体表面以增强其真实感，而不是直接去模拟光线和物体表面的作用效果。因此，纹理映射在绘制形状复杂的三维模型时具有更明显的优势，能够大大减少几何建模的工作量，降低整体的计算量，提高绘制效率。

通过纹理映射，能够在具有相同几何形状表示的情况下，达到更具真实感的绘制效果。同时，纹理映射结合着色技术，是一种很实用的真实感绘制技术。例如，绘制一个橙子的三维模型，如果是直接用一个橙色的球面显示，则显得过于简单，无法展现出真实橙子粗糙的表面。如果使用更复杂的几何形状，则需要模拟很多的几何细节，尤其是橙子表面的凹凸起伏。这就一方面大大增加了模型的复杂度，另一方面使得绘制时的计算量大为增加。

如果采用纹理映射的方式，就可以将一张相机拍摄的真实橙子表面的照片映射到简单球面的三维模型上。由于照片上橙子的真实性，在经过纹理映射后，就能够使该简单球面具有了真实橙子的外观。但是在有些情况下，这种直接的纹理映射效果仍然不是很好，因为其几何形状还是比较简单，而且呈现出的外观是不随视角而变化的。进一步，如果需要体现橙子表面的几何细节的变化，可以采用纹理映射的另一种方式，也就是凹凸映射，能够实现更加真实的绘制效果。

常用的纹理映射方法主要有简单的纹理映射、环境映射和凹凸映射。简单的纹理映射，是使用图像像素填满多边形内部，从而将二维图像映射到由多变形表示的物体三维模型表面。环境映射，是使用环境照片来实现简单的纹理映射。凹凸映射，则是通过扰动表面法线向量来改变表面绘制后的形状，从而达到丰富物体外观的目的。接下来具体介绍这3种纹理映射方法。

5.3.1 简单的纹理映射

简单的纹理映射是通过建立图像像素和物体表面多边形顶点之间的对应关系，从而把图像映射到物体表面。如图5.14所示，这种方法通过两个映射步骤实现：第一步映射是把二维图像坐标（也称为纹理坐标）变换到模型所在的三维空间的几何坐标；第二步映射是把物体变换到屏幕坐标系中。其中的关键步骤是第一步映射，在计算机图形学中称为参数化，也就是寻找映射函数将二维图像坐标变换为三维物体表面的坐标。一般情况下，参数化映射是一对一的满射，因此也可以先建立三维模型到二维图像的映射，然后通过其逆映射来实现纹理映射。

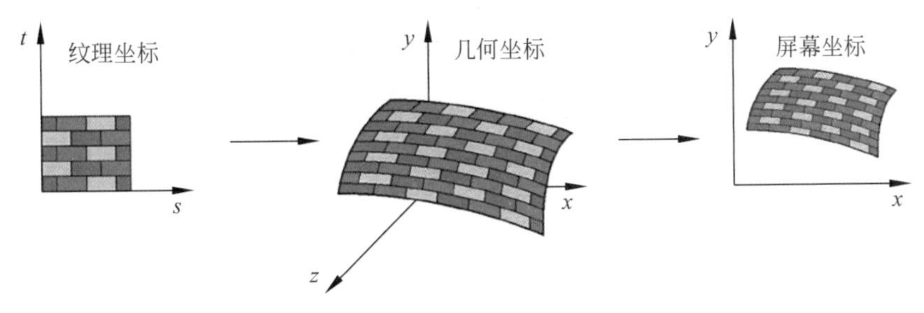

图5.14 纹理映射的两步映射过程

线性映射是参数化最常用的方式,这需要首先建立图像到模型表面多边形的一一对应关系。例如,在图5.14中由左下角和右上角确定的纹理面片映射到多边形面片。那么,内部像素点所对应的多边形面片上的点就可以通过线性插值得到。数学上,这个过程是通过线性映射建立参数化函数来完成。这就需要对物体表面多边形的每个顶点指定相应的纹理坐标,记为$(x(s,t)、y(s,t)、z(s,t))$,其中,(x,y,z)是顶点的三维坐标,(s,t)是对应的纹理坐标。

对于给定的任意形状的多面体模型,直接计算参数化函数比较困难,大多是基于数字几何处理中网格参数化的技术来实现的。我们在第4章中已经详细介绍了三维网格模型参数化技术。这里着重介绍另外一种较简单的参数化方法,称为两步映射,适合于一般图形流水线中的纹理映射。

两步映射的基本思想是根据物体三维模型的形状,首先选择一个较规则的中间形状,例如圆柱、球体、立方体等,将纹理图像映射到这些中间形状的表面。然后,将物体模型置于这些中间形状的内部,通过直接投影等方式建立物体表面和中间形状表面之间的对应。在此基础上,实现纹理图像到物体表面的参数化映射。

第一步是建立中间形状的纹理坐标。圆柱面是最简单的一种中间形状,其本质上是一种可展曲面。利用圆柱对物体三维模型的包围性,可以很方便地建立纹理图像像素和圆柱面上点之间的对应。假设纹理坐标的范围为$s,t\in[0,1]$,而作为中间形状的圆柱面的高度为h,半径为r。那么,圆柱面上的点可以用如下参数化映射表示:

$$\begin{cases}x=r\cos 2\pi s\\ y=r\sin 2\pi t\\ z=t/h\end{cases} \tag{5.5}$$

在h和r固定的情况下,s和t就可以作为纹理坐标。这样,如图5.15(a)所示,就可以建立纹理图像和圆柱表面之间的一一对应。

球面也是一种简单的中间形状,很容易通过第3章中公式(3.2)所示的球坐标建立参数化映射函数,如图5.15(b)所示。此外,还可以采用立方体作为中间形状,把二维图像映射到一个打开的立方体表面。如图5.15(c)所示,这个过程就类似于从一张纸板组装一个箱子。球面和立方体主要应用于环境映射。

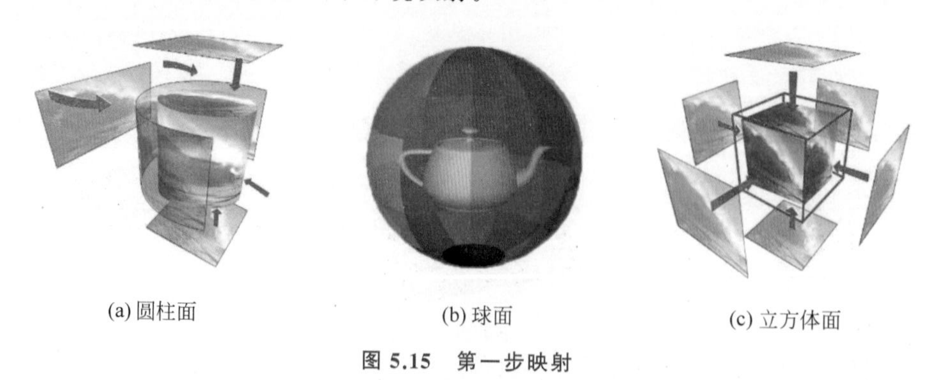

(a) 圆柱面　　(b) 球面　　(c) 立方体面

图5.15　第一步映射

第二步是要将中间形状的纹理坐标映射到物体三维模型表面。这个过程就需要建立中间形状和物体表面上点之间的一一映射。如图5.16所示,可以采用3种方式建立该映射。第一种方式选取中间形状上某一点的纹理坐标,沿该点的法向方向做反向延长,直到与物体相交。那么,该交点的纹理坐标就是中间形状上对应点的纹理坐标。第二种方式是上述的逆过程,选取物体表面上的一点,沿该点的法向方向延长,直到与中间形状相交为止。那么,该交点的纹理坐标就是物体表面相应点的纹理坐标。第三种是假设已知物体的中间位置,在该中心位置与物体表面上的某一点画一条直线,该直线与中间形状相交。那么,交点的纹理坐标就是物体表面上相应的纹理坐标。这3种从中间形状到物体表面的映射方式均适用于具有简单形状的三维模型,但是由于无法保证二者之间的双射关系,同时两步法不适合建立形状比较复杂的物体的纹理坐标。

经过上述两步映射的步骤后,就可以建立物体表面和纹理图像之间的坐标变换,得到三维模型的纹理坐标,从而实现简单的纹理映射。

例题5-4 简单的纹理映射贴图。

问题:采用OpenGL的纹理贴图功能实现如图5.17所示立方体表面的骰子效果。

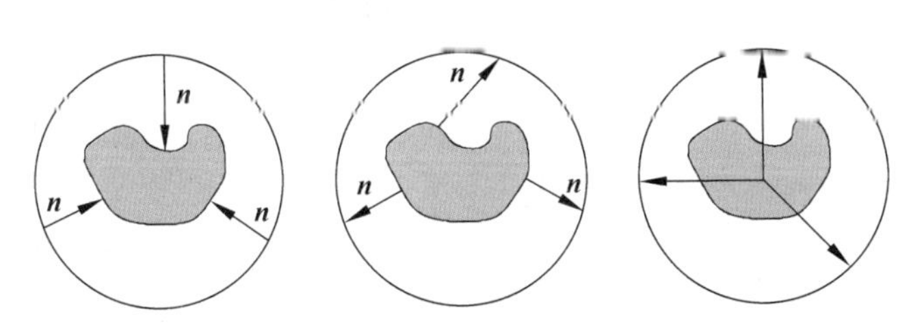

图5.16 从中间形状到物体三维模型表面的映射

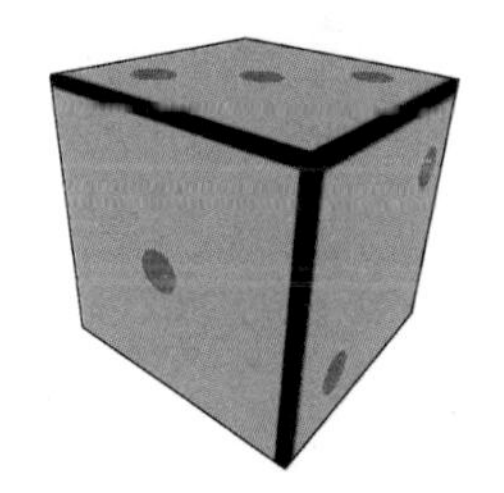

图5.17 简单纹理映射

解答:假设立方体的8个顶点组成的集合是V,每个顶点对应的纹理坐标集合是T,6幅纹理图像存储于数组texImg,那么纹理贴图的伪代码如下。

```
function texMapping (V, T, texImg)
    for i =0 : 5 do                              /* 绘制每个面上的纹理图像 */
        P ← getVertexPos (V, i)                  /* 每个面的顶点序列 */
        C ← getVertexTextureCoord (T, i)         /* 每个顶点的纹理坐标 */
        T ← getCubeTexture (texImg, i)           /* 每个面的纹理图像 */
        glSetVertexArray (P, C)
        glBindTexutre (T)
        glDrawArrays (GL_TRIANGLES, 6)           /* 基于三角形的绘制 */
    end for
end function
```

□

5.3.2 环境映射

环境映射是利用物体所处的周围环境所形成的图像,构造物体模型的纹理映射。它通常用于模拟光滑表面对周围环境的反射。

环境映射假设周围环境远离物体模型和观察者,同时物体模型不具备自身反射能力,而且空间中任意一点反射由其方向唯一确定。那么，就可以将周围环境作为纹理图像，通过纹理映射的方式投射到物体模型的表面。

如图 5.18(a)所示，通过模拟人的眼睛对立方体内部的观察过程，按照光路可逆，从观察点出发沿着 $-\boldsymbol{v}$ 方向，寻找到物体表面的反射向量 $\boldsymbol{r}$，并计算与立方体表面交点作为纹理坐标。这样就能够再借助前面介绍的纹理映射，将立方体表面或球面的纹理图像映射到最终的绘制图像上，从而实现反射周围环境的绘制效果。

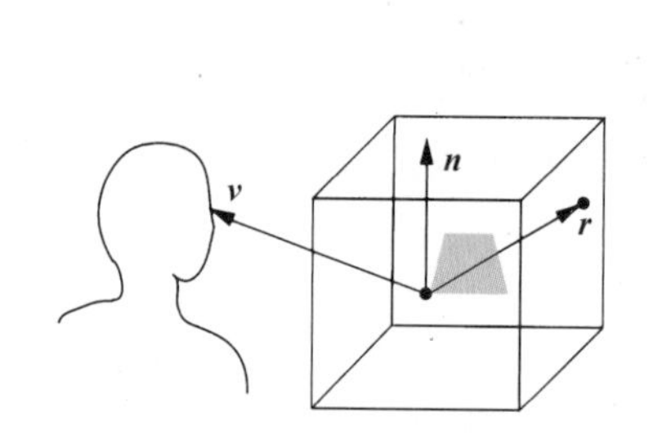

(a) 眼睛对立方体内场景的观察

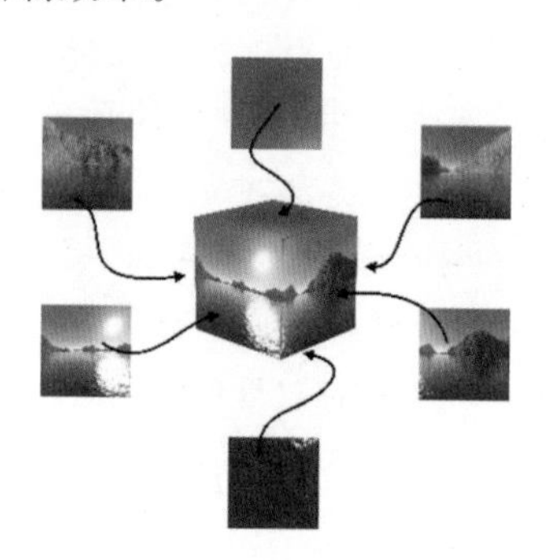

(b) 场景图像映射到立方体表面

图 5.18 环境映射

以立方体表面的环境映射为例，环境映射方法主要包含三个基本步骤：①创建二维环境纹理图像；②将图像映射到立方体的上、下、左、右、前、后六个面，其中每个面都是平面，可以计算独立的纹理坐标，同时在相邻面具有连续性，从而形成完整的纹理贴图，如图 5.18(b)所示；③计算物体模型表面的法向及反射方向，并通过反射方向采样立方体表面纹理贴图的颜色。总之，环境映射模拟了光滑物体表面（如镜子）对周围环境的反射效果，因而可以有效地绘制高度镜面的曲面。

环境映射实际上是通过纹理映射的方式，实现对光滑物体表面产生的镜面反射效果的近似。虽然方式简单且效率高，但无法实现自身反射效果，也就是物体表面对于自身某些部分的反射效果。如果要实现更准确的镜面反射效果，就需要光线跟踪等这种全局绘制方法。

5.3.3 凹凸映射

凹凸映射主要用来模拟物体表面几何形状的凹凸起伏。该方法的基本思想是通过扰动表面法向量，使得物体表面受光线照射的影响而产生视觉的变化，进而引起外观的改变。一般而言，凹凸映射解决的主要问题是如何使得物体表面看起来具有更自然的粗糙程度。对于该问题，直接的解决方法是使用很多小的多边形面片进行表面建模，但这样就会增加模型的几何复杂度，同时增加光照计算量。而凹凸映射则是仅通过扰动表面法向量，在进行着色计算时模拟小的多边形产生的形状起伏效果，也就是生成视觉上假的凹凸效果。因此，凹凸映射最大的优点是不需要增加物体模型的几何复杂性，就可以很大程度地改变物体表面的外观。

如图 5.19 所示，凹凸映射主要通过两个步骤完成。第一步，对于输入的光滑表面的

每一点 $\boldsymbol{p}$ 计算法向量 $\boldsymbol{n}$，并通过随机扰动改变法向，例如对法向向量的三个分量增加随机噪声，得到新的法向量 $\boldsymbol{n}'$。第二步，使用新的法向替代原始光滑表面的法向，进而计算新的光照效果。通常在第二步中采用局部着色技术，如 Phong 着色模型或 Blinn-Phong 着色模型等，对扰动法向后的物体表面进行绘制，就可以得到具有明显凹凸效果的物体外观，使其表面 $\boldsymbol{p}$ 点看上去变为新的位置 $\boldsymbol{p}'$。这里需要注意，凹凸映射不会改变物体的几何形状，而只是“以假乱真”地使其绘制出的图像具有起伏不平的视觉效果。

例题 5-5 凹凸映射。

问题： 采用 OpenGL 实现图 5.20 所示的凹凸映射效果。

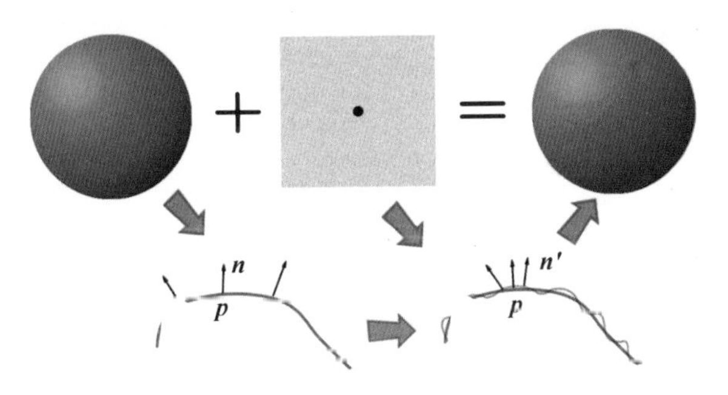

图 5.19 扰动物体表面法向生成凹凸映射效果

图 5.20 凹凸映射

解答： 假设组成球面的顶点集合是 V，三角形面片集合是 F，那么凹凸映射的伪代码如下。

```
function bumpMapping (V, F)
    for each fragment f in F do
        (A, B, C) ← getTriangleVertice (V, f)
        normal ← normalTrilinearInterpolation (f, A, B, C)
        uAxis ← calUAxis (normal, A, B, C)
        vAxis ← cross (uAxis, normal)
        T ← getTexture (f)
        gradient ← calGradient (T)
        normal ← normalize (normal +gradient.x × uAxis +gradient.y × vAxis)
        L ← getLight ()
        M ← getMaterial (f)
        D ← normalize (viewPos - f.pos)
        H ← normalize (D +normal)
        ambient ← L.ambient × M.ambient
        diffuse ← max (dot(-L.direction, normal), 0) × L.diffuse × M.diffuse
        specular ← pow (max(dot(H, normal), 0), M.shininess) × L.specular×
M.specular
        color (f) ← ambient +diffuse +specular
    end for
end function
```

□

5.4 光线跟踪绘制

与 Phong 着色模型等局部绘制技术不同，光线跟踪（Ray Tracing）是一种考虑光线和场景中所有物体表面整体作用效果的绘制模型。因此，光线跟踪是一种全局绘制技术。光线跟踪模型能够更加准确地模拟光线在场景中的传播，很容易绘制具有反射、折射、透射以及各种阴影效果的真实感图像，进而呈现高质量的真实感绘制效果。光线跟踪也被认为是计算机图形学历史上最为成功的真实感绘制算法之一。

纵观计算机图形学的发展历史，光线跟踪主要有两种方式：正向跟踪和反向跟踪。正向跟踪是模拟从光源发出的光线，经过与场景中不同物体表面的反射、折射、透射等作用，最终射入人眼的过程。反向跟踪则是从人的眼睛视点位置出发，只跟踪视野范围内能够看得到的物体表面对光线的各种作用。目前，几乎所有三维制作软件中的光线跟踪算法都采用反向跟踪方式。其原因是这种方式能够最大程度地节省计算机的存储和计算资源，同时不会降低绘制图像的真实感效果。接下来介绍基于反向跟踪的光线跟踪绘制算法。

5.4.1 基本原理

用于计算机图形学真实感绘制的光线跟踪算法最初是由 IBM 研究院的 Arthur Appel 于 1968 年提出的，当时被称为光线投射（Ray Casting）。在这个模型中，Appel 只是将光线从眼睛位置往场景投射一束光线，然后根据交点处的光强进行绘制，而不再继续跟踪与物体作用后的光线。1979 年，Bell 实验室的 Turner Whitted 在其论文 *Recursive Ray Tracing Algorithm* 中提出，通过跟踪光线在场景中物体表面之间的多次反射以表现全局光照效果，从而获得更具真实感效果的图像。1984 年，美国 Lucas 影业公司的 Loren Carpenter 等人提出了分布式光线跟踪算法，提高了计算效率，有力地推动了真实感绘制技术的实用化。

通俗地讲，光线跟踪的基本原理是物理学中的光路可逆。它从视点位置出发，向成像平面上的每一点（像素）发射光线。初始光线起始于人眼视点，终止于光线第一次与物体表面的交点。首先，对于成像平面上的每个像素点，可以通过跟踪光线找出与物体表面相交的点。然后，根据物体表面的材质属性，按照反射、折射等作用结果继续跟踪接下来传播的光线，并确定影响该点光强的所有光源。以此类推，就可以通过递归的方式计算光线与物体表面每个交点处的光强。因为初始光线对应于每一个像素，所以将该像素对应的所有跟踪光线的作用效果进行累积，就可以得到逐像素绘制的图像。

5.4.2 光线投射模型

事实上，光线投射模型是一种基于图像像素栅格化的模型。对于每一个像素，该模型从眼睛位置处投射一条光线，指向该像素点。在绘制场景图像时，跟踪每一条射线与场景中物体表面的作用。那么，每条射线一般存在两种情况：与一个物体表面或一个光源相交；或者不接触任何物体直接投射到无穷远处。因此，通过计算两种情况下的光强分布，就可以生成绘制后的场景图像。

如图 5.21(a)所示,进入眼睛的所有光线,有些直接来自于光源,那么就会受光源强度的影响;有些来自于物体表面的反射光线,那么就会受物体材质的影响。如果这些光线只经历了至多一次和物体表面的作用,则称为直接光。如果光线投射到无穷远,那么像素可直接赋值为指定的颜色,也就是绘制图像时的背景。当投影光线与物体表面相交时,就需要计算交点处的光强。例如,采用 5.2.2 节中的 Phong 着色模型计算交点处的光强。

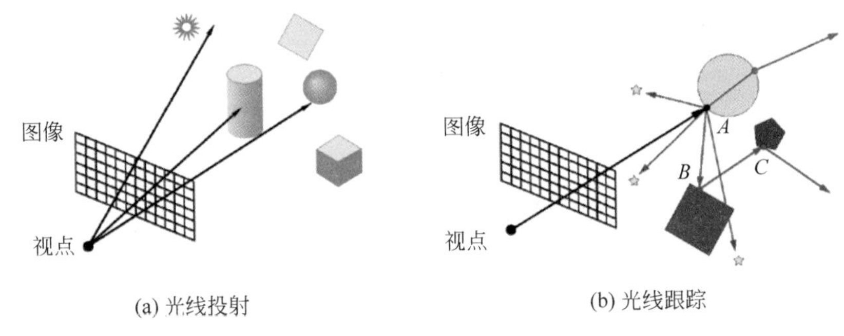

图 5.21 光线投射与光线跟踪

综上所述,光线投射模型对于每一个像素点只需要计算一次直接光照射后的光强。因此,该模型计算效率高。但是,光线投射模型绘制的真实感效果不是很理想,无法准确地绘制镜面反射、阴影等需要光线和物体表面多次作用的光照效果。

5.4.3 光线跟踪模型

光线投射模型和光线跟踪模型在早期并无不同。然而随着绘制技术的发展,更加有效的光线跟踪方法被提出。简单地讲,光线投射只对眼睛位置发射的光线做一次跟踪,并不会继续递归地跟踪光线;而光线跟踪则会继续跟踪物体之间反射或折射光线,如图 5.21(b)所示。这些继续跟踪的光线就形成了间接光。

最基本的光线跟踪算法是跟踪镜面反射和折射后的光线传播,也称为光线跟踪器。一般的光线跟踪算法主要通过以下 3 个步骤的递归过程来完成。

(1) 对于待绘制图像的每个像素,沿视点位置和像素连线方向发射初始跟踪线到第一个可见物体表面,如图 5.21(b)中的 A 点所示。

(2) 根据物体表面的属性,按照反射、折射等方式生成第二条跟踪线,并以此递归,如图 5.21(b)中的 B、C 点所示。

(3) 根据递归结果,对相应的像素进行着色。

上述递归过程的伪代码如图 5.22 所示。其中,traceRay 函数实现了在反射和折射等情况下对光线和物体作用效果的递归调用。最终,通过对跟踪过程中每一点处光强的叠加得到像素最终的颜色值,完成该视点下对场景中所有模型的绘制。

光线跟踪模型是对 Phong 着色模型等局部绘制方式的全局推广,也就是沿着跟踪的光线依次按照局部着色模型,例如公式(5.4)给出的 Phong 着色模型,计算光线到达物体表面处的光强。光线跟踪的优点是能够更真实地模拟光线在空间中的传播过程,从而更

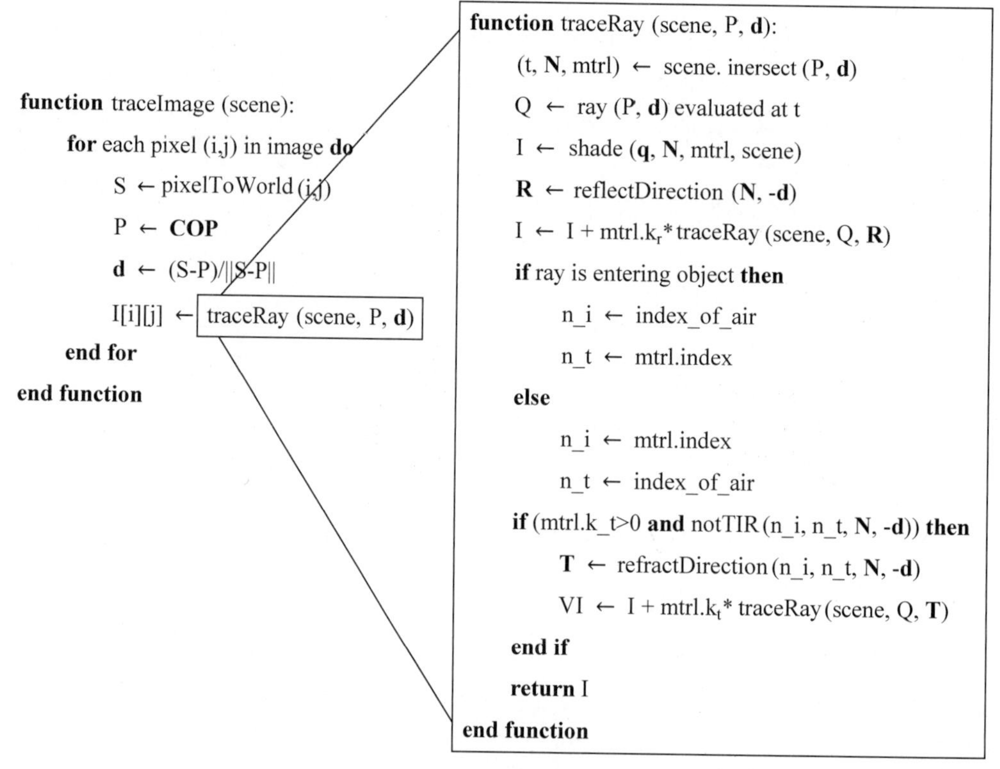

图 5.22　光线跟踪的伪代码

自然地生成反射、阴影、景深、运动模糊等效果。光线跟踪算法思想简单、容易实现，同时绘制效果具有很强的真实感。其缺点则是算法复杂度相对较高，主要体现在需要递归地计算跟踪光线与物体表面的交点。

具体地讲，每一次光强计算都需要进行大量的光线与物体表面求交运算，而且需要同时跟踪大量的光线，由此形成一系列交点的序列。在光线跟踪过程中，光线沿着到达视点的光线的相反方向开始跟踪。每次经过屏幕上的一个像素，就计算跟踪线 $\boldsymbol{v}$ 与场景中物体的交点。这里的跟踪线既可以是从眼睛出发的视线，也可以是物体表面之间反射或折射后的光线。如图 5.23(a)所示，以距离最小的交点作为第一个可见交点 $\boldsymbol{p}_0$。假设跟踪线 $\boldsymbol{v}$ 在 $\boldsymbol{p}_0$ 处产生反射或折射，那么就以所产生的反射光线或折射光线作为新的跟踪线，并且与物体表面求交得到新的交点 $\boldsymbol{p}_1$。同时，产生新的反射线或折射线作为跟踪线。

上述递归不断地进行，直到所产生的跟踪线超出场景范围。最终，得到沿跟踪线所形成的轨迹上的一系列交点：$\boldsymbol{p}_0, \boldsymbol{p}_1, \cdots, \boldsymbol{p}_n$。如图 5.23(b)所示，这个过程可以表示为一棵光线跟踪树，其中，树的节点代表物体表面与跟踪线的交点，节点连线代表相应的跟踪线。每个节点的左儿子代表反射产生的跟踪线(R)，右儿子代表折射产生的跟踪线(T)。空箭头表示跟踪线射出场景。那么，光线跟踪的整个过程就可以通过这棵二叉树来描述，节点就是沿着跟踪光线的交点，而所有的叶节点就是那些最终射向光源或无穷远处的光线离开物体表面时的交点。

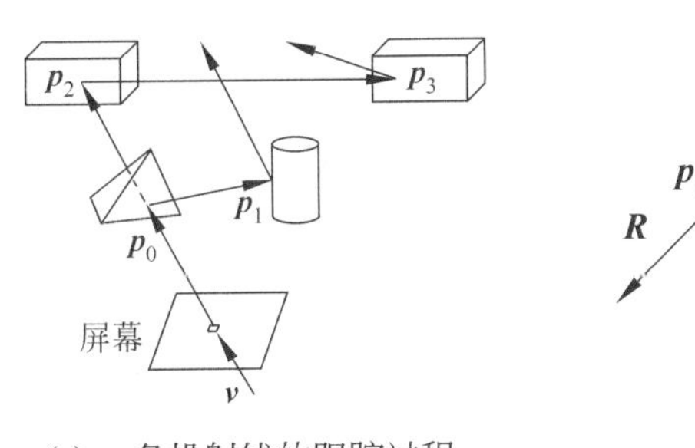

(a) 一条投射线的跟踪过程 (b) 二叉树

图 5.23 光线跟踪二叉树

物体表面 $\boldsymbol{p}_0$ 处的光强是 $\boldsymbol{p}_0$，$\boldsymbol{p}_1$，…，$\boldsymbol{p}_n$ 点光强的叠加。借助光线跟踪树，就可以采用后序遍历等方式快速访问树的节点，然后递归地调用局部绘制模型，进而计算出跟踪线方向的光强。此外，进一步按物体表面交点之间的距离进行衰减处理，然后再传递给父结点。由此上溯，得出 $\boldsymbol{p}_0$ 处的光强，也就是对应屏幕像素处的光强。图 5.24 展示了采用光线跟踪绘制的一些场景的结果，其中包含了镜面反射、阴影等光照效果。

图 5.24 光线跟踪绘制的结果(图片来自[54])

根据美国 Intel 公司测试报告，如果采用上述光线跟踪过程绘制出现代游戏的画面质量，且同时跑出流畅运行的帧数，每秒需要计算大概 10 亿束跟踪线。这个数字是由每帧每像素大概 30 束不同的光线所产生。在 1024×768 这样的入门级分辨率条件下，要实现每像素 30 束光线以及每秒 60 帧的要求，就需要每秒能运算 141.5 亿束光线的计算能力。因此，如何有效地提高光线跟踪效率，成为后期对光线跟踪算法进行改进的主要方向。

例题 5-6 简单场景的光线跟踪绘制。

问题：如图 5.25 所示的简单场景，包含镜面光滑的球体和棋盘格平面地板。假设绘制图像的分辨率为 640×480，写出光线跟踪绘制的伪代码。

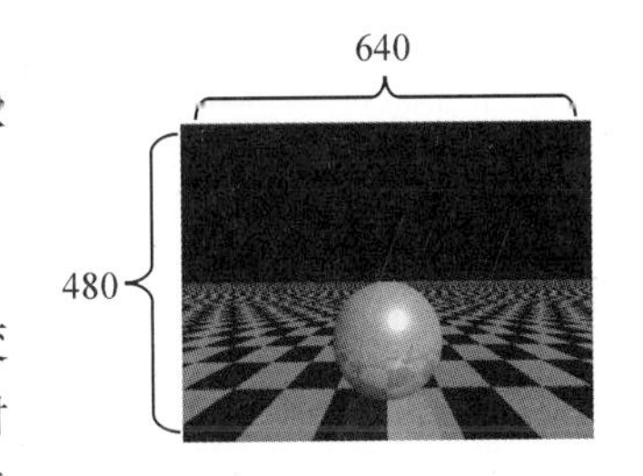

图 5.25 光线跟踪绘制

解答：假设跟踪光线 ray 在第 n 次与场景中发生相交的物体是 intersectEntity，交点记为 intersectPoint，物体材质记为 M，而最大跟踪次数是 MAX_RECURSION，最后生成的颜色记为 I，那么伪代码如下。

```
function traceRay (ray, n)
    if tr >=MAX_RECURSION then
```

```
        end if
        (intersectPoint, intersectEntity) ← getIntersection (ray)
        if intersectEntity ==NULL then
        end if
        normal ← intersectEntity.calNormal (intersectPoint)
        M ← intersectEntity.calMaterial (intersectPoint)
        I ← M.kShade × shade (intersectEntity, intersectPoint, ray)
        if M.kReflect >0 then
            reflectDir ← reflect (ray.direcion, normal)
            I ← I +M.kReflect × traceRay (Ray(intersectPoint, reflectDir), tr +1)
        end if
        if M.kRefract >0 then
            if intersectEntity.rayEnterEntity (ray) then
                refractDir ← refract (ray.direction, -normal, M.index, airIndex)
            else
                refractDir ← refract (ray.direction, normal, airIndex, M.index)
            end if
            I ← I +M.kRefract * traceRay (Ray(intersectPoint, refractDir), tr +1)
        end if
    end function
```

□

5.4.4 光线跟踪加速

通过上述分析可以看出，光线跟踪算法执行过程中的大部分时间是消耗在计算视线或光线与场景中物体表面的交点计算上，也就是确定光线跟踪二叉树的节点。因此，对光线跟踪进行加速，很大部分是针对求交运算的加速。根据场景中的物体几何形状，在进行光线与物体表面求交时，通常可以归结为如图 5.26 所示的 3 种情形下的求交运算。

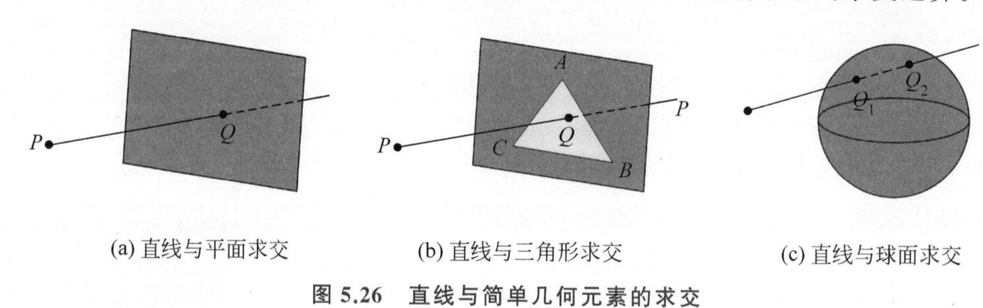

(a) 直线与平面求交　(b) 直线与三角形求交　(c) 直线与球面求交

图 5.26　直线与简单几何元素的求交

情形 1：直线与平面求交

这可以通过平面法向和直线方向建立显式表达式进行求解，能够非常快速地得到交点位置，如图 5.26(a)所示。显而易见，一条直线和平面至多只存在一个交点。

情形 2：直线与三角形求交

这可以将其转化为直线与三角形所在平面的求交运算，得到交点后判断其是否位于三角形内部。如图 5.26(b)所示，如果位于三角形内部，则直线与三角形相交；否则，不发生相交。这种直线与三角形求交运算是转化为直线与平面求交以及三角形内部判断两部分，因而也是非常快速的。显而易见，一条直线和三角形也至多存在一个交点。

情形3：直线与球面求交

这可以将直线的参数表达式代入球面方程，转化为关于直线参变量的二次方程进行求解。然后，通过其判别式的正负决定是否发生相交。如果发生相交，较小参数对应的点是直线与球面的交点，如图5.26(c)所示。由于涉及二次方程求解，计算比前两种情形要复杂。显然，一条直线与球面至多有两个交点，但是在光线反射情况下，只有其中的一个交点用于后续光线跟踪。

大多数情况下，场景中的物体可以表示为平面、三角形或球面等基本形状组成的模型。那么，在进行加速时，常用的手段是减少光线与上述简单几何元素表面的求交次数。因此，可以通过对场景中物体表面进行合理的组织，避免不必要的光线与物体表面的求交运算，从而提高光线跟踪算法的效率。常见的物体求交加速技术包括层次包围技术、场景空间剖分技术等。前者利用物体包围盒对场景空间做均匀的划分，而后者则是对三维空间进行自适应剖分。两者都是借助分而治之的思想提高求交计算的效率。

层次包围技术是建立场景中所有物体关于包围盒的树结构。包围盒是一种能够将物体包含在内且具有简单形状的几何体。例如，采用椭球或长方体将场景中的物体隔离。不同大小的包围盒形成树结构，其节点代表包围盒。在这种情况下，如图5.27(a)所示，只有那些与父节点相交的跟踪线才会进一步与其子节点求交。通过这种方式，就可以预先排除不需要进行求交计算的场景空间，从而有效减少跟踪线与包围盒及物体求交次数。

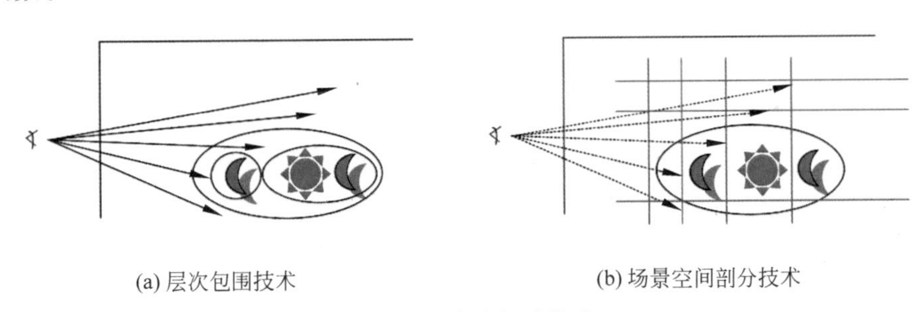

(a) 层次包围技术　　(b) 场景空间剖分技术

图5.27　求交加速技术

场景空间剖分技术是将场景中的物体按照它们在三维空间的位置分布，建立起层次结构组织，从而在光线与物体求交过程中能够快速剔除层次树上的无用分支，以此提高跟踪线与物体求交计算的效率，如图5.27(b)所示。这种自适应剖分技术本质上也是利用一种分而治之的思想，将复杂的求交运算做简化。如图5.28(a)所示，常用的空间自适应剖分技术有BSP树、K-D树等。BSP树即二分空间划分树，是一类二叉树结构。它采用任意位置、方向的分割面递归地将空间划分为多个子空间对。BSP树的根节点就是整个场景空间，而每个节点所代表的区域被平面分成两部分，一部分是平面前面(左侧)区域的子节点，另一部分是平面后面(右侧)区域的子节点。那么，场景中的物体就根据平面位置分属到各个节点。K-D树算法是一种非均匀网格剖分算法，可以看作是改进的BSP算法。如图5.28(b)所示,K-D树的剖分平面是垂直于坐标轴的。在访问下一节点时,利用了跟踪线与节点边界相交的区域连贯性,以及一个辅助节点访问栈来进行遍历。通常只需要进行一次加法和一次乘法运算即可,因而具有较低的时间复杂度。通过BSP树或K-D树对场景空间进行剖分,就可以对跟踪线与物体相交情况进行预判,从而减少不必要的求交运算,有效提高光线跟踪的计算效率。

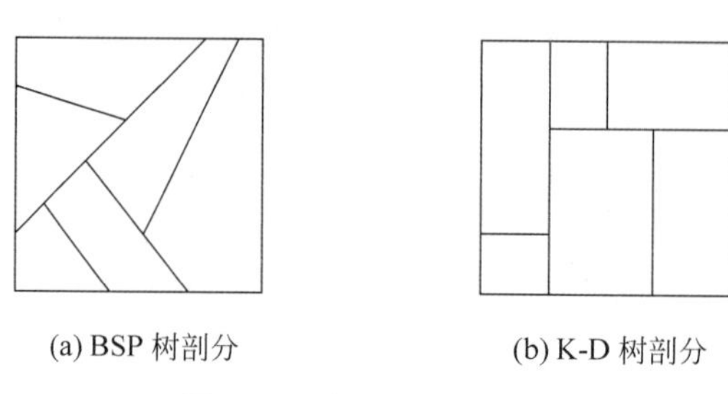

(a) BSP树剖分　　(b) K-D树剖分

图5.28　空间自适应剖分

发展到今天,大多数的影视级绘制系统都会集成基于光线追踪算法开发的真实感绘制技术。除了上述通过降低求交计算量的方式,很多基于硬件加速的光线跟踪加速技术也是不断涌现。例如2005年,德国Saarland大学的研究人员开发了第一个专门的光线跟踪硬件RPU,以支持实时光线跟踪绘制。由于集成了专用的硬件单元,RPU能够支持高速的递归函数调用,从而大大提高了光线跟踪的执行效率。此外,RPU跟GPU一样都是完全可编程架构,提供了对材质、几何、光照等的实时编程支持。

5.4.5　光线跟踪的其他改进

传统的光线跟踪算法通过递归地追踪光线和物体的相互作用,能够生成真实度比较高的反射、折射和阴影效果。但是,由于在光线和物体作用时考虑的表面属性相对单一,且忽略了漫反射,使得绘制的光照效果往往比较僵硬,缺乏较细腻的柔化效果。针对这些问题,Caltech大学的Jim Kajiya在1986年发明了蒙特卡洛光线跟踪(Monte Carlo Ray Tracing)算法,通过蒙特卡洛积分求解绘制方程,进而改进传统的光线跟踪绘制过程。其实,早在Kajiya正式提出蒙特卡洛光线跟踪算法之前,Cornell大学的Robert L. Cook在1984年提出了具有类似思想的分布式光线跟踪(Distributed Ray Tracing)算法,也是通过对单个像素进行光线的重采样,实现具有软影、模糊等更加真实的绘制效果。这些都是通过更加细致地处理光线和物体表面的作用效果,进一步提高光线跟踪绘制的真实感程度。

简单地讲,蒙特卡洛光线跟踪算法就是通过概率论的方式计算光照积分的近似解,从而对光线和物体相互作用时的漫反射、镜面反射和折射分量分别进行建模。例如,当一条光线打到物体表面后,有50%的概率发生漫反射、20%的概率发生镜面反射、30%的概率发生折射。这样,每次按照概率决定光线和物体的作用效果,就可以实现软硬、模糊等更多样的绘制效果。这样就避免了传统光线跟踪过程中要么物体表面没有被光线照射到,要么完全被光线照射到的情况,能够呈现更加细腻的柔化效果。换句话说,蒙特卡洛方法是将传统光线跟踪算法中每个像素追踪一条光线,扩展为每个像素追踪多条采样光线,最后通过积分求和来获得该像素的最终绘制效果。

5.5　辐射度绘制

虽然光线跟踪模型很好地模拟了光线在镜面或透明材质物体表面之间的传播过程，但它倾向于只在物体表面模拟一次光线反射或折射的效果，忽略了来自漫反射表面的反射光线的影响。例如，两个位置相近、颜色不同的物体表面之间会产生"颜色辉映"现象。这种现象是由于表面反射光线的物体也看作能发射光线的光源所产生。因此，光线跟踪模型不能很好地模拟"颜色辉映"的光照效果。此外，光线跟踪绘制的阴影区域比较锐利，不符合日常光照效果。为了克服光线跟踪绘制算法的这些问题，1984 年，Cornell 大学的研究人员基于物理热力学中的辐射度模型，发明了辐射度绘制方法。这种方法通过模拟漫反射表面之间光线的多次相互作用，以实现场景的全局绘制。辐射度绘制能够生成更加贴合实际的柔和且自然的反射、阴影等效果。

5.5.1　基本原理

辐射度(Radiosity)源自于物理学中热辐射的概念，用于模拟单个或多个物体上两个表面之间的热量传输。辐射度在物理上描述物体表面向外发出的辐射通量密度，定义为单位时间内离开单位面积的能量，采用 W/m^2 作为计量单位。一般情况下，物体表面发射的能量主要是由两部分构成：物体作为发光体自身所散发的能量，以及反射外界入射的能量。其中，单位时间内从外界到达单位面积的能量称为辐照度(Irradiance)。考虑一个封闭的场景，使用具有单位面积的面片(Patch)来定义物体和光源表面。虽然每个物体表面的材质可能有所不同，但是它们都遵从相同的物理定律。简单地讲，物体表面对光的吸收、反射或折射都可以看作光线携带能量的变化，而光线经过表面之间的多次反射、折射等，最终达到一个能量平衡状态。那么，物体表面的光强实际上就反映了在平衡状态下场景中各处能量的分布。

如果把物体也看作是光源，那么离开表面的部分光是它自身所发射的光，其余部分的光则是入射到该表面的光的反射光。从能量守恒原理出发，物体表面辐射出的能量等于自身发射能量和反射能量之和。以空间中的 $\boldsymbol{p}$ 点为例，有如下能量表达式：

$$L(\boldsymbol{p}\rightarrow\vec{\omega})=L_e(\boldsymbol{p}\rightarrow\vec{\omega})+L_r(\boldsymbol{p}\rightarrow\vec{\omega})\tag{5.6}$$

这里，$L(\boldsymbol{p}\rightarrow\vec{\omega})$表示沿方向 $\vec{\omega}$ 离开 $\boldsymbol{p}$ 点的能量，$L_e(\boldsymbol{p}\rightarrow\vec{\omega})$表示沿方向 $\vec{\omega}$ 自身发射的能量，$L_r(\boldsymbol{p}\rightarrow\vec{\omega})$则是沿方向 $\vec{\omega}$ 对吸收的入射能量的反射分量。这三项就反映了能量在物体表面之间传输时的变化及应该满足的平衡状态。

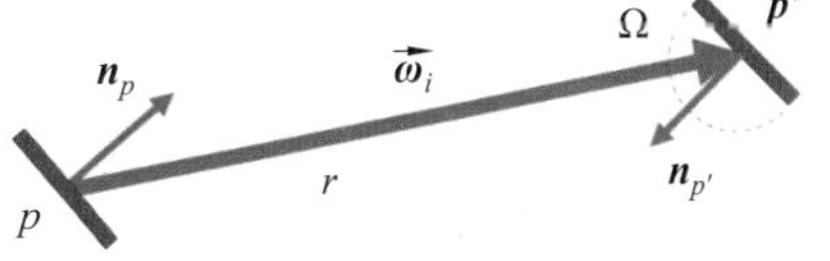

图 5.29　辐射度绘制方程示意图

考虑图 5.29 所示的情况，$\boldsymbol{p}$ 点和 $\boldsymbol{p}'$点之间是彼此可见的。根据公式(5.6)，沿方向 $\vec{\omega}$ 离开 $\boldsymbol{p}$ 点的光能量，包含自身朝该方向发射的能量 $L_e(\boldsymbol{p}\rightarrow\vec{\omega})$以及 $\boldsymbol{p}$ 点反射的所有 $\boldsymbol{p}'$点向 $\boldsymbol{p}$ 点传输的辐射能量 $L_r(\boldsymbol{p}\rightarrow\vec{\omega})$。具体可以写成如下形式的辐射度绘制方程：

$$L_o(\boldsymbol{p}\rightarrow\vec{\omega})=L_e(\boldsymbol{p}\rightarrow\vec{\omega})+$$

$$\int_{\Omega} f_r(\boldsymbol{p},\vec{\omega}_i \leftrightarrow \vec{\omega}) L_o(\boldsymbol{p}' \rightarrow -\vec{\omega}_i) \frac{\cos(\angle \vec{\omega}_i \boldsymbol{n}_p)\cos(\angle -\vec{\omega}_i \boldsymbol{n}_{p'})}{r^2} \mathrm{d}A_{p'} \tag{5.7}$$

其中，$\angle \vec{\omega}_i \boldsymbol{n}_p$ 表示向量 $\vec{\omega}_i$ 和法向 $\boldsymbol{n}_p$ 之间的夹角，$\angle -\vec{\omega}_i \boldsymbol{n}_{p'}$ 表示 $\vec{\omega}_i$ 相反方向的向量 $-\vec{\omega}_i$ 和法向 $n_{p'}$ 之间的夹角，r 表示 $\boldsymbol{p}$ 点和 $\boldsymbol{p}'$ 点之间的距离，Ω 表示由 $\boldsymbol{p}'$ 点发射光线可以照射到 $\boldsymbol{p}$ 点的半球面范围。在公式(5.7)中，$f_r(\boldsymbol{p},\vec{\omega}_i \leftrightarrow \vec{\omega})$ 表示在 $\boldsymbol{p}$ 点处 $\vec{\omega}$ 和 $-\vec{\omega}_i$ 分别作为出射方向和入射方向时反射的能量相对于入射能量的比重。参考公式(5.2)，f_r 就是该点处的 BRDF 数值。

5.5.2 辐射度绘制模型

从辐射度的原理出发，场景绘制的结果就是由平衡状态下空间中光能量分布决定。考虑图 5.29 中的两点 $\boldsymbol{p}$ 和 $\boldsymbol{p}'$ 所对应的面片分别记为 $\mathrm{d}A_i$ 和 $\mathrm{d}A_j$，而公式(5.6)中的方向 $\vec{\omega}=\overrightarrow{\boldsymbol{p}\boldsymbol{p}'}$。同时为了方便辐射度绘制模型的理解，这里假设场景满足朗伯光照模型，也就是 $f_r(\boldsymbol{p},\vec{\omega}_i \leftrightarrow \vec{\omega})$ 与方向无关，从而 $\boldsymbol{p}$ 点的 BRDF 是常值，记为 R_i。那么，根据公式(5.7)，在 $\boldsymbol{p}$ 点的辐射度 B_i 应当满足如下等式：

$$B_i \mathrm{d}A_i = E_i \mathrm{d}A_i + R_i \int B_j F_{ji} \mathrm{d}A_j \tag{5.8}$$

其中，如图 5.30(a)所示，E_i 是在 $\boldsymbol{p}$ 处面片 $\mathrm{d}A_i$ 由物体本身发射光线的辐射度，B_j 是在 $\boldsymbol{p}'$ 处面片 $\mathrm{d}A_j$ 向外传播的辐射度。F_{ji} 称为形式因子(Form Factor)，反映了从面片 $\mathrm{d}A_j$ 传播到面片 $\mathrm{d}A_i$ 的能量比重，也就是两个面片相互之间的能量影响。根据公式(5.7)，形式因子具有如下表达式：

$$F_{ij} = \frac{1}{A_i}\int_{A_i}\int_{A_j} \frac{\cos\varphi_i \cos\varphi_j}{\pi r^2} \mathrm{d}A_j \mathrm{d}A_i \tag{5.9}$$

这里假定两个面片 $\mathrm{d}A_i$ 和 $\mathrm{d}A_j$ 是彼此可见的，φ_i 和 φ_j 是两个面片之间光线与各自法向的夹角，r 是两个面片之间的距离，如图 5.30(b)所示。公式(5.8)中的形式因子 F_{ji} 便可根据公式(5.9)提供的闭合式进行计算。另外，根据公式(5.8)以及微积分的双重积分可交换的性质，可以得到 $F_{ji}A_j = F_{ij}A_i$。事实上，在公式(5.8)中，$B_i \mathrm{d}A_i$ 描述了单位时间内离开面片 $\mathrm{d}A_i$ 到达面片 $\mathrm{d}A_j$ 的能量 Φ_{ij}，反之亦然，称为辐射通量(Flux)。

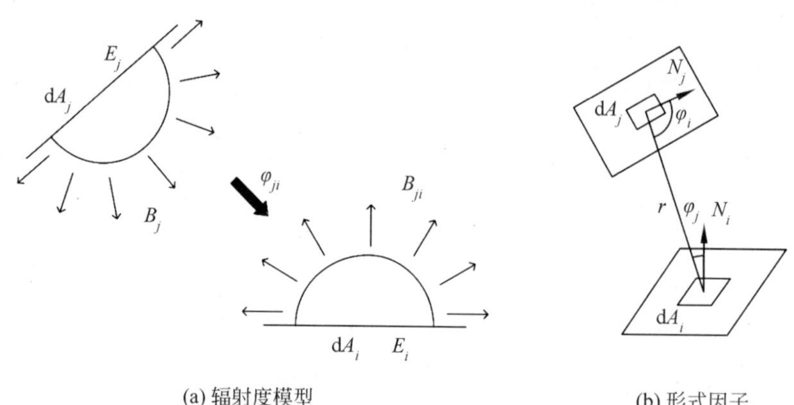

图 5.30 辐射度模型和形式因子

根据公式(5.8)和公式(5.9)，就可以计算出空间物体表面上每一点处的光强，以此生成场景的绘制图像。与光线跟踪等绘制方法相比，辐射度绘制的优点是能够非常真实地模拟漫反射表面光照，可以生成更加柔和、自然的阴影和反射效果，而且在计算时也容易使用图形硬件加速。但也存在一些缺点，例如不能很好地处理点光源和有光泽的物体表面，而且绘制模型相对复杂、整体计算效率较低等。因此，如何有效地求解辐射度方程，是辐射度绘制算法的关键。

5.5.3　辐射度方程的数值计算

数学上，辐射度方程是一个连续的积分方程。在实际绘制过程中，通常采用有限元方法进行计算。该方法将场景划分为许多面片，最终的辐射度是所有面片相互影响结果的叠加。因此，基本的辐射度绘制算法主要包含如下4个步骤。

(1) 将输入场景模型离散化为面片集合$\{A_i\}$。

(2) 计算不同面片之间的形式因子F_{ij}。

(3) 计算不同光线产生的辐射度B_i。

(4) 将辐射度转换为颜色、亮度等属性进行场景绘制。其中，辐射度绘制算法时间主要消耗在第(2)步和第(3)步，分别占90%的时间和近10%的时间。因此，这两个步骤是影响绘制效率的重要因素。

1. 场景离散化

面片划分的粒度越细，对于辐射度方程的逼近越精确。为了保持物体表面离散辐射度的连续性，场景物体表面上每一点的辐射度都会通过对面片顶点的双线性插值进行计算。在实际计算时，如图5.31(a)所示，场景往往离散化为面片表示，主要有均匀离散化和非均匀离散化两种方式。均匀离散化通常采用相同面积的规则面片进行划分，然后选用常值或线性插值方法计算表面辐射度。显然，线性插值具有更好的连续性。非均匀离散化采用不同面积的面片，能够自适应地处理复杂场景模型。

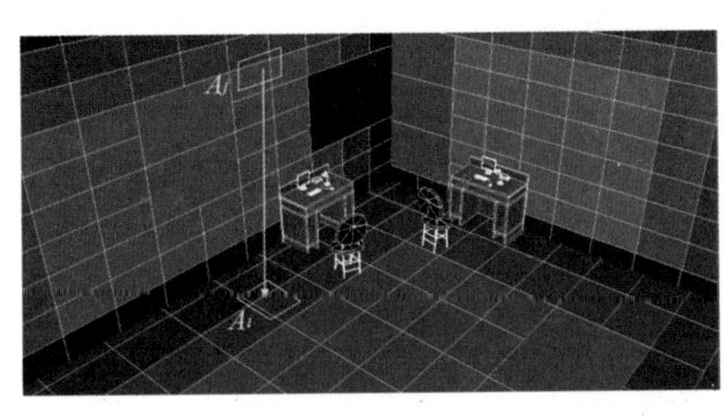

(a) 场景离散化为面片

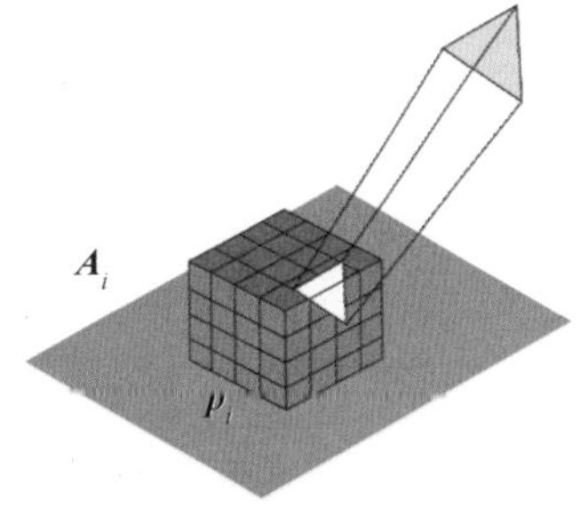

(b) 半立方体形式因子计算

图5.31　辐射度方程的数值求解

2. 形式因子计算

这需要计算从面片A_i到达面片A_j的能量，其解析表达式较为复杂。这种情况下，通常采用半立方体方法近似计算。如图5.31(b)所示，半立方体方法用半个立方体表面把两个面片分开，也就是将其中一个面片置于半立方体内部。半立方体表面被划分成规则的小正方形，这样面片很容易投影到这些小正方形上，进而得到每个面片所能接收到光能量的范围。然后，就可以利用投影区域计算相应的形式因子。

假定要计算从 A_j 发出并到达 A_i 上 $\boldsymbol{p}_i$ 点的光能量，可以将 $\boldsymbol{p}_i$ 点作为中心放置一个半立方体，并划分成小正方形。在对由 $\boldsymbol{p}_i$ 点可见的小正方形区域计算能量值后，通过累加便可以获得面片 A_i 和面片 A_j 之间的形式因子。

3. 辐射度计算

通过对面片光能量的离散求和获得每个面片的辐射度，可以写为

$$B_i = E_i + R_i \sum_j F_{ij} B_j \tag{5.10}$$

其中，B_i 和 B_j 表示彼此可见片面的辐射度，R_i 是公式(5.9)中的反射率，在这里是一个常数。进一步，公式(5.10)可以化简成

$$\begin{aligned} B_i &= E_i + R_i \sum_j F_{ji} B_j A_j / A_i \\ &= E_i + R_i \sum_j F_{ij} B_j \end{aligned} \tag{5.11}$$

这样就得到了物体表面按照面片计算的光能量分布。假设场景划分成 N 个面片，公式(5.11)可以写成下面的线性方程组的形式：

$$\begin{pmatrix} 1-R_1F_{11} & -R_1F_{12} & \cdots & -R_1F_{1N} \\ -R_2F_{12} & 1-R_2F_{22} & \cdots & -R_2F_{2N} \\ \vdots & \vdots & \ddots & \vdots \\ -R_NF_{N1} & -R_NF_{N2} & \cdots & 1-R_NF_{NN} \end{pmatrix} \begin{pmatrix} B_1 \\ B_2 \\ \vdots \\ B_N \end{pmatrix} = \begin{pmatrix} E_1 \\ E_2 \\ \vdots \\ E_N \end{pmatrix} \tag{5.12}$$

通过求解该线性方程组得到面片的辐射度。

4. 场景绘制

这里将光能量转换为相应的颜色值、亮度值等。人的眼睛主要通过对R、G、B三个通道光能量的感知来区分不同的颜色。因此，辐射度绘制也就根据这三个通道光能量的计算结果，获得相应像素的颜色值、亮度值等。在此基础上，得到最终绘制的真实感图像。

上述过程不断迭代，直到场景中光线能量分布达到平衡状态，例如，离开每一个面片的光线能量和进入面片光线能量不再发生变化。由此便得到了最终绘制的场景图像。图5.32展示了使用辐射度绘制的结果。

图5.32 辐射度绘制的结果(图片来自[55])

5.6 全局绘制方程

5.2节中介绍了双向反射分布函数BRDF，反映了光线与不同材质的物体表面的相互作用情况，是物体的一种重要属性。而从前面介绍过的各种绘制模型，无论是局部着色模型，还是全局光线跟踪模型、辐射度模型，都可以看到BRDF很大程度地影响了绘制结果。因此，可以用基于BRDF的绘制来统一表示一些真实感绘制模型。

5.6.1 绘制方程

1986年，美国Caltech大学的Kajiya和美国Cornell大学的Immel等人，几乎同时提出了一个用于描述场景中光线传播的方程式，称为绘制方程。一般情况下，完整的绘制方程可以写成如下形式：

$$L_o(\boldsymbol{p},\vec{\omega}_o,\lambda,t)=L_e(\boldsymbol{p},\vec{\omega}_o,\lambda,t)+\int_{\Omega_p} f_r(\boldsymbol{p},\vec{\omega}_i,\vec{\omega}_o,\lambda,t)L_i(\boldsymbol{p},\vec{\omega}_i,\lambda,t)(\vec{\omega}_i\cdot\boldsymbol{n})\mathrm{d}\vec{\omega}_i \tag{5.13}$$

如图5.33(a)所示，$\boldsymbol{p}$是场景中物体表面的一点，$\vec{\omega}_o$是$\boldsymbol{p}$点处的一个出射方向，$\vec{\omega}_i$是场景中其他点出射的光线到达$\boldsymbol{p}$点方向的反方向，$\boldsymbol{n}$是$\boldsymbol{p}$点的法向，λ表示光线对应的波长(例如红、绿、蓝)，t是时间。通常指定波长和时间的数值后，λ和t变为常数，公式(5.13)可以进一步写成

$$L_o(\boldsymbol{p},\vec{\omega}_o)=L_e(\boldsymbol{p},\vec{\omega}_o)+\int_{\Omega} f_r(\boldsymbol{p},\vec{\omega}_i,\vec{\omega}_o)L_i(\boldsymbol{p},\vec{\omega}_i)(\vec{\omega}_i\cdot\boldsymbol{n})\mathrm{d}\vec{\omega}_i \tag{5.14}$$

这里的L_o就表示了在时间t，沿$\vec{\omega}_o$方向离开$\boldsymbol{p}$点的光线能量，L_e则是自身发射的能量，L_i则是场景中所有能到达$\boldsymbol{p}$点的光线能量，因而和辐射度方程的公式(5.7)中相应的能量项含义相同。此外，结合公式(5.2)中关于方向角(θ_i,φ_i)表示的入射方向和(θ_o,φ_o)表示的出射方向，$f_r(\boldsymbol{p},\vec{\omega}_i,\vec{\omega}_o)$对应于$\boldsymbol{p}$点的BRDF。事实上，公式(5.14)描述了场景中局部的能量传递过程。

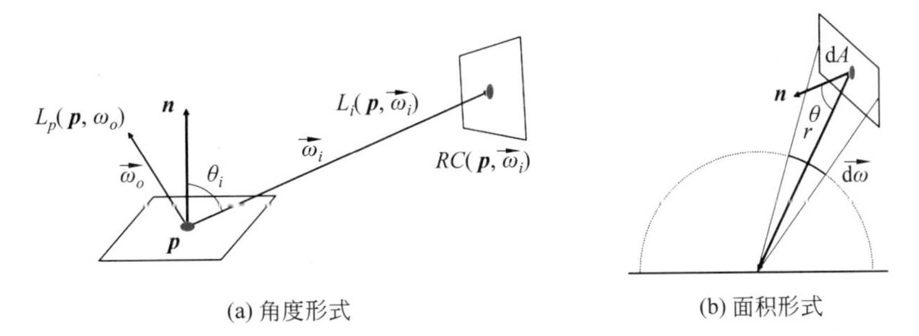

图5.33 绘制方程的示意图

由于$L_i(\boldsymbol{p},\vec{\omega}_i)=L_o(RC(\boldsymbol{p},\vec{\omega}_i),-\vec{\omega}_i)$，其中的$RC(\boldsymbol{p},\vec{\omega}_i)$表示场景中沿$\vec{\omega}_o$方向能够发射光线到达$\boldsymbol{p}$点的其他点，也就是和$\boldsymbol{p}$点彼此可见的点。这样通过公式(5.14)计算绘制结果就可以转换成如下关于能量L的方程：

$$L(\boldsymbol{p},\vec{\omega}_o)=L_e(\boldsymbol{p},\vec{\omega}_o)+\int_{\Omega}f_r(\boldsymbol{p},\vec{\omega}_i,\vec{\omega}_o)L(RC(\boldsymbol{p},\vec{\omega}_i),-\vec{\omega}_i)(\vec{\omega}_i\cdot\boldsymbol{n})\mathrm{d}\vec{\omega}_i \tag{5.15}$$

这里的未知量 L 位于等号两侧，对应于能量达到平衡状态时场景中各点的能量分布。因此，公式(5.15)描述了光线传播达到平衡状态时的整体能量分布情况。

除了采用方向角度微分形式的积分定义绘制方程外，也可以采用面积微分形式。如图5.33(b)所示，角度微分和面积微分满足关系式 $\mathrm{d}\vec{\omega}=\mathrm{d}A\cos\theta/r^2$，将其代入公式(5.15)可以得到如下方程：

$$L(\boldsymbol{p},\vec{\omega}_o)=L_e(\boldsymbol{p},\vec{\omega}_o)+\int_{S}f_r(\boldsymbol{q}\rightarrow\boldsymbol{p}\rightarrow\vec{\omega}_o)L(\boldsymbol{q}\rightarrow\boldsymbol{p})\frac{\cos\theta_{\boldsymbol{p}}\cdot\cos\theta_q}{\|\boldsymbol{p}-q\|^2}V(\boldsymbol{p}\leftrightarrow\boldsymbol{q})\mathrm{d}A_p \tag{5.16}$$

其中，$V(\cdot)$是可见性函数：当 $\boldsymbol{q}$ 点在 $\boldsymbol{p}$ 点可见时，$V(\boldsymbol{p}\leftrightarrow\boldsymbol{q})=1$；否则，$V(\boldsymbol{p}\leftrightarrow\boldsymbol{q})=0$。这样绘制方程就变成了在场景物体表面 S 上的积分。基于公式(5.16)的表达形式，当BRDF是常值时，它就变成了5.5.2节中的辐射度绘制模型。

5.6.2 方程求解

虽然公式(5.15)和公式(5.16)给出了绘制方程的精确表示形式，但是方程的求解比较困难，尤其是获得能够用于像素绘制的数值解。从数学上分析，绘制方程属于第二类弗雷德霍姆积分方程(Fredholm Integral Equation of the Second Kind)，可以借助泛函分析的线性算子对绘制方程进行改写并求解。

线性算子是以函数作为变量的一类函数，同时满足线性性质。假设 $f(x)$和 $g(x)$是两个函数，a 和 b 是两个数，那么算子 W 是线性的，当且仅当 $W\circ(af+bg)=a(W\circ f)+b(W\circ g)$。因此，如果定义如下传输算子：

$$T\circ L(\boldsymbol{p},\vec{\omega}_o)\equiv\int_{S}f_r(\boldsymbol{p},\vec{\omega}_i\rightarrow\vec{\omega}_o)L(\boldsymbol{p},\vec{\omega}_i)(\vec{\omega}_i\cdot\boldsymbol{n})\mathrm{d}\vec{\omega}_i \tag{5.17}$$

那么绘制方程可以改写为

$$L=L_e+T\circ L \tag{5.18}$$

而且传输算子 L 是线性算子。由此便可以计算绘制方程的解的形式为

$$L=(I-T)^{-1}\circ L_e \tag{5.19}$$

然而，公式(5.19)中算子的逆是很难直接计算，需要进一步推导出更具体的解形式。根据 L 的递归表示形式，可以得到 n 阶 Neumann 级数的表达式：

$$\begin{aligned}L&=L_e+T\circ(L_e+T\circ L)\\&=L_e+T\circ L_e+T^2\circ L\\&=\cdots=\sum_{i=0}^{n}T^i\circ L_e+T^{n+1}\circ L\end{aligned} \tag{5.20}$$

进一步，对于公式(5.18)定义的线性算子 T 具有可约性，也就是$\lim\limits_{n\to\infty}T^{n+1}\circ L=0$，因而绘制方程的解可以写成：

$$L=L_e+T\circ L_e+T^2\circ L+T^3\circ L+\cdots=\sum_{i=0}^{\infty}T^i\circ L_e \tag{5.21}$$

从光线能量传播的角度来讲，公式(5.21)中 $T\circ L_e$ 对应自身发射光线物体(如光源)的直接光照效果，$T^2\circ L_e$ 是经过一次光线和物体作用后的非直接光照效果，$T^3\circ L_e$ 则是

经过两次光线和物体作用后的非直接光照效果，以此类推，如图 5.34 所示。那么，这些光照效果渐进式地叠加起来就可以得到最终的绘制结果。

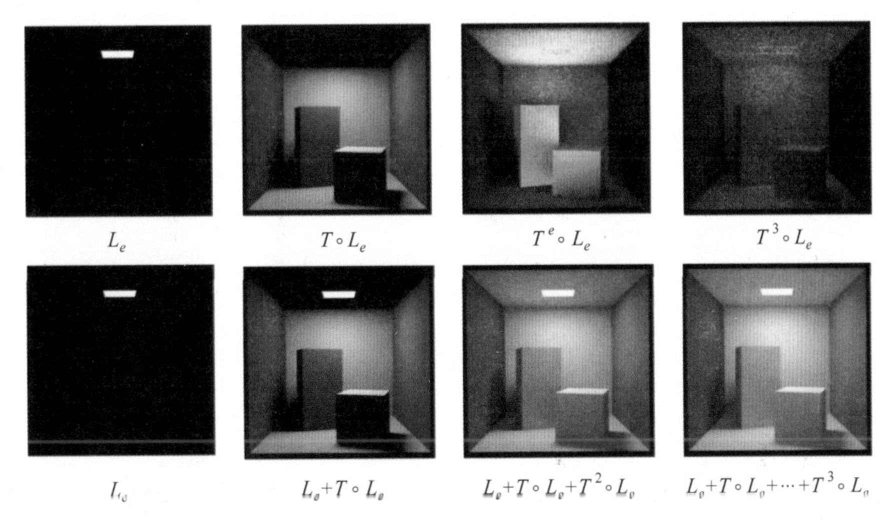

图 5.34 渐进式叠加的绘制结果(图片来自[55])

5.7 深度学习绘制

以深度神经网络为代表的深度学习技术为真实感绘制提供了新的途径，包括生成查询网络、神经辐射场、高斯泼溅等方法。

5.7.1 基于生成查询网络的绘制

2018 年，DeepMind 公司在 *Science* 上发表了一种基于深度神经网络的绘制方法。这种绘制方法从输入的一组二维图像学习场景的三维结构，建立相应的三维表示，并可以在任意新视角产生对应的二维图像。如图 5.35 所示，该方法的核心是一个生成查询网络(Generative Query Network，GQN)。它包含两部分：表征网络和生成网络。其中，表征网络输出一个描述场景的紧凑向量表示，生成网络则会预测并输出一个新视角下的场景图像。

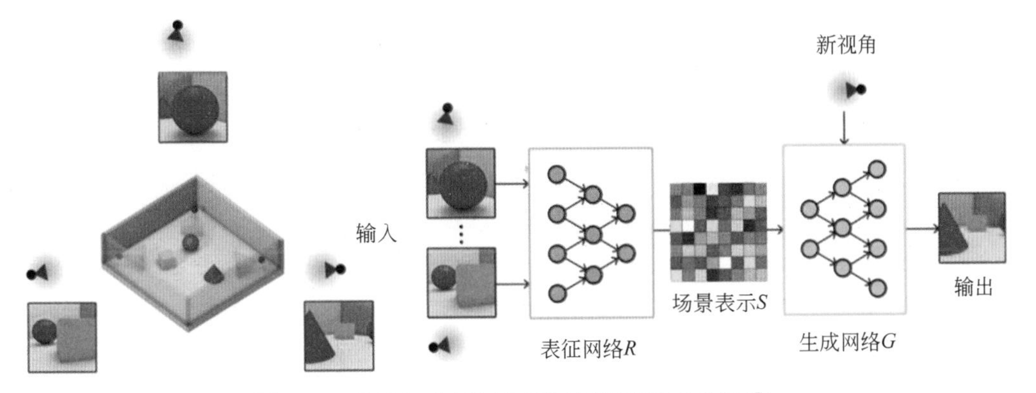

图 5.35 基于生成查询网络的绘制(图片来自[56])

假设在 K 个视点位置观测到一组二维图像,记为 $o=\{(\boldsymbol{f}_k,\boldsymbol{v}_k)\}_{k=1}^{K}$,其中,$\boldsymbol{f}_k$ 表示图像,$\boldsymbol{v}_k$ 表示视点。表征网络以 o 作为输入,通过网络参数 θ 映射为场景表示 s,从而可以描述为 $s=R_\theta(o)$。生成网络则以场景表示 s 作为新视角 $\boldsymbol{v}^q$ 为输入,借助隐变量 z 实现从给定新视角生成预测图像的最大似然估计,具体描述为 $G_\theta(\boldsymbol{f} \mid \boldsymbol{v}^q,s)=\int_{G_\theta}(\boldsymbol{f},z \mid \boldsymbol{v}^q,s)\mathrm{d}z$。在训练时,表征网络和生成网络是以端到端的形式联合训练的,通过随机梯度下降来优化生成网络输出的图像和真实图像之间差异。

事实上,表征网络需要尽可能从输入的图像重建全部必要信息(例如位置、颜色等)的表征,这样才能在生成阶段产生最好的预测图像。生成网络则是通过学习构建的一个基于神经网络的渲染器。当输入一个新的视角时,可以通过网络输出对应该视角的生成图像,作为渲染器绘制的结果。图 5.36 展示了通过 GQN 得到的绘制结果。

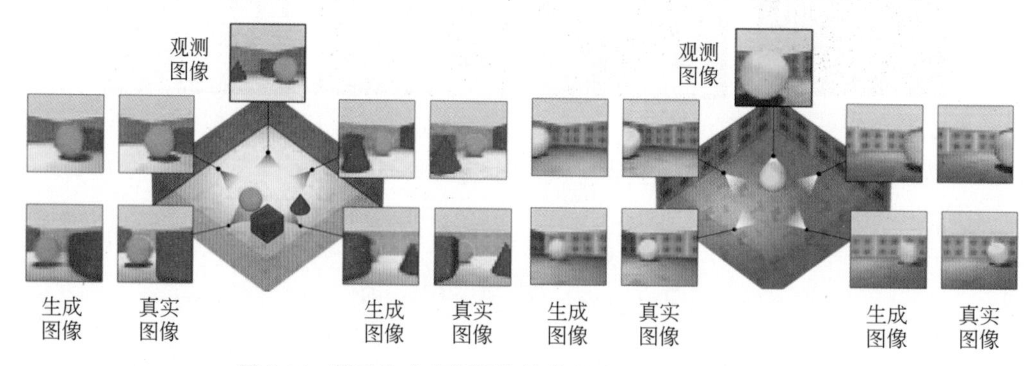

图 5.36 基于生成查询网络的绘制结果(图片来自[56])

5.7.2 基于神经辐射场的绘制

神经辐射场(Neural Radiance Fields,NeRF)是利用神经网络强大的特征表达能力,对三维场景进行隐式的建模。通常情况下,NeRF 仅使用对某一场景拍摄的不同视角下的二维图像作为监督,就能表示复杂的三维场景。简单来讲,NeRF 不再需要自由曲线/曲面、点云、三角网格等几何形状直接表示三维场景,而是通过神经网络来间接地表示三维场景。这种方式能够提供照片级别真实感的新视角绘制结果,而且重建细节的质量也很高。NeRF 的一般框架如图 5.37 所示。接下来介绍两类典型的 NeRF 算法,分别是基于体绘制和网格绘制来绘制新视角图像。

1. 基于体绘制的 NeRF

在图 5.37 所示的绘制框架中,NeRF 以稀疏的二维图像作为神经网络学习的监督,不断地优化表示场景的连续密度函数。其中,该连续密度函数以全连接深度神经网络来拟合。神经网络的输入是连续的五维向量,记为 $\boldsymbol{\Theta}=(x,y,z,\theta,\varphi)$。这里的前三个坐标分量 x、y 和 z 是三维空间中的点的坐标,后两个坐标分量 θ 和 φ 表示视线方向。神经网络的输出是三维空间位置的体积密度以及视角相关的辐射度值,对应于绘制出来的图像像素的颜色。事实上,密度函数也可以认为是场景中对应不同位置的微分不透明度,由其连续性就可以构建整个三维空间中场景的几何分布。

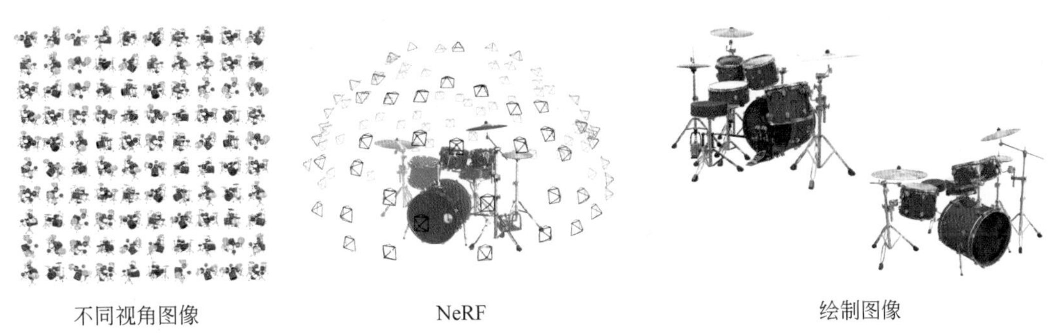

图 5.37 NeRF 绘制的整体框架(图片来自[57])

如图 5.38 所示,基于体绘制的 NeRF 主要包含以下步骤。

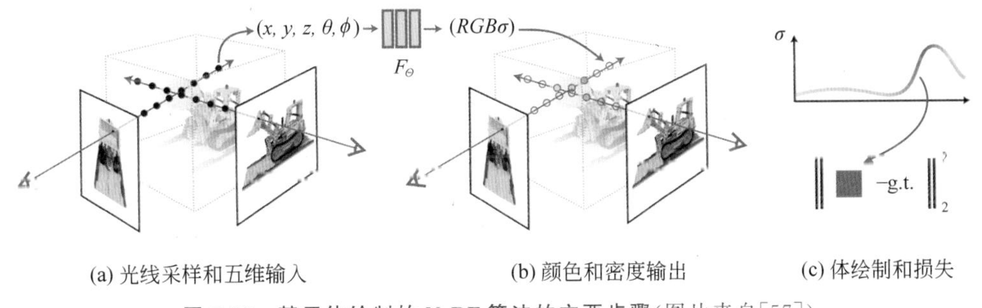

图 5.38 基于体绘制的 NeRF 算法的主要步骤(图片来自[57])

(1) 从相机的视角方向射出一条光线,该光线穿越整个场景,并在这条光线上采样一组离散点。

(2) 这些点的三维空间坐标(x,y,z)以及视角方向(θ,φ)组合成五维向量$\boldsymbol{\Theta}$,作为连续密度函数神经网络$F_{\boldsymbol{\Theta}}$的输入,获得各个点处的颜色R、G、B以及密度σ。

(3) 以经典的体绘制技术将这些颜色、密度累积到图像像素中得到绘制图像。这整个绘制过程是自然可微分的,因此可以采用梯度下降的方法来优化 NeRF 中使用的全连接神经网络,对应的损失函数是描述绘制得到的图像与真实图像之间的误差。这样便获得能够表示整个场景体积密度以及颜色的神经网络。

基于场景体积密度和颜色,NeRF 采用体绘制计算新视角下的绘制图像,体绘制的公式为

$$C(r)=\int^{t_f} t_n T(t)\sigma(\boldsymbol{r}(t))c(\boldsymbol{r}(t),d)\mathrm{d}t,\quad T(t)=\exp\left(-\int_{t_n}^{t}\sigma(\boldsymbol{r}(s))\mathrm{d}s\right) \tag{5.22}$$

其中,C($\boldsymbol{r}$) 是计算出的绘制图像像素的颜色,$\boldsymbol{r}(t)$ 是沿视角方向的射线,而射线上的点可以表示为$\boldsymbol{r}(t)=\boldsymbol{o}+t\boldsymbol{d}$,其中,$\boldsymbol{o}$ 为视角方向射线所在的起点,$\boldsymbol{d}$ 为行进步长,t 为行进步数。此外,$T(t)$表示的是从 t_n 变化到 t 所对应射线上的累积透射率。$\sigma(\boldsymbol{r}(t))$则表示$\boldsymbol{r}(t)$点的体积密度,$c(\boldsymbol{r}(t))$为$\boldsymbol{r}(t)$点的颜色。这样绘制图像上最终像素的颜色是在视角方向的射线上一步步采样的颜色累积结果,不同位置的体积密度可以认为是光线穿过的概率。体积密度越大,光线透过的概率就越小。

在实际的全连接神经网络训练过程中,由于只能在固定的离散位置上查询体积密度

以及颜色,因而需要沿光线方向进行离散化处理。一种直接的处理方式是在整个光线上均匀地采样 N 个点来近似计算,但密度函数连续性会被完全破坏。因此为了尽可能连续地采样,这里采用分区段采样的策略,将整个采样区域划分为多个子区段,然后再在每个子区段中均匀采样。这里分区段采样点应当是服从以下均匀分布:

$$t_i \sim u\left[tn + \frac{i-1}{N}(t_f - t_n),\quad t_n + \frac{i}{N}(t_f - t_n)\right] \tag{5.23}$$

其中,N 变成了划分的区段数。这样,公式(5.22)就变成了以下离散表达形式:

$$C(\boldsymbol{r}) = \sum_{i=1}^{N} T_i(1-\exp(-\sigma_i\delta_i))c_i,\quad T_i = \exp\left(-\sum_{j=1}^{i-1}\sigma_i\delta_i\right) \tag{5.24}$$

其中,$\delta_i = t_{i+1} - t_i$ 是采样间距。

此外,在具体的实现过程中仅仅依靠 NeRF 表示以及体绘制来完成新视角图像的合成,有时会出现场景中高频细节丢失的情况。例如,在场景中变化剧烈的地方(包括颜色、几何等变化),会出现输入网络的五维向量彼此接近,输出却出现较大的差距。这是仅通过前面设计的神经网络难以实现的效果。因此,为了能让这些高频细节被神经网络学习,需要对输入图像做额外的编码工作。NeRF 采用如下公式定义一种位置编码(Positional Encoding):

$$\gamma(\boldsymbol{p}) = (\sin(2^0\pi\boldsymbol{p}), \cos(2^0\pi\boldsymbol{p}), \cdots, \sin(2^{L-1}\pi\boldsymbol{p}), \cos(2^{L-1}\pi\boldsymbol{p})) \tag{5.25}$$

其中,$\boldsymbol{p}$ 表示三维空间位置。在经过编码后,三维空间位置 $\boldsymbol{p}$ 被扩展为更为丰富的特征 $\gamma(\boldsymbol{p})$。这种特征表示就可以使得相近空间位置对应的位置编码呈现出较大的差别。通过该方式,神经网络就能够更容易学习到高频细节信息。图 5.39 展现了基于体绘制的 NeRF 进行新视角图像绘制的结果。

图 5.39 基于体绘制的 NeRF 新视角绘制结果(图片来自[57])

2. 基于网格绘制的 NeRF

虽然 NeRF 为真实感图形绘制开辟了一条新的途径,绘制效果也令人惊艳,但也存在着诸如训练速度慢、绘制速度慢,导致运行效率较低,尤其是难以在移动设备上进行部署。究其原因,主要是在于 NeRF 没有显式的场景表示,于是在绘制时采用了传统体绘制的方式,导致实时性不高。这也使得与现有图形流水线的兼容性不高。

针对上述问题,可以采用带纹理的多边形网格(Textured Polygons)替代体素表示场景,从而能够借助传统的光栅化管线,为每个像素生成一个特征向量并将其传递给轻量级全连接网络(例如多层感知机,Multlayer Perception,MLP)来输出视角相关的颜色,如图5.40所示。这种基于网格绘制的NeRF称为MobileNeRF。

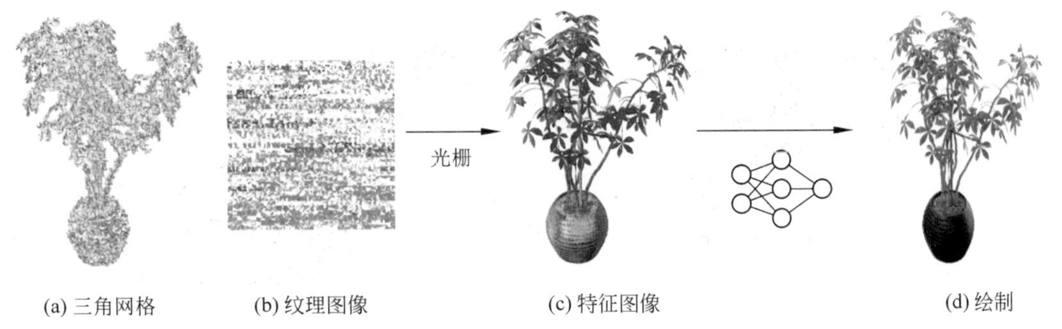

图5.40 基于网格绘制的NeRF算法的主要步骤(图片来自[58])

MobileNeRF通过三角网格和纹理的光栅化绘制得到新视角的绘制图像。但是由于使用了三角网格而非体素来近似场景的几何,MobileNeRF的训练过程和NeRF是不同的。这里着重介绍MobileNeRF的训练过程。一般来讲,MobileNeRF主要包含下面三个阶段的训练。

阶段一

这个阶段包含一个固定拓扑形状的多边形网格(Polygonal Mesh)$\mathcal{M}=(\mathcal{T},\mathcal{V})$和三个全连接网络$\mathcal{A}(\boldsymbol{p}_k;\boldsymbol{\theta}_\mathcal{A})$、$\mathcal{F}(\boldsymbol{p}_k;\boldsymbol{\theta}_\mathcal{F})$和$\mathcal{H}(\boldsymbol{f}_k,\boldsymbol{d};\boldsymbol{\theta}_\mathcal{H})$组成,其中,$\mathcal{T}$是三角面片集合,$\boldsymbol{p}_k\in\mathcal{V}$是三维空间位置的坐标,$\boldsymbol{f}_k$是该位置的特征向量,$\boldsymbol{d}$是视角方向,$\boldsymbol{\theta}_\mathcal{A}$、$\boldsymbol{\theta}_\mathcal{F}$和$\boldsymbol{\theta}_\mathcal{H}$分别是三个全连接网络MLP的可训练参数。这里采用类似公式(5.22)所定义的NeRF的像素颜色计算所有像素的均方误差,进而优化顶点$\mathcal{V}$和三个全连接网络的参数。由于采用三角网格的形式,这里的像素颜色表示为

$$C(\boldsymbol{r})=\sum_{i=1}^{K}T_i\alpha_i c_i,\quad T_i=\prod_{l=1}^{i-1}(1-\alpha_l) \tag{5.26}$$

其中,α_i表示不透明度,是由全连接网络$\mathcal{A}(\boldsymbol{p}_k;\boldsymbol{\theta}_\mathcal{A})$直接推理得到。$c_i$则是首先通过全连接网络$\mathcal{F}(\boldsymbol{p}_k;\boldsymbol{\theta}_\mathcal{F})$得到特征信息,再附上视角方向$\boldsymbol{d}$输入全连接网络$\mathcal{H}(\boldsymbol{f}_k,\boldsymbol{d};\boldsymbol{\theta}_\mathcal{H})$进行计算。

阶段二

这个阶段使用一个直通估计器(Straight-through Estimator)将连续的不透明度$\alpha_i\in[0,1]$转化为离散的不透明度$\hat{\alpha}_i\in\{0,1\}$。

阶段三

这个阶段为网格的每个三角面片创建一个包含$K\times K$像素的纹理图像,然后迭代每个纹理像素,进而将像素坐标转化为空间坐标。在此基础上,将离散不透明度$\hat{\alpha}_i$和特征$\boldsymbol{f}_k$联合绘制到纹理缓存中进行纹理映射。

经过上述三个阶段后,MobileNeRF就能够借助传统光栅化流水线,先根据深度缓存中记录的前后顺序将三角网格光栅化为$M\times N$的特征图,再将该特征图交给全连接网络$\mathcal{H}(\boldsymbol{f}_k,\boldsymbol{d};\boldsymbol{\theta}_\mathcal{H})$计算出每个像素绘制后的颜色。由于$\mathcal{H}(\boldsymbol{f}_k,\boldsymbol{d};\boldsymbol{\theta}_\mathcal{H})$仅需简单的全连接层网

络 MLP 就可以实现，MobileNeRF 能够部署到算力较小的移动设备上实时绘制。图 5.41 展示了在手机端进行实时绘制的结果，其中绘制速度能够达到每秒 34.3 帧，显著快于基于体绘制的 NeRF。

图 5.41　移动端上基于网格绘制的 NeRF 新视角绘制结果（图片来自[58]）

除此之外，国内研究机构基于 NeRF 也做了很多有意义的工作，例如上海科技大学提出的 MVSNeRF，可以支持少量视角输入下对三维场景进行快速的高真实感绘制；浙江大学提出的 NeuralBody 则将 NeRF 应用到动态人体绘制上，通过多视角图片输入可以准确地对三维人体进行重建和多视角绘制；清华大学提出 RecursiveNeRF 方法，通过分层次 NeRF 的场景表示方式，可以实现对大规模场景的高真实感绘制，而且基于计图深度学习框架提供了高效易用的 NeRF 模型库 JNeRF，包含多种 NeRF 的变形体，可以方便进行多种基于 NeRF 的绘制开发。

5.7.3　基于三维高斯泼溅的绘制

三维高斯泼溅（3D Gaussian Splatting，3DGS）是一种结合神经隐式表示（Neural Implicit Field）和点绘制（Point－based Rendering）各自优点的新型绘制方法。该方法既可以取得与神经辐射场绘制相当的场景绘制质量，也可以实现与点绘制一样高效的绘制效率，其在绘制质量和效率方面的双重良好性质，引起了学术界和产业界的广泛关注，并获得了 SIGGRAPH 2023 年度最佳论文奖荣誉。如图 5.42 所示，三维高斯泼溅方法首先定义了一种新型的三维高斯球基元表示，该基元由定义在三维体素空间的密度函数 $G(x)$ 得到，即

$$G(x)=\exp\left(-\frac{1}{2}(x-\mu)^{\mathrm{T}}\Sigma^{-1}(x-\mu)\right) \tag{5.27}$$

其中，Σ 代表三维协方差矩阵，x 是三维空间中的任意点，μ 为该高斯球基元在三维空间的平均位置。为保证三维协方差矩阵 Σ 的半正定性，三维高斯泼溅方法进一步将该矩阵分解为旋转矩阵 R 和尺度矩阵 S 的组合，即

$$\Sigma=RSS^{\mathrm{T}}R^{\mathrm{T}} \tag{5.28}$$

由于尺度矩阵 S 可以由一个三维向量 s 表示，旋转矩阵 R 可以由一个四元数 q 表示，因此高斯球基元的密度函数 $G(x)$ 可以由 (s,q) 组成的七维可学习向量进行唯一表示。除了几何属性之外，每个高斯球基元还存储了与颜色相关的两组参数，分别是空间占据密度 α 和球谐系数 SH（Spherical Hamonic），根据球谐系数可以计算出每个高斯球基元在每个观察视角的颜色值 c。根据 EWA 泼溅方法框架，将三维空间所有的高斯球基元

(a) 初始化点云

(b) 三维高斯球基元

(c) 绘制图像

图 5.42　基于三维高斯泼溅绘制示意图(图片来自[59])

投影到二维图像平面,可以计算出最终绘制的彩色图像 C 为

$$C=\sum_{i\in N}T_i\alpha_i c_i,\quad T_i=\prod_{j=1}^{i-1}(1-\alpha_j) \tag{5.29}$$

最后,三维高斯泼溅方法将整个三维场景表示成一系列的高斯球基元集合 $P=\{P_i\}$,而每个高斯球基元 P_i 则由一组参数集合表示,即 $P_i=\{\mu_i,q_i,s_i,\alpha_i,c_i\}$,分别包括平均位置 μ_i、旋转矩阵四元数 q_i、尺度向量 s_i、占据密度 α_i 和观察视角相关颜色值 c_i 组成,并根据公式(5.29)对任意观察视角进行泼溅绘制得到绘制图像 C。

在实现过程中,如图 5.43 所示,三维高斯泼溅绘制方法主要包括以下 4 个步骤。

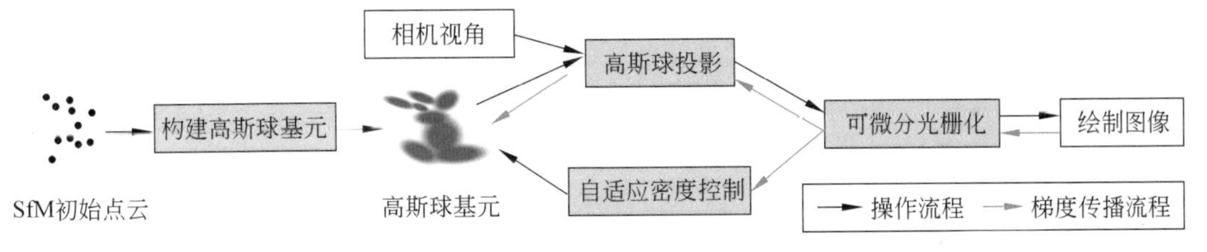

图 5.43　基于三维高斯泼溅绘制方法流程图(图片来自[59])

(1) 使用运动恢复结构方法 SfM 进行点云初始化。对于输入的多视角图像,该方法首先采用运动恢复结构方法 SfM,经过图像特征提取和匹配,计算出每张图像相机位姿和特征点三维位置,得到场景的初始点云。

(2) 构建三维高斯球基元。在初始点云基础上,该方法在每个点处构建一个高斯球基元,使高斯球基元的平均位置为点云的三维坐标位置,然后随机初始化高斯球基元的其他参数,从而构建一组初始的高斯球基元集合。

(3) 高斯泼溅绘制。根据 EWA 泼溅操作,对于任意的观察视角,将每个高斯球基元投影和可微分光栅化处理后,使用公式(5.29)可计算得到该观察视角的绘制图像。

(4) 自适应密度控制。在进行端到端的高斯球基元学习时,通过对高斯球基元进行点密集化和点剪枝等自适应密度控制操作后,不断改善和调节高斯球基元集合的分布和表示。

与已有的基于神经辐射场绘制的方法相比,三维高斯泼溅绘制方法直接采用基于点的光栅化绘制框架,避免了神经辐射场绘制中非常耗时的稠密采样操作,从而很大程度地提高了绘制的训练时间和推理效率,在取得相当的绘制质量同时,可在 1080p 图像分辨率数据中取得快速的训练收敛时间（约30分钟）和实时的绘制效率（超过30fps），使得低成本的三维内容制作和实时绘制成为可能。

5.8 小结

真实感绘制是计算机图形学的重要内容。本章介绍了一些经典的真实感绘制技术。从光线和物体材质的作用，分析各种性质的光照模型以及BRDF模型。重点介绍了Gouraud着色、Phong着色等局部绘制模型，光线跟踪、辐射度等全局绘制模型，以及从图像直接产生绘制效果的纹理映射技术等。此外，介绍了基于深度学习的绘制技术。

虽然图形绘制的真实感效果在不断提升，但往往需要占用较多的计算资源，不利于手机等移动平台的真实感绘制。如何根据计算平台的性能特点，设计更加有效的真实感绘制算法，是当前计算机图形学在研究和应用方面面临的一个重要问题。

思考题

5.1 常见的光源模型有哪些？各自具有什么样的数学表示形式？

5.2 BRDF是如何定义的？常用的BRDF模型有哪些？

5.3 Gouraud着色模型和Phong着色模型的区别是什么？分别对绘制效果产生什么样的影响？

5.4 Blinn-Phong模型是如何改进传统Phong着色技术的？

5.5 简单纹理映射的步骤有哪些？各自起到什么作用？

5.6 光线投射模型和光线跟踪模型的区别是什么？哪一个与真实的光照情况更吻合？

5.7 传统光线跟踪算法的改进方式有哪些？如何实现？

5.8 辐射度绘制的基本原理是什么？它解决了传统光线跟踪的哪些问题？

5.9 辐射度绘制方程中形式因子的作用是什么？

5.10 BRDF绘制时的绘制方程如何求解？

5.11 神经辐射场与传统光栅化、光线跟踪等绘制方法的主要区别是什么？

5.12 神经辐射场表示场景的方式有哪些？各自有什么优缺点？

5.13 基于网格的NeRF比基于体的NeRF的优势是什么？

5.14 利用3DGS进行绘制的原理是什么？

5.15 3DGS与NeRF方法相比的优缺点是什么？

第6章 非真实感绘制

非真实感绘制(Non-Photorealistic Rendering, NPR)是指用艺术化的风格来表现真实世界中的场景,使场景内容能够按照一定的艺术风格进行展示。这是画家通过艺术作品反映客观世界的过程。那么对于计算机图形学中的非真实感绘制,其目的就是让计算机模拟艺术家绘画创作的过程,生成具有艺术效果的影像。因此,非真实感绘制是一种和真实感绘制具有相反意图的计算机图形学的绘制方式。

针对不同艺术风格图像的特点,本章着重介绍各种风格绘制模型,包括笔画建模、纹理合成、图像滤波等,以及基于这些模型的图像非真实感绘制技术。进一步,通过对这些绘制模型的时空优化处理,介绍视频的非真实感绘制技术。此外,结合当前深度学习方法的应用,介绍基于神经网络的非真实感绘制技术。

6.1 概　　述

非真实感绘制最早开始于20世纪80年代的计算机图形学研究。1986年,MIT的Steve Strassmann提出了一种使用具有一定宽度、但形状细小的毛刷模型进行图形绘制的方法,而不是以往真实感绘制时的光照和材质模型。这样绘制出的图像能够模拟西方艺术中的油画效果,由此揭开了非真实感绘制的研究进程。事实上,“非真实感绘制”这个词最早是由Washington大学的Georges Winkenbach和David Salesin在1994年SIGGRAPH年会的论文中首次使用的。他们在论文中提出了通过计算机程序来创作具有钢笔墨水风格图像的方法,并且能够将整个的创作过程做半自动的处理。

非真实感绘制本质上是要反映人类主观参与的艺术创作形式,这与反映物理规律的真实感绘制有着本质区别。从绘制过程来看,真实感绘制涉及复杂的几何和物理计算,往往需要设计特殊技巧的算法,以实现尽可能逼真的绘制效果,例如第5章介绍的光线跟踪、辐射度等绘制技术。非真实感绘制算法对复杂度的要求往往没有那么高,只需要能模拟使用特定艺术工具进行各种风格作品创作的过程,例如使用画笔、钢笔、墨水、颜料等在布料、纸张上进行绘画。

图6.1展示了对于同一个几何模型,分别使用真实感绘制技术(例如纹理映射)和非真实感绘制技术(例如素描)得到的绘制效果。这两种方式都是对三维模型外观的展示,但侧重的视觉效果和信息反馈却截然不同。简而言之,对于图6.1(a)中的三角网格模型,既可以采用图6.1(b)所示的纹理映射方式增加模型的真实感效果,也可以采用图6.1(c)所示的素描风格化方式使其展现艺术化的视觉效果。用户观看这两种效果时,直接能接

收到的感观信息也会有所不同。

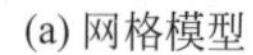

(a) 网格模型　　(b) 纹理映射　　(c) 素描风格化

图 6.1　同一个几何模型使用真实感绘制（纹理映射）和非真实感绘制（素描）的效果

从实际应用的角度来看，真实感绘制主要面向真实场景的记录，或者是对物理过程的客观模拟和仿真，例如水流、海浪、烟雾等自然现象的计算机展示。非真实感绘制则广泛应用于对特定事物的主观描述、个人情感宣泄的解释说明，例如在故事书中使用手绘插图描述情节或者机械元件的图解说明。因此，非真实感绘制通常是将模型进行抽象以传达重要的信息，以此突出真实影像中不容易觉察的认知信息，或者是增加展示的趣味性和艺术性，而非客观的真实性。

图 6.2 展示了非真实感绘制技术的发展历史。早期的非真实感绘制过程非常依赖于用户输入作为辅助，半自动地生成具有某种艺术风格的图像。1998 年，美国 New York 大学的 Aaron Hertzmann 提出了完全自动的绘制方法，极大地推动了非真实感绘制的发展进程。此后，越来越多的图像处理和计算机视觉方法被引入到非真实感绘制。进入 21 世纪后，以机器学习为代表的人工智能技术的蓬勃发展，使得更高级的语义信息，如视觉注意力机制、物体识别等可以被引入到非真实感绘制过程中，再加上提高绘制速度的

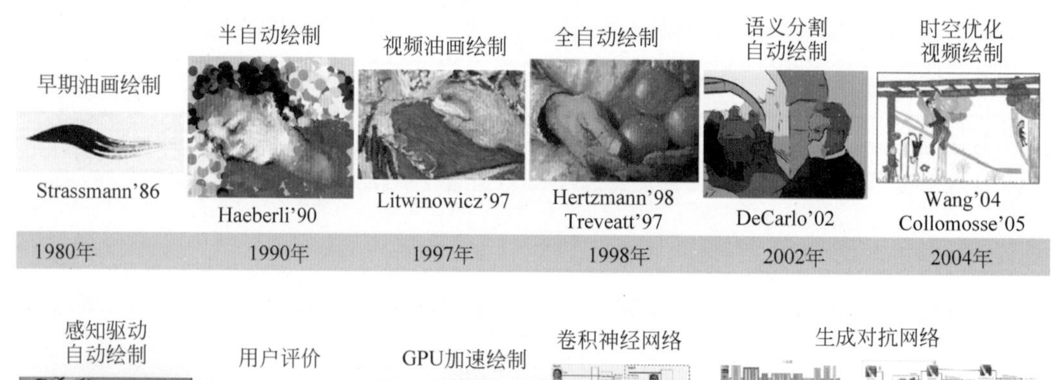

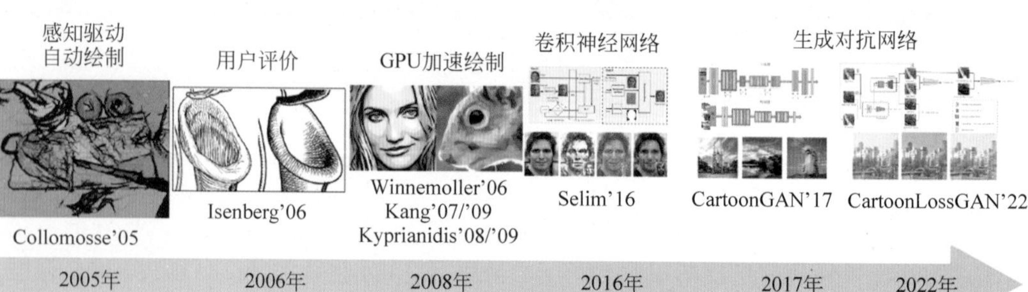

图 6.2　非真实感绘制技术的发展

GPU广泛使用，使得非真实感绘制发展更为迅速，在实际应用中也取得了长足的进步。非真实感绘制除了生成艺术风格化的图像，也能够对视频帧画面进行处理，生成艺术风格化的视频。近年来，随着卷积神经网络和生成对抗网络等深度学习方法的出现和应用，非真实感绘制技术呈现出更加多样和实用的发展趋势。然而，非真实感绘制的核心，仍是力求模拟人类参与的艺术创作的过程，也就是根据艺术效果的风格特点建立相应的模型，以此启发和推动不同非真实感绘制技术的进步。

6.2　基于笔画建模的绘制

笔画是艺术家使用画笔进行创作时所产生的表现形式，是构成油画、水彩画、素描等艺术作品的基本元素。因为笔画通常是由创作者使用各种类型的画笔所产生的，所以画笔及相应笔画的属性直接决定了绘画效果的风格差异。如图6.3所示，油画画笔通常具有扁平头形状，画出的笔画模样与圆头的水彩笔、纤细的钢笔和铅笔等是不同的。此外，即使是同一类型的画笔，在使用时施加不同的尺寸、方向、颜色、浓度等手法，也都会影响绘画效果。因此，如何建立合适的笔画模型是基于笔画进行非真实感绘制的重要环节。笔画模型既要能够反映该类艺术风格的主要特点，也要具有一定的灵活性，也就是能够根据场景内容的差异做相应的模型调整，并能够同时选择不同的笔画生成方式。这样才能体现艺术创作时的主观因素，使绘制效果更贴近真实的艺术创作。

(a) 不同形式的艺术创作工具　　(b) 非真实感绘制的笔画模型

图6.3　模拟艺术创作的笔画模型

6.2.1　笔画模型

基于笔画建模的非真实感绘制方法，需要对各种类型的笔画分别进行建模。笔画模型应当既包含描述笔画绘制时相应的尺寸、形状、方向等几何方面的参数，又具有颜色、亮度、浓度、纹理等色彩方面的参数。这样在非真实感绘制过程中，根据输入图像内容本身的颜色、纹理等属性，指定笔画模型相应的参数，进而生成指定风格的绘制结果。此外，在建立笔画模型时，为了进一步提高绘制后的视觉效果，也允许加入一定量的用户交互，指导笔画模型创建时的正确性和绘制时的合理性。

简单来讲，一般的笔画可以用符号$S(\boldsymbol{p},l,w,s,\boldsymbol{d},c,i,t)$来描述，如图6.3(b)所示。

这也是笔画模型包含的主要参数，能够描述绝大部分艺术创作时画笔产生的笔画模样，例如油画、水彩画、素描画等。具体来讲，参数 $\boldsymbol{p}$、l、w、s、$\boldsymbol{d}$、c、i、t 分别定义了笔画的中心位置、长度、宽度、形状、方向、颜色、浓度和纹理信息。具体的参数数值及其相应的笔画模型，需要根据输入图像和指定的艺术风格特点进行设置。这些笔画按照一定的顺序依次在画布上叠加，以模拟画家在绘画创作时逐笔绘制场景的过程，最终生成相应风格的绘制效果。

接下来，针对油画、水彩画、素描等不同画种的艺术形式，介绍相应的笔画模型以及各种风格化绘制方法。

6.2.2 油画风格化绘制

油画起源于欧洲，大约是在十五世纪时由荷兰人创造或创立的。油画是西方绘画史中的主体绘画方式，在西方艺术史中占据着重要地位。传统油画采用亚麻子油调和颜料，在经过处理的布料或木板上作画。由于油画所使用的颜料不透明，覆盖力和黏着力强，所以油画绘制时可以产生由深到浅、逐层覆盖的笔画效果，从而使绘制的画面往往具有很强的立体感。

图 6.4 展示了两幅著名艺术家的油画作品：莫奈的《日出》和列宾的《伏尔加河上的纤夫》。从这两幅画中就可以明显看出现实中艺术家创作油画艺术作品时所运用笔画的一些特点。例如，由于油画画笔和颜料的特性，使得这些油画通常颜料黏稠，导致在画布上的笔画具有拖摆感和层次感；笔触可粗可细、可大可小，再结合颜色运用，就能够同时表现出多种风格，例如写实、印象、人物、风景等。因此，油画是一种典型的基于笔画绘制的艺术形式，在进行非真实感绘制时，主要解决的问题是各种笔画参数的设置，并且能够正确地模拟笔画覆盖过程，从而生成具有真实油画特点的绘制结果。

图 6.4 画家创作的油画艺术作品

代表性的绘制方法包括交互式笔画绘制、半自动笔画绘制、自动笔画绘制、笔画迁移绘制等。接下来分别介绍这些不同的绘制方法。

1. 交互式笔画绘制

早期的风格化绘制时，笔画往往需要借助人工交互的方式，来引导笔画参数设置以及这些笔画在画布上依次叠加的绘制过程。常见的交互方式是借助鼠标、键盘等输入设备的操作来定义笔画模型的相应参数。这样就可以通过预设的交互行为对输入的图像构建交互式的笔画模型。

如图 6.5 所示，笔画的颜色 c 通过读取鼠标单击输入图像位置处的像素颜色来确定；笔画形状 s 采用简单线段来表示，而其方向 $\boldsymbol{d}$ 则由鼠标在屏幕上滑动的方向来定义，长度 l 则根据鼠标滑动距离来定义；笔画的宽度 w 通过键盘上下键来控制(例如上键加粗或下键减小宽度)；笔画的浓度 i 则由鼠标单击时间长短来定义。这种主动的鼠标和键盘交互方式，使得用户可以根据对输入图像内容的理解以及对油画风格的认知，主观地评判并设置相应的笔画模型。

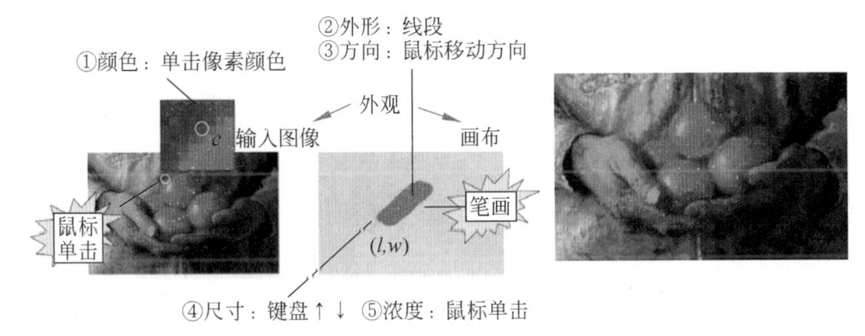

图 6.5　交互式笔画绘制中的模型参数设置和绘制效果

在具体交互式笔画绘制过程中，往往是以输入图像为模板，然后类似临摹的过程，在输入图像上面滑动鼠标和敲击键盘依次添加笔画，层层覆盖，最后将输入图像转化为具有油画风格的图像，从而实现交互式的笔画绘制。这里需要注意，在交互过程中并不需要指定每个像素点处的笔画，而是可以通过插值一些关键点处的笔画计算其他位置像素的笔画。例如，根据采样点与笔画关键点距离的远近，对笔画参数进行线性插值，获得该采样像素的笔画参数。这样能够有效提高交互式笔画绘制的效率。

2. 半自动笔画绘制

在上述交互式笔画绘制时，有些笔画参数完全可以从输入图像自动进行计算，而不必都通过交互产生。这样能使绘制后的图像更准确地反映输入图像的特点，同时也能够提高笔画绘制效率。

例如，笔画的长度 l 和宽度 w 可由图像每一点处的像素梯度来定义，记为 $l=\alpha|\nabla I|$，$w=\beta|\nabla I|$，这里∇I 表示图像梯度，α 和 β 是预设的比例因子，用于控制实际绘制时笔画的形状。在数字图像处理中，Sobel 算子是计算图像梯度的常用方法。假设当前(x,y)处像素的灰度值为 $g(x,y)$，那么 Sobel 算子在水平方向的差分形式表达式为

$$\begin{aligned}\nabla_x g(x,y)=&[g(x-1,y+1)+2g(x,y+1)+g(x+1,y+1)]-\\&[g(x-1,y-1)+2g(x,y-1)+g(x+1,y-1)]\end{aligned}\tag{6.1}$$

在竖直方向的差分形式表达式为

$$\begin{aligned}\nabla_y g(x,y)=&[g(x-1,y-1)+2g(x-1,y)+g(x-1,y+1)]-\\&[g(x+1,y-1)+2g(x+1,y)+g(x+1,y+1)]\end{aligned}\tag{6.2}$$

因为一般梯度较大的地方往往是物体边缘特征的位置，所以可采用更突出的参数设置来绘制，有效地保持图像中的物体外观。此外，笔画的浓度 i 可以在鼠标单击时通过随

机数来生成，其目的是增加人为创作的主观意图，从而能够更贴近于艺术创作的主观性。对于笔画模型的其余一些参数，则仍旧通过交互方式来指定。总体而言，半自动笔画绘制可以提高图像整体的绘制效率，但其中随机产生的笔画浓度有时就会影响图像中的局部细节，不利于艺术创作时美学特点的展现。

3. 自动笔画绘制

前面介绍的两种交互式和半自动笔画绘制方式还是需要手工交互设计参数来引导笔画的建模，而且在绘制过程中模型很难自适应地调整这些参数，从而导致风格化绘制时的灵活性比较差，艺术表现力不足。此外，这两种方式中的笔画形状多为简单的线段，也会导致绘制的效果比较生硬。针对这些问题，研究人员相继提出了自动笔画绘制方法。这类方法能够自动完成笔画模型参数的设置，而且采用更加复杂的笔画形状取代简单的线段，是一种更为实用的油画风格化绘制方法。

自动笔画绘制时往往采用图像处理中的边缘检测结果来定义笔画方向 $\boldsymbol{d}$，这样就可以更好地模拟画面中物体绘制时的笔画走向。具体来讲，首先通过均匀随机采样确定笔画的起点，然后通过该点处的 Sobel 算子响应获得物体的边缘分布，如图 6.6(a)所示，以此作为相应的笔画方向。

(a) Sobel 算子定义的笔画方向

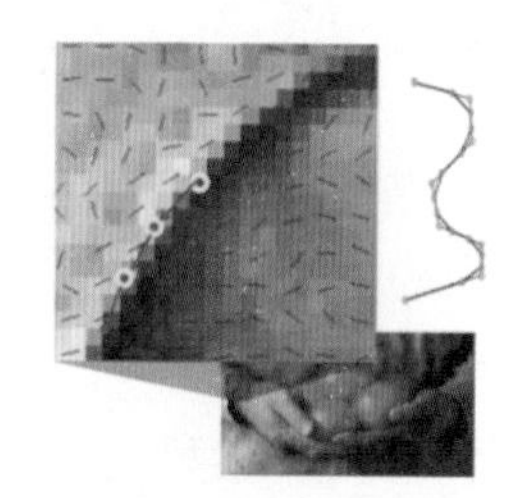

(b) B 样条曲线定义的笔画形状

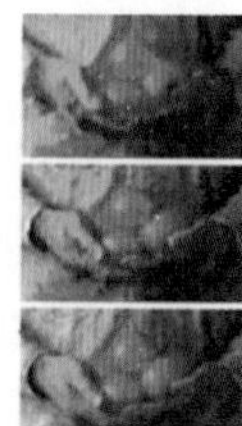

(c) 笔画逐层覆盖

图 6.6 自动笔画绘制的笔画模型和逐层覆盖过程(图片来自[69])

对于笔画形状，则如图 6.6(b)所示，采用 B 样条自由曲线代替交互式或半自动绘制时使用的简单线段。这样在边缘检测得到局部特征方向后，就沿相应的方向通过间隔设置控制顶点进行拟合，生成由 B 样条曲线定义的笔画。显而易见，根据 3.2.3 节中介绍的 B 样条自由曲线的光滑性和局部可控性，由其定义的笔画能够准确地描绘物体形状，从而提高油画绘制的写实性。

图 6.7 简单线段笔画模型绘制

例题 6-1 基于简单线段笔画模型的自动绘制。

问题：如图 6.7 所示的输入图像(上图)和风格化绘制结果(下图)。假设笔画模型的形状为线段、方向为图像梯度朝向、宽度为图像梯度的大小、颜色为均匀采样像素颜色，其他参数可默认取值，试写出自动笔画绘制的伪代码。

解答：输入图像 I 的宽度和高度分别是 w 和 h，在像素pix(x, y)点处的梯度方向记为(grad_x, grad_y)，梯度大小记为thick，采样像素颜色记为color(x, y)，线段line默认长度为6。那么采用该线段作为笔画模型的自动绘制伪代码如下所示。

```
function autoDraw (I, w, h)
    for pix (x, y) in I do
        for x ← 0 to w-1 do
            for y ← 0 to h-1 do
                grad_x ← pix (x+1, y)-pix (x, y)
                grad_y ← pix (x, y+1)-pix (x, y)
                thick (x, y) ← sqrt (grad_x^2 +grad_y^2)
                line_start ← pix (x, y)
                line_end_x ← x +6 * grad_x / thick (x, y)
                line_end_y ← y +6 * gradient_y / thick (x, y)
                line ← line (line_start, line_end, color (x, y), thick %4)
                y ← y +6
            end for
            x ← x +6;
        end for
    end for
end function
```

□

基于上述笔画模型，接下来就可以在绘制时采用分层的策略，由粗到细、由大到小地逐层叠加笔画，从而更好地体现油画创作手法中的由深到浅、逐层覆盖的艺术特点。具体来讲，利用高斯金字塔滤波对输入图像进行多尺度处理，形成由粗到细的分层。那么，在粗的分层选择尺寸较大的笔画，而在细的分层则选择尺寸较小笔画。将不同分层笔画绘制的结果按照层级进行顺序叠加，并根据浓度调整不同笔画颜色的混合效果，生成最后的绘制结果，如图6.6(c)所示。

上述自动绘制方法完全是从输入图像的底层视觉特征入手，采用图像处理的手段建立相应的笔画模型和绘制过程。这类方法虽然能够较好地生成具有油画特点的绘制结果，但缺乏足够的艺术表现力和生动性。这里的主要原因在于油画绘制本质上是人类主观创作的过程，创作的油画作品饱含画家的思想感情。因此，将图像高层语义特征加入到笔画建模和绘制过程中，将能够大大提高绘制的效果。基于这种思路，往往就需要利用输入图像中的语义信息。典型的方法有结合视觉显著性的自动绘制、结合语义分割的自动绘制等。

4. 结合视觉显著性的自动绘制

视觉显著性用于描述人类视觉注意力的特点，尤其是复杂场景下的人眼观察机制。因此，可以利用图像边缘显著性分布，指导笔画模型中的参数设置和绘制过程，这样就能够使得笔画建模和绘制过程更符合人的创作活动特点。

该方法首先计算输入图像的视觉显著性分布。最简单的方法是通过图像局部梯度的大小来表示显著性。根据公式(6.1)和公式(6.2)定义的图像梯度算子，可以通过下面公式计算每个像素的显著性：

$$e(x,y)=\sqrt{|\nabla_x g(x,y)|^2+|\nabla_y g(x,y)|^2} \tag{6.3}$$

那么,梯度分布对应的显著性分布图就决定了笔画覆盖时不同参数对结果的影响程度。如图6.8(b)所示,这是一个非均匀的网格图,网格的大小表达了显著性强弱。该显著性分布是将整个画布划分成规则矩形组成的网格,然后沿 x、y 方向不断二分,直到生成的每个新格子的总显著性小于给定的阈值,从而得到最终的显著性分布图。从图6.8(b)中可以看到,平滑区域的显著性能量值较小,因此在几次迭代划分后即终止,从而能够获得较均匀且面积较大的晶格表示;而对图像中包含显著结构的区域,晶格倾向于非均匀分布。该分布图实际上也反映了人眼注意力在图像上的集中情况。一般而言,越显著的区域对应的注意力就越集中,也就更需要精细的笔画进行绘制。因此,以该分布图作为指导,能够在绘制过程中随时调整笔画参数,绘制出符合显著性分布的结果。

(a) 输入图像

(b) 视觉显著性分布

(c) 笔画模板

(d) 绘制结果

图 6.8 结合视觉显著性的自动绘制(图片来自[70])

对于笔画长度 l 和宽度 w,需要利用显著性的强弱,指定相应的两个参数。例如,对于显著性强的格子使用长度短、宽度窄的笔画以体现细节特征。对于笔画的位置 $\boldsymbol{p}$,则根据格子显著性强度定义采样点个数,以此决定该格子内部笔画位置分布,使得在同一个格子内的笔画也能具有多样性。此外,对于笔画的形状 s,则改进了以往自动方法所使用的预先设计的反走样笔画,而是使用一个各向异性笔画模板(如图6.8(c)所示)作为基本笔画形状。该笔画模板是一个灰度图,定义了画笔在纸面上的高度 H。那么绘制时产生的笔画高度,由每个像素点所对应的路径上所有画布像素点的强度值决定。这样就能够一定程度地模拟画笔和画布之间的压力效果,也就是用笔越有力就会产生越明显的笔画痕迹。此外,为了模拟油画的涂料堆积感,进一步通过下面公式调整每个像素点 (x,y) 的强度值：

$$\Delta(x,y)=H(x+\cos\theta,y+\sin\theta)-H(x,y) \tag{6.4}$$

其中,θ 是垂直于笔画方向的角度,H 是笔画模板对应的高度。这样能够使笔画在不同部位的颜色虚实不同,能够呈现出一定的纹理效果,同样也提高了笔画绘制的多样性。

同时为了避免画面中出现过亮或过暗的区域,对绘制后像素强度值的调整也应与像素本身的强度大小相关。当像素值 $g(x,y)$ 本身强度比较大或比较小时,调整值应比较小;而对强度值比较接近平均值的像素,调整值应比较大。因此,绘制后的像素强度值为

$$g'(x,y)=g(x,y)+\alpha\cdot\Delta(x,y)\cdot(\min\{g(x,y),255-g(x,y)\}/127) \tag{6.5}$$

其中,α 是用户定义的权重,用来控制涂料堆积感的模拟强度,其值越大表示模拟强度越高。对于彩色图像,则分别针对R、G和B三个通道运用公式(6.5)计算。

基于上述绘制方法，就可以更好地保留输入图像中的显著特征，得到的风格化结果更具有画家手工绘制的视觉效果。图 6.8(d)和图 6.9 展示了结合视觉显著性的自动绘制结果，从中可以看出很明显的油画笔刷逐层覆盖的效果。此外，对于输入图像中视觉非显著的部分区域(例如绿叶部分)可以通过较粗的笔画绘制，而对于显著区域(例如花蕾部分)则要进一步使用较细的笔画进行绘制。这样的绘制结果也符合画家进行创作时的笔画运用规则。总体而言，这种绘制方法使用简单的视觉显著性就能够很明显地提高笔画绘制的效果，而且整个过程可以自动完成。

图 6.9　结合视觉显著性的绘制结果(图片来自[70])

5. 结合语义分割的自动绘制

视觉显著性加强了注意力对油画风格化绘制效果整体感受的影响，使其能够更好地符合油画在创作过程中的主观意图。然而，艺术家在绘制油画时也需要根据场景中物体对象差异来施加不同的绘制手法，使其具有更丰富的多样性。因此，从语义角度对输入图像进行分区域的绘制，将能够进一步提高绘制效果。

语义，是通过认知获取数据的蕴含信息，也就是将图像作为视觉载体时潜藏的意义。在非真实感绘制时结合语义分割，其基本思想是利用不同尺度的图像视觉特征构建场景的结构化组织，从而挖掘符合人类主观感受的语义信息，进而指导笔画建模和绘制过程。语义解析树是从输入图像挖掘语义信息的基本工具。该解析树是对图像内容中包含的各个组成部分构建层次化的结构表示，以此来获得图像蕴含的语义成分，如图 6.10(a)所示。

具体来讲，在绘制的过程中，输入图像首先通过一个分层的图像解析步骤，将其表示为一个从粗糙到细致的层次结构。这种层次结构就表示为图像的解析树。该解析树的节点表示图像中语义相近像素聚集而形成的不同的视觉模式，例如：①纹理区域，如天空、水、草、土地等；②表示轮廓线或线状结构的曲线，如树的树枝、栏杆等；③对象，如头发、皮肤、面部、衣服等。显而易见，这些节点具有很明显的语义信息，从而能够更好地辅助笔画建模。

基于上述解析树，笔画模型中的笔画方向 $\boldsymbol{d}$ 可以通过不同区域边界特征线形成的方向场来定义。笔画形状 s 和浓度 i 等参数，则可以通过预先定义的笔画字典来选择。如图 6.10(b)所示，该字典包含了事先由艺术家通过手绘而画出的不同弯曲度、浓淡的笔画。笔画颜色 c 则基于对艺术家用色习惯进行统计而设置，通过直方图匹配使得绘制的图像尽可能满足艺术家用色的特点。在此基础上，通过语义解析树的层次结构对不同区域采用相应参数的笔画进行逐层覆盖，最终生成具有油画效果的风格化图像。总体而言，这种自动绘制方法充分利用图像构成方面的语义信息，同时结合大量艺术家手绘笔画作为素材，进一步提高了自动绘制的风格效果。

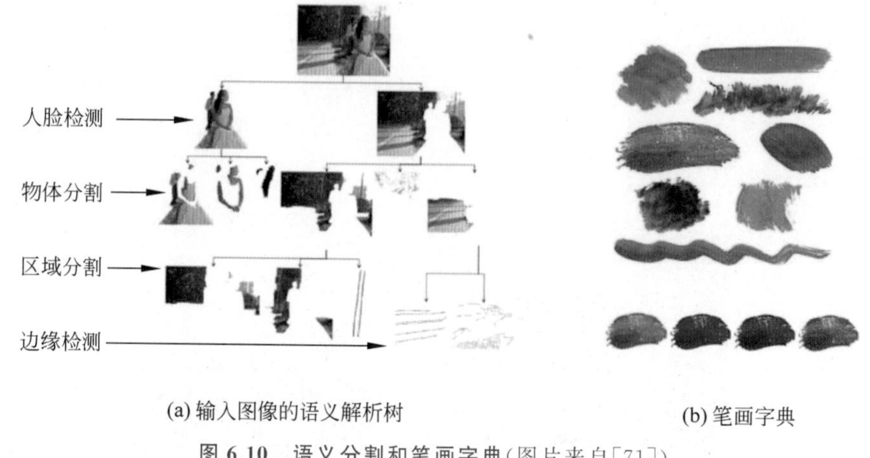

(a) 输入图像的语义解析树　　(b) 笔画字典

图 6.10　语义分割和笔画字典(图片来自[71])

无论是交互式笔画绘制，还是(半)自动笔画绘制，都是以输入图像作为参考，借助预设的笔画模型生成风格化的绘制结果。事实上，油画发展的历史中保留下来了大量的艺术家创作的油画作品。因此，可以通过这些真实的油画作为参考图像，直接将输入的图像转化为具有相同或相似风格的绘制结果，而不再是从一笔一笔的笔画叠加来生成绘制结果。这种思路就启发了基于风格迁移的非真实感绘制方法。因此对于基于笔画的油画绘制，另一种可采用的方式是笔画的迁移。

笔画作为反映油画风格的最主要特征，利用上述的真实油画图像作为模板，笔画迁移先从给定的模板中提取出笔画模型所涉及的相关参数，然后将这些参数迁移到输入图像的笔画模型进行绘制。显而易见，按照这种思路绘制出的图像继承了笔画所来自的真实油画的风格。

6. 笔画迁移的自动绘制

给定模板油画图像，首先通过笔画检测技术寻找图像中笔画比较明显的区域，并建立笔画置信度图描述不同像素属于笔画覆盖区域的概率。这个过程也就是为从油画图像自动构建笔画模型提供候选区域。然后，对笔画区域进行 $S(\boldsymbol{p},l,w,s,\boldsymbol{d},c,i,t)$ 的参数分析，也就是借助图像处理的手段来反求相应的笔画参数。确定笔画模型中各种参数的数值是笔画迁移方法中最关键的步骤。接着，将这些参数转移到输入图像，确定绘制输入图像时所使用的笔画模型。最后，利用自动笔画绘制方法生成非真实感绘制结果。

具体来讲，对于模板油画图像，笔画痕迹大多显现在纹理区域，而且具有较强的局部方向性。因此，可借助 Garbor 滤波器等来实现笔画的自动检测。数学上的 Garbor 滤波器具有高斯核和正弦函数的乘积形式，在 (x,y) 处像素的响应具有以下表达式：

$$\begin{aligned} R_{\lambda,\theta,\sigma,\varphi}(x,y) &= \iint_W I(x-s,y-t)\,g_{\lambda,\theta,\sigma,\varphi}(s,t)\,\mathrm{d}s\,\mathrm{d}t \\ g_{\lambda,\theta,\sigma,\varphi}(s,t) &= \mathrm{e}^{-(s'^2/\sigma_s^2+t'^2/\sigma_t^2)}\cos(s'/\lambda+\varphi) \end{aligned} \tag{6.6}$$

其中，$s'=s\cos\theta+t\sin\theta$，$t'=s\sin\theta+t\cos\theta$，$\lambda$ 是指定的频率，θ 是方向角度，W 则是进行滤波操作的窗口大小。

一般认为，Gabor 滤波器在处理图像时，对频率和方向的表达与人类视觉系统有很高的相似性。不同空间频率的 Garbor 能量响应能够被用来处理不同的笔画。例如频率越大，响应图像的显著轮廓线就越少，从而也能够对图像中不同显著性的物体进行区分。借助 Garbor 响应结果，就可以生成笔画置信图，用于表示该响应检测到的笔画分布，如图 6.11 所示。这样通过不同频率下的响应，就获得了不同尺寸的笔画。

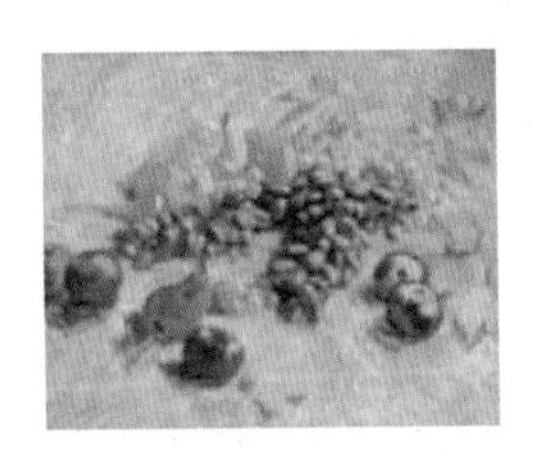

图 6.11　模板油画的笔画置信图(图片来自[72])

然后，对检测到的笔画进行参数分析并建立相应的模型。通过对笔画置信度图进行二值化处理，统计聚类后的由像素连通性获取到的各个聚类的平均面积，以此求解笔画长度 l 和宽度 w。笔画方向 $\boldsymbol{d}$ 也在很大程度上影响着油画风格。这里通过笔画置信度图计算图像的方向场，以此作为对应位置上的笔画方向。笔画浓度 i 反映了模板油画图像中是否具有明显的笔画痕迹，可以通过计算笔画置信度图的局部平均响应强度来获得。其余笔画参数则来自于输入图像自身的一些特征，进而建立相应的笔画模型。接着，就可以将这些提取到的笔画参数迁移到输入图像，并根据前面介绍的自动笔画绘制方法对输入图像进行笔画建模和绘制。最终，绘制出的图像就可以通过迁移的笔画表现出相应的风格，达到风格迁移和图像风格化绘制的目的。

图 6.12 展示了基于笔画迁移的绘制结果。这里输入一幅风车图像，然后根据不同的模板油画图像，将各自风格的笔画模型转移至输入图像，最后利用笔画绘制得到该风车图像对应的非真实感绘制结果。从这个例子可以看出，这种基于笔画迁移的方法能够批量生成多种风格的图像。

6.2.3　水彩画风格化绘制

水彩画是用水调和透明颜料进行作画的一种绘画方法，简称水彩。由于水彩颜料的色彩透明性，使得一层颜色覆盖在另一层上的时候可以产生特殊的光感效果。因此，水彩画风格效果大多也是基于笔画建模来绘制。但是，由于在绘画过程中纸张上水的流动性，造成了水彩画不同于油画等其他画种的外表风貌和创作技法，如图 6.13 所示。因此，在对这种水彩风格进行非真实感绘制时，还需要考虑液体、纸张等因素对绘制效果的影响，以建立更准确的笔画模型。

在水彩画创作时，纸张上的液体流动状态主要受其表面粗糙程度的影响。这里可以使用简单的随机高度场 h 作为笔画模型中与纸张因素相关的参数。为了增加表现力，该高度场可以通过柏林噪声(Perlin Noise)来进一步提高凹凸的随机性。这种方式创建的

(a) 模板油画图像

(b) 绘制结果

图 6.12　笔画迁移绘制结果(图片来自[72])

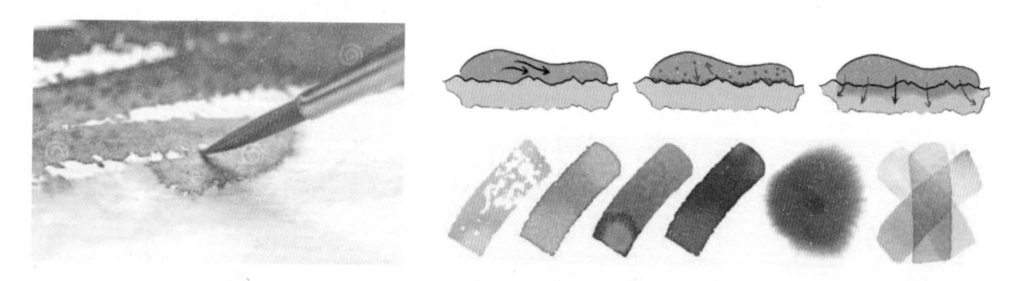

图 6.13　水彩画绘制的笔画模型(图片来自[73])

高度场在各点处的高度就可以看作是纸张表面的凹凸起伏，表现出表面粗糙程度。

对于笔画模型中的其他参数，则需要考虑液体流动性对它们造成的影响，尤其是对笔画方向、颜色、浓度等参数的影响。通常借助分层流体模拟的方式设置相应的参数。这里纸张之上的液体主要包含三个层次：浅水层、附着层和扩散层。浅水层用于描述纸面之上的液体流动，附着层用于描述具有吸附/漂浮效果的纸面，扩散层则描述笔画在纸面上随液体的扩散。每一层上的笔画都是通过流体速度的变化来设置相应的参数。例如，笔画方向 $\boldsymbol{d}$ 要参考当前位置的速度方向进行设置；笔画浓度 i 的设置则要结合液体流动速度的大小以及分层的属性，这样才能够反映出笔画随液体在纸面上的扩散情况。

有了上述水彩笔画模型，绘制时就可以采用经典的 Kubelka-Munk 模型。该模型广泛用于颜料配色，特别是电子计算机配色，并用于描述颜料的遮盖力等光学性能。在各个分层上根据笔画参数进行绘制，然后通过逐层叠加就可以生成最终的水彩画绘制结果。

6.2.4　素描风格化绘制

素描是绘画的基础。广义上的素描，泛指一切单色的绘画，起源于西洋画家对实物造型能力的培养。素描按照描画材料的不同可以分成木炭素描、铅笔素描、炭精素描、钢笔素描、银笔素描、毛笔素描等形式，也就是根据产生素描笔画时所使用工具的不同而区分。这些素描通常以线条粗细、密集程度等来画出明暗效果，使其具备自然律动感。此外，素描在绘制过程中不需要顾虑物体细节的颜色。因此，笔画建模同样适用于素描风格化绘制。此时的笔画模型主要考虑形状、尺寸、浓度等笔画参数如何表示，以使得绘制结果更能体现素描风格中的各种明暗阴影效果。

素描风格化绘制往往采用基于交互式的笔画绘制方法，需要依赖于一定数量的用户交互来完成这种风格化的绘制。这种方法的基本思想是交互地指定绘制所需的笔画模型参数，主要是方向、形状、浓度等参数的交互式设置，如图 6.14(a)所示。例如，笔画方向 $\boldsymbol{d}$ 通过交互所指定图像上的方向场来确定每个像素对应的笔画方向。这时通常就按照从粗到细的策略将整个图像做区域划分，那么同一区域的像素被指定为同样的笔画方向。笔画形状 s 采用三次 B 样条曲线来设计，而且可以通过几个 B 样条曲线的有序且连续的组合，生成更加复杂的笔画形状。这里是充分利用了 B 样条曲线在造型方面的灵活性，用于表示素描时的各种笔画。笔画浓度 i 是通过交互涂画的方式来形成灰度图，以此表示不同位置的笔画浓度。例如，灰度值较大的涂画表示较浓的笔画，反之则是较淡的笔画。而在交互时，也要将输入图像作为参考，然后通过那些涂画过的采样点位置的灰度值来插值其余像素的灰度，形成符合输入图像内容的浓度分布。

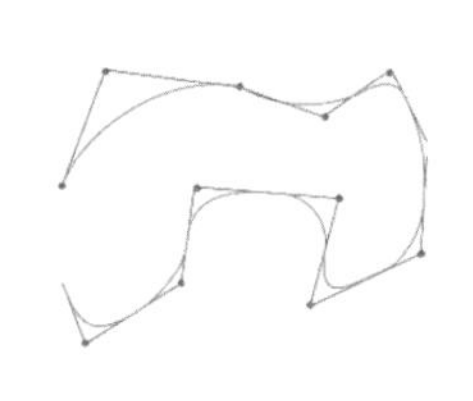
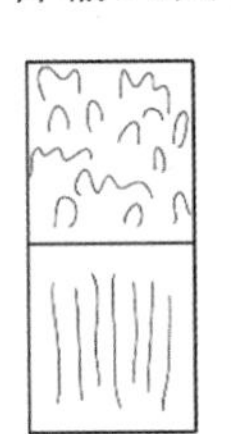

(a) B 样条定义的笔画形状

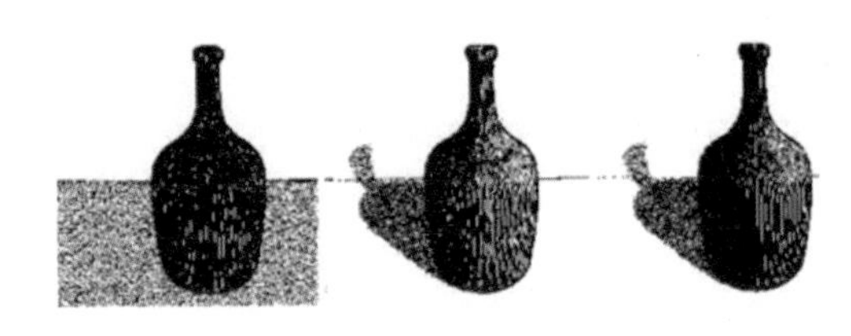

(b) 不同笔画参数的绘制结果

图 6.14　素描风格化绘制(图片来自[74])

基于上述笔画模型，就可以对输入的图像进行素描风格化绘制。这里在绘制时，仍是遵循分层绘制的步骤，对绘制的笔画逐层进行叠加。这样将不同尺寸的笔画相互覆盖，就能够得到最终绘制的素描风格化效果。图 6.14(b)中所示的素描风格化绘制结果能够表现出不同的明暗分布，就是通过改变笔画尺寸、浓度等参数进行绘制所生成的阴影效果，这也充分体现了素描的风格特点。

6.3　基于纹理合成的绘制

纹理泛指物体表面上的纹路或线条，它在视觉上呈现相似而连续的统计分布。在传统计算机图形学中，纹理是指物体表面的图形表示，例如第 5 章真实感绘制中介绍的纹理映射技术。而在传统图像处理中，纹理是指具有自身重复性的图像。构成纹理的基本单元称为纹素。纹理合成，是指基于给定的局部范围内小区域纹理样本作为纹素，直接生成更大范围的纹理。这里往往需要按照图像内容的几何、颜色等结构分布，将小区域纹理拼合生成更大区域的纹理图像。因此，纹理合成的过程其实和一些非真实感绘制过程非常相似。这就启发了采用纹理合成进行非真实感绘制的方法。

接下来，介绍两种典型的基于纹理合成的油画风格化绘制方法：基于风格类比和基于笔画的纹理合成绘制方法。

6.3.1 基于风格类比的纹理合成绘制方法

这种方法与前面的笔画风格迁移类似，但区别是迁移的对象不同。基于风格类比的纹理合成绘制方法是将输入的两幅模板图像之间的类比关系迁移至目标图像，然后借助纹理合成的思路生成目标图像的非真实感绘制结果。因此，这里的风格迁移，就是要求图像之间的类比关系的一致。如图6.15所示，给定 A 和 A' 作为一对模板图像，其中，A' 是对 A 施加风格化处理后的图像。那么，基于风格类比的纹理合成绘制就是要在给定目标图像 B 后，合成一个"类似"的新图像 B'，使得 B 和 B' 之间的关联性类似于 A 和 A' 之间的关联性，从而将图像 A' 的风格迁移至图像 B。

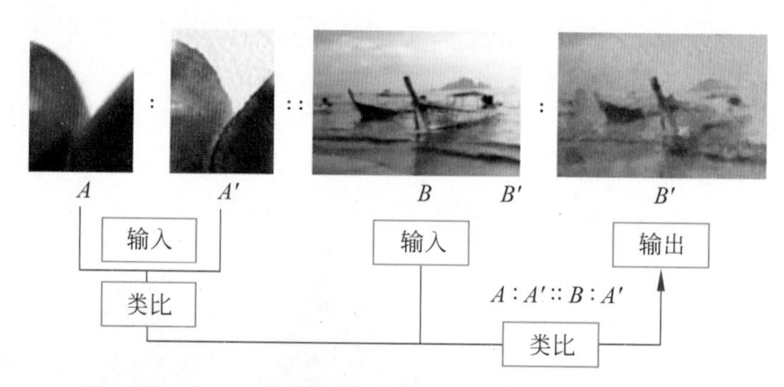

图 6.15 基于风格类比的纹理合成绘制（图片来自[75]）

这个算法流程主要包括图像匹配和风格化图像的纹理合成两个阶段。在图像匹配阶段，需要寻找 A 中每个像素 $\boldsymbol{p}$ 及其周围的相邻像素对应于 A' 中相同的像素 $\boldsymbol{p}$。那么，待求解的图像 B' 和目标图像 B 的像素 $\boldsymbol{q}$ 之间的像素对应关系需要具有 A' 和 A 的这种匹配效果，也就是由匹配像素 $\boldsymbol{p} \leftrightarrow \boldsymbol{q}$ 来确定"类似"关系。这也是进行风格类比的关键步骤。实际处理时，往往通过建立多尺度的图像序列来提取简单的风格特征，然后按照对应序列等级进行图像分块比较，建立不同尺度下的匹配关系。

以图像 A 和图像 B 在同一尺度的图像为例，每个像素采用邻域像素表示特征 F（例如 5×5 或者 3×3 邻域）。给定图像 B 中的像素 $\boldsymbol{q}$，采用近似最近邻搜索（Approximate Nearest Neighbor，ANN）策略，找到图像 A 中匹配的像素 $\boldsymbol{p}$。在匹配像素时，除了直接比较 $\boldsymbol{q}$ 和 $\boldsymbol{p}$ 之间的颜色差异，还引入了局部一致性的比较，也就是 $\boldsymbol{q}$ 的邻域和 $\boldsymbol{p}$ 的邻域之间的差异。这里用 $\boldsymbol{r}^*$ 表示邻域内最相似的像素，那么 $\boldsymbol{r}^*$ 应当满足以下条件：

$$\boldsymbol{r}^* = \underset{r\in\mathcal{N}(q)}{\operatorname{argmin}} \| F(\boldsymbol{r}' + (\boldsymbol{q} - \boldsymbol{r})) - F(\boldsymbol{q}) \|^2 \tag{6.7}$$

其中，r'是在纹理合成过程中图像B'中对应$\boldsymbol{r}$的像素，$\mathcal{N}(\boldsymbol{q})$表示像素的邻域。通过匹配得到的像素对应关系，可以有效提高纹理合成过程中的空间一致性，使结果更符合人类感知。

在纹理合成时，则采用经典的扫描线策略，根据匹配的分块逐行来合成当前位置像素的颜色值。例如，为了合成B'中$\boldsymbol{q}$处的像素值，根据图像匹配得到的A图像与B图像对应像素最相似的匹配像素$\boldsymbol{p}$，找到A'中的像素及其邻域合成$\boldsymbol{q}$处像素值，如图6.16所示。由于模板图像对之间潜在的映射关系，通过图像匹配合成的结果往往能够取得较高的连贯性，生成的新图像B'在保持风格接近的同时，整体的自然性也较高。

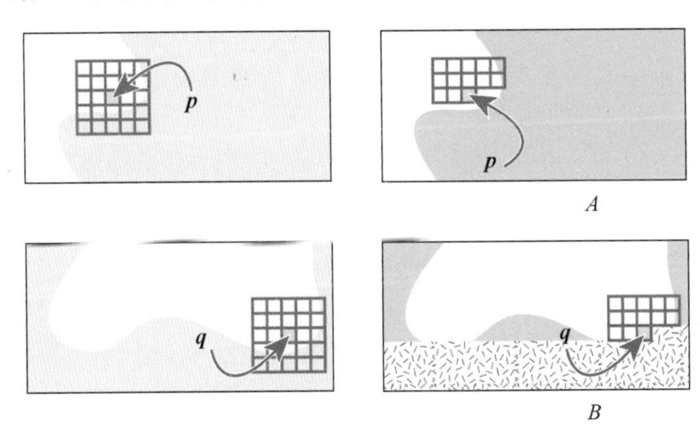

图6.16 风格类比时的匹配像素搜索

6.3.2 基于笔画的纹理合成绘制方法

这种方法是将艺术作品图像局部的笔画分布作为一种纹理，称为笔画纹理。它实际上是用包含了笔画模型的局部区域作为纹素。那么，如图6.17所示，由笔画覆盖所形成的绘制效果就可以仿照图像纹理合成的方式进行创作。这种笔画纹理既可以作为一种直接显式的笔画模型，称为样本笔画纹理；也可以作为一种间接隐式的笔画绘制效果的样本，称为样本图像纹理，然后再按照输入图像的内容进行绘制。那么在实际的非真实感绘制过程中，按照笔画纹理选取的差异，就可以分别采用基于样本笔画纹理绘制方法，或者采用基于样本图像纹理绘制方法。

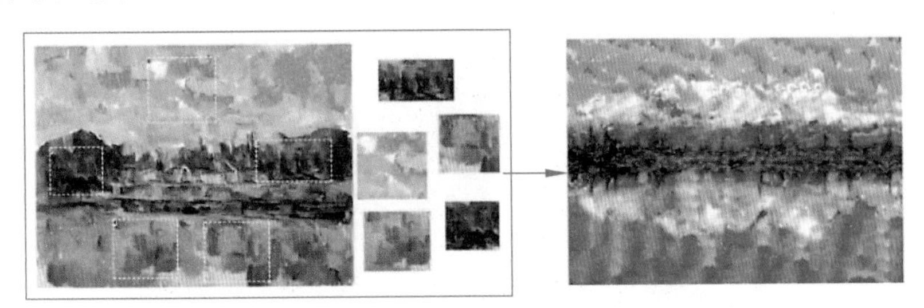

图6.17 笔画纹理合成的风格化结果(图片来自[76])

基于样本笔画纹理的绘制，同样需要借助一些艺术家手工绘制的笔画作为样本。这些样本笔画呈现不同的尺寸、方向、形状等参数，以此提高对输入图像非真实感绘制时的笔画效果。此外,通过预设的高度纹理图和透明纹理图,分别去定义笔画颜色、亮度以及浓度等参数。那么在绘制时,以输入图像作为目标,确定样本笔画的先后顺序,并按照选择的颜色、亮度、浓度等参数进行设置,通过纹理合成的方式生成绘制后的图像。这种方法得到的风格化结果具有很强的笔触感,但是需要借助一定规模的样本笔画库才能达到理想的绘制效果。

基于样本图像纹理的绘制,选择指定风格图像的局部区域作为样本笔画,如图6.17所示,而非艺术家专门创作的笔画。而在绘制时,则需要借助输入图像的方向场指导纹理合成时的笔画覆盖方式。具体来讲,首先需要从给定的模板油画中提取样本笔画,也就是样本图像纹理。这里通常直接采用手工选择的方式,由用户通过勾画矩形框来挑选模板中笔画明显区域作为样本。显而易见,选取的区域应该具有明显且均匀的纹理,这样才能更清晰地反映笔画的风格特点。

为了适用于不同图像内容的绘制,需要再对挑选的样本采用金字塔高斯滤波生成不同尺度下的序列,并进一步对其做360°旋转采样。这样就可以生成不同方向的样本区域集合。这种方式构建的样本区域能够适用于目标图像中不同的物体及区域,从而达到更好的绘制效果。然后,对目标图像使用均值漂移等聚类算法进行区域分割,并计算每个区域的中轴曲线。这样每个区域具有较均匀的颜色和梯度方向分布。特别地,位于中轴上的像素点的梯度方向被选为该点处的中轴切线方向,那么区域中其他像素的方向在设置时就需要和最靠近该像素点处的中轴上像素点的方向一致。这样才能够生成符合图像内容的方向场。最后,根据目标图像上每一块区域对应的方向场和颜色分布,选取符合当前方向和颜色的样本图像进行纹理合成,从而获得符合模板图像风格的绘制结果。

在纹理合成时,可以将块重叠拼合时的逐像素误差最小作为优化目标。这种合成方法依次将样本区域在目标图像上覆盖,而且要在相邻区域设置一定范围的重叠区域。然后,在该重叠区域通过图割优化寻找像素误差最小的分割线,将相邻样本区域拼合。这样就得到了基于样本区域的纹理合成结果。

例题 6-2 基于笔画纹理合成的绘制。

问题: 给定如图6.18所示的A(左图)和B(右图)两幅图,其中,A图是模板油画,B图是待绘制的自然风景图像。试通过交互方式选择A图中的纹理块,合成B图对应的风格化绘制结果。

图 6.18 笔画纹理合成绘制

解答：从模板油画图像A中提取的纹理块记为 T_{patch}，宽度和高度分别是 T_w 和 T_h。输入图像B的宽度和高度分别是 w 和 h，而在合成过程中被纹理块覆盖的区域记为 I_{patch}，相邻块重叠区域的范围记为 p。那么，通过纹理块合成进行风格化绘制的伪代码如下所示。

```
function texSynDraw (Ipatch, Tpatch, w, h)
    for y ← 0 to h-1 do
        for x ← 0 to w-1 do
            patch (x, y) ← min (Ipatch(x, y), Tpatch)
            x ← x +patch_width-p
        end for
        y ← y +patch_height-p
    end for
    for y ← 0 to h -patch_height +p -1 do
        for x ← 0 to w -patch_width +p-1 do
            horizontal_min_error_path(x, y) ← get shortest path(patch(x, y),
                                        patch(x+patch_width-p, y))
            row_patch(y) ← row_patch(y) +systhesis_horizontal_patch(patch(x, y),
                    patch(x +patch_width-p, y), horizontal_min_error_path(x, y))
            x ← x +patch_width-p
        end for
        y ← y +patch_height-p
    end for
    for y ← 0 to h-patch_height +p-1 do
        vertical_min_error_path(y) ← get_shortest_path(row(y),
                                row(y +patch_height-p))
        transfer_image ← transfer_image +systhesis_vertical_patch(row(y),
                row(x +patch_height-p), vertical_min_error_path(y))
        y ← y +patch_height-p
    end for
end function
```

□

6.4　基于图像滤波的绘制

滤波一词起源于通信理论，它是从含有干扰的接收信号中提取有用信号的一种技术，也就是将信号中特定波段频率滤除的操作。图像滤波，是将像素强度作为信号，在尽量保留细节特征的前提下，对目标图像的噪声进行抑制，达到平滑像素强度的效果。常见的滤波方法有高斯滤波、中值滤波、双边滤波等。

卡通作为一种艺术形式最早起源于欧洲，常常使用抽象化的符号、颜色、亮度和阴影等手法体现夸张的视觉效果。卡通图像大多线条简单、形式灵活，广泛应用于动画和电影，深受不同年龄段人群的喜爱。卡通风格化，就是将输入图像转化为具有明显轮廓线、色彩对比鲜明的图像，以此体现卡通风格效果。因此，图像滤波非常适合于卡通风格化绘制。接下来，介绍若干典型的基于图像滤波的卡通风格化绘制技术。

6.4.1 基于流体场的双边滤波绘制

双边滤波是一种非线性的滤波方法。它结合图像像素的空间邻近度和颜色值相似度对输入图像进行滤波操作，以达到保持边缘、降噪平滑目的。双边滤波可以看作是高斯滤波的扩展。数学上，图像 $\boldsymbol{I}$ 在 $\boldsymbol{x}$ 点处做高斯滤波的公式如下：

$$\mathrm{GF}(\boldsymbol{I}_x)=\sum_{\boldsymbol{y}\in N(\boldsymbol{x})}G_\sigma(\|\boldsymbol{x}-\boldsymbol{y}\|)I_y \tag{6.8}$$

其中，$\boldsymbol{y}\in N(\boldsymbol{x})$是属于 $\boldsymbol{x}$ 邻域的点，σ 是方差，而 $G_\sigma(\cdot)$是如下定义的高斯核函数：

$$G_\sigma(s)=\frac{1}{2\pi\sigma^2}\exp\left(-\frac{s^2}{2\sigma^2}\right) \tag{6.9}$$

在此基础上，图像 $\boldsymbol{I}$ 在 $\boldsymbol{x}$ 点处的双边滤波定义如下：

$$\mathrm{BF}(\boldsymbol{I}_x)=\frac{1}{W_x}\sum_{\boldsymbol{y}\in N(\boldsymbol{x})}G_{\sigma_a}(\|\boldsymbol{x}-\boldsymbol{y}\|)G_{\sigma_b}\|\boldsymbol{I}_x-\boldsymbol{I}_y\|)\boldsymbol{I}_y \tag{6.10}$$

这里的 σ_a 和 σ_b 是对应两个高斯核函数的方差，W_x 是公式(6.11)所示的归一化因子，其表达式为

$$W_x=\sum_{\boldsymbol{y}\in N(\boldsymbol{x})}G_{\sigma_a}(\|\boldsymbol{x}-\boldsymbol{y}\|)G_{\sigma_b}(\|\boldsymbol{I}_x-\boldsymbol{I}_y\|) \tag{6.11}$$

从滤波的角度来看，卡通图像可以看作显著线条和平滑色块叠加的结果。借助公式(6.10)所定义的双边滤波，可以对图像颜色进行边缘保持的区域平滑，形成颜色均匀的色块。此外，对于一般的自然图像，物体边缘往往形成类似流体场的分布。因此，可以从图像边缘定义的流体场提取显著线条。在此基础上，结合双边滤波色块和流体场显著线条，将二者做适当的叠加，就可以把输入图像转化成具有卡通风格的图像。

在基于流体场的双边滤波绘制过程中，第一步需要从输入的图像中提取具有显著特征的线条结构。这里采用基本的图像边缘检测算子，例如6.2.2节中介绍的Sobel算子，可以进行边缘检测得到边缘响应分布图。这其中就包含了卡通风格化后需要保留下来的显著线条。边缘流体场则通过统计局部窗口主要方向的累计效应进行计算，形成图像上的边缘切向流。借助该流体场，就可以摒除边缘响应分布图中不重要的边缘，而保留用于卡通风格效果的显著线条。

数学上，在区域 Ω_μ 内的点 $\boldsymbol{x}$ 处的边缘切向流是通过局部区域加权的边缘积分表示，具体可写为

$$\boldsymbol{t}(\boldsymbol{x})=\frac{1}{k}\iint_{\Omega_\mu}\varphi(\boldsymbol{x},\boldsymbol{y})\boldsymbol{t}(\boldsymbol{y})w_s(\boldsymbol{x},\boldsymbol{y})w_m(\boldsymbol{x},\boldsymbol{y})w_d(\boldsymbol{x},\boldsymbol{y})\mathrm{d}x\,\mathrm{d}y \tag{6.12}$$

其中，w_s 是箱滤波算子，指定局部积分区域大小；w_m 衡量邻域内梯度大小的差异；w_d 表示邻域内梯度方向的差异；$\boldsymbol{x}$ 和 $\boldsymbol{y}$ 是流体场覆盖区域 Ω_μ 内的点。如果 $\boldsymbol{x}$ 和 $\boldsymbol{y}$ 处切向一致，则 $\varphi(\boldsymbol{x}-\boldsymbol{y})=1$，反之，$\varphi(\boldsymbol{x}-\boldsymbol{y})=-1$；然后，通过高斯函数差分(DoG)从边缘切向流中提取出那些显著线条。这里主要是通过对两个相邻高斯尺度空间的图像相减，得到DoG的响应值图像作为提取的显著线条位置。

第二步，将显著线条以外的图像区域采用双边滤波进行平滑处理。在滤波时，沿着显著线条，并根据像素与线条距离来进行自适应的平滑处理。这样处理的好处是可以得到符合局部颜色分布的平滑色块，并以此作为卡通图像的色块。

在完成上述两步操作后，就可以将前面提取到的显著线条叠加到平滑色块上，生成卡通风格化处理的效果。如图6.19所示，可以看到通过流体场和双边滤波的处理，能够很好地突出图像中物体的轮廓，同时色块区域也具有较均匀的颜色分布，从而实现了卡通风格化效果。

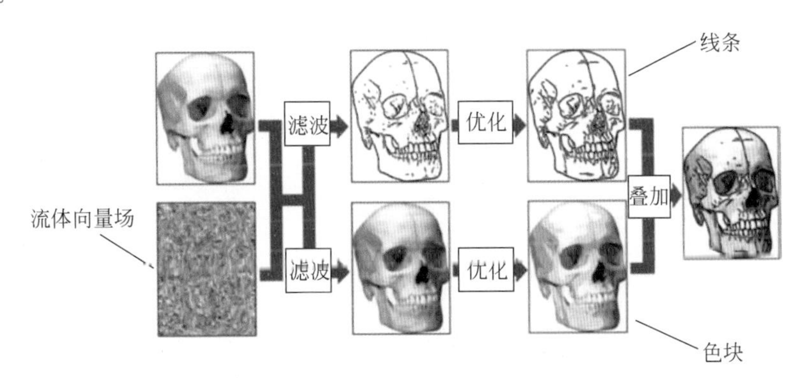

图6.19　基于流体场的卡通绘制（图片来自[77]）

6.4.2　基于亮度的双边滤波绘制

虽然基于流体场的方法可以有效地生成卡通图像，但是平滑色块所展现的颜色又在一定程度上缺乏区域内的空间变化，从而造成卡通效果比较单调、不够生动，无法满足一些卡通形象设计的需求。这是由于在使用双边滤波时，仅仅是对颜色进行处理造成的。那么，改进的思路是可以再结合亮度通道的平滑处理，实现卡通绘制时色块区域内的变化，进一步增强卡通绘制的立体感。

这种思路可以采用迭代的双边滤波来具体实现。如图6.20所示，首先对输入图像 $\boldsymbol{I}$ 进行颜色空间变换。Lab颜色空间比RGB颜色空间具有更好的感知均匀性，更有利于颜色和亮度对比度的准确计算。因此，将输入图像从RGB空间映射到Lab空间，其中 L 通道就包含了图像亮度信息，取值范围是[0,100]；a 代表红色分量，b 代表黄色分量，取值范围都是[−127,127]。

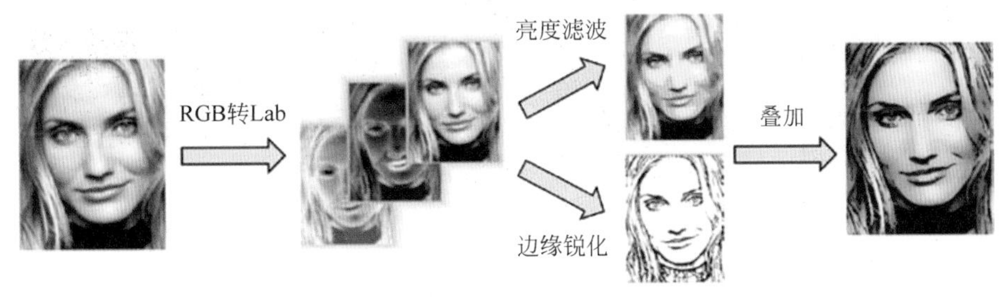

图6.20　基于亮度滤波的卡通绘制（图片来自[78]）

然后对 L 通道分量使用公式(6.10)所示的双边滤波进行处理。为了更好地反映卡通风格色块特点,进一步对 L 通道分量做量化处理。这里将亮度取值范围划分为多个区间,并采用下面的公式对每个像素 $\boldsymbol{x}$ 做离散化:

$$Q(\boldsymbol{x})=q_{\text{nearest}}+\frac{\Delta q}{2}\tanh(\mu\cdot(L_x-q_{\text{nearest}})) \tag{6.13}$$

其中,Δq 表示区间长度,q_{nearest}是距离 L_x 最近的区间边界,μ 是控制不同区间过渡的权重因子。通过公式(6.13)所示的离散化操作,可以在增大图像对比度的时候,保留区域内明显的亮度变化,从而提高卡通的色块展示效果。

在此基础上,通过对 a 和 b 两个通道分量的锐化处理,并采用 DoG 算子提取输入图像中的显著边缘。这些边缘与亮度通道双边滤波及量化后的结果进行叠加处理。最后,将叠加后的图像从 Lab 空间映射回 RGB 空间,就生成了具有卡通效果的图像。

从图 6.20 所示的结果可以看出,由于额外增加了对亮度通道分量的处理,这使得在原本颜色均匀的同一区域内部,其亮度分布也呈现出了一定的变化。因此,通过这种方法生成的卡通风格化结果更加具有立体感,设计的卡通形象也会更加生动。

6.4.3 基于纹理/结构分层的滤波绘制

传统双边滤波难以处理图像中对比度较低区域的颜色平滑,导致滤波后会丢失部分重要的细节信息。这是由于尺度的差异影响了对比度的区分。另一种可使用的滤波思路是将图像分解为纹理层和结构层,然后在结构层上对图像进行平滑处理。这样处理的好处在于能够更好地保留输入图像中视觉显著的边缘结构,而且这种结构受尺度的影响较小。这种方式也有助于提高卡通风格化的效果。

从认知心理学角度来讲,视觉的显著性可以通过视觉信号的各向异向、非周期性、局部方向性等特征进行描述和度量。因此,可以从这一视觉认知机理出发,将输入图像自动地分解为纹理层和结构层。这种分层方式本质上是利用边缘的各向异性、非周期性和局部方向性度量来区分图像中结构显著性的强弱,并以此构建图像的分层表示。在此基础上,通过输入图像对该度量的响应,建立图像边缘的显著结构表达,从而获取图像的结构层。一般来讲,如图 6.21 所示,结构层保留了显著边缘信息,而纹理层则对应于纹理区域。这样就可以分别利用两层的信息进行风格化处理。

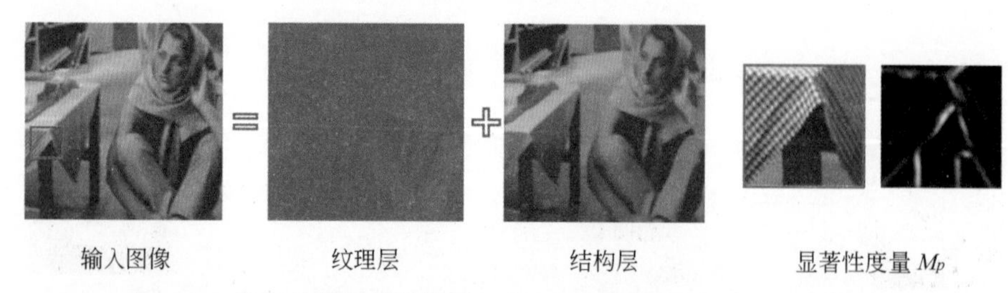

图 6.21 基于边缘显著性的图像分层和显著性度量(图片来自[79])

在对图像进行特征描述时,各向异性采用图像梯度空间的结构张量作为梯度向量的度量函数。这样，对于输入图像，可以计算每一个像素点 $\boldsymbol{p}$ 所对应的二阶张量矩阵 $\boldsymbol{S}_p$。数学上，针对该像素点处各项异性的度量函数可以定义为

$$A_p = (\lambda_{1,p} - \lambda_{2,p})/(\lambda_{1,p} + \lambda_{2,p}) \tag{6.14}$$

其中，$\lambda_{1,p} \geqslant \lambda_{2,p}$ 是梯度空间的张量矩阵奇异值。

非周期性可以采用基于窗口梯度变差分布的度量函数来计算，具体公式为

$$L_p = \left| \sum_{q \in N(p)} w_{p,q} \cdot \nabla_x I_q \right| + \left| \sum_{q \in N(p)} w_{p,q} \cdot \nabla_y I_q \right| \tag{6.15}$$

其中，∇是梯度算子。在一定窗口范围内重复的图像颜色变化，其 x 方向和 y 方向的梯度分量累积就会彼此抵消，对于图像中周期性出现的纹理区域而言，该度量函数的取值就会趋近于零，因此可以用于度量局部范围内的非周期性。

局部方向性度量可以通过统计局部方向分布的相关性来实现，并以此判断在局部区域内是否有显著方向的特征分布，具体公式为

$$D_p = \sum_{q \in N(p)} \boldsymbol{A}_q \cdot \langle \bar{\xi}_q, \bar{\xi}_p \rangle \Big/ \sum_{q \subset N(p)} \boldsymbol{A}_q \tag{6.16}$$

其中，$\bar{\xi}_p$ 和 $\bar{\xi}_q$ 是张量矩阵最小特征值对应的特征向量，反映了局部范围内边缘走向的方向。那么，最终的边缘显著性度量就可以写为 $M_p = A_p \cdot L_p \cdot D_p$，实质上反映了图像对上述三种度量的共同响应。

基于上述边缘显著性作为约束，可以通过经验模式分解得到极大值和极小值包络，从而对结构层和纹理层实施分离。经验模式分解是一种依据数据自身尺度特征进行分解的滤波方法，在数学上能够将复杂信号分解为有限个本征函数。对于图像 $\boldsymbol{I}$，通过经验模式分解可以得到多尺度的分解结果：

$$\boldsymbol{I}(x,y) = \sum_k h_k(x,y) + r_n(x,y) \tag{6.17}$$

其中，本征函数 $h_k(x,y)$ 是高频经验模式，对应于纹理细节信息，而本征函数 $r_n(x,y)$ 是低频信息，对应于显著边缘的主要结构信息。

通过经验模式分解得到的结构层就可以用于图像的平滑。在此基础上，通过将分离出的边缘结构强化，再叠加到平滑图像上进行绘制，就可以生成理想的具有卡通风格效果的图像，如图 6.22 所示。

图 6.22 基于纹理/结构分层滤波的卡通绘制结果(图片来自[79])

6.5 视频非真实感绘制

图像非真实感绘制是将输入的单幅图像转化成具有一定艺术风格的图像。而视频非真实感绘制则是图像非真实感绘制的推广，将视频帧形成的序列进行风格化处理，输出具有特定艺术感的新视频。然而，视频记录的内容通常包含场景或物体的运动。因此，与单幅图像的非真实感绘制相比，视频绘制的难点主要在于如何保持各帧绘制时的时空连续性，从而能够达到相邻帧之间视觉连续和一致的绘制效果。这里的一致性具体表现为帧间笔画建模的一致性和绘制过程的一致性，是视频绘制需要解决的重要问题。

如图 6.23 所示，视频帧间的运动可以采用光流、视频体等不同的形式表示。这些表示形式也直接影响了绘制方法的使用。光流，是描述空间中运动的物体在相邻帧上的像素瞬时速度，如图 6.23(a)所示。数学上，光流通常采用对应于每一个像素（或特征点）$\boldsymbol{p}_i$ 的位移向量表示，记为(u_i, v_i)。这里 u_i 和 v_i 是位移向量在 x 方向和 y 方向上对应的分量，反映了相邻帧间像素级的对应关系。视频体则是一种视频内容在时空维度连续变化的表示形式，如图 6.23(b)所示。它将每一帧按时间维度的先后顺序堆叠，形成(x_i^t, y_i^t, t)所表示的体数据，这里(x_i^t, y_i^t)是第 t 帧上第 i 个像素的位置。根据不同的视频运动形式，可以在对视频进行逐帧笔画绘制的同时，有效地保持帧间绘制效果的一致性，实现视频的非真实感绘制。

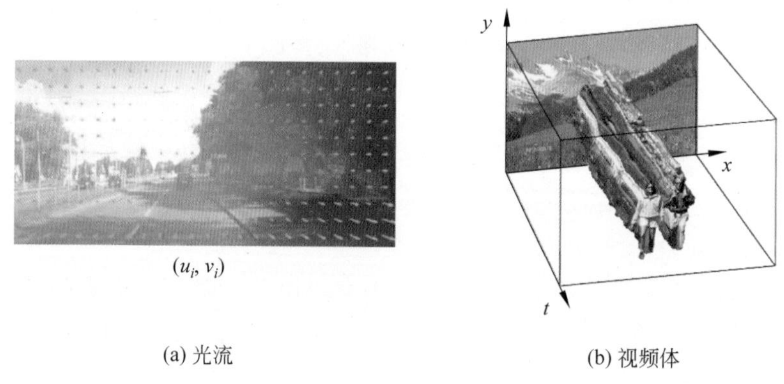

(a) 光流　　(b) 视频体

图 6.23 视频运动的两种表示形式

6.5.1 基于帧间光流的笔画绘制

利用光流产生的位移向量，可以在相邻帧之间传递笔画参数。因此，视频绘制时的笔画建模仍旧可以采用前面介绍的针对图像绘制的各种笔画模型，也就是需要根据风格特点设置相应的笔画尺寸、形状、方向、颜色、浓度等参数，进而绘制视频帧序列。接下来以视频的油画风格化为例，介绍基于帧间光流的笔画绘制方法。

对于单帧图像，为了实现更好的油画风格，可以采用基于笔画距离的衰减程度来表示笔画浓度，从而使笔画呈现出从中间向两边递减的浓淡分布。在此基础上，为了保持物体的边缘结构，采用笔画裁剪方法，将过长的笔画进行缩短，使绘制后的笔画不得越过物体本身的边缘。这样就可以避免绘制过程中物体本身结构的破坏，使得绘制的结果能够如实反映视频每帧的内容，如图 6.24(a)所示。这里需要先对原视频帧进行高斯模糊，然后执行 Sobel 边缘检测，并对笔画进行裁剪。如果不考虑该帧图像中物体原本的边缘，就会使得笔画绘制后的边缘线出现凌乱的锯齿状，降低了风格化效果。

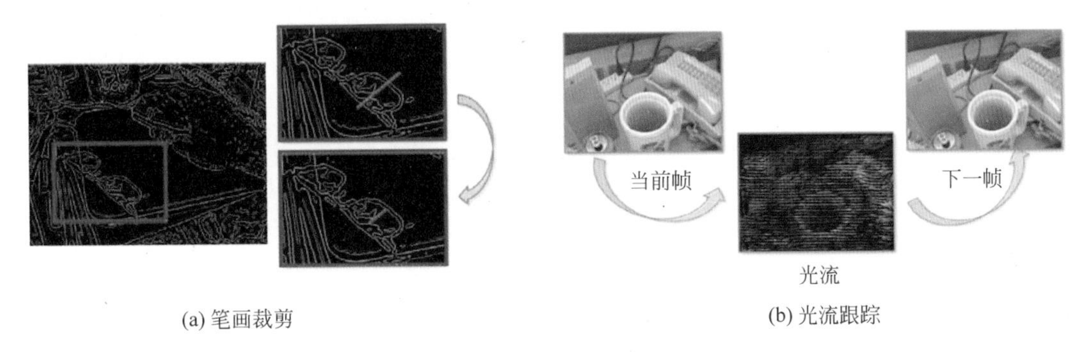

图 6.24 基于光流的视频帧绘制(图片来自[80])

如图 6.24(b)所示，通过帧间光流来追踪相邻帧间对应像素的移动方向，使笔画从当前一帧移动到下一帧。这样就可以确保笔画的一致性。进一步，通过改变笔画浓度等参数就可以调整绘制后的风格特点。

视频场景包含不同的物体前景和背景，往往各自具有不同的运动属性。根据每一帧上光流的分布，就可以对笔画进行运动分层的帧间传播。和前面直接在两帧之间通过光流传播笔画不同，这种方法首先通过光流进行一个简单的运动分层；然后在不同分层上根据实际的运动属性，传递相应的笔画，并在每一个运动层上进行笔画绘制；最后将绘制完成的各层重新投射到每一帧，并经过融合得到最终的绘制结果，如图 6.25 所示。这里，视频其实是被当作由一个背景层和所有帧中的若干前景对象层所组成的。通过在每一层上建立符合其运动属性的笔画模型来实现帧间一致的风格化绘制。

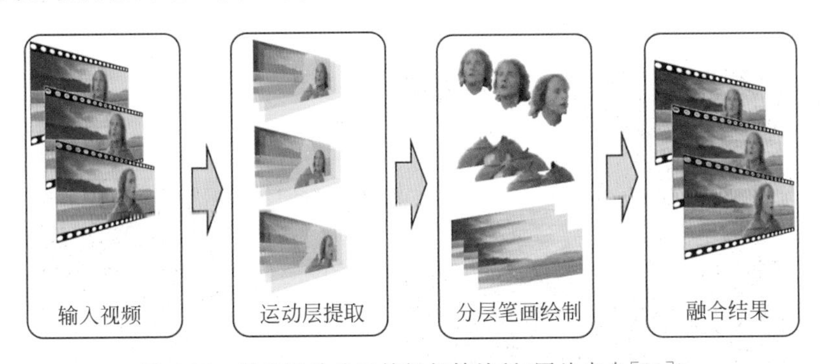

图 6.25 基于运动分层的视频帧绘制(图片来自[81])

为了实现准确的运动分层，需要通过关键帧上交互划分的方式，来引导其他剩余帧上的分层。在关键帧上，通过鼠标涂画指定分层的层数，以及相应分层的种子区域。这些种子区域传达了用户对于运动分层的设想。同时，将涂画覆盖区域作为约束，采用图割优化等方法把关键帧划分为不同区域。其中把光流作为直接的约束，以获得具有相应运动属性的运动分层。然后，利用传统图像笔画绘制方法绘制关键帧。

在接下来的帧间笔画传播时，首先需要将关键帧的运动分层结果传递到其他帧。因为关键帧上的种子区域提供了关于分层的主要信息，所以将关键帧的种子区域根据帧间光流移动到相邻帧，然后再按照关键帧上的分层方法进行相应的区域分割，得到该帧上的运动分层。而在进行绘制时，则需要将背景层和前景层分别进行绘制。对于背景层，由于每一帧中的背景都是一个静态场景随着相机移动得到的，因此可以利用背景图拼接而成的全景图来提高视频绘制的时空一致性，即通过对齐视频中所有帧上背景层来生成全景背景图。这个过程实质上是多幅图像的对齐拼接，将在第7章中介绍相应的方法。在此基础上，按照指定参数的笔画绘制背景的全景图。因为该全景图是通过对齐操作生成的，所以可利用逆操作将绘制的全景图再映射回每一帧，由此得到每一帧上绘制的背景层。

而在绘制前景时，不同帧上对象层所对应的笔画主要通过尺寸、位置、方向等属性来定义，但是相邻帧之间需要满足时空一致性。这里通过光流诱导的几何变换，将第 k 帧中的笔画属性变换到第 $k+1$ 帧，然后利用笔画模型进行绘制。这样可以保持较好的帧间连续性。最后，将绘制的前景层和背景层进行融合，形成完整的笔画绘制，如图6.25所示。

6.5.2 基于视频体的笔画绘制

这种方法的主要思想是把一段输入的视频当作一个时空立方体，根据帧间内容进行一致的笔画建模。而在绘制时，往往需要用户交互地对物体进行分割，然后根据对象的不同运动属性自动地进行笔画绘制。

此类方法的关键是对视频体中的物体对象进行合理的分割。首先借助传统的分割方法，如Edsion算法，对每一帧进行过分割，形成颜色一致的分块集合。然后对于关键帧上分割错误的区域，交互式地进行手工修正。这个过程称为语义连接，也就是将属于同一物体对象的过分割区域合并。此外，对于阴影或噪声等产生的分割错误，也需要交互地进行修正，称为物理连接。通过这两步操作后，就可以得到关键帧正确的对象分割，如图6.26所示。

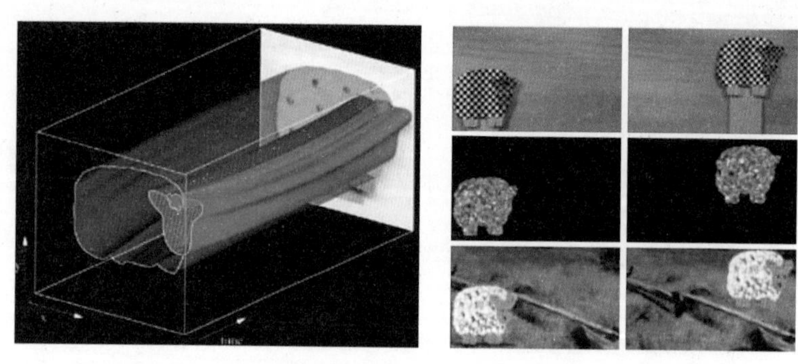

图6.26 基于视频体的视频帧绘制（图片来自[82]）

接下来，以关键帧的分割作为约束，通过基于体的图割优化策略对该视频体包含的帧进行对象分割。在得到逐帧分割结果后，利用参数随时间一致变化的笔画模型在空间进行不同对象的绘制。最后，将所有绘制的对象融合，就可以得到视频对应的绘制结果。

6.6　深度学习非真实感绘制

归根结底，艺术创作是一种包含了人类主观意识的活动。因此，在非真实感绘制时，对图像进行更高级的特征分析与建模，将能够大大提升绘制后的风格化效果。这从前面所介绍的几种自动笔画绘制方法可以看出。然而，从输入的图像提取高级特征，一直是计算机图形学和计算机视觉长期难以逾越的屏障。近些年来，以卷积神经网络、生成对抗网络等为代表的深度学习方法在计算机图形学和计算机视觉的许多任务中都得到了广泛应用，取得了显著的成果。这也为非真实感绘制提供了新的途径。

深度学习是通过多层神经网络上的学习算法来构建的框架。这种框架能够从输入的大量数据获取分层次的特征信息。较低层的网络可以检测初级的图像特征，如边缘、轮廓、形状等。通过底层特征在多个层级的组合，最终在较高层网络就能够识别一些高级语义特征。因此，借助深度学习进行非真实感绘制，能够通过挖掘高级语义信息来更有效地提高艺术风格化效果。

接下来，简单介绍两种典型的基于深度学习的图像风格迁移算法：基于卷积神经网络的风格迁移和基于生成对抗网络的风格迁移。

6.6.1　基于卷积神经网络的风格迁移

卷积神经网络(Convolutional Neural Networks，CNN)是一种包含卷积计算且具有深度结构的多层神经网络，其中层数越多也意味着深度越深。卷积神经网络通过模仿局部感受野的卷积计算来对不同级别的特征进行区分和表示，是一种典型的监督学习方法。图6.27展示了一个基本的CNN网络结构，包括卷积操作层、池化操作层、全连接操作层等。其中，卷积层利用局部感受野和卷积核提取图像的局部特征模式；池化层则是一种下采样策略降低卷积操作提取的特征维度；全连接层将前面提取的多层次特征转化为输出预测。这样，如果将卷积神经网络用于输入的自然图像和模板油画图像的表示，那么就可以显式地利用更深层次的高级特征，指导从模板图像到输入图像的风格迁移。

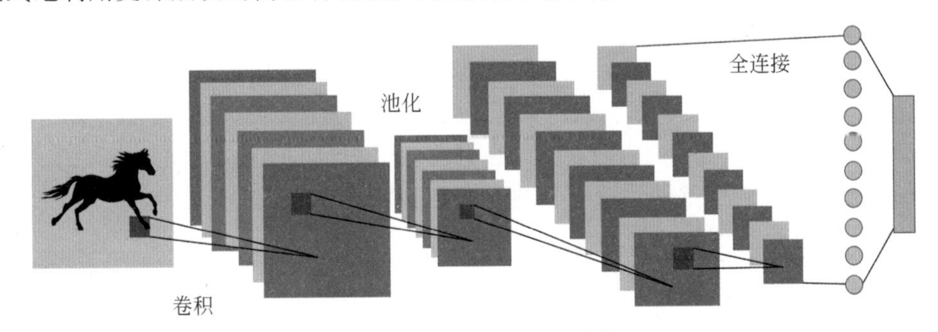

图6.27　卷积神经网络结构

1. 整体特征的风格迁移

如图6.28所示，输入图像通过卷积神经网络在每一层上响应的特征，获得了场景内容的形式化表示，而模板图像通过卷积神经网络每一层响应的特征，也获得了风格的表示。这样通过卷积神经网络就以将图像内容和风格进行分离。在此基础上，待求解的风格化图像需要在每一层上的响应满足既要与输入图像内容相似，又要达到与模板图像风格相近的效果。这样通过同时优化内容和风格差异定义的损失函数，就能够实现模板图像风格到输入图像的风格迁移。

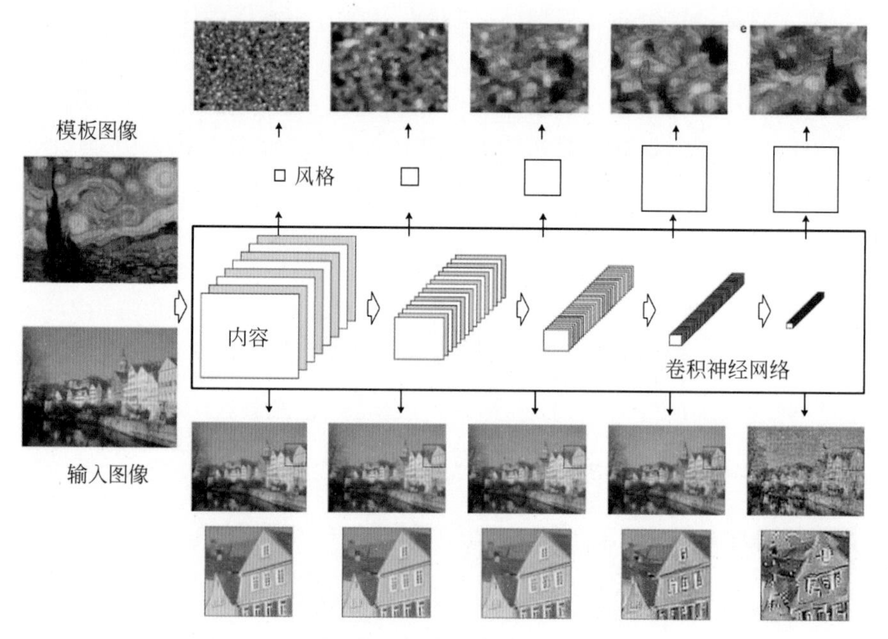

图 6.28　通过卷积神经网络提取输入图像的内容和模板图像的风格(图片来自[84])

假设 $\boldsymbol{p}$ 是输入的自然图像，$\boldsymbol{a}$ 是模板油画图像，通过卷积神经网络提取的特征分别作为内容和风格的表示。对应于第 l 层的内容特征记为 F^l，风格特征记为 H^l。一般来讲，浅层网络提取的是局部细节纹理等底层特征，而深层网络提取的则是形状、大小等高层特征。那么，待求解的具有 $\boldsymbol{a}$ 风格的输出图像 $\boldsymbol{x}$ 应该使得以下损失函数能够达到最优：

$$\mathscr{L}_{\text{total}}(\boldsymbol{p},\boldsymbol{a},\boldsymbol{x})=\alpha\mathscr{L}_{\text{content}}(\boldsymbol{p},\boldsymbol{x})+\beta\mathscr{L}_{\text{style}}(\boldsymbol{a},\boldsymbol{x}) \tag{6.18}$$

其中，$\mathscr{L}_{\text{content}}$ 和 $\mathscr{L}_{\text{style}}$ 分别对应输入图像内容和模板图像风格的损失函数。这里 α 和 β 是预设的权因子，用于控制输出图像和输入图像、模板图像之间的相似程度以达到内容和风格之间的平衡。

损失函数 $\mathscr{L}_{\text{content}}$ 描述了使用该卷积神经网络提取的特征来重建输入图像时的误差代价，其中对应于第 l 层网络可定义为

$$\mathscr{L}_{\text{content}}(\boldsymbol{p},\boldsymbol{x},l)=\sum_{i,j}(F_{ij}^l-C_{ij}^l)^2/2 \tag{6.19}$$

这是逐像素定义的输入图像 $\boldsymbol{p}$(特征表示为 F_{ij}^l)和待求解图像 $\boldsymbol{a}$(特征表示为 C_{ij}^l)重建时的误差。那么，公式(6.18)中内容有关的损失函数是 $\mathscr{L}_{\text{content}}(\boldsymbol{p},\boldsymbol{x})=\sum_l w_l\mathscr{L}_{\text{content}}(\boldsymbol{p},\boldsymbol{x},l)$，其中的 w_l 是对应于卷积神经网络每一层误差的权重因子。

损失函数 $\mathscr{L}_{\text{style}}$ 则描述了重建模板图像时的误差，对应于第 l 层网络可定义为

$$\mathcal{L}_{\text{style}}(\boldsymbol{a},\boldsymbol{x},l)=\frac{1}{4N_l^2M_l^2}\sum_{i,j}(G_{ij}^l-\boldsymbol{S}_{ij}^l)^2 \tag{6.20}$$

其中,N_l 是第 l 层提取的特征数目,M_l 是特征维数,$\boldsymbol{S}_{ij}^l$ 是通过卷积神经网络提取的模板图像特征构成的 Gram 矩阵,G_{ij}^l 是待求解图像对应的 Gram 矩阵的元素。数学上,Gram 矩阵是向量组成的集合中两两向量内积运算后组成的矩阵,反映了向量之间的相关性。对于第 l 层的模板图像风格特征 H^l,相应的第 i 个特征分量可以表示为向量形式 $[H_{ik}^l]_{k=1}^{M_l}$。这样便可以计算模板图像特征构成的 Gram 矩阵的元素 $S_{ij}^l=\sum_{k=1}^{M_l}H_{ik}^lH_{jk}^l$。待求解图像对应的 Gram 矩阵元素也是按照同样的方式计算。那么,公式(6.20)中风格有关的损失函数是 $\mathcal{L}_{\text{style}}(\boldsymbol{a},\boldsymbol{x})=\sum_l z_l\mathcal{L}_{\text{style}}(\boldsymbol{a},\boldsymbol{x},l)$,其中的 z_l 是对应于卷积神经网络每一层误差的权重因子。

卷积神经网络采用预训练的网络,例如基于物体识别任务训练过的 VGG 等网络。输入图像通过 VGG 网络提取特征作为内容的表示,而模板图像通过 VGG 网络提取的特征作为风格的表示。这里的 VGG 网络去掉全连接层,只保留前面 5 个卷积层,也就是公式(6.19)和公式(6.20)中 $l\leqslant 5$。同时,采用白噪声图像作为随机初始化的图像,目标是使得待求解的风格化图像的内容特征与输入图像一致,而风格特征与模板图像一致。这其实也是充分利用了卷积神经网络对于图像不同层次特征的提取和表示能力,从而将内容和风格进行有效地结合。在此基础上,通过经典的梯度下降法优化公式(6.18)所定义的目标函数,使其总体损失函数取值最小。经过几轮迭代优化后,这种方式得到的最优解就对应于将任意输入图像转换成指定模板图像风格的效果,从而实现了模板图像到输入图像的风格迁移,如图 6.29 所示。显而易见,基于卷积神经网络的风格迁移能够处理不同的模板图像,将输入图像同时转化成各种不同风格的图像。

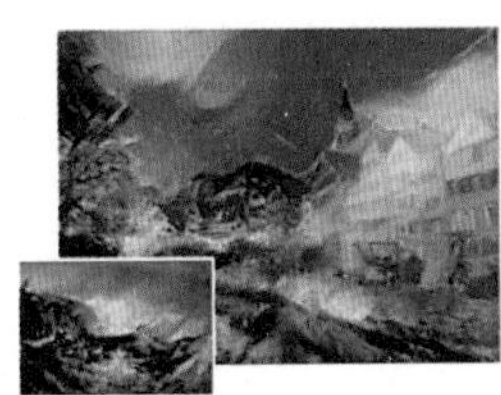

图 6.29　基于卷积神经网络的风格迁移结果(图片来自[84])

2. 分块特征的风格迁移

虽然将模板图像和输入图像输入卷积神经网络获取整体的内容特征和风格特征能够很好地进行风格迁移,但是每次迁移都要对网络进行训练,导致运行速度比较慢,而且局部细节可能存在失真问题。为此,采用分块的方式进行特征表示和风格化重建,能够有效提高风格迁移的效率和效果。

如图 6.30 所示,对于输入图像 $\boldsymbol{p}$ 和模板图像 $\boldsymbol{a}$,通过预训练的 CNN 网络得到各自对应的神经网络特征,对应于相应的向量表示分别记为 $\Phi(\boldsymbol{p})$ 和 $\Phi(\boldsymbol{a})$。然后,按照输入图像和模板图像尺寸和像素邻域关系,将 $\Phi(\boldsymbol{p})$ 和 $\Phi(\boldsymbol{a})$ 划分为彼此具有重叠区域的分块集合,记为 $\{\phi_i(\boldsymbol{p})\in\Phi(\boldsymbol{p})\}_{i=1}^{N_p}$ 和 $\{\phi_j(\boldsymbol{a})\in\Phi(\boldsymbol{a})\}_{j=1}^{N_a}$,其中,$N_p$ 和 N_a 分别表示输入图像和

模板图像分块的数目。那么，输入图像的分块和模板图像的分块集合采用归一化后的交叉相关性计算两个集合中分块相似性。具体计算公式为

$$\phi_i^{ss}(\boldsymbol{p},\boldsymbol{a})=\underset{\phi_j(\boldsymbol{a}),j=1,\cdots,N_a}{\operatorname{argmax}}\frac{<\phi_i(\boldsymbol{p}),\phi_j(\boldsymbol{a})>}{\|\phi_i(\boldsymbol{p})\|\cdot\|\phi_j(\boldsymbol{a})\|} \tag{6.21}$$

于是，输入图像的每一个分块 $\phi_i(\boldsymbol{p})$ 都能找到一个与之匹配的模板图像的分块 $\phi_i^{ss}(\boldsymbol{p},\boldsymbol{a})$，这样就能通过分块的交换实现输入图像到模板图像的风格迁移。

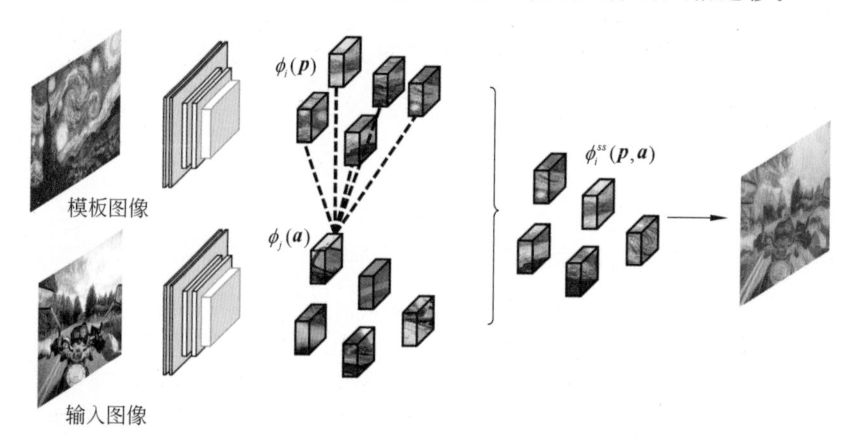

图 6.30　通过匹配的分块特征重建风格化图像（图片来自[85]）

具体来讲，所有匹配的模块图像分块集合记为 $\Phi^{ss}(\boldsymbol{p},\boldsymbol{a})$，那么风格化之后的输出图像 $\boldsymbol{x}$ 应当是满足使得如下公式中定义的损失函数最小的解：

$$\mathscr{L}_{\text{style}}(\boldsymbol{p},\boldsymbol{a},\boldsymbol{x})=\underset{\boldsymbol{x}\in\mathbf{R}^{3\times H\times W}}{\operatorname{argmin}}\|\Phi(\boldsymbol{x})-\Phi^{ss}(\boldsymbol{p},\boldsymbol{a})\|_F^2+\|\nabla\boldsymbol{x}\|_2^2 \tag{6.22}$$

其中，H 和 W 是对应图像高和宽的尺寸，$\Phi(\cdot)$表示预训练的卷积神经网络中的最大池化操作，$\|\cdot\|_F$ 是矩阵的 Frobenius 范数。由 L_2 范数定义的全变差正则项 $\|\nabla\boldsymbol{x}\|_2^2$ 用于重建风格化图像过程中可能存在的噪声，计算公式为

$$\|\nabla\boldsymbol{x}\|_2^2=\sum_{h=1}^{H-1}\sum_{w=1}^{W}(\boldsymbol{x}_{h+1,w}-\boldsymbol{x}_{h,w})^2+\sum_{h=1}^{H}\sum_{w=1}^{W-1}(\boldsymbol{x}_{h,w+1}-\boldsymbol{x}_{h,w})^2 \tag{6.23}$$

这里的(h,w)表示像素的行列位置。通过求解公式(6.22)的最优解便得到了采用分块特征的风格迁移结果，既能保留输入图像的内容，又能反映模板图像的风格，如图 6.31 所示。

图 6.31　分块特征的风格化迁移（图片来自[85]）

6.6.2 基于生成对抗网络的风格迁移

生成对抗网络(Generative Adversarial Networks,GAN)也是一种深度学习模型,被认为是无监督学习最具前景的方法之一。生成对抗网络包含两部分模型:生成模型(Generator)和判别模型(Discriminator)。其中,生成器负责生成与训练数据分布相似的样本数据,而判别器则负责将输入样本和真实数据做对比来判别其真实性。在生成器和判别器两个网络的优化过程中,通过这两部分的博弈学习产生输出,从而可以看作是一种典型的无监督深度学习方法。图6.32展示了生成对抗网络的结构。这种神经网络在训练时不需要严格标记图像对作为样本,而是通过优化生成器的损失函数和判别器的损失函数,最终获得符合样本统计分布的生成数据,并将其作为优化结果。

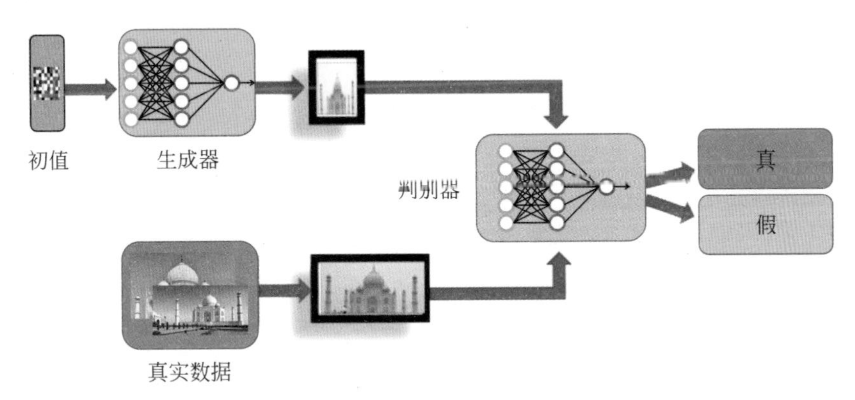

图6.32 生成对抗网络结构

1. 基于循环生成对抗的风格迁移

利用GAN进行风格迁移时,需要将图像本身的内容和待迁移的风格作为约束有机融入到生成对抗网络的生成器和判别器中。这样才能使得生成的图像既保持输入图像内容,又能体现模板图像的风格。图6.33所示的循环生成对抗网络(CycleGAN)是实现这种风格迁移方式的有效途径之一。这种基于循环生成对抗的风格迁移是将某一风格的模板图像作为样本集合,再利用生成器将输入图像映射为符合样本分布的图像,同时通过判别器给出的损失函数不断更新生成器的网络参数,使其能够输出更好的生成图像。最终,待求解的迁移图像就可以通过平衡状态下的生成器得到风格化结果。

具体来讲,假设 X 对应于输入图像,Y 对应于模板图像,那么映射 $G:X\rightarrow Y$ 作为生成函数就会将输入图像转化为风格化图像。而其反向映射 $F:Y\rightarrow X$ 则能够在无法提供标记对应样本的时候,使得生成图像符合输入图像的内容。因此,映射 F 和 G 描述图像内容和风格。此外,D_X 和 D_Y 是对抗判别器,分别用来判定$\{x\}$和$\{F(y)\}$的差别,以及$\{y\}$和$\{G(x)\}$的差别。在此基础上,该网络对应的损失函数定义为

$$\mathscr{L}(G,F,D_X,D_Y)=\mathscr{L}_{\mathrm{GAN}}(G,D_Y,X,Y)+\mathscr{L}_{\mathrm{GAN}}(F,D_X,Y,X)+\lambda\mathscr{L}_{\mathrm{cyc}}(G,F) \tag{6.24}$$

其中包含了生成对抗网络两个经典的的损失函数 $\mathscr{L}_{\mathrm{GAN}}$ 和一个循环损失函数 $\mathscr{L}_{\mathrm{cyc}}$。对抗损失函数 $\mathscr{L}_{\mathrm{GAN}}$ 度量了生成的风格图像/自然图像和真实的风格图像/真实图像之间的差异,促进生成器产生更真实的风格化图像。$\mathscr{L}_{\mathrm{GAN}}$ 的具体定义如下

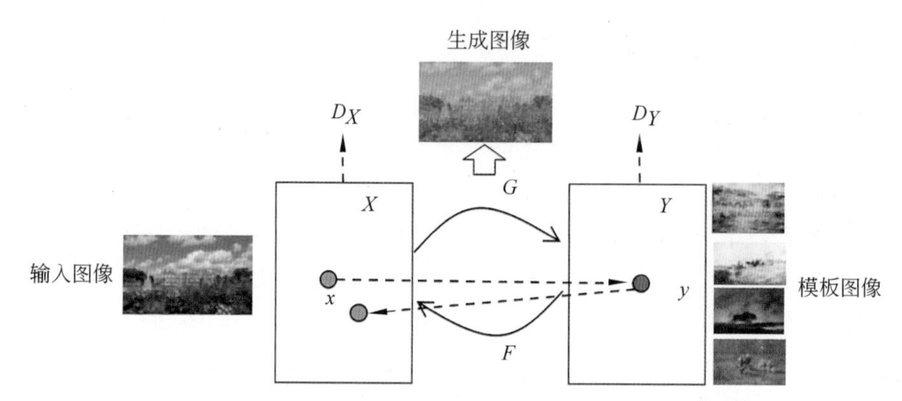

图 6.33 通过生成对抗网络产生符合某一风格模板图像集合样本分布的风格化图像

$$
\begin{aligned}
&\mathcal{L}_{\text{GAN}}(G,D_Y,X,Y)+\mathcal{L}_{\text{GAN}}(F,D_X,X,Y)\\
&=E_{y\sim p_{\text{data}}(y)}[\log D_Y(y)]+E_{x\sim p_{\text{data}}(x)}[\log(1-D_Y(G(x))]+\\
&\quad E_{x\sim p_{\text{data}}(x)}[\log D_X(x)]+E_{y\sim p_{\text{data}}(y)}[\log(1-D_X(F(y))]
\end{aligned}
\tag{6.25}
$$

其中，$x\sim p_{\text{data}}(x)$和$y\sim p_{\text{data}}(y)$表示相应的输入图像x在集合X中的数据分布，以及y在集合Y中的数据分布，可以简化表示为$\frac{1}{N}$和$\frac{1}{M}$，而N和M分别是集合中图像数量。在公式(6.25)中由映射G产生的图像通过判别器D_Y判断两者之间是否具有相似的风格，也就是满足$\min_G\max_{D_Y}\mathcal{L}_{\text{GAN}}(G,D_Y,X,Y)$；而映射$F$产生的图像通过判别器$D_X$判断内容的相似性，也就是满足$\min_F\max_{D_X}\mathcal{L}_{\text{GAN}}(F,D_X,X,Y)$。

循环一致性损失函数$\mathcal{L}_{\text{cyc}}$度量了输入图像和生成图像在内容上的一致性，从而避免了G和F都映射为同一张图像而导致损失无效的情况。$\mathcal{L}_{\text{cyc}}$的具体定义如下

$$
\mathcal{L}_{\text{cyc}}(G,F)=E_{x\sim p_{\text{data}}(x)}[\|F(G(x))-x\|_1]+E_{y\sim p_{\text{data}}(y)}[\|G(F(y))-y\|_1]\tag{6.26}
$$

这里包含由x到$G(x)$的前向一致性，以及由y到$F(y)$的反向一致性，二者都是通过L_1范数进行一致性度量的计算，因此可以在风格迁移时做到内容的保持和风格的一致。

由输入图像生成风格化图像就是通过优化公式(6.24)定义的目标函数计算最优的映射G^*和F^*：

$$
G^*,F^*=\arg\min_{G,F}\max_{D_X,D_Y}\mathcal{L}(G,F,D_X,D_Y)\tag{6.27}
$$

这里需要注意，由于采用了映射F^*产生图像内容，使得在训练时可以使用不完全配对的输入图像和模板图像作为样本，从而更好地适用于风格迁移。此外，循环损失函数可以有效阻止通过该网络学习得到的映射G^*和F^*彼此产生冲突，引入无效的生成图像。这样就可以将任意的输入图像最终转化为不同风格的输出图像。例如图6.34所示，同一个输入图像就被转化为具有莫奈、梵高、塞尚等艺术家作品风格的多幅油画图像，同时也能够转化为浮世绘风格。

2. 基于生成对抗网络的卡通风格化

正如6.4节中介绍的卡通风格化，相比于油画、水彩画等艺术风格，卡通风格具有独特的高度简化和抽象的性质。这体现在卡通图像大多具有清晰的边缘、平滑的用色和相

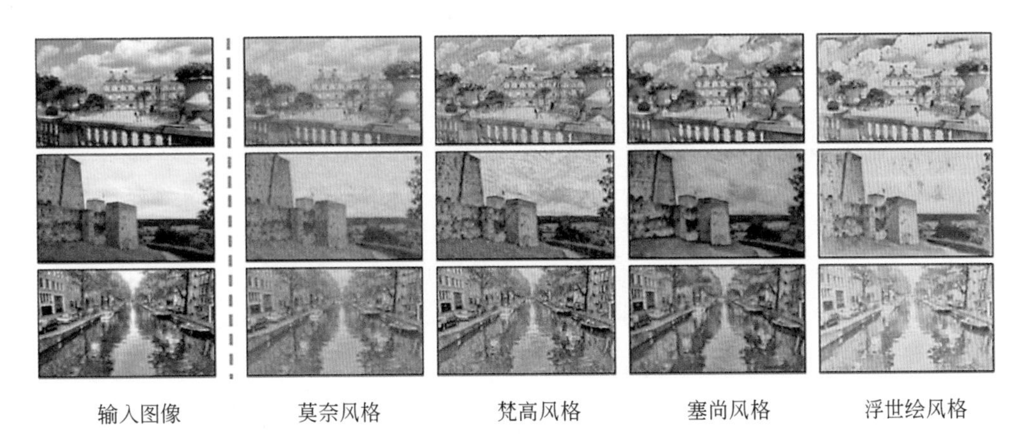

图 6.34 基于生成对抗网络的风格迁移结果(图片来自[86])

对简单的纹理。因此,在使用 GAN 进行卡通风格迁移时需要设计符合卡通风格特性的一致性约束,以提高卡通风格化效果。

CartoonGAN 是一种专门为卡通风格化设计的生成对抗网络,它可以有效学习从输入的自然图像到卡通图像的映射。训练数据包括自然图像集 $\boldsymbol{S}_{\text{data}}(\boldsymbol{p})=\{\boldsymbol{p}_i \mid i=1\cdots N\}$ 和卡通图像集 $S_{\text{data}}(\boldsymbol{c})=\{\boldsymbol{c}_i \mid i=1\cdots M\}$,其中,$N$ 和 M 分别表示自然图像和卡通图像的数量,而且和 CycleGAN 类似,两者之间不需要彼此成对。CartoonGAN 通过优化生成器 G 和判别器 D 构成的损失函数 $\mathscr{L}(G,D)$,建立从自然图像到卡通图像的风格化映射。CartoonGAN 仍使用图 6.32 所示的基本的生成对抗网络结构,而生成器 G 和判别器 D 则使用图 6.35 所示的网络。

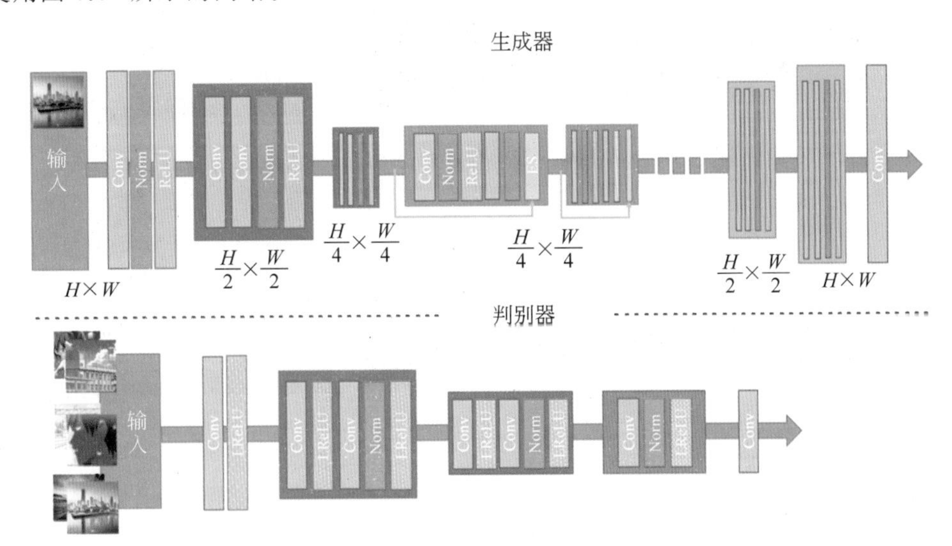

图 6.35 CartoonGAN 使用的生成器和判别器(图片来自[87])

具体来讲,生成器 D 是一个编码-解码器(Encoder-Decoder)的卷积神经网络,定义了从自然图像到卡通图像的映射。对于高 H 和宽 W 的输入图像,编码阶段使用正常的图像卷积操作(Conv)、归一化操作(Norm)和激活函数操作(ReLU)后,再进行两次降采样下的重复操作,得到尺寸为$\frac{H}{2}\times\frac{W}{2}$的压缩编码;解码阶段使用类似的网络操作重建风格化图像。判别器D则是普通的卷积神经网络,判断是自然图像还是卡通图像。这里直接使用预训练的VGG网络,通过分块的比较进行真(卡通图像)假(自然图像)判断。

上述GAN网络结构中的网络权重需要通过对损失函数$\mathscr{L}(G,D)$的优化进行计算。该损失函数是由对抗损失函数$\mathscr{L}_{\text{adv}}(G,D)$和内容损失函数$\mathscr{L}_{\text{con}}(G,D)$相加得到。其中,对抗损失函数使得生成的图像尽可能满足卡通图像集$S_{\text{data}}(\boldsymbol{c})$的分布,因此定义为

$$\mathscr{L}_{\text{adv}}(G,D)=\mathbb{E}_{\boldsymbol{c}_i\sim S_{\text{data}}(\boldsymbol{c})}[\log D(\boldsymbol{c}_i)]+\mathbb{E}_{\boldsymbol{e}_j\sim S_{\text{data}}(\boldsymbol{e})}[\log(1-D(\boldsymbol{c}_i))]+\mathbb{E}_{\boldsymbol{p}_k\sim S_{\text{data}}(\boldsymbol{p})}[\log(1-D(G(\boldsymbol{p}_k)))] \tag{6.28}$$

其中,$S_{\text{data}}(\boldsymbol{e})=\{\boldsymbol{e}_i\mid i=1\cdots M\}$是$\boldsymbol{c}_i\in S_{\text{data}}(\boldsymbol{c})$去除显著边缘后的图像组成的集合。这里采用数字图像处理中常用的Canny算子进行边缘检测。这样可以提高生成图像中边缘的比重,使其更加符合卡通风格。

内容损失函数则直接使用预训练的VGG网络中每一层特征定义,相应的表达式为

$$\mathscr{L}_{\text{con}}(G,D)=\mathbb{E}_{\boldsymbol{p}_i\sim S_{\text{data}}(\boldsymbol{p}_i)}[\|\text{VGG}_l(G(\boldsymbol{p}_i)-\text{VGG}_l(\boldsymbol{p}_i))\|_1] \tag{6.29}$$

其中,l表示VGG中指定的一层,同时使用L_1范数$\|\cdot\|_1$来更好地处理图像边缘,使得生成图像在风格化时还能够继承输入图像的内容。图6.36展示了利用CartoonGAN进行卡通风格化绘制的结果。

图6.36 CartoonGAN的风格化结果(图片来自[87])

此外,扩散模型(Diffusion Model)作为一种生成式人工智能模型在图像处理领域取得了广泛应用。扩散模型是一种概率深度生成模型,包含两个过程:模拟数据从原始分布到噪声分布的扩散过程和学习逆过程实现数据生成。因此,可以利用扩散模型进行非真实感绘制,其基本原理是借助模拟数据分布的扩散和逆扩散过程,将目标风格迁移到图像中。尤其是在逆扩散过程中,通过引入目标风格特征的约束条件,使得从噪声中逐步去噪生成的图像在保持内容不变的同时,呈现出目标风格。这样就实现了基于扩散模型的风

格化绘制。随着生成式人工智能技术的发展，利用人工智能进行非真实感绘制的技术也会层出不穷。

6.7　小　　结

非真实感绘制打破了传统图形学绘制时一味追求真实性的发展，为计算机图形学注入了新的活力。自从1997年SIGGRAPH开始将非真实感绘制作为独立的会议单元以来，非真实感绘制技术进入了一个稳步发展的时期。笔画建模、纹理合成、图像滤波等技术广泛应用于不同艺术风格的非真实感绘制，并且从图像扩展到视频。

非真实感绘制更为强调视觉感知的效果，因而需要语义层面的分析与处理。随着以深度学习为基础的人工智能技术的强势兴起，传统方法无法处理的语义信息提取等问题得到了较好解决，也为非真实感绘制提供了新的发展机遇。

思考题

6.1　什么是非真实感绘制？它和真实感绘制的区别是什么？

6.2　使用笔画建模的艺术风格有哪些？不同风格笔画模型的差别是什么？

6.3　相比于油画和素描风格化绘制，水彩风格化绘制需要考虑哪些额外因素？

6.4　如何将图像纹理合成应用于非真实感绘制？

6.5　如何将图像滤波应用于非真实感绘制？

6.6　图像非真实感绘制技术推广到视频时的难点是什么？常用的解决手段有哪些？

6.7　目前流行的深度学习方法用于非真实感绘制时有哪些优势和不足？

第7章 基于图形的影像处理

影像是人类获取视觉信息的重要媒介，而图像、视频、图形又是展示影像内容的最重要形式。这里的图像主要指位图图像，它以像素为单位记录颜色信息。例如，常见的24位的RGB彩色图像，每个像素实际上包含了3个通道，分别记录红、绿、蓝三种单元色的颜色强度信息。视频是由连续的静止图像形成的帧序列，记录动态变化的视觉信息。图形则是指矢量图，以图元作为基本单位记录对影像颜色、形状等视觉信息。传统的图像/视频等影像处理大多是以像素为基本元素，通过建立合理的数学或物理模型进行计算。图形蕴含了更丰富的几何信息，采用基于图形的影像处理，能够更有效地提升图像/视频处理的效果和效率。

本章介绍影像处理中图像和视频的一些图形表示方法，以及图形学技术在影像处理中的应用，重点讲述如何使用图形学方法解决传统影像处理中的问题，具体内容包括影像抠图、影像缩放、影像融合、影像拼接和影像编辑等。

7.1 影像抠图

图像/视频抠图与图像/视频分割紧密相关，都是指将图像或视频画面划分为多个区域，而且一般要求不同区域之间没有重叠。数学上，抠图结果采用掩模图(Mask)表示。掩模图记录了每个像素的抠图值，也就是对每个像素 $\boldsymbol{p}$ 赋予0到1之间的数值 α_p。其中，$\alpha_p=0$ 表示该像素属于明确的背景，$\alpha_p=1$ 表示该像素属于明确的前景，而取值介于两者之间的 α_p 则对应于前景和背景混合而得的像素。因此，图形学里面的抠图实际上强调的是一种软分割，这与图像/视频的硬分割是截然不同的。这里，硬分割是指赋予每一个像素的数值只能是0(背景)或者1(前景)，而不存在介于两者之间的数值。换言之，硬分割后的像素或者被划分到前景，或者被划分到背景。而对于软分割而言，还存在一些无法被完全划分到前景或背景的像素。

如图7.1所示，图像/视频抠图的结果 α_p 表示了某种意义下前景和背景进行混合时的像素透明度。因此，对图像 $\boldsymbol{I}$ 进行抠图的数学公式可以写为如下形式：

$$\boldsymbol{I}=\alpha_p\boldsymbol{F}+(1-\alpha_p)\boldsymbol{B} \tag{7.1}$$

其中，$\boldsymbol{F}$ 和 $\boldsymbol{B}$ 分别对应于图像分割得到的前景和背景。

对于一般的彩色图像而言，每个像素有R、G、B三个通道，那么根据公式(7.1)就可以建立如下形式的抠图方程组：

图 7.1　图像抠图

$$\begin{cases} \boldsymbol{I}_r = \alpha_p \boldsymbol{F}_r + (1-\alpha_p)\boldsymbol{B}_r \\ \boldsymbol{I}_g = \alpha_p \boldsymbol{F}_g + (1-\alpha_p)\boldsymbol{B}_g \\ \boldsymbol{I}_b = \alpha_p \boldsymbol{F}_b + (1-\alpha_p)\boldsymbol{B}_b \end{cases} \tag{7.2}$$

这里总共需要求解7个未知量,但该方程组只存在3个等式。因此,抠图一般被认为是一个高度“病态”的问题,从而严重影响了抠图值的正常求解。

事实上,抠图在很多影像处理中都有着重要的应用。这是由于很多的图像/视频画面中往往包含尺度上很微小的物体,例如毛发、火焰等。通过抠图操作,可以为这类微小物体提供更为精细的划分方式。这种微小特征通常是由运动模糊或者物体本身尺度比较细小所造成的。例如,头发引起的像素部分被遮挡,使得该像素也混杂了头发以外的成分。在这种情况下,一个像素就变成了多个超级采样亚像素的集合,而对这些亚像素进行分割所得到的数值,就决定了该像素的抠图值。图7.2展示了对同一幅输入图像分别进行分割和抠图操作,以及将前景进行合成之后的结果。可以看到,将由抠图操作得到的前景合成到另一幅新的图像时,毛发边缘更加自然柔和,更像是直接拍摄所得到的图像。

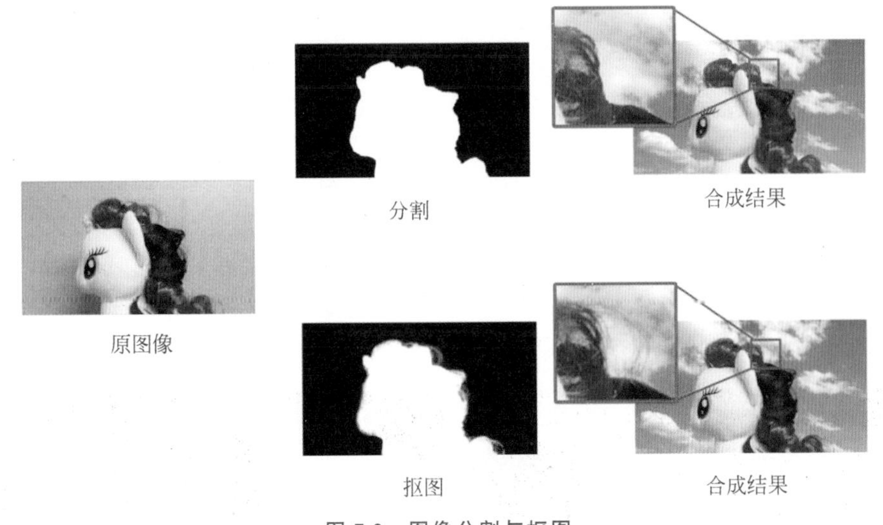

图 7.2　图像分割与抠图

由于抠图本身是病态问题,在求解时的基本策略是引入一些先验知识作为约束。这样就可以将病态问题转化为数学上可求解的问题。具体来讲,通过增加先验知识的约束来减少未知量或者增加约束方程个数的方式,可以对公式(7.2)所示的抠图函数进行优化,进而得到有效的抠图结果。常见的增加先验约束的方式大致可以分为两大类:蓝屏抠图（这时背景 $\boldsymbol{B}$ 是已知的，前景 $\boldsymbol{F}$ 和抠图值 α_p 是未知的）和自然图像抠图（这时背景 $\boldsymbol{B}$、前景 $\boldsymbol{F}$ 和抠图值 α_p 都是未知的）。在这两类方法中，自然图像抠图相对更困难些。由于背景未知，自然抠图往往借助三色图（Trimap）或者笔画图（Stroke Map）提供的前景和背景内容作为先验知识，以此来辅助公式（7.2）中抠图值的求解。

如图 7.3 所示，基于三色图的方法是采用三种不同强度的灰度值分别标识输入图像中的前景、背景和过渡区域。其中，前景和背景对应于硬分割时具有明确抠图值（$\alpha_p=1$ 和 $\alpha_p=0$）的区域；过渡区域的抠图值 $0\leqslant\alpha_p\leqslant1$ 则是未知的，需要借助已知的前景和背景区域作为先验约束进行计算。典型的基于三色图的方法包括贝叶斯抠图、泊松抠图等。

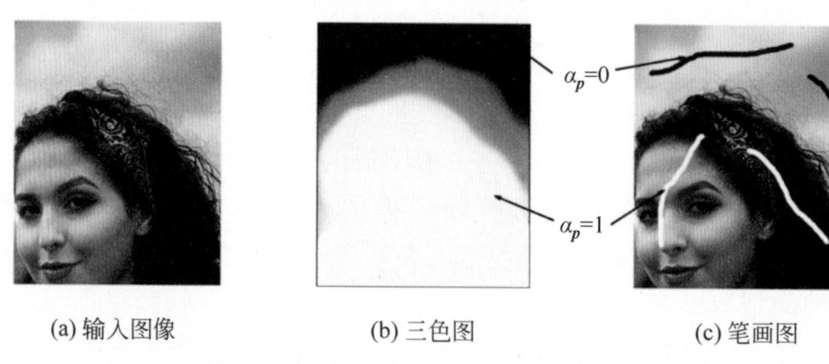

图 7.3　图像抠图中的三色图和笔画图

基于笔画图的方法则是通过交互的方式指定前景、背景和过渡区域。通常采用在图像上进行勾画的方式，选取笔画覆盖区域作为相应的种子区域，并以此建立先验约束条件。基于笔画的方法为抠图操作提供了交互上的更大灵活性。典型的方法包括最小二乘抠图、闭形式抠图等。此外，针对自然图像也有一些完全自动的抠图方法，例如闪光抠图等。

下面具体介绍这些抠图方法。

7.1.1　蓝屏抠图

蓝屏抠图技术最早在 20 世纪 50 年代由美国 MGM 公司的 Petros Vlaos 等人在电影制作过程中最先使用并逐步发展起来。这项技术也曾经荣获奥斯卡终身成就奖。事实上，蓝屏抠图是采用单一颜色作为背景拍摄的，从而能够方便地抠取前景。如图 7.4 所示，待拍摄的物体需要放置于单色背景前面，往往是一块蓝色或绿色的布，同时要求物体表面不包含背景颜色分量，这样就可以直接对前景物体进行抠图操作。

图 7.4　蓝屏抠图

根据公式（7.2），如果是在采用蓝屏背景的情况下，背景颜色 B 和前景部分颜色分量就会变为已知量。例如，使用蓝屏时背景为纯蓝色，那么背景颜色 B 的三个通道中的红色和绿色通道分量就变为 0。因此，对应于每个像素的 3 个方程中的未知量就会由 7 个减少为 4 个。此外，如果要求前景物体不含蓝色成分，也就是前景的蓝色通道分量为 0，那么就得到了如下只包含 3 个未知量的线性方程组：

$$\begin{cases} \boldsymbol{I}_r = \alpha_p \boldsymbol{F}_r \\ \boldsymbol{I}_g = \alpha_p \boldsymbol{F}_g \\ \boldsymbol{I}_b = (1-\alpha_p) b \end{cases} \tag{7.3}$$

其中，b 是蓝色背景的蓝色分量。这样，通过公式(7.3)便可以依次计算 α_p、$\boldsymbol{F}_r$ 和 $\boldsymbol{F}_g$，从而得到物体的抠图结果。

例题 7-1　图像的蓝屏抠图。

问题：假设如图 7.5 所示的图像 $\boldsymbol{I}$ 的背景为纯绿色，写出蓝屏抠图得到前景物体的伪代码。

解答：对于输入图像的每一个像素 $\boldsymbol{I}[i][j]$ 计算抠图值 $\alpha[i][j]$ 和前景物体像素 $\boldsymbol{F}[i][j]$ 颜色值的伪代码是：

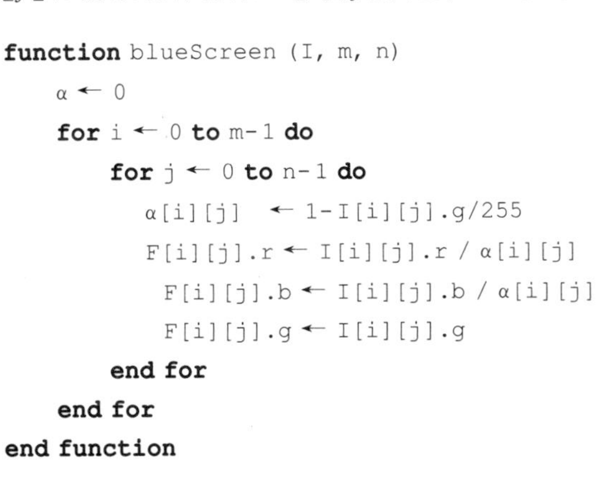

```
function blueScreen (I, m, n)
    α ← 0
    for i ← 0 to m-1 do
        for j ← 0 to n-1 do
            α[i][j]  ← 1-I[i][j].g/255
            F[i][j].r ← I[i][j].r / α[i][j]
             F[i][j].b ← I[i][j].b / α[i][j]
             F[i][j].g ← I[i][j].g
        end for
    end for
end function
```

图 7.5　图像蓝屏抠图

□

7.1.2　基于三色图的自然图像抠图

蓝屏抠图技术虽然方法简单，但使用条件却有严格的限制。这是因为必须采用纯色(蓝色或绿色)背景。然而对于一般的自然图像，背景往往比较复杂，因此很多场合无法采用蓝屏抠图技术。这时，可以通过三色图的方式引入一些适当的先验知识，进而增加公式(7.2)求解时的已知条件。在这种三色图提供的约束条件的基础上，再进一步采用贝叶斯优化、泊松优化等方法计算每个像素的抠图值。

1. 贝叶斯抠图

贝叶斯抠图是根据输入图像对应的三色图，借助贝叶斯推理来计算待求解区域 Ω 内的每个像素的抠图值。对于每个像素 $\boldsymbol{p}\in\Omega$，在其最接近的前景区域 $\boldsymbol{F}$ 和背景区域 $\boldsymbol{B}$，分别寻找相应的像素颜色值作为初始值，借助贝叶斯定理计算每个像素的抠图值 $0\leqslant\alpha_p\leqslant1$。然后，采用计算所得的抠图值更新三色图，按照求解出的抠图值修改三色图的像素灰度值。接着，基于新的三色图，再次利用贝叶斯定理求解抠图值。不断重复这个过程，直到三色图的灰度值不再发生变化，最终就可以得到相应的抠图结果。因而，其关键是有效计算循环中每一次抠图值。

在贝叶斯抠图过程中，每一次循环都需要借助贝叶斯公式计算抠图值。假设在第 n 次循环过程中，三色图前景区域为 $\boldsymbol{F}_n$，背景区域为 $\boldsymbol{B}_n$，那么可以通过高斯混合函数对前景和背景区域的颜色分布分别进行建模。以 R、G、B 任一通道为例，其强度值对应的高斯分布函数的方差和均值分别记为 $(\Sigma_{\boldsymbol{F}_n})^{-1}$、$(\Sigma_{\boldsymbol{B}_n})^{-1}$ 和 $\overline{\boldsymbol{F}}_n$、$\overline{\boldsymbol{B}}_n$。假设前景区域的像素数为 M，背景区域的像素数为 N，那么前景和背景区域的均值分别表示为 $\overline{\boldsymbol{F}}_n=\sum_{i=1}^{M}\boldsymbol{F}_n^i/M$ 和 $\overline{\boldsymbol{B}}_n=\sum_{i=1}^{N}\boldsymbol{B}_n^i/N$，对应的方差则是 $\Sigma_{\boldsymbol{F}_n}=\sum_{i=1}^{M}(\boldsymbol{F}_n^i-\overline{\boldsymbol{F}})(\boldsymbol{F}_n^i-\overline{\boldsymbol{F}})^{\mathrm{T}}/M$ 和 $\Sigma_{\boldsymbol{B}_n}=\sum_{i=1}^{N}(\boldsymbol{B}_n^i-\overline{\boldsymbol{B}})(\boldsymbol{B}_n^i-\overline{\boldsymbol{B}})^{\mathrm{T}}/M$。它们分别描述了前景区域和背景区域的颜色特征。那么，对于待求解区域的每个像素 $\boldsymbol{p}$，其颜色值与前景和背景的相似性可以通过如下公式计算：

$$\begin{cases}L_{\boldsymbol{p}}^{\boldsymbol{F}_n}=-(\boldsymbol{I}_{\boldsymbol{p}}-\overline{\boldsymbol{F}}_n)^{\mathrm{T}}(\Sigma_{\boldsymbol{F}_n})^{-1}(\boldsymbol{I}_{\boldsymbol{p}}-\overline{\boldsymbol{F}}_n)/2\\ L_{\boldsymbol{p}}^{\boldsymbol{B}_n}=-(\boldsymbol{I}_{\boldsymbol{p}}-\overline{\boldsymbol{B}}_n)^{\mathrm{T}}(\Sigma_{\boldsymbol{B}_n})^{-1}(\boldsymbol{I}_{\boldsymbol{p}}-\overline{\boldsymbol{B}}_n)/2\end{cases}\tag{7.4}$$

其中，$L_{\boldsymbol{p}}^{\boldsymbol{F}_n}$ 代表前景区域的相似性，$L_{\boldsymbol{p}}^{\boldsymbol{B}_n}$ 代表背景区域的相似性。这个公式描述了由当前三色图定义的前景和背景颜色表示该像素颜色时的组成比例，也就是该像素分别属于前景和背景区域的概率。

根据贝叶斯定理，在已知像素 $\boldsymbol{p}$ 的颜色值的前提下，前景 $\boldsymbol{F}$、背景 $\boldsymbol{B}$ 以及抠图值 $\alpha_{\boldsymbol{p}}$ 满足如下公式：

$$P(\boldsymbol{F}_n,\boldsymbol{B}_n,\alpha_{\boldsymbol{p}}\mid\boldsymbol{I}_{\boldsymbol{p}})=P(\boldsymbol{I}_{\boldsymbol{p}}\mid\boldsymbol{F}_n,\boldsymbol{B}_n,\alpha_{\boldsymbol{p}})P(\boldsymbol{F}_n)P(\boldsymbol{B}_n)P(\alpha_{\boldsymbol{p}})/P(\boldsymbol{I}_{\boldsymbol{p}})\tag{7.5}$$

其中，P 表示像素颜色的后验概率分布。进一步，利用公式(7.4)和经典的最大后验概率公式，就可以将抠图值的计算转化为如下能量最大化的公式：

$$\underset{\boldsymbol{F}_n,\boldsymbol{B}_n,\alpha_{\boldsymbol{p}}}{\operatorname{argmax}}L(\boldsymbol{I}_{\boldsymbol{p}}\mid\boldsymbol{F}_n,\boldsymbol{B}_n,\alpha_{\boldsymbol{p}})+L(\boldsymbol{F}_n)+L(\boldsymbol{B}_n)+L(\alpha_{\boldsymbol{p}})\tag{7.6}$$

其中，$L(\boldsymbol{F}_n)$和 $L(\boldsymbol{B}_n)$分别代表前景区域和背景区域的相似性。进一步计算在当前三色图约束条件下，已知前景和背景状态下相应的抠图值 $\alpha_{\boldsymbol{p}}$。根据得到的 $\alpha_{\boldsymbol{p}}$，更新三色图中前景和背景区域。通过不断迭代，最终得到抠图结果，如图 7.6(b)所示。

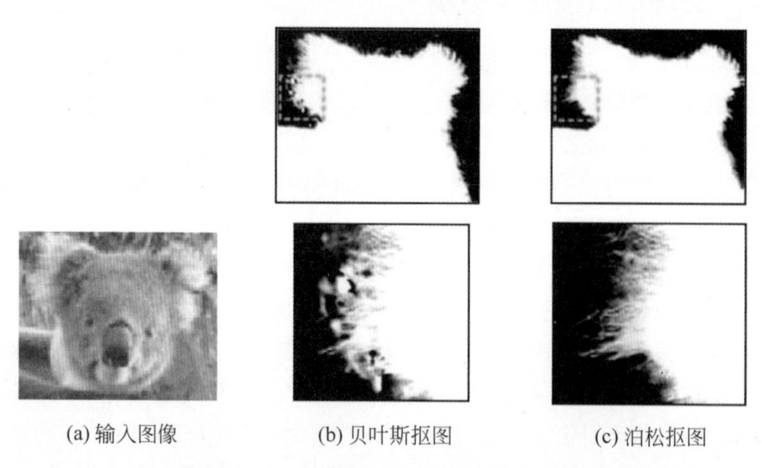

(a) 输入图像　(b) 贝叶斯抠图　(c) 泊松抠图

图 7.6　同一幅图像的贝叶斯抠图和泊松抠图结果(图片来自[89])

2. 泊松抠图

泊松抠图也是基于三色图提供的约束条件，但是将抠图问题转化为泊松方程形式进行求解。这种方法假设前景区域和背景区域颜色的变化是均匀的，也就是说$\nabla \boldsymbol{F}$ 和$\nabla \boldsymbol{B}$ 都可以近似为常值。那么，对公式(7.1)进行求导并化简，可以得到如下表达式：

$$\nabla \alpha_p \approx \frac{1}{\boldsymbol{F}-\boldsymbol{B}} \nabla \boldsymbol{I}_p \tag{7.7}$$

其中，∇表示梯度算子，表明抠图值的梯度和图像颜色梯度之间具有简单的线性正比关系。

基于公式(7.7)，可以将待求解区域 Ω 内每个像素抠图值 α_p 的计算转化为泛函最小化问题，具体表示为

$$\underset{\alpha_p}{\operatorname{argmin}} \iint_{p \in \Omega} \left\| \nabla \alpha_p - \frac{1}{\boldsymbol{F}_p - \boldsymbol{B}_p} \nabla \boldsymbol{I}_p \right\|^2 \mathrm{d}p \tag{7.8}$$

其中，$\boldsymbol{F}_p$ 和 $\boldsymbol{B}_p$ 是该像素的前景和背景颜色分量。数学上，公式(7.8)的求解可以转化为关于 α_p 的泊松方程，记为

$$\Delta \alpha_p = \operatorname{div}\left(\frac{\nabla \boldsymbol{I}_p}{\boldsymbol{F}_p - \boldsymbol{B}_p}\right) \tag{7.9}$$

其中，Δ 表示散度。

为了求解上述泊松方程，仍然采用迭代优化方法，分别计算抠图值、前景和背景区域。具体来讲，这里根据三色图中已知的前景和背景区域找到距离最近像素的颜色值分别作为 $\boldsymbol{F}_p$ 和 $\boldsymbol{B}_p$ 的初始值，那么公式(7.9)的求解就变成了关于 α_p 的线性最小二乘优化问题。然后，通过共轭梯度法就可以方便地计算公式(7.9)对应的最优解，将其作为待求解区域像素的抠图值。最后，根据求解的抠图值及预设的关于前景像素和背景像素的抠图阈值，更新三色图中前景区域和背景区域，以此得到新的三色图。接下来与贝叶斯抠图类似，通过不断迭代该计算过程，最终得到抠图结果。图 7.6(c)展示了泊松抠图结果。相比于贝叶斯抠图，泊松抠图方法对于图像中微小特征的抠取更加准确，使得前景和背景区域的区分度更好。

7.1.3　基于笔画的自然图像抠图

虽然三色图能够为图像抠图提供足够的约束条件，但根据输入图像生成三色图并不是很容易，尤其是当抠取物体的轮廓形状比较复杂时。相比于三色图，笔画则提供了一种更为简捷的交互方式，使用户能够通过几笔简单的勾画，指定前景和背景的种子区域。这类方法拿笔画覆盖区域定义一些先验条件，然后通过求解抠图方程计算其他区域像素的抠图值。常用的基于笔画的自然图像抠图方法有最小二乘抠图、闭形式抠图等。下面分别介绍这两种方法。

1. 最小二乘抠图

最小二乘抠图是将抠图方程转化为以抠图值 α_p 作为变量的二次函数。该函数忽略了未知区域像素的前景和背景颜色值对于 α_p 的影响。具体来讲，这种方法利用笔画覆盖区域的前景和背景颜色作为约束条件，计算有效的抠图结果。它假设相邻像素具有连续

的α_p值，而且由前景和背景区域提供的颜色具有与待求解像素颜色最小的差异。为此，如图7.7(a)所示，通常对于每一个像素$\boldsymbol{p}$，从背景和前景区域分别挑选N_p个距离最近的像素，利用它们提供的颜色作为先验信息。这里挑选的前景和背景区域像素集合分别记为$\{\boldsymbol{F}_p^i\}$和$\{\boldsymbol{B}_p^i\}$。那么，可以建立如下形式的抠图函数：

$$E=\sum_{p\in\Omega}\left(\sum_{i=1}^{N_p}\|\boldsymbol{I}_p-\hat{\boldsymbol{I}}_p^i\|^2/\sigma_p^2+\lambda\sum_{q\in N(p)}(\alpha_p-\alpha_q)^2/\|\boldsymbol{I}_p-\boldsymbol{I}_q\|\right)\tag{7.10}$$

其中，$\hat{\boldsymbol{I}}_p^i=\alpha_p\boldsymbol{F}_p^i+(1-\alpha_p)\boldsymbol{B}_p^i$是由已知的前景和背景先验所得到的图像；$\sigma_p$是在邻域范围内颜色分布的标准方差；$N(\boldsymbol{p})$是像素$\boldsymbol{p}$的邻域。

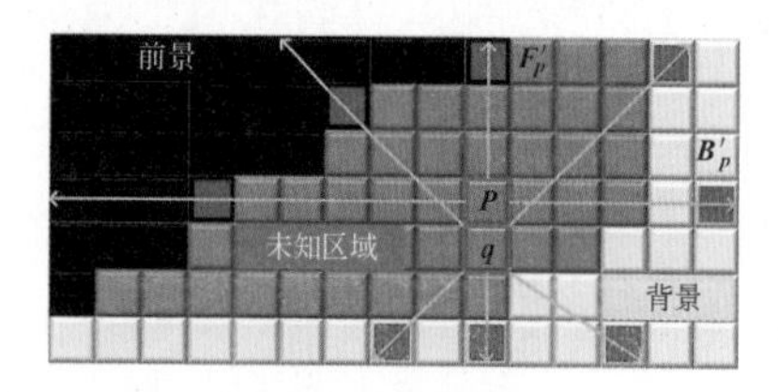

(a) 前景和背景约束

(b) 抠图结果

图7.7 最小二乘抠图(图片来自[93])

因此，对于未知像素，利用前景笔画和背景笔画覆盖的像素颜色值作为已知条件，公式(7.10)就会变成关于未知量α_p的二次函数。借助最小二乘优化，就可以计算未知区域像素的抠图值α_p。这种方法也可以采用迭代的方式，反复更新前景区域和背景区域，不断地对未知区域的抠图值进行优化求解，得到最终的抠图结果，如图7.7(b)所示。

2. 闭形式抠图

闭形式抠图采用简化的前景和背景颜色模型，将抠图方程转化为具有显式表达式的形式。如果输入图像是灰度图，该方法则在局部窗口范围内，假设前景和背景颜色值近似为常数，也就是说局部窗口内的图像是单色图。那么，对于局部窗口内的每个像素，相应的抠图值可以近似地写成关于像素灰度值的线性函数，记为$\boldsymbol{I}_p\approx\alpha_p\boldsymbol{F}+(1-\alpha_p)\boldsymbol{B}$，其中，$\boldsymbol{p}\in w$是局部窗口内的像素。进一步，可以得到每个像素对应的抠图值，记为$\alpha_p=a\boldsymbol{I}_p+b$。这里的两个系数分别是$a=1/(\boldsymbol{F}-\boldsymbol{B})$和$b=-\boldsymbol{B}/(\boldsymbol{F}-\boldsymbol{B})$。在此基础上，对于未知区域的像素可以建立如下抠图方程：

$$E(\alpha,a,b)=\sum_i\left(\sum_{p\in w_i}(\alpha_p-a_i\boldsymbol{I}_p-b_i)^2+\varepsilon a_j^2\right)\tag{7.11}$$

其中，w_i表示第i个局部窗口，一般设置为3×3的窗口；第二项是正则项，ε是权因子。公式(7.11)是线性二次函数，通过使该函数取值最小化来计算所有像素对应的抠图值，记为$\{\alpha_p\}=\text{argmin}\boldsymbol{\alpha}^{\mathrm{T}}\cdot\boldsymbol{L}\cdot\boldsymbol{\alpha}$。这里$\boldsymbol{\alpha}$是由所有像素抠图值组成的列向量；$\boldsymbol{L}$是由像素灰度值定义的方阵。

上述思想推广到一般的彩色图像，对于局部窗口像素的抠图值可以采用R、G、B三个通道的线性函数近似。如图7.8所示，对于每个像素$\boldsymbol{p}$记为$\alpha_p=a^R\boldsymbol{I}_p^R+a^G\boldsymbol{I}_p^G+a^B\boldsymbol{I}_p^B+b$。根据公式(7.11)，就可以得到彩色图像R、G、B三个通道对应的抠图方程：

$$E(\alpha,a,b)=\sum_{i\in I}\left(\sum_{p\in w_i}(\alpha_p-a_i^R\boldsymbol{I}_p^R-a_i^G\boldsymbol{I}_p^G-a_i^B\boldsymbol{I}_p^B-b_i)^2+\varepsilon a_i^{R2}+\varepsilon a_i^{G2}+\varepsilon a_i^{B2}\right)\tag{7.12}$$

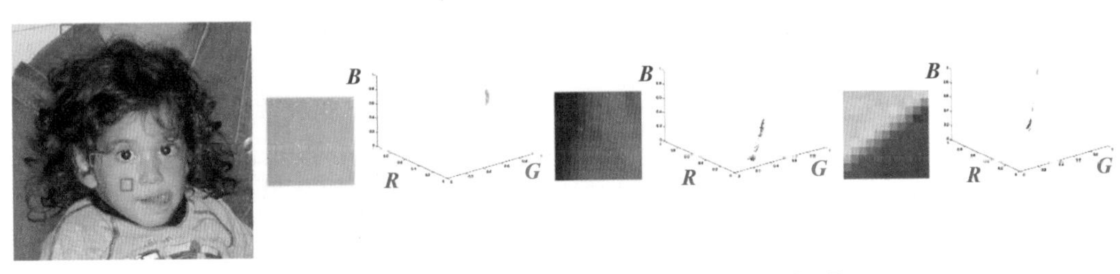

图 7.8　局部窗口的颜色的线性分布(图片来自[94])

事实上,公式(7.12)是以抠图值作为变量的二次函数。这里是将用户交互笔画作为已知的前景和背景区域,那么其对应的抠图值分别是0或1,并以此作为函数优化时的约束条件。此外,由于公式(7.12)是关于抠图值的线性二次函数,可以采用共轭梯度法得到未知区域所有像素抠图值的显式解,以及相应的前景区域和背景区域。

7.1.4　视频抠图

图像抠图方法推广到视频,就可以对视频帧画面中的物体进行抠图处理。视频抠图的关键在于如何保持帧间抠图值的一致性,也就是说,抠图值要随着帧间运动做相应的连续变化,这样才能确保抠取时前景和背景的一致性。视频抠图的基本思想是首先在关键帧上获取相应的抠图值,然后结合视频运动在帧间传播抠图值,从而形成时空连续的抠图值。

如图7.9所示,将抠图值从关键帧传播到其他帧时,往往是以关键帧的抠图值作为初始值,通过双向传播来插值中间帧的抠图值。在此基础上,进一步精细处理物体边界处的抠图值,生成中间帧的抠图结果。不同的视频抠图方法往往会借助不同的运动形式进行帧间传播,例如采用光流方法、视频体方法等。

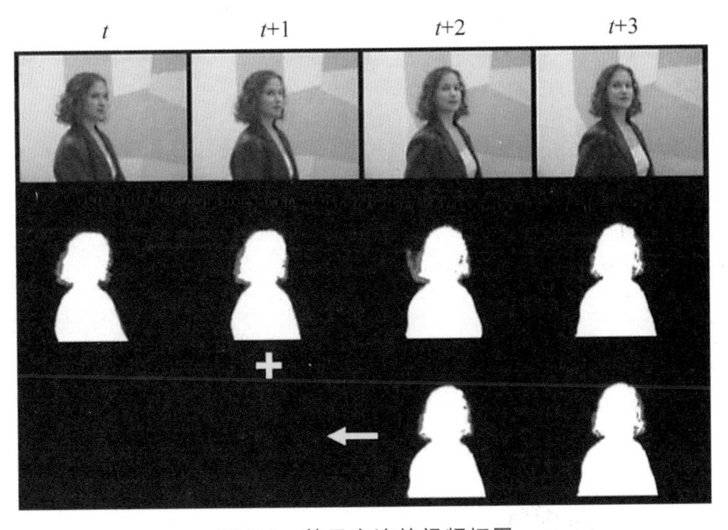

图 7.9　基于光流的视频抠图

7.2 影像缩放

图像/视频在不同终端显示时,由于设备制造的差异,产生的画面尺寸会存在不一致的问题,如图 7.10(a)所示。这样在不同终端显示时,需要调整图像/视频的画面尺寸。影像缩放就是通过减少或者扩展原始图像的边界大小,或者增删原始画面的内容,使缩放后的影像能够适应于不同的显示屏幕,从而满足用户在不同终端观看影像内容的要求。

(a) 不同尺寸的显示终端　　(b) 不同缩放结果

图 7.10　影像缩放

传统图像处理的方法在进行影像缩放时,大多是基于尺寸裁剪的方式,也就是对输入的图像或者视频帧画面进行等比例缩放,或者直接将图像按照显示屏的尺寸进行裁剪。这些处理方式不可避免地造成缩放后图像内容的严重损失,如图 7.10(b)所示。基于图形学的方法则会根据影像中画面内容的差异,在不影响缩放后观看效果的前提下,对图像或视频帧画面进行增删或变形,以满足指定的缩放尺寸要求。下面介绍几种典型的影像缩放方法。

7.2.1 图像缝隙增删

缝隙增删的基本思想是在图像的水平和竖直方向,不断插入或删除缝隙来扩大或减小图像。这里所谓的缝隙(Seam),是指图像中路径连通的低能量像素通路,同时该通路使得每行或者每列只包含一个像素。因此,如图 7.11 所示,水平方向的缝隙增删会扩大或缩小图像的宽度,而竖直方向的缝隙增删则会扩大或缩小图像的高度。那么,综合使用水平或竖直方向的缝隙增删,就能够实现图像在两个方向上的尺寸缩放。

显而易见,缝隙增删方法的关键是如何定义缝隙,使得缩放后的图像内容具有自然的视觉效果。典型的缝隙定义,是指在图像中穿越较低视觉显著性区域的那些连线。这里的显著性是指图像中容易引起视觉注意力的强度,通常定义为图像梯度的大小,或者其他基于视觉感知机理的模型。具体来讲,图像 $\boldsymbol{I}$ 在像素位置 $\boldsymbol{p}=(x,y)$处的视觉显著性可以通过梯度计算来表示为 $\boldsymbol{e}(\boldsymbol{I}_p)=|\partial \boldsymbol{I}_p/\partial x|+|\partial \boldsymbol{I}_p/\partial y|$。

在此基础上,需要在水平或者竖直方向寻找连续的缝隙。以竖直方向为例,为了保持缝隙的连续性,往往将上下相邻的一组像素集合作为候选的缝隙。因此,给定一条缝隙,

图 7.11　删除缝隙减小图像宽度(图片来自[96])

它的视觉显著性可以定义成

$$E(\boldsymbol{p}=(x(i),i))=\sum \boldsymbol{e}(\boldsymbol{I}_p),\quad 1\leqslant i\leqslant H \tag{7.13}$$

其中,H 是图像高度,横坐标 $x(i)$约束了缝隙在竖直方向必须是连续不间断的。这样就保证了缝隙在竖直方向是路径连通的通路。那么,最优的缝隙就是使得公式(7.13)取值最小的像素所组成的集合。为了优化该公式,可以通过动态规划的方法进行快速计算,然后依次将找到的缝隙在图像中做插入或删除操作,由此得到宽度扩大或缩小的图像。因为这些缝隙只是经过一些视觉不显著的区域,多数情况下不会引起强烈的视觉反应,所以通常不会影响图像中重要内容在缩放后的观看。

然而,基于缝隙增删的图像缩放方法效率较低。这主要是由于每次只能增加或删除一条缝隙,是一个顺序执行的过程。此外,对于一些显著的物体结构属性,如轮廓的直线性,由这种方法得到的缩放结果也缺乏较好的直线保持特性,以致原始的直线出现错位或断裂等问题。

例题 7-2　基于缝隙增删的图像缩放。

问题:输入图像如图 7.12 所示,写出采用动态规划计算竖直方向的最优缝隙(红线所示)并进行宽度缩小的伪代码。

图 7.12　基于缝隙增删的图像缩放

解答:假设输入图像 $\boldsymbol{I}$ 的宽和高分别是 m 和 n,那么在竖直方向计算 k 条最优缝隙,并进行删除以缩小宽度的伪代码是

```
function optimalSeam (I)
    saliency ← gradient (I)                    /* 通过梯度计算每个像素的显著性 */
    for i ← 0 to m-1 do                        /* 动态规划记录路径显著性 */
```

```
        for j ← 0 to n-1 do
            if j ==0 then
                dyn[j][i] ← saliency[j][i];
                else if i ==0 then
                    if dyn[j-1][i] <=dyn[j-1][i +1] then
                        dyn[j][i] ← dyn[j-1][i] +saliency[j][i]
                    else
                        dyn[j][i] ← dyn[j-1][i +1] +saliency[j][i]
                    end if
                else if i ==m-1 then
                    if dyn[j-1][i] <=dyn[j-1][i-1] then
                        dyn[j][i] ← dyn[j-1][i] +saliency[j][i]
                    else
                        dyn[j][i] ← dyn[j-1][i-1] +saliency[j][i]
                    end if
                else if dyn[j-1][i -1] <=dyn[j-1][i] and dyn[j-1][i -1] <=
                                dyn[j-1][i +1]) then
                    dyn[j][i] ← dyn[j-1][i-1] +saliency[j][i]
                else if dyn[j-1][i +1] <=dyn[i-1][i] and dyn[j-1][i +1] <=
                                dyn[j-1][i-1]) then
                    dyn[j][i] ← dyn[j-1][i +1] +saliency[j][i]
                else
                    dyn[j][i] ← dyn[j-1][i] +saliency[j][i]
                end if
            end if
        end for
    end for
    for l ← 1 to k do
        s ← findSeam (I, dyn)                 /* 寻找当前最优的路径作为缝隙 */
        I ← I-s                               /* 删除该缝隙得到宽度缩小的图像 */
    end for
end function
```

□

7.2.2 图像网格变形

图像网格变形是以缩放后的目标尺寸为约束，对原始图像进行变形操作。这就把尺寸改变的过程转化为图像内容中形状的变化。这种变形方法一方面使得缩放后的图像满足指定的尺寸要求，另一方面也可确保原始图像中物体的形状不发生较大的变化，也就是尽量地保持物体的结构不变。常用的网格变形方法是采用图像嵌入的四边形网格变形来驱动图像的尺寸缩放。

图形学中的变形方法大多基于网格驱动的策略。如图7.13所示，通过对网格顶点、边等基本几何元素的空间位置的改变，实现网格形状的变化。因此，图像变形时首先将图像嵌入一个预设的网格，然后为了实现形状保持的变形，需要采用相似变换对网格顶点、边等的位置做变化，进而驱动整个图像的变形。具体来讲，网格顶点坐标$\{\boldsymbol{v}_i\}$变换后的坐标$\{\boldsymbol{v}_i'\}$应当是满足如下变形函数的最优解：

$$\operatorname{argmin}\sum_{\{i,j\}\in E}\|(\boldsymbol{v}_i'-\boldsymbol{v}_j')-s_f(\boldsymbol{v}_i-\boldsymbol{v}_j)\|^2+\sum_{\{i,j\}\in E}\|(\boldsymbol{v}_i'-\boldsymbol{v}_j')-l_{ij}(\boldsymbol{v}_i-\boldsymbol{v}_j)\|^2 \tag{7.14}$$

其中，E 是所有网格边$<\boldsymbol{v}_i,\boldsymbol{v}_j>$的集合。

(a) 网格变形

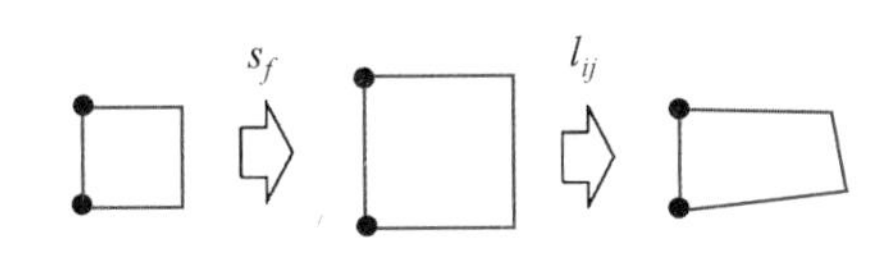

(b) 形状保持的格子变换

图 7.13　网格变形驱动图像缩放

公式(7.14)中的第一项约束每个四边形的边在变形时只会发生伸缩和平移，这就意味着每一个四边形格子只是根据比例因子 s_f 做等比例缩放。由于边长比例不变，所以这样能够保持图像内容不发生明显的形变。第二项是在图像发生不等比例缩放操作时，网格的每一个四边形的边要按照指定的缩放倍数 l_{ij} 进行变化，也就是能够满足目标尺寸的倍数。显然，如果只有这两个能量项，变换函数的最优解是平凡的零解。为了获得有效的非平凡解，需要进一步在公式(7.14)中添加额外的约束条件。这里使用图像缩放后的边界位置作为约束，具体包括缩放后图像左上角顶点的位置 $\boldsymbol{v}'_0=(0,0)^{\mathrm{T}}$ 和右下角顶点的位置 $\boldsymbol{v}_{\mathrm{end}}'=(N',M')^{\mathrm{T}}$，以及水平和竖直边界上每个网格顶点的位置。这些顶点位置一方面作为已知条件使得公式(7.14)具有非平凡解，另一方面也限定了缩放后图像的尺寸。在此基础上，可以计算满足指定边界条件的网格顶点位置，进而驱动图像变形。

为了在图像变形过程中使显著结构发生尽可能小的变化，可以采用图像梯度和图像显著度相结合的度量来得到结构图。这样，在图像变形过程中，显著性较强的网格顶点位置发生的变动尽可能小。通过这种方式可以进一步提高图像缩放后的视觉效果，尤其是尺寸改变较大时对原始内容的观感。

由于带约束的变形函数是非线性的，因此需要指定一个初值。这里可以采用简单的等比例缩放后的网格顶点位置作为初始值，然后通过迭代优化，求得最终缩放后的图像。但是，这种方法的缺点也很明显。如图7.14所示，由于在变形过程中采用相似变换，图像中的一些直线结构可能被破坏。

图 7.14　基于网格变形的图像缩放产生直线扭曲

7.2.3 视频缩放方法

与图像缩放相比，视频缩放的主要难点在于逐帧使用前面介绍的图像缩放方法时缺乏帧间时序的一致性，导致缩放后的视频帧画面在播放时跳跃明显。因此，视频缩放的一个基本思路是将所有帧的集合看作一个视频体，然后再将图像缩放方法推广到视频缩放。这样就能够在一定程度上提高缩放操作时的时空一致性。例如，基于视频体的缝隙增删方法，也就是要在时空域选择一致的缝隙增删策略，从而达到时空一致的视频缩放，如图 7.15(a)所示。

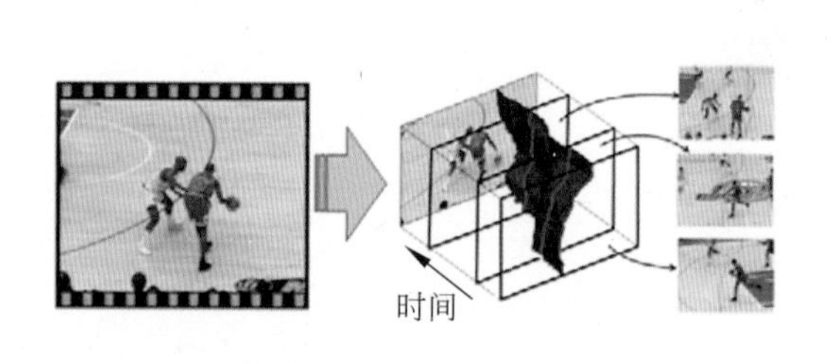

(a) 视频体中的缝隙

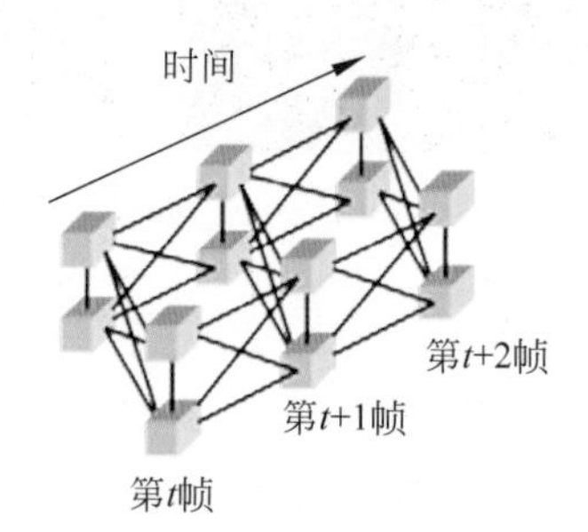

(b) 三维图割模型

图 7.15 基于缝隙增删的视频缩放(图片来自[98])

与图像采用动态规划求解不同，视频的缝隙通过图割优化来计算。视频体的最优缝隙需要满足两个条件：单调性，即每行只能有一个像素；连通性，即每条缝隙将图像划分为两个连通区域。首先以单帧图像为例，构造满足缝隙特点的图割模型，然后再将该模型推广到视频帧序列。

在经典的图割优化模型中，相邻像素之间通过带有权值的双向边进行连接，这样优化得到的图割边界不一定满足单调性和连通性。因此，为了满足上述两个特点，需要对其进行改造，将双向边中的一个方向的边的权值设为无穷大，而且将八邻域的连接边权值也设为无穷大。这样就可以满足相应的缝隙特点。进一步采用这种方式构造的图，经过图割优化得到的边界线就是由动态规划得到的缝隙。

为了处理连续的视频帧，需要将上述图的构造方式推广到三维视频体，以构造视频体对应的三维图。如图 7.15(b)所示，除了单帧图像相邻像素的边，还增加了相邻帧之间相邻像素之间的连接边，并设置相应的权值。这样，原图和缩放后的目标图分别通过无限加权的弧被创建并连接到图像的最左和最右列的像素里，形成三维体空间的图。同样利用图割优化，计算视频体在三维空间中的截面。该截面是贯穿起始和终止帧的面。它与中间每一帧都会形成一条交线，作为相应的缝隙。借助三维体空间图构造时的帧间连接方式，可以得到帧间连续变化的缝隙，从而有效避免了缩放后视频帧画面的跳跃。

7.3 影像融合

在影像创作过程中，往往需要将来自不同图像/视频的内容融合到另外指定的图像/视频中，从而生成新的图像/视频。在融合时，首先选取源图像中的区域作为源区域，如

图 7.16(a)所示，然后把它放入目标图像中，如图 7.16(b)所示，再通过融合生成新的图像，如图 7.16(c)和图 7.16(d)所示。

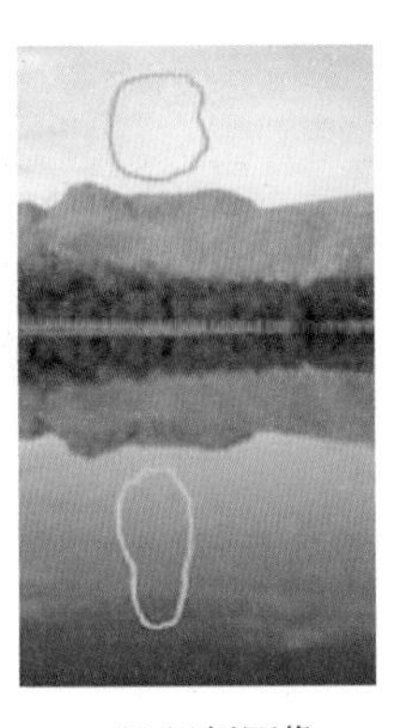
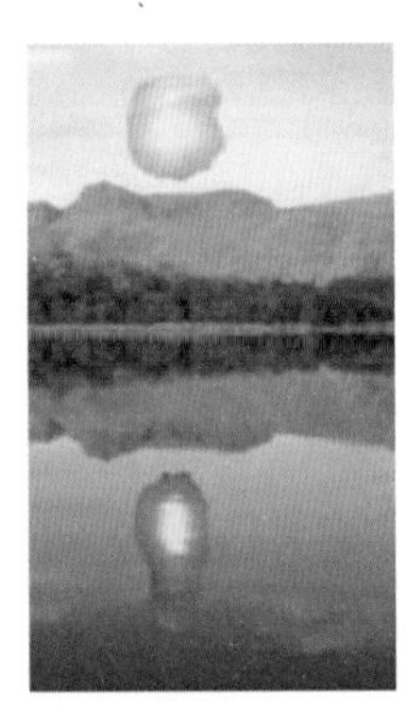

(a) 源区域　　(b) 目标图像　　(c) 简单融合　　(d) 泊松融合

图 7.16　图像融合

由于是对来自不同图像/视频的内容进行融合，需要使新生成的图像尽可能自然。而这个问题的关键之处是如何在源区域和目标图像重叠区域的边界处产生连续的过渡，这样才能使融合后的图像/视频看上去是自然的。直接将源区域置于目标图像中，就会产生如图 7.16(c)所示的不连续的边界过渡，具有很不自然的视觉效果。为了消除这种现象，传统图像处理的方法大多通过简单的透明度混合。例如，将源区域和目标图像的透明度分别设置为 0.5，然后在重合区域按照该透明度进行混合。虽然这种方式能够缓解边界处融合时的突变，但是没有考虑图像/视频本身内容的差异，融合结果仍然存在视觉的不连续性。另外一种是自适应融合，根据图像内容在边界处形成连续过渡，包括泊松图像融合、基于均值坐标插值的图形融合等。下面具体介绍这几种方法。

7.3.1　泊松图像融合

泊松融合方法是借助梯度表示图像内容中的结构。如图 7.17 所示，它将源区域的梯度嵌入到目标图像，然后根据目标图像的颜色恢复源区域中的图像内容。这样既能够保持源区域的内容，又兼具目标图像的颜色特点，使得融合后的图像更加自然。这种图像融合方法的问题求解最终转化为计算泊松方程，因此称为泊松融合。

具体来讲，源区域的梯度记为 $\boldsymbol{v}_{(x,y)}=\nabla_{(x,y)}\boldsymbol{I}=(\partial \boldsymbol{I}/\partial x,\partial \boldsymbol{I}/\partial y)$，目标图像记为 $\boldsymbol{g}$，二者的重叠区域记为 Ω。那么在重叠区域，需要采用源区域的梯度代替目标图像在重叠区域的梯度，而融合后图像像素 $\boldsymbol{f}_{(x,y)}$ 的颜色值，则可以通过优化如下函数进行求解：

$$\underset{f}{\operatorname{argmin}}\iint_{(x,y)\in\Omega} |\nabla \boldsymbol{f}_{(x,y)}-\nabla \boldsymbol{I}_{(x,y)}|^2 \mathrm{d}x\mathrm{d}y,\quad \boldsymbol{f}|_{\partial\Omega}=\boldsymbol{g}|_{\partial\Omega} \tag{7.15}$$

这样最终融合后的图像按照源区域的梯度传递重叠区域边界处目标图像的颜色，达到自然的融合效果。数学上，公式(7.15)可以转化为泊松方程，表示为 $\Delta \boldsymbol{f}_{(x,y)}=\mathrm{div}\boldsymbol{I}_{(x,y)}$，其中，$\Delta$ 和 div 分别是定义在图像上的 Laplacian 算子和散度算子。在具体计算时，采用四邻域的离散差分运算计算相应的算子，最终求得融合后的图像。相比于简单融合，泊松融合结果既保持了原图像物体的内容结构，又符合目标图像的颜色，融合效果更加自然,如图7.17所示。

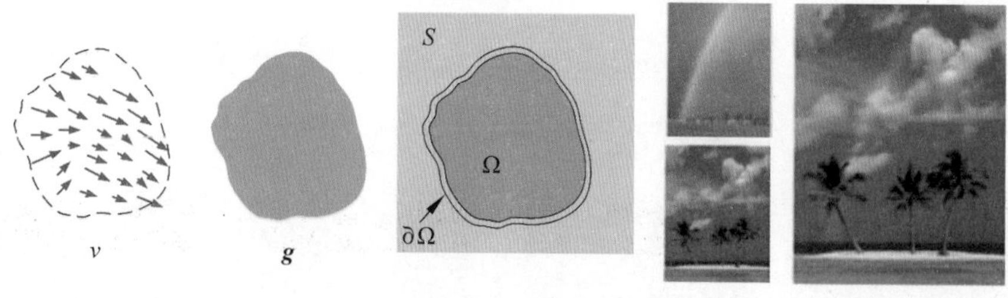

图7.17 泊松图像融合(图片来自[99])

7.3.2 基于均值坐标插值的图像融合

泊松图像融合的计算过程实质上是通过求解给定边界值的泊松方程来实现。简单地讲,这一过程可以看作按照梯度分布对重叠区域的边界颜色进行插值。基于这种思路,图像融合可以转化为给定边界的插值问题,最后通过对颜色的插值生成融合后的图像。

几何插值方法中代表性的方法是基于多边形的均值坐标插值。给定一个多边形,假设顶点集合是$\{\boldsymbol{c}_0,\boldsymbol{c}_1,\cdots,\boldsymbol{c}_{m-1}\}$,那么内部各点可以由多边形顶点的线性组合表示。具体来讲,如图7.18所示,多边形内部的点$\boldsymbol{x}$可以表示为如下的线性组合形式:

$$\boldsymbol{x}=\sum_{i=0}^{m-1}\frac{w_i(\boldsymbol{x})}{\sum_{j=0}^{m-1}w_j(\boldsymbol{x})}\boldsymbol{c}_i \tag{7.16}$$

其中,组合系数$w_i(\boldsymbol{x})$就是均值坐标,具体计算公式如下:

$$w_i(\boldsymbol{x})=\frac{\tan(\alpha_{i-1}/2)+\tan(\alpha_i/2)}{||\boldsymbol{c}_i-\boldsymbol{x}||} \tag{7.17}$$

这里α_i是该点与多边形顶点连线的夹角,如图7.18所示。该均值坐标可以看作三角形重心坐标的直接推广。它提供了线性表示多边形内部区域的方式。

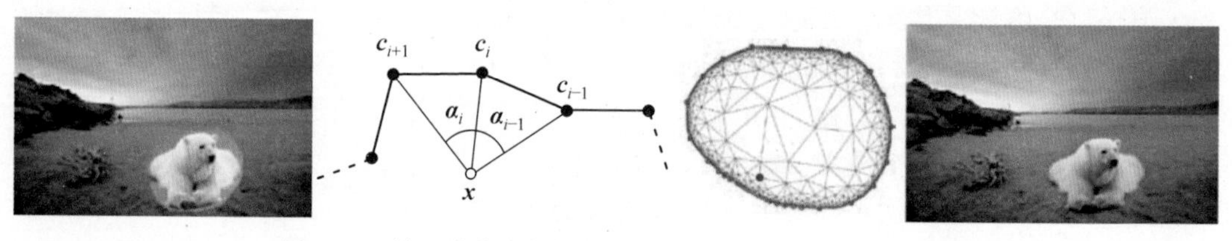

图7.18 基于均值坐标插值的图像融合(图片来自[100])

在图像融合时,将源区域置于目标图像之上,重叠区域的边界就形成以像素为单位的多边形。沿着该多边形,计算源区域和目标图像对应像素的颜色差异。融合后的重叠区域内部则可以通过公式(7.16)对多边形顶点插值进行计算。为了加快插值计算过程,可以通过对重叠区域进行Delaunay三角化形成三角剖分,如图7.18所示。这样就获得了重叠区域的离散图形表示。然后,对三角形顶点进行均值坐标插值,计算相应的融合颜色值。最后,对位于三角形内部的每个像素,则通过重心坐标插值计算融合后的颜色。这种方式大大加快了图像融合的计算效率,能够实现实时的融合效果预览。

例题 7-3 基于均值坐标插值的图像融合。

问题：如图7.19所示，写出采用均值坐标进行逐像素插值和图像融合的伪代码。

图 7.19 基于均值坐标插值的图像融合

解答：假设源区域为 P_s，在目标图像上的重叠区域为 P_t，那么通过均值坐标插值得到融合图像 I 的伪代码如下。

```
function coordinateBlend (Ps, Pt, I)
    for each pixel p in Ps do
        λ0(p),…, λm-1(p) ← MVC(p,∂Ps)
    end for
    for each new Pt do
        for each vertex vi in ∂Pt do
            di ← f(vi)-g(vi)
        end for
        for each pixel p in Pt do
            r(p) ← Σ_{i=0}^{m-1} λi(p)·di
            I(p) ← g(p) +r(p)
        end for
    end for
end function
```

□

7.3.3 视频融合方法

与图像融合类似，视频融合是将源视频的区域放入目标视频中，从而生成包含两个视频内容的新视频。相比于图像融合，视频融合变得更加困难。这里的难点不仅在于融合后需要保持源区域的结构，而且也要和目标视频背景形成帧间连续的边界过渡，也就是融合操作的时空一致性问题。这样才能使得融合后的视频具有连续的帧间变化，用户观看时不会产生严重的帧间跳跃。此外，视频融合时还受到运动模糊、阴影等问题的影响，大大增加了视频融合的难度。接下来简要介绍一种基于梯度域的视频融合方法。

梯度域视频融合是图像梯度域融合的直接推广。它的基本思想也是在梯度域上混合源区域和目标视频背景，以保持源区域的结构。同时，利用光流在帧间重叠区域连续地传播边界的变化，使得融合后的结果在相邻帧间呈现自然的过渡。如图7.20所示，为了解决重叠区域边界的连续性，采用光流在帧间传播关键帧的重叠区域边界，并根据源区域和目标视频的颜色差异进行相应连续性优化处理。例如在图7.20中，$t-1$时刻边界上的红色的点在t时刻位置发生了变化，相应的t时刻边界在$t+1$时刻也会变化。这样通过相邻帧间边界的连续变化，就能够确保融合边界的连续性。

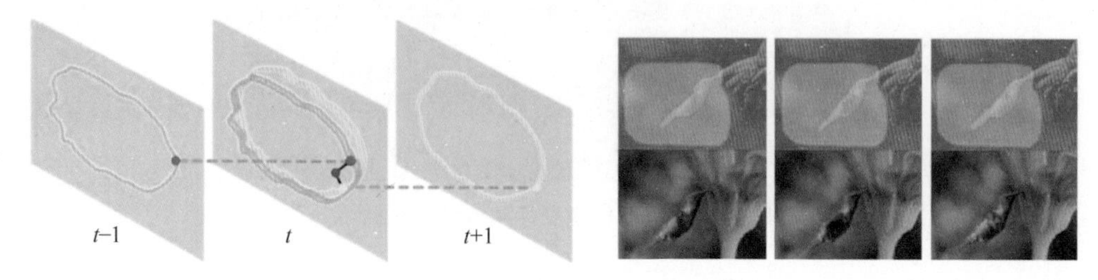

图7.20　视频融合(图片来自[101])

对于重叠区域内梯度的连续性，采用低通滤波的方法对相邻的前后帧，以及原视频和目标视频帧的梯度进行加权混合，从而既保持了原始和目标视频内容的连续性，又兼具帧间变化的连续性。最后，采用前面介绍的均值坐标方法求解泊松方程，提高融合计算的效率。这样就获得了融合后的视频。

7.4 影像拼接

普通相机拍摄照片的视角范围一般是50°×35°，而人眼看到的视角范围则是200°×135°。如图7.21所示，影像拼接就是将两个或者更多具有重合区域的图像/视频组合在一起，生成具有更大视角范围的图像/视频。因此，通过拼接就可以获得更大视角范围的图像/视频，甚至于360°×180°的全景图像/视频。当然，这里进行拼接的图像/视频需要彼此具有明显的相同内容。

图7.21　图像拼接

目前的影像拼接主要有硬件和软件两种方案。硬件方案是采用特殊的镜头，直接拍摄具有大范围视场角的图像或视频。例如，日本 Nikon 公司的鱼眼相机，可以拍摄 220°视场范围的照片。美国 Facebook 公司则推出了 360°全景相机，通过环绕一圈的镜头朝各个方向同时拍摄，直接获得全景照片。

软件方案是将多个相机拍摄的图像或视频通过变换组合在一起，形成视觉上更加完整、视角范围更大的图像或视频。由于成本较低、操作灵活，软件方案的使用更加广泛，特别适合于移动设备。基于软件方案的图像/视频拼接算法一般包含 4 个步骤：特征点检测、特征点匹配、对齐变换计算、图像/视频变换映射到共同区域。通过这 4 个步骤，最终就生成了拼接结果。其中，影响最后拼接效果的重要因素是对齐变换的选择。不同的拼接方法会采用不同的几何变换，常见的是单应变换(Homography)。单应变换具有 8 个自由度，描述了三维空间中的平面在不同视角之间的变换。通常写成如下形式的表达式：

$$\boldsymbol{H}=\begin{bmatrix} h_1 & h_2 & h_3 \\ h_4 & h_5 & h_6 \\ h_7 & h_8 & h_9 \end{bmatrix}_{3\times 3} \tag{7.18}$$

其中包含 9 个元素 $h_1 \sim h_9$。单应变换具有 8 个自由度，意味着公式(7.18)中的矩阵可以被任意乘上一个非零常数，而不改变单应变换本身的性质。因此，通常给单应变换矩阵加上 1 项约束，例如行列式为 1，也就是 $\det(H)=1$。

假设图像 $\boldsymbol{I}_2$ 与图像 $\boldsymbol{I}_1$ 之间根据特征点的对应关系进行单应变换 $\boldsymbol{H}_{21}$，那么拼接后的图像记为 $\boldsymbol{I}_1 \cup \boldsymbol{H}_{21} \cdot \boldsymbol{I}_2$，表示了两幅图像内容的组合。在图像拼接时，采用尽可能单应变换、形状保持的半单应变换、自适应混合变换等方法。这些方法大多是将图像置于网格之中，通过对网格顶点的变换驱动图像变换，进而实现两幅图像的拼接。视频拼接方法往往是在图像拼接的基础上，引入帧间连续性约束，得到时空一致的拼接效果。接下来具体介绍各种拼接方法。

7.4.1　尽可能单应变换的图像拼接

单应变换描述同一平面在不同视角图像之间的映射关系。因为在图像拼接时，如果对整幅图像只使用一个整体的单应变换，会影响重合区域特征点的对齐精度，同时在非重合区域也会产生比较大的扭曲。更为有效的图像拼接方法是采用局部单应变换集合取代单一的整体单应变换，对不同的区域施加尽可能满足单应变换性质的变换，以此来提高匹配特征点对齐时的准确性，减少形状扭曲。这种方法称为尽可能单应变换(As-projective-as-possible，APAP)。

给定对应特征点集合 $\{\boldsymbol{x}_i \leftrightarrow \widetilde{\boldsymbol{x}}_i\}_{i=1}^{N}$，传统单应变换的计算是利用直接线性变换(Direct linear transform，DLT)技术进行求解。该技术将单应变换矩阵 $\boldsymbol{H}$ 的 9 个元素看作向量 $\boldsymbol{h}=(h_1,h_2,\cdots,h_9)$，通过寻找满足代数误差函数 $\underset{\boldsymbol{h}}{\operatorname{argmin}} \sum_{i=1}^{N} \|\boldsymbol{a}_i \cdot \boldsymbol{h}\|^2$ 最小化的解作为单应变换。这里，$\boldsymbol{A}=[\boldsymbol{a}_i]$ 是由每一组对应特征点的齐次坐标构成的矩阵，记为

$$\boldsymbol{a}_i=\begin{bmatrix} -\boldsymbol{x}_i & -\boldsymbol{y}_i & -1 & 0 & 0 & 0 & \boldsymbol{x}_i\widetilde{\boldsymbol{x}}_i & \boldsymbol{y}_i\widetilde{\boldsymbol{x}}_i & \widetilde{\boldsymbol{x}}_i \\ 0 & 0 & 0 & -\boldsymbol{x}_i & -\boldsymbol{y}_i & -1 & \boldsymbol{x}_i\widetilde{\boldsymbol{y}}_i & \boldsymbol{y}_i\widetilde{\boldsymbol{y}}_i & \widetilde{\boldsymbol{y}}_i \end{bmatrix}_{2\times 9} \tag{7.19}$$

其中,$\boldsymbol{x}_i=(x_i,y_i,1)$和$\widetilde{\boldsymbol{x}}_i=(\widetilde{x}_i,\widetilde{y}_i,1)$是特征点的齐次坐标。为了避免函数优化过程中的平凡零解,需要添加约束条件$\|\boldsymbol{h}\|=1$。这样通过对矩阵$\boldsymbol{A}$进行奇异值分解,计算出符合特征点对齐误差最小的单应变换。

基于上述DLT求解方式,APAP拼接方法采用移动直接线性变换方式(Moving DLT)计算网格每个格子对应的单应变换。假设$\boldsymbol{x}_*$是一个网格顶点,那么该顶点对应的单应变换$\boldsymbol{h}_*$应当是满足如下函数最小化的解:

$$\boldsymbol{h}_*=\underset{\boldsymbol{h}}{\operatorname{argmin}}\sum_{i=1}^{N}\|w_*^i\boldsymbol{a}_i\cdot\boldsymbol{h}\|^2,\quad w_*^i=\exp(-||\boldsymbol{x}_*-\boldsymbol{x}_i||^2/\sigma^2)\qquad(7.20)$$

其中,权因子w_*^i定义了距离网格顶点不同远近的特征点对于待求解单应变换的影响,并通过预定义的方差σ进行控制。公式(7.20)仍可按照普通DLT的奇异值分解方式进行求解,但不同的格子是可以根据和特征点的距离调整相应的单应变换矩阵取值。在此基础上,得到的拼接图像具有更小的特征点对齐误差和扭曲。

例题7-4　基于单应变换的图像拼接。

问题:对图7.22所示的两幅图像进行拼接,写出采用整体单应变换进行对齐的伪代码。

图7.22　单应变换的图像拼接

解答:假设两幅图像分别是A和B,采用整体单应变换进行对齐得到拼接图像S的伪代码如下。

```
function homographyStitch (A, B, S)
    P_A ← featureDetect (A)                    /* 检测 A 中的特征点 */
    P_B ← featureDetect (B)                    /* 检测 B 中的特征点 */
    (M_A, M_B) ← featureMatch (P_A, P_B)       /* 匹配 A 和 B 中的特征点 */
    H ← calculate_matrix (M_A, M_B)            /* 根据匹配特征点对计算单应变换 */
    S ← A ∪ H·B
end function
```

□

7.4.2　形状保持的半单应变换图像拼接

在图像拼接时,重合区域拼接的准确性主要由特征点对齐程度决定。而在非重合区域，则需要尽可能保持输入图像原来的内容不变。APAP 的方法虽然采用了局部单应变换减少扭曲，但是由于单应变换本身的局限性（例如直线的平行性无法保持），拼接后的图像仍存在一定程度的形变。形状保持的半单应变换可以解决这些问题，其基本思想是在非重合区域采用形状保持的相似变换替代单应变换，因而称为形状保持的半单应变换方法（Shape-preserving Half-projective，SPHP）。该方法需要在重合区域和非重合区域之间建立过渡区域，实现从重合区域的单应变换渐变到非重合区域的相似变换的自然过渡。这样就能够确保使用两种不同性质的变换时，仍可以得到好的拼接图像。

为了得到从单应变换到相似变换的渐变，首先通过坐标系转换得到新的单应变换表达式。这个步骤目的是在新的 uv 坐标系中，如图 7.23(a)所示，单应变换的表示形式可以简化为分母上只存在一个变量 u。具体来讲，对于匹配的特征点 $\boldsymbol{x}_i$ 和 $\tilde{\boldsymbol{x}}_i$，坐标变换的过程如下：

$$
\begin{aligned}
\tilde{x}_i &= \frac{h_1 x + h_2 y + h_3}{h_7 x + h_8 y + 1} = \frac{h_1 u + h_2 v + h_3}{1 - cu} \\
\tilde{y}_i &= \frac{h_4 x + h_5 y + h_6}{h_7 x + h_8 y + 1} = \frac{h_4 u + h_5 y + h_6}{1 - cu}
\end{aligned}
\tag{7.21}
$$

这样，u 增大，变换后的尺度变小；u 减小，变换后的尺度变大。而如果 u 是常数，那么单应变换退化为线性变换，实际上更接近于相似变换。因此，可以选择一个合适的 u 值，也就是对应于新坐标系上的一条分割线，将变换区域划分为单应变换和相似变换两部分区域，如图 7.23(b)所示。

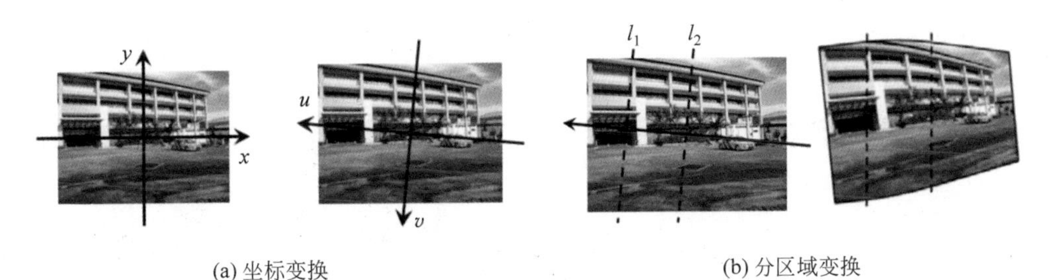

(a) 坐标变换　　(b) 分区域变换

图 7.23　SPHP 拼接中的变换（图片来自[104]）

在 u 值所对应的分割线的左侧，采用单应变换 $\boldsymbol{H}$ 进行图像变换。而在该条分割线的右侧，采用相似变换 $\boldsymbol{S}$ 进行图像变换。前者保证了特征点对在对齐时的准确性，后者则减少变换后的扭曲。但是，这样会在边界处产生一个从单应变换到相似变换的突变，影响拼接效果。一个更自然的解决方法是寻找从单应变换到相似变换的渐变，也就是需要具有一定连续性的变化。这样在单应变换区域和相似变换区域之间，设计一个指定宽度的渐变区域，实现从单应变换到相似变换的连续过渡。通常情况下，该渐变区域定义为两条分割直线 l_1 和 l_2 之间的区域。那么，两幅图像最终的拼接变换 $\boldsymbol{W}(u,v)$ 表示为：

$$
\boldsymbol{W}(u,v) = \begin{cases} \boldsymbol{H}(u,v), & R_H = \{u \leqslant u_{l1}\} \\ \boldsymbol{T}(u,v), & R_T = \{u_{l1} < u < u_{l2}\} \\ \boldsymbol{S}(u,v), & R_S = \{u \geqslant u_{l2}\} \end{cases}
\tag{7.22}
$$

其中，单应变换 $\boldsymbol{H}$ 可以采用 APAP 的方法进行计算，而相似变换 $\boldsymbol{S}$ 则根据匹配的特征点进行计算。在此基础上，过渡变换 $\boldsymbol{T}$ 则是根据单应变换 $\boldsymbol{H}$ 和相似变换 $\boldsymbol{S}$ 的线性插值来计算。最终，通过 $\boldsymbol{H}$、$\boldsymbol{T}$、$\boldsymbol{S}$ 三个变换作用到两幅图像中的不同区域，就得到最终的拼接结果。

7.4.3 自适应混合变换图像拼接

SPHP 方法虽然引入相似变换避免非重合区域的严重扭曲，但重合区域的单应变换仍有可能产生比较大的扭曲。为了结合单应变换和相似变换各自的优点，可以采用两种变换混合的方式计算图像拼接时的变换。具体来讲，通过局部单应变换和相似变换的混合，同时降低匹配特征点的对齐误差和形状扭曲。

从代数形式上看，相似变换是一种关于坐标的线性变换，而单应变换则是非线性变换。为了实现这两种变换在混合时的有效性，需要将单应变换进行线性化处理。这里通过泰勒展开公式的一阶近似，对 APAP 方法中每一点 $\boldsymbol{x}$ 处的单应变换 $\boldsymbol{h}$ 进行如下形式的近似表示：

$$\boldsymbol{h}(\boldsymbol{x}) \cong \boldsymbol{h}(\boldsymbol{x}_0) + \boldsymbol{J}_h(\boldsymbol{x}_0) \cdot (\boldsymbol{x} - \boldsymbol{x}_0) \tag{7.23}$$

其中，$\boldsymbol{J}_h$ 是单应变换矩阵关于其元素的雅可比矩阵。在此基础上，将 APAP 方法中所采用的移动 DLT 求解的单应矩阵改为公式(7.23)的形式进行计算，得到和网格的每个格子相对应的线性化单应变换。

在此基础上，在重合区域以特征点到两幅图像中心距离作为权值，对计算得到的变换进行线性混合，得到图像拼接的变形函数。相比于 APAP 和 SPHP，这种自适应混合变换拼接方法能够更好地减少拼接后图像内容的扭曲，如图 7.24 所示。

图 7.24　不同图像拼接方法的结果对比（图片来自[105]）

7.4.4 视频拼接

与图像拼接相比，视频拼接更加困难。这里的难点主要体现在两个方面：首先是不同视角拍摄的视频存在视差，对应的帧图像在拼接时很容易产生重影现象；其次，拼接后的视频需要满足时空的连续性，也就是尽量减少新视频帧画面的跳跃。如果简单地逐帧进行图像拼接，那么视频播放时就会产生比较明显的帧间跳跃。针对这两个问题，通常采用基于三维重建和基于内容保持的时空变形视频拼接。

1. 基于三维重建的视频拼接

这种方法基本思想是利用3.4.2节中基于视频的三维重建方法，获取三维空间相机拍摄的运动路径。如图7.25所示，该方法是对两条重建的路径进行融合，以此生成新的相机路径作为拼接后新视频的虚拟拍摄路径。在此基础上，通过三维空间到图像平面的投影来重构帧序列，生成拼接视频。其中，最关键的步骤是对相机路径进行融合和拼接视频帧序列重构。

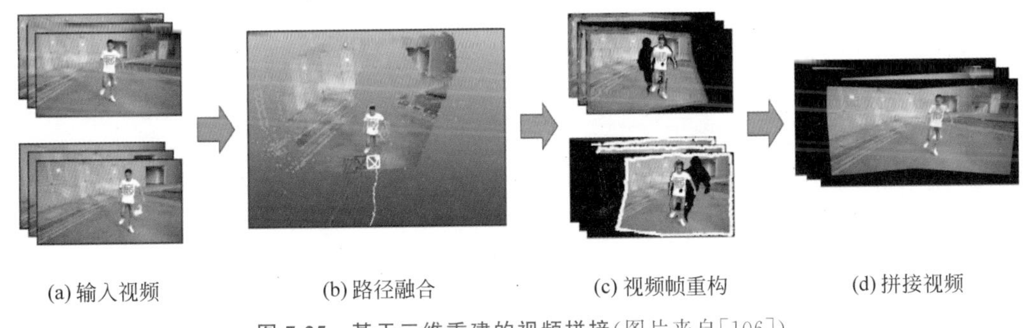

图7.25 基于三维重建的视频拼接(图片来自[106])

在进行运动路径融合时，需要从输入的两个视频分别获得相应的相机运动路径。这表示为随时间变化的相机姿态序列，记为 $\boldsymbol{P}_l^t=\{\boldsymbol{R}_l^t,\boldsymbol{T}_l^t\}$ 和 $\boldsymbol{P}_r^t=\{\boldsymbol{R}_r^t,\boldsymbol{T}_r^t\}$，其中，$\boldsymbol{R}_{l,r}^t$ 和 $\boldsymbol{T}_{l,r}^t$ 分别对应旋转矩阵和平移向量。那么，采用简单线性加权平均的方式对两个相机姿态序列进行融合，从而得到拼接视频对应的虚拟运动路径，记为 $\boldsymbol{P}^t=(\boldsymbol{P}_l^t+\boldsymbol{P}_r^t)$。

根据拼接视频的运动路径，对两个视频的每一帧进行形状保持的变换。这样就可以在同一个坐标系下，将两幅变换后的帧画面组合为拼接后的视频帧。具体可以采用影像缩放中的图像变形方法，将两幅图像特征点映射到拼接后投影点的位置作为约束，生成拼接后的视频帧画面。

2. 基于内容保持的时空变形拼接

这种策略的基本思想比较直接，是将前面介绍的图像拼接过程推广到视频帧序列，通过增加帧间连续性约束，实现时空一致的视频拼接，而往往不需要计算相机在三维空间中的运动路径。首先对输入的视频做整体对齐变换，作为拼接帧画面的初始状态。这里通常是采用帧间变换的平均值，进行整体的对齐。然后，构造局部内容保持的变形函数，例如7.2.2节中介绍的图像网格变形函数。但是，用于视频拼接的变形函数与影像缩放中图像变形函数的主要区别在于增加了相邻帧间网格顶点位置变化的时域连续性约束，以此实现对应帧的拼接。最后，根据变换完成对应帧的拼接。此外，还可以借助三维的图割优化算法，寻找帧间连续的拼接线，以实现不同视频内容的无缝拼接，得到时空一致的新视频。

7.5 影像编辑

影像编辑是指改变原来图像/视频的颜色、形状、结构、运动等信息，生成新形式的图像/视频。例如颜色迁移，可以通过一个模板图像改变图像原始的颜色；形状变形，是利用局部几何形状的变化，改变图像中物体的形状。此外，通过编辑传播可以将图像中某一区域的更改，迅速传播到整个图像中其余区域，以此提高编辑效率。

影像编辑的一个基本要求是编辑后的图像内容和原图像具有一定的协调性。例如颜色迁移中编辑前后的脸部颜色要符合人类肤色的特点。对于视频而言，编辑后的结果要具有时空一致性，使得视频帧画面连续变化，否则也会产生画面跳跃等问题。

7.5.1 颜色迁移

颜色迁移使用用户提供的色彩作为模板，修正输入图像原始的颜色以满足模板色彩特点。为了使迁移后的颜色与图像自身的内容协调，通常使用基于特征匹配、基于笔画约束的颜色迁移方法。接下来具体介绍这两种方法。

1. 基于特征匹配的颜色迁移

这种方法主要思想是按照图像内容的连续性，在色相、色温等色彩特征空间进行迁移。这样可以使得迁移后的颜色与输入图像自身内容相吻合。具体来讲，如图 7.26 所示，根据模板图像 $\boldsymbol{T}$ 和输入图像 $\boldsymbol{I}$，分别计算各自的色相分布。色相是色彩的首要特征，是区别各种不同色彩的最准确的标准。从光学角度讲，色相差别是由光线波长的长短不同产生的。这样即便是同一类颜色，也能分为几种不同的色相。例如，黄颜色可以分为中黄、土黄、柠檬黄等。然后，对输入图像和模板图像进行色相划分，建立相应的直方图统计，分别记为 $\boldsymbol{H}(\boldsymbol{I})$和 $H(\boldsymbol{T})$。那么，迁移过程就是通过二值匹配将输入图像的每个容器

(a) 输入图像（上）和模板图像（下）

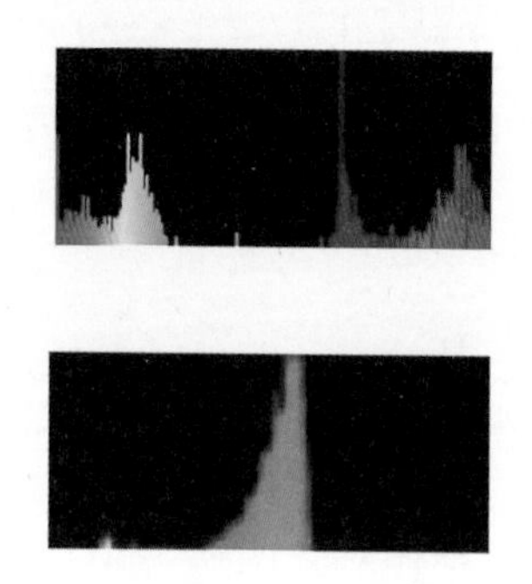

(b) 色相直方图

(c) 迁移结果

图 7.26 基于特征匹配的颜色迁移(图片来自[107])

映射到模板图像对应的容器。最后，经过空间连续性处理，得到符合模板图像色相分布的迁移结果。

在建立输入图像和模板图像直方图的过程中，往往需要将像素点占比很少的分块(例如少于图像像素总数的 2%)合并到相邻分块。对于第 i 个分块，计算如下属性：重心(g_i)，对应于每个直方图分块根据其所含色彩值对应的像素个数加权平均得到的平均色彩值；饱和度(s_i)，对应于每个直方图分块的平均色彩饱和度；面积(a_i)，通过每个直方图分块对应的像素点个数占图像中总像素点数目的百分比来计算；色温(t_i)，代表了一个直方图分块的色温度量。基于这些属性，就可以通过二分图匹配进行颜色的迁移。

二分图是将一个图的节点划分为两个不相交的子集，同时两个子集之间的节点通过边来连接。通过直方图分块后，得到了输入图像分块集合 $S(\boldsymbol{I})$，以及模板图像分块集合 $S(\boldsymbol{T})$。以 $S(\boldsymbol{I})\cup S(\boldsymbol{T})$ 中的元素为节点，并为每两个节点连接一条具有特定能量的边(特定能量如下所述)，可以建立图 G。给定的两个分块 i 和 j，对应的连接这两个节点的边 $<i,j>$ 的能量为

$$E_{<i,j>}=a_i\cdot|g_i-g_j|+\lambda\cdot\delta(t_i,M_T)\cdot a_i\cdot|t_i-t_j| \tag{7.24}$$

其中，λ 是权重因子；$\delta(\cdot,\cdot)$是符号函数，也就是两个变量符号相同时取值为 -1，否则为 1。公式(7.24)中的 M_T 是模板图像 $\boldsymbol{T}$ 的冷暖调子，具体表示为

$$M_T=\begin{cases}T_w/T_c, & T_w\geqslant T_c\\ -T_c/T_w, & T_w<T_c\end{cases} \tag{7.25}$$

在公式(7.25)中，T_w 和 T_c 分别对应于有饱和度定义的靠近暖极和冷极的程度，具体表示为

$$\boldsymbol{T}_{w/c}=\sum_j s_j\cdot a_j/|H_j(\boldsymbol{T})-H_{w/c}(\boldsymbol{T})| \tag{7.26}$$

其中，$H_{w/c}(\boldsymbol{T})$是模板图像对应的暖极或冷极的色调值。

通过上述过程建立图 G 的节点和边能量后，就可以采用匈牙利匹配算法，对 $S(\boldsymbol{I})\cup S(\boldsymbol{T})$中的节点进行配对，获得二分图。根据二分图中保留的边连接，得到模板图像分块和输入图像分块之间的映射。在根据映射进行颜色迁移的过程中，由于原图像直方图中距离比较近的直方块，在经过映射后距离变得过远，会产生伪边界效应，使得迁移后的结果协调性较差。这时可以通过直方块的合并策略更新映射，进一步去除伪边界效应。图 7.26(c)展示了基于特征匹配的颜色迁移结果。但是，这种方法有时候会产生一些语义上的错误，例如天空的颜色变成了黄色，从而不符合人对颜色感知的基本常识。

2. 基于笔画约束的颜色迁移

这种方法通过用户交互的笔画颜色值作为模板，采用扩散的方式迁移至输入图像中其余的区域，完成笔画颜色的迁移。由于交互时引入了主观上的语义信息，这种迁移方式得到的结果更加自然。在进行颜色迁移时，灰度相近的相邻像素在迁移后应具有相近的颜色。因此，对于两个像素 $\boldsymbol{p}$ 和 $\boldsymbol{q}$，可以定义如下关于颜色 Y 的相似性：

$$w_{pq}=\mathrm{e}^{-(Y(\boldsymbol{p})-Y(\boldsymbol{q}))^2/2\sigma_p^2} \tag{7.27}$$

其中，σ_p 是图像颜色分布的标准方差。在此基础上，就可以把笔画颜色作为约束，建立关于迁移后像素颜色 U 的函数：

$$J(U)=\sum_{p}\Big(U(\boldsymbol{p})-\sum_{q\in N(\boldsymbol{p})}w_{pq}U(\boldsymbol{q})\Big)^{2} \tag{7.28}$$

其中，$N(\boldsymbol{p})$表示像素 $\boldsymbol{p}$ 的局部邻域，通常假定为和当前像素直接相邻的 4 个像素。通过优化上述局部颜色相似性函数实现颜色迁移。

图 7.27 展示了通过笔画的颜色实现整幅灰度图像的颜色迁移结果。在这个例子中，不同颜色的笔画实际上指定了各个区域在迁移后应该具有的颜色。

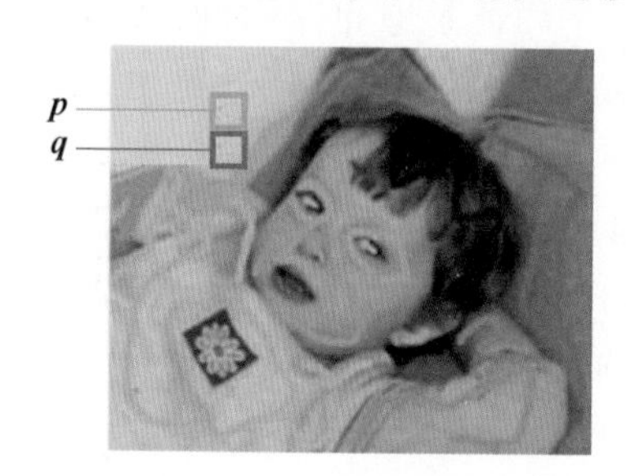

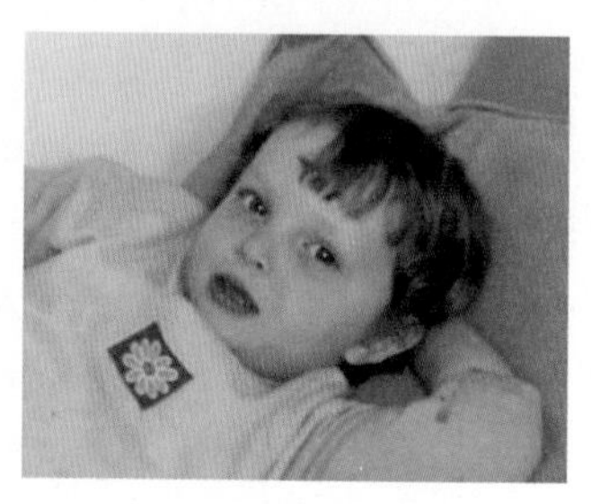

图 7.27 基于笔画约束的颜色迁移(图片来自[108])

7.5.2 图像变形

图像既可以看作像素域上的元素集合，也可以如同在影像缩放等处理中，作为嵌入网格的图形元素集合。这样，像素域和网格就成为图像的两种不同形式的定义域。图像变形是指通过操控图像定义域，实现图像整体或局部的几何形状改变。传统图像处理中的图像变形大多基于像素域表示，直接对每个像素进行操作。图形学中的图像变形则大多基于网格表示，通过改变网格的几何形状驱动图像中物体形状变形。相比于像素域的图像变形，基于网格的变形方法更加灵活，变形效果也更加多样。

1. 基于二维几何的图像变形

基于二维几何的变形方法通常将图像嵌入二维网格，利用网格顶点和边的几何表示，对图像中的物体形状进行改变。

移动最小二乘(Moving Least Squares，MLS)变形是一种典型的基于网格的图像变形方法。通过改变若干控制点的位置，驱动图像进行相应的变形。变形后的图像应满足控制点的几何位置约束。移动最小二乘变形是借助多重局部几何变换的加权作用，实现图像的整体变形，而在局部则需要满足控制点的位置约束。假设控制点 $\boldsymbol{p}_i$ 在图像变形后的位置记为 $\boldsymbol{q}_i$，那么对应于网格顶点 $\boldsymbol{v}$ 定义的变换为 F_v，使得所有控制点在变换后的误差最小，记为

$$\underset{F_v}{\operatorname{argmin}}\sum_{i}w_i\ \| F_v(\boldsymbol{p}_i)-\boldsymbol{q}_i\|^2 \tag{7.29}$$

其中，w_i 表示控制点到网格顶点距离对变换的影响，通常定义为 $w_i=1/|\boldsymbol{p}_i-\boldsymbol{v}|^{2\alpha}$，$\alpha$ 则是被设置成固定的常值。

由公式(7.29)定义的图像变形函数具有两个重要的性质：局部性，即不同网格局部的变形函数是不同的；连续性，即图像的变形效果在相近空间位置上的相似性。对于常见的仿射变换、相似变换和刚体变换，都可以根据公式(7.29)计算出具有显式表达式的变形

函数。

具体来讲，对于仿射变换 $F_v(\boldsymbol{p}_i)=\boldsymbol{p}_i\cdot\boldsymbol{M}+\boldsymbol{T}$，其中，$\boldsymbol{M}$ 是一个线性变换，$\boldsymbol{T}$ 表示平移。根据变形前后特征点的位置变化，可以得到相应的几何中心位置的变化，分别记为 $\boldsymbol{p}_*=\sum_i w_i\boldsymbol{p}_i\Big/\sum_i w_i$ 和 $\boldsymbol{q}_*=\sum_i w_i\boldsymbol{q}_i\Big/\sum_i w_i$。在此基础上，得到如下仿射变换的表达式：

$$\boldsymbol{M}=\left(\sum_i \hat{\boldsymbol{p}}_i^{\mathrm{T}}\cdot w_i\,\hat{\boldsymbol{p}}_i\right)^{-1}\sum_j w_j\,\hat{\boldsymbol{p}}_j^{\mathrm{T}}\cdot\hat{\boldsymbol{q}}_j,\quad \boldsymbol{T}=\boldsymbol{q}_*-\boldsymbol{p}_*\cdot\boldsymbol{M}\tag{7.30}$$

这里，$\hat{\boldsymbol{p}}_i=\boldsymbol{p}_i-\boldsymbol{p}_*$ 和 $\hat{\boldsymbol{q}}_j=\boldsymbol{q}_j-\boldsymbol{q}_*$ 分别表示以几何中心为原点的坐标系下的控制点位置。

对于相似变换，$\boldsymbol{M}$ 的表达式是

$$\boldsymbol{M}=\frac{1}{\mu_s}\sum_i w_i\begin{pmatrix}\hat{\boldsymbol{p}}_i\\-\hat{\boldsymbol{p}}_i^{\perp}\end{pmatrix}(\hat{\boldsymbol{q}}_i^{\mathrm{T}},-\hat{\boldsymbol{q}}_i^{\perp\mathrm{T}})\tag{7.31}$$

其中，$\mu_s=\sum_i\hat{\boldsymbol{p}}_i\cdot\hat{\boldsymbol{p}}_i^{\mathrm{T}}$，$\hat{\boldsymbol{p}}_i^{\perp}$ 和 $\hat{\boldsymbol{q}}_i^{\perp}$ 分别表示对向量 $\hat{\boldsymbol{p}}_i$ 和 $\hat{\boldsymbol{q}}_i$ 的正交操作，也就是说该操作应满足 $(x,y)^{\perp}=(-y,x)$，平移 $\boldsymbol{T}$ 具有和公式(7.30)相同的形式。

对于刚体变换，$\boldsymbol{M}$ 的表达式是

$$\boldsymbol{M}=\frac{\sum_i w_i\begin{pmatrix}\hat{\boldsymbol{p}}_i\\\hat{\boldsymbol{p}}_i^{\perp}\end{pmatrix}(\hat{\boldsymbol{q}}_i^{\mathrm{T}},\dot{q}_i^{\perp\mathrm{T}})}{\sqrt{\left(\sum_i w_i\,\hat{\boldsymbol{q}}_i\cdot\hat{\boldsymbol{p}}_i^{\mathrm{T}}\right)^2+\left(\sum_i w_i\,\hat{\boldsymbol{q}}_i\cdot\hat{\boldsymbol{p}}_i^{\perp\mathrm{T}}\right)^2}}\tag{7.32}$$

刚体变换的平移分量 $\boldsymbol{T}$ 具有和公式(7.30)相同的形式。

图7.28展示了使用相同控制点约束的三种变换形式的变形结果。可以看到，刚体变换在同样的控制点条件下能够更好地保持局部几何细节特征，具有最佳的变形效果。

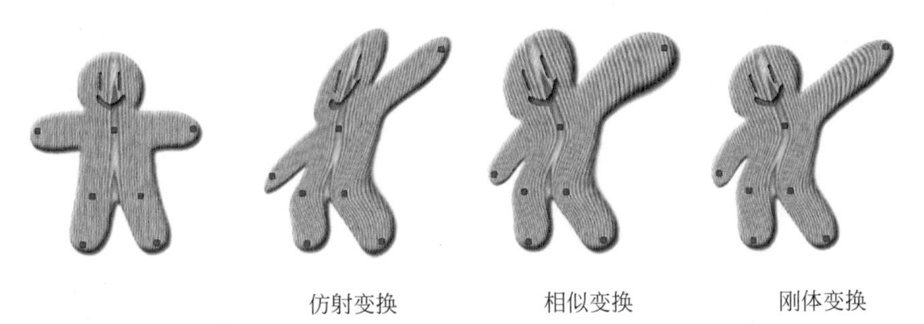

仿射变换　　相似变换　　刚体变换

图7.28　移动最小二乘图像变形(图片来自[109])

2. 基于三维几何的图像变形

基于三维几何的变形方法是将图像中变形物体嵌入合适的三维形状中，利用三维空间更多自由度实现传统二维方法无法实现的变形效果。我国清华大学胡事民院士团队提出了一种3-Sweep图像变形方法，利用扫掠体表示图像中特定形状的物体，实现二维图像中物体形状的三维变形效果。

扫掠体是几何建模中的一个重要概念，通常指一个或多个截面沿着指定的路径移动产生的三维实体。如图7.29所示的扫掠体的例子中，长方体可以看作矩形截面沿着直线

移动产生的实体表面；圆柱体可以看作圆形截面沿着直线移动产生的实体表面。因此，如果图像中出现的物体近似扫掠体表面，就可以采用相应的扫掠体作为物体三维形状的近似，然后通过对扫掠体的编辑实现图像变形。这也是3-Sweep图像变形方法的基本原理。

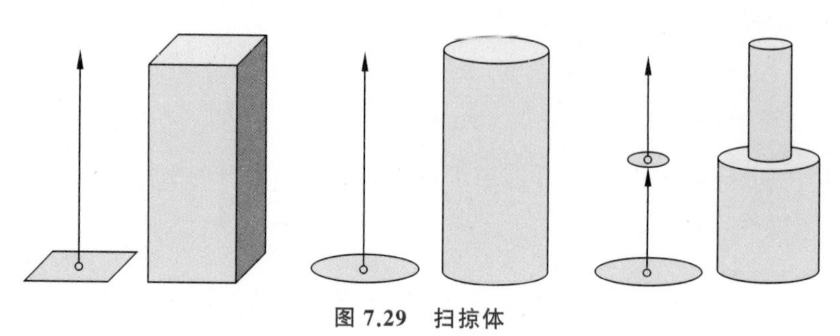

图 7.29 扫掠体

以圆形移动产生扫掠体为例，对于图像中具有圆柱体形状的物体，用户通过鼠标画线选定某一处截面。如图7.30(a)所示，该截面可以看作三维空间中的圆形投影到二维图像形成的椭圆，因而通过用户画的两条线段形成的三个端点 $\boldsymbol{S}_1$、$\boldsymbol{S}_2$ 和 $\boldsymbol{S}_3$ 来确定。但是该物体并非理想的圆柱体，因而需要采用多个截面移动产生的扫掠体的组合来近似表示。用户在确定了第一个圆形截面（$\boldsymbol{A}_0$ 为中心），沿着移动方向拖动圆形，并按照物体轮廓的变化对圆形的直径进行缩放，依次产生以 $\boldsymbol{A}_1$、$\boldsymbol{A}_2$ 等为圆心的截面圆形。但这些圆形还不能准确表示物体在该处的轮廓，需要进一步通过边缘检测寻找物体轮廓上的最近点（图7.30(c)中黄色点），再利用垂直于轮廓的投影得到近似该处轮廓的圆形。这样就得到了圆形移动时扫掠体在不同位置处的截面。例如，在 $\boldsymbol{A}_2$ 位置处，由 $\boldsymbol{C}_{2,1}$ 和 $\boldsymbol{C}_{2,2}$ 分别作为截面的圆心所定义的圆柱体，就可以作为物体在该处轮廓的近似表示。通常情况下，由 $\boldsymbol{C}_{m,1}$ 和 $\boldsymbol{C}_{m,2}$ 作为两个圆形截面圆心定义的圆柱体记为 $\boldsymbol{C}_{i,j}=\boldsymbol{F}_{i,j}(z_i)$，其中，$z_i$ 是沿着圆柱体中心轴的单变量。这里是在局部坐标系内将圆柱体表面 $\boldsymbol{F}_{i,j}(z_i)$ 上点的 x 轴和 y 轴分量表示为如下形式：

$$\boldsymbol{F}_{i,j}(z_i)=\{F_{i,j}(z_i)=b/(a(z_i+v))\} \tag{7.33}$$

其中，a、b、v 是由圆柱体的局部坐标系表示所确定。

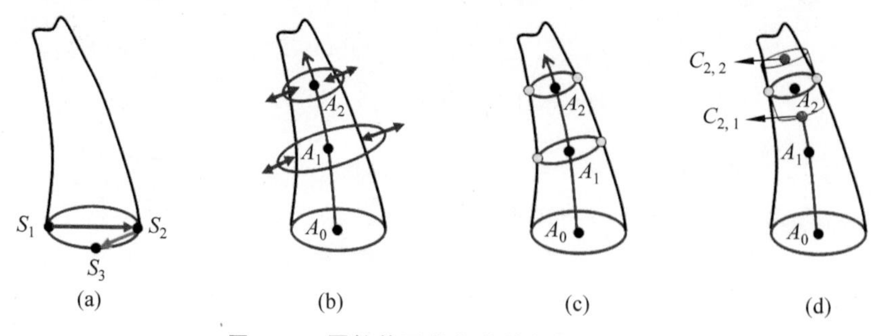

图 7.30 圆柱体形状物体的扫掠体近似

然后，整个物体是由多段类似的圆柱体组合来近似表示，因而需要计算由这些圆柱体表示的完整的扫掠体的表面形状。数学上，由上述圆柱体表面所定义的扫掠体表面可以通过最小化下面函数获得：

$$E=\sum_{i=1}^{n}w_i\left(\sum_{j=1}^{m_i}\|\boldsymbol{C}_{i,j}-\boldsymbol{F}_{i,j}(z_i)\|^2\right) \tag{7.34}$$

其中，m_i 对应属于同一种类型扫掠体数目，n 是构成整个物体扫掠体的类型数目。例如图7.30(c)中所示物体有 $n=1$，而 $m_1=3$，表示可以通过3个圆柱体表面来近似物体轮廓。为了能够将不同类型扫掠体表面组合成连续的形状，公式(7.34)中设置了权重因子 w_i，用于调节不同扫掠体重叠部分组合情况。通过优化公式(7.34)中的函数，就可以得到物体的三维扫掠体近似表示。在此基础上，通过三维空间的旋转、缩放等操作，达到二维图像中物体的三维变形等编辑目的。

图7.31展示了使用3-Sweep对图像中物体变形的效果。这里图像中物体不同部件可以采用圆柱体近似，然后通过三维空间中圆柱体的拉伸、旋转等操作，再重新投影到二维图像，就能够对图像中的物体进行相应拉伸、旋转等的变形。

图7.31　基于扫掠体的3-Sweep图像变形(图片来自[110])

7.5.3　编辑传播

图像编辑时通常需要人工交互来指定编辑意图，然后利用相应的方法实现整幅图像上颜色、形状等的改变。为了提高编辑的效率，有些图像编辑方法会充分利用像素域的位置、颜色等属性的相似性，通过传播特定区域人工交互的编辑效果，实现整幅图像的快速编辑。

编辑传播的基本原则是相似的物体或区域在编辑后应当具有相近的编辑效果。因此，首先需要定义像素之间的相似性。该相似性既包括空间位置的相似性，也包括像素颜色等表观的相似性。常用的相似性函数定义为

$$\boldsymbol{s}(\boldsymbol{p}_i,\boldsymbol{p}_j)=\exp(-\|\boldsymbol{c}_i-\boldsymbol{c}_j\|^2/\sigma_c)\exp(-\|\boldsymbol{x}_i-\boldsymbol{x}_j\|^2/\sigma_x) \tag{7.35}$$

其中，$\boldsymbol{c}_i$ 和 $\boldsymbol{c}_j$ 分别表示像素 $\boldsymbol{p}_i$ 和 $\boldsymbol{p}_j$ 的颜色，$\boldsymbol{x}_i$ 和 $\boldsymbol{x}_j$ 分别表示像素的位置，σ_c 和 σ_x 则是像素颜色和位置各自分布的标准方差。

假设通过人工交互的方式进行编辑的效果，是在区域 Ω 内将像素颜色改变为指定的颜色，记为 $\{\boldsymbol{c}_i=\boldsymbol{g}_i \mid \boldsymbol{p}_i\in\Omega\}$，那么整幅图像在编辑后的颜色变化应满足如下函数的最优解：

$$\sum_i\sum_j s_{ij}(\boldsymbol{c}_i-\boldsymbol{g}_i)^2+\lambda\sum_i\sum_j s_{ij}(\boldsymbol{c}_i-\boldsymbol{c}_j)^2 \tag{7.36}$$

这里第一项是交互编辑约束项，指定了相应像素应该满足的编辑效果；第二项是连续性约束项，使得人工编辑传播至整个图像的同时，仍能具有一定的空间连续性。

然而，上述编辑传播函数是非线性函数，直接进行优化的效率较低。为了提高计算速度，可以采用K-D树的数据结构对特征空间做自适应划分，如图7.32(a)所示。借助这种有效的高维空间划分方式，可以加快公式(7.36)所示的编辑传播函数中相关参数的查找速度，从而提高编辑传播的效率。

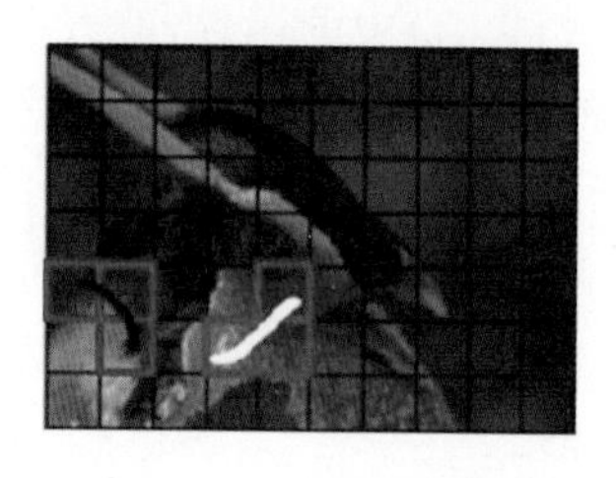

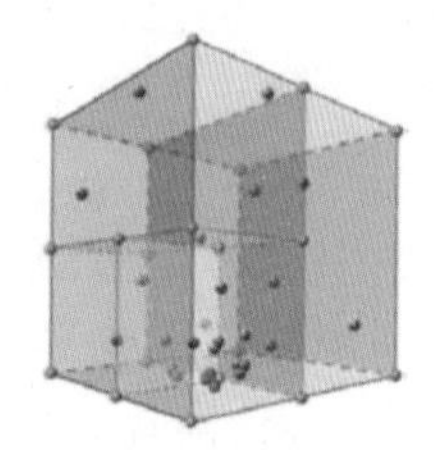

(a) K-D树传播编辑

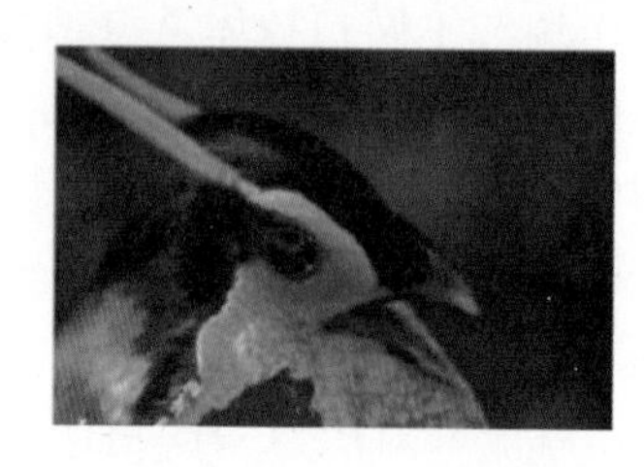

(b) 颜色编辑传播结果

图7.32 基于K-D树加速的编辑传播（图片来自[111]）

具体来讲，首先将输入图像映射到特征空间。该特征空间是由像素位置(x_i, y_i)及其颜色的R、G、B三个通道分量构成的五维空间。然后，对特征空间进行K-D树划分，建立层次组织结构，同时也将图像的每个像素映射成高维空间中的点。此外，人工交互区域的像素也映射到高维特征空间。接着，利用K-D树节点插值，计算其他非交互区域点的数值，从而快速生成所有特征空间点在编辑后的结果。最后，把那些在特征空间改变后的数值映射回图像空间，得到该图像编辑后的结果。因为图像空间中相似的编辑在特征空间具有自然的近似关系，所以能够大大提高编辑效果的传播效率。在图7.32(b)所示的例子中，仅需要两个笔画的交互，就可以将颜色编辑的效果快速传播到其他非交互区域。

7.5.4 视频去抖

视频帧间画面的运动是视频区别于单幅静态图像的重要属性。移动端摄像机在运动环境下拍摄的视频往往存在画面抖动。这种抖动现象一方面影响了用户对视频内容的正常观看，另一方面也会增加视频编码时的码率，影响视频的存储和传输。视频去抖就是借助硬件或者算法处理视频帧序列，使得运动环境下拍摄的视频仍能够具有平稳的帧间运动。因此，视频去抖一般可以分为硬件去抖和数字去抖两种类型。

硬件去抖是利用特殊的稳定装置对运动中的摄像机加以固定，例如图7.33中所示的三脚架、导轨、云台等。这样就可以补偿摄像机的抖动，进而能够拍摄出稳定的视频。硬件去抖虽然效果明显，但是装置成本较高、体积较大，并不适合于普通用户的便携式使用。另一种方式是对拍摄的视频帧画面进行数字图像变形处理，或者再结合移动端上的陀螺仪等传感器的物理数据，使得变形后的视频帧序列能够满足平稳运动。这种数字去抖方式不需要额外的硬件装置，成本较低，而且使用方便，因而被广泛用于视频去抖。

数字去抖一般分为运动估计、运动平滑和运动补偿三个步骤。运动估计是从拍摄的

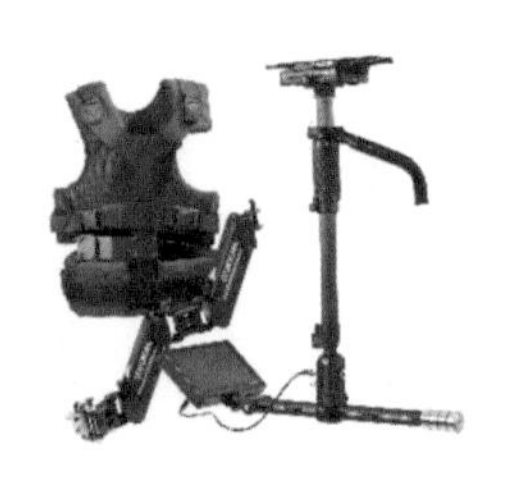

图 7.33　硬件稳定装置：三脚架、导轨、云台

视频帧或者传感器读取的图像或者物理数据估计帧间运动，进而建立起描述帧间变化的运动模型。运动平滑是对帧间运动进行平滑处理，去除画面抖动成分，得到帧间平稳的运动。运动补偿则是对原始帧进行图像变形，使得变形后的帧序列满足运动平滑后的平稳运动状态。这其中的运动估计和运动平滑是视频去抖的关键步骤，直接影响了去抖效果。

按照运动模型所描述时空维度的不同，数字视频去抖方法大致可以分为三类：二维方法、三维方法和 2.5 维方法。这里，二维方法将视频运动描述成二维平面内的运动，需要从帧间变化估计相应的二维运动；三维方法将视频运动直接表示为摄像机在三维空间的运动，需要从视频帧序列恢复三维空间信息；2.5 维方法介于二维方法和三维方法之间，利用部分三维空间信息补充二维方法的运动模型。接下来介绍这三类视频去抖方法。

1. 二维方法

视频是三维空间投影到二维成像平面形成的连续序列，因此可以通过帧间光流或者几何变换，将视频运动描述为图像平面内的运动。光流对应于像素位移形成的图像局部运动，而几何变换则是图像整体运动。常用的几何变换包括相似变换、仿射变换、单应变换等，都可以按照影像拼接时基于匹配特征点的方式计算帧间几何变换。

以几何变换描述的运动模型为例，假设相邻两帧 $\boldsymbol{I}_{k-1}$ 和 $\boldsymbol{I}_k$ 之间的几何变换记为 $\boldsymbol{G}_k$，那么如图 7.34 所示，视频运动路径 $\boldsymbol{P}_k$ 就可以表示为几何变换的累积形式：$\boldsymbol{P}_k=\boldsymbol{I}\cdot\boldsymbol{G}_2\cdots\boldsymbol{G}_k$。它实际上根据帧间变化描述了从起始帧到当前帧的运动状态。在此基础上，就可以通过寻找平稳的帧间运动，达到去除视频原有抖动的目标。最简单的方法是将运动路径 $\boldsymbol{P}_k$ 看作随时间变化的信号，那么可以利用低通滤波对运动路径进行平滑。以高斯滤波为例，平滑后的运动路径$\widetilde{\boldsymbol{P}}_k$ 可以通过如下表达式来计算：

$$\widetilde{\boldsymbol{P}}_k=\sum_{i\in N_k}\boldsymbol{P}_i\otimes \mathrm{e}^{-k^2/2\sigma^2}/\sqrt{2\pi\sigma^2} \tag{7.37}$$

其中，N_k 表示中心位置在第 k 帧的窗口，通常选取前后各 25 帧组成，而符号$\otimes$表示卷积操作，标准方差 σ 一般设置为$\sqrt{k}$。为了满足平滑后的运动路径，需要对每一帧进行变形以补偿原始路径和平滑路径之间的差异。假设对视频帧 I_k 进行补偿的几何变换是 $\boldsymbol{S}_k$，那么它应该满足 $\boldsymbol{S}_k=\boldsymbol{P}_k^{-1}\cdot\widetilde{\boldsymbol{P}}_k$。这样对每一帧按照几何变换 $\boldsymbol{G}_k$ 做变形，得到的新视频就能够具有平稳的运动。如果使用光流运动模型，也可以采用高斯滤波对帧间像素位移进行平滑，再补偿原始位移和平滑位移后，就可以得到运动平稳的视频。

二维方法计算简单，处理效率高，大多数情况下能够对视频进行实时去抖。但是由于

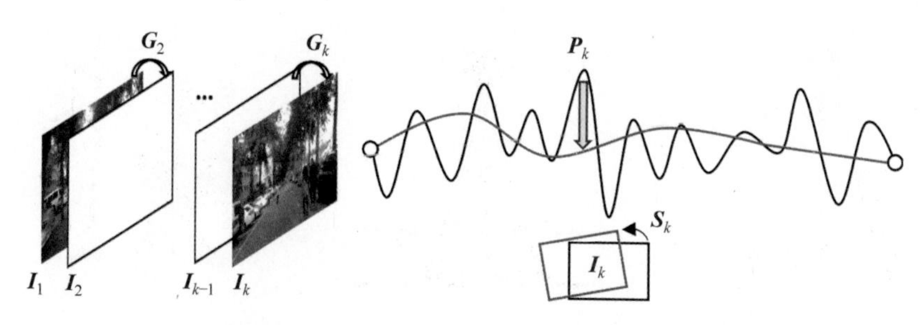

图 7.34 基于帧间几何变换的运动估计、运动平滑和运动补偿

缺乏三维空间信息,可能会影响视频去抖后的视觉观看效果。这里的本质原因是它将视频运动简化为平面上的二维运动,导致部分信息的缺失。

2. 三维方法

由于视频是记录三维空间的运动,最理想的视频运动描述应当是能够反映摄像机在三维空间的运动情况。根据第3章介绍的三维重建方法,可以从视频帧反向重建拍摄场景的三维模型,以及摄像机在三维空间的运动路径。在此基础上,就可以先对三维运动路径做平滑处理,然后按照平滑路径的投影变换对原始视频帧做变形,从而获得满足该平滑路径的视频帧序列。

因为三维方法可获得完整的三维运动路径,所以它能够更准确地建立三维空间中的运动模型,由此进行视频去抖的效果更好。但是,正如第3章中介绍的各种三维重建方法,它们往往算法复杂度高、计算量大,很难对视频去抖进行实时处理。

3. 2.5 维方法

针对二维方法计算效率高、三维方法去抖效果好的情况,2.5维方法汲取了二维方法和三维方法各自的优势,能够更好地用于视频去抖。简单来讲,2.5维方法仍然使用帧间光流或者几何变换描述视频运动,但是在运动平滑过程中引入适当的三维空间关系作为约束,使得平滑过程中的帧间运动能够符合三维运动属性。这样既能发挥二维方法的效率优势,也能具有一定的三维方法的去抖效果。

最简单的2.5维方法是采用分区域几何变换来代替二维方法中的整体几何变换,从而体现出不同区域的运动差异。具体来讲,视频的每一帧都按相同的规则划分为四边形网格,也就是类似图像缩放时的嵌入网格。然后,相邻两帧之间的几何变换则根据对应的网格区域分别进行计算,形成空间中的多条运动路径。接下来,对于每一条运动路径进行平滑处理,例如采用高斯平滑,得到相应的平稳路径。最后,通过网格驱动的图像变形,对视频帧进行运动补偿,得到最终的平稳视频。

其他一些2.5维方法则借助多视角视觉中的几何关系作为约束,例如极线约束,提高平滑处理时的去抖效果。所谓极线(Epipolar),是指三维空间中的点投影到成像平面上时形成的投影直线。极线约束则是指同一点在不同视角下投影时应满足共线性。事实上,极线约束在第3章中基于图像的三维重建中也被使用,参见图3.28。利用这种极线约束来限制平滑处理时的补偿变换,使得去抖动后的视频帧仍满足该约束条件。这样就避免了通过三维重建来引入三维空间约束,是一种更经济而有效的数字去抖策略。

7.6　小　　结

传统影像处理方法是在像素域进行计算。这种像素级别的图像/视频处理的灵活性和有效性受到限制。图形学方法则可以开展从亚像素到网格区域的多级别处理，借助几何优化提高图像/视频处理的灵活性和有效性，在影像抠图、缩放、融合、拼接、编辑等问题都取得了更优的效果。

然而，目前的图形学方法大多需要借助手工交互提供额外的约束，以保持影像处理的语义有效性。如何通过数据挖掘、机器学习的方法更高效地提取语义信息，并能用于提高影像处理的有效性，是当前基于图形学方法进行影像处理的重要问题之一。

思考题

7.1　图像分割和图像抠图的区别是什么？各自有什么样的应用？

7.2　图像抠图中的交互方式有哪些？不同方式的代表性抠图方法有哪些？

7.3　适用于不同尺寸显示屏的图像缩放方法有哪些？各自的优缺点是什么？

7.4　图像拼接时重叠区域和非重叠区域各自需要解决哪些问题，才能得到好的拼接结果？

7.5　采用移动最小二乘进行图像变形的数学原理是什么？采用不同形式的几何变换的变形效果有什么区别？

7.6　图像编辑方法推广到视频时的难点是什么？常用的解决手段有哪些？

7.7　数字视频去抖的常见方法有哪几种类型？各自的优缺点是什么？

7.8　基于图形的影像处理方法有什么特点？它比传统图像/视频处理方法有哪些优势？

第8章 计算摄像

数码相机的普及使得摄像变得越来越容易,同时通过计算机进行数字图像处理也更为便捷。然而,普通数码相机的光学和电子器件构造及其成像机理决定了影像获取的能力和质量。这在一定程度上限制了图像后期处理的效果。计算摄像(Computational Photography)是一种通过光学编码和计算解码获取影像并进行图像处理的手段。计算摄像扩展了传统成像、数字成像及图像处理的能力,提高了影像获取的质量。

本章介绍计算摄像相关的基础知识。首先根据摄像学的发展,介绍传统摄像、数字摄像和计算摄像的基本概念、光学原理和涉及的图像处理算法。然后针对计算摄像的实际用途,介绍计算光场成像和计算光谱成像这两类典型计算摄像的应用。

8.1 摄像学的发展

摄像起源于战国时期的小孔成像。战国初期,墨子和他的弟子们完成了世界上第一个小孔成像的实验,并通过文字记录在《墨经》中:"景到,在午有端,与景长,说在端。""景到"即形成倒立的像,"在午有端"是指光线的交叉点,即小孔。这句话解释了物体的投影形成倒像的原因,进而指出了光沿直线传播的性质。在小孔处,各方向出射的光束相互交叉,形成倒像,这是对光直线传播的第一次科学解释。而西方世界直到公元前350年,古希腊学者亚里士多德才提出基本的光学法则,从此了解小孔成像的光学原理。事实上,小孔成像也成为后来照相机的基本工作原理。简单来讲,通过光线的各种传播特性将真实世界中的场景准确地投射到具有光线强度记录能力的成像介质平面上,从而获得符合用户要求的影像画面,最后再通过不同的存储介质保存下来。

按照成像方式的不同,摄像学的发展经历了传统摄像、数字摄像和计算摄像三个阶段。不同发展阶段的成像介质元器件、对焦方式、曝光方式等也发生了较大的变化。如图8.1所示,传统摄像主要是指数码相机出现之前的摄像技术,典型的以胶卷作为成像元器件,光线与感光层中的银盐晶体相互作用后激发出电子,对胶卷进行显影和定影的化学处理以形成稳定的可见图像;数字摄像是数码相机出现以后的摄像技术,典型的以电荷耦合器件(Charge-coupled Device,CCD)和互补金属氧化物半导体(Complementary Metal Oxide Semiconductor,CMOS)作为成像元器件,它们直接以电子传感器来捕获光线信息,并将其转化为数字信号,最终经过图像处理器处理和压缩后,存储在相应的媒介中;计算摄像则是在数字摄像基础之上的摄像技术,其中光场相机能够额外捕获和记录光场信息,事件相机用于捕获快速变化的时间或瞬间发生的高速动作,深度相机能够额外捕获物体到相机的深度信息，这些方式大大扩展了以往摄像的能力和质量。

	小孔成像	暗箱写生	银版照相	胶卷相机	数码相机	手机拍摄	光场相机	事件相机	深度相机
光学	小孔	小孔	凸透镜	镜头组	镜头组	微镜头组	微镜头阵列	微透镜阵列	红外镜头模组
介质	光屏	纸张	金属	胶卷	CCD	CMOS	CCD	CMOS	ToF传感器
对焦	滑动标尺	拉厢	拉厢	手动	马达	马达	马达	手动	对焦马达

图 8.1 摄像学的发展阶段

8.1.1 成像设备

随着光学系统、成像介质等的发展，摄像设备和摄像技术也产生了巨大的变革，经历了从暗箱写生到银版照相、胶卷相机、数码相机，再到手机相机、光场相机等的发展历程，深刻影响了人们的日常生活。接下来介绍传统摄像、数字摄像和计算摄像这三个阶段的简单发展历程。

1. 传统摄像

传统摄像主要包括暗箱写生、银版照相、胶卷照相等阶段。传统摄像是通过模拟方式，借助化学介质记录光线的强度信息，从而完成拍摄场景的成像。因此，传统摄像也称为模拟摄像。

15 世纪末期，出现了基于小孔成像原理制作的暗箱（Camera Obscure），成为现代照相机的雏形，如图 8.2(a)所示。利用这种工具，人们只要将影像反射在画纸上，然后用铅笔描绘出轮廓再上色，就可以完成一幅很有真实感且完全符合真实比例的画像。这种方式实际上是利用暗箱提供拍摄场景中物体成像的一个参考，最终形成画像还是靠人通过手绘写生的方式在放置于暗箱之中的画板上来完成。

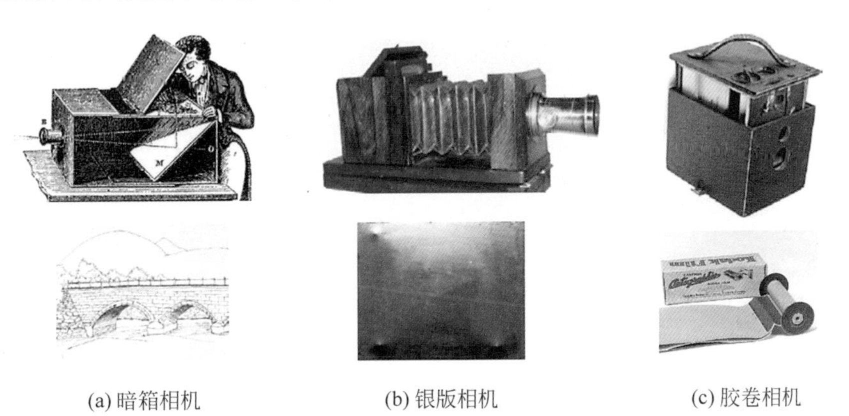

(a) 暗箱相机　　(b) 银版相机　　(c) 胶卷相机

图 8.2 早期的传统摄像设备及介质

1822年，法国人涅普斯(Joseph Nicéphore Niépce)在感光材料上制出了世界上第一张照片。1838年，法国物理学家达盖尔(Louis Daguerre)发明了银版照相法，如图8.2(b)所示，该方法是利用镀有碘化银的钢板在暗箱里曝光，然后以水银蒸汽显影，再辅以普通食盐定影。1839年8月19日，法国政府宣布放弃对银版摄影术这项发明专利的拥有权，并将其公之于众。人们通常以这一天作为摄像学的开端。

1888年，美国Kodak公司生产出一种新型感光材料——胶卷。它是一种柔软、可卷绕的介质，是在聚乙酸酯片基上涂抹卤化银来制作。这是成像感光材料一个质的飞跃。同年，该公司推出了世界上第一台安装胶卷的便携式方箱照相机Kodak No.1，成为现代消费型相机的始祖，如图8.2(c)所示。

采用胶卷的传统摄像设备可以记录非常真实的场景画面，而且成像质量非常高。但其缺点也很明显，也就是无法即时成像，需要在暗房冲洗定影才能看到拍摄的场景画面。此外，胶卷记录的影像在后期编辑时也很困难，很难进行颜色、亮度等属性的修改，而且其使用的化学成分也不利于照片的长久保存。

2. 数字摄像

数字摄像利用电子传感器把光学信号转换成电子数据进行影像的存储，也就是通过光电转换记录拍摄场景的影像。1969年，电荷耦合器件(CCD)芯片作为相机感光材料在美国阿波罗登月飞船上搭载的照相机中得到应用。如图8.3(a)所示，CCD是通过布置微小光敏物质作为成像像素的一种半导体器件，能够把光学信号转化为电信号，从而为照相感光材料的电子化和数字化打下了技术基础。1981年，日本Sony公司经过多年研究，生产出了世界第一款采用CCD做感光材料的数码相机Mavica，开启了电子传感器替代胶片作为成像元器件的时代，使传统摄像变成了数字摄像，如图8.3(b)所示。

(a) CCD和CMOS

(b) Mavica数码相机

(c) J-SH04手机相机

图8.3　数字成像元器件及设备

除了CCD外，互补金属氧化物半导体(CMOS)也是另一种常用的感光介质。1987年，日本CASIO公司推出了采用CMOS芯片作为感光材料的相机。CMOS通过外界光线照射像素阵列，发生光电效应，在像素单元内产生相应的电荷把光学影像转化为电信号。CMOS具有比CCD更低廉的成本，往往用于手机等移动设备上的摄像机。这也使得数字摄像的应用更加普及。

事实上，随着智能手机等移动设备的大众化，手机相机也迎来了快速发展时期。2000年，日本SHARP公司发布了内置11万像素CCD摄像头的J-SH04手机，如图8.3(c)所示，这是世界上第一款照相手机，大大革新了手机的功能。2003年，该公司又推出了J-

SH53 手机，可拍摄最大 1144×858 像素的照片，成为世界上第一款百万像素级别的照相手机。

简单来讲，数字摄像也是基于小孔成像原理，但能够实现对拍摄影像的即时预览，即拍摄完后能够马上浏览照片。同时，数字摄像拍摄的照片更容易进行后期编辑和保存，尤其是结合计算机进行图像处理。这就大大提高了照片的质量和保存时间。但是受视场角、曝光时间等限制，数字摄像和传统摄像都是仅记录简单透镜阵列线性投射的光线信息，例如光线强度或色彩，在使用时仍然受限。

3. 计算摄像

计算摄像采用与数字摄像类似的成像介质，但是在数字摄像的基础上，通过改变成像光路或者成像模式，以及配合更加高效和定制的图像处理算法，进一步提高了成像能力和影像质量。2005 年，Stanford 大学 Ren Ng 博士提出了一款基于微透镜阵列的手持光场相机，并在 2011 年和 2014 年推出了两款面向普通消费者的产品。光场相机实现了先拍照后对焦的成像功能，一定程度上改变了以往的成像方式，这也是计算摄像技术的典型应用之一。光场相机如图 8.4(a)所示。

(a) 光场相机

(b) 事件相机

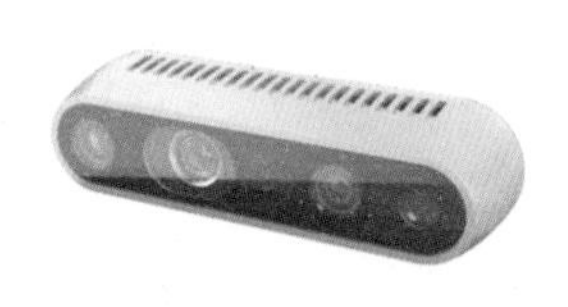
(c) 深度相机

图 8.4　计算摄像典型相机

同样在 2005 年，来自瑞士 ETH 大学的 Delbruck 团队首次提出一种动态视觉传感器(Dynamic Vision Sensors，DVS)，用以模拟视网膜外周动态敏感视觉区域。在 2008 年，Posh 设计一种异步图像传感器(Asynchronous Time-based Image Sensor，ATIS)，结合动态检测电路和光强检测电路，使其具有 DVS 动态视觉和像素灰度成像的功能。2013 年，Delbruck 提出一种动态像素活跃的图像传感器(Dynamic and Active Pixel Vision Image Sensor，DAVIS)，结合传统 APS 电路和 DVS 电路，同时具有动态视觉相机和传统相机的优势。2017 年，Delbruck 团队再次提出一种彩色的 DAVIS 事件相机。事件相机是一种特殊类型的摄像机，用于捕捉快速变化的事件或瞬间发生的高速动作。它们采用不同于传统相机的工作原理和技术，以实现高速连续拍摄和高时间分辨率的图像捕捉。事件相机如图 8.4(b)所示。

2014 年，Intel 公司发布了 RealSense 深度相机。这是一种能够测量场景中物体距离的相机，它能够获取物体到相机的深度信息，而不仅仅是颜色和亮度。深度相机通过使用特殊的传感器和算法，能够实时地生成场景中物体的三维深度图。深度相机通常采用结构光、飞行时间或双目视觉的技术来测量深度。其中，最常见的是结构光技术。它通过发射一束结构化的红外光或激光光束，然后测量光束与物体表面之间的反射或投射延迟时间，从而计算出物体到相机的距离。深度相机的应用非常广泛，它可以用于三维重建，通过捕捉场景的深度信息，生成真实世界的三维模型。RealSense深度相机如图8.4(c)所示。

计算摄像通过将光学成像和计算机图像处理相结合，能够记录更高空间分辨率、角度分辨率的光学信息。此外，还可以记录可见光以外谱段的光学信息。因此，通过计算摄像可以获取更高维度、更宽尺度、更大深度的场景影像，丰富了人们获取真实世界信息的手段。2016年，SIGGRAPH技术成就奖获得者、MIT大学教授Frédo Durand认为"计算成像是一种新形式的光学器件"。计算摄像也为摄像学提供了一个全新的发展模式，为拓展摄像功能和提升摄像质量提供了新的途径。

8.1.2 成像模型

光学成像的过程是通过透镜采集从场景投射的光线，然后通过感光介质记录真实世界场景的影像。但是，成像时却不能直接将感光介质暴露在光线中，这样会造成在摄像时介质上的每个像素，都记录着目标物体上每一个点的信息，叠加在一起就会产生明显的模糊现象，达不到物体成像的效果。因此，为了能够在感光介质上显现出想要的物体影像效果，需要对到达感光介质的光线进行约束。

小孔成像模型是最早对到达感光介质的光线进行约束的成像模型，通过在光路上设置一个带有小孔的隔板，以遮挡大部分光线。这使得传感器上的每一个像元，都只会接收到场景中单一点发射的光线，进而防止信号的混叠，最终在传感器上呈现出清晰的倒像。小孔成像模型基于以下三个假设：

(1) 光沿直线传播：假设光线在传播过程中沿直线传播，不发生折射或散射。

(2) 小孔假设：假设相机中有一个非常小的小孔，光线只能通过这个小孔进入相机。

(3) 逆向成像：假设光线从物体上的每个点经过小孔后会在成像平面上形成一个相应的点。

根据这些假设，小孔成像模型是将物体看作一系列点，每个点都会发射出光线。这些光线通过小孔后会在成像平面上形成对应的点，这些点在成像平面上还原出物体的形状和轮廓，形成倒立的像。

如图8.5所示，小孔成像模型是基于光的直线传播，在介质上收集投射过来的光线信息。小孔成像的特点是不存在几何扭曲，体现在直线成像后仍是直线。同时，小孔成像具有无限景深，即每一点都会在介质平面上成像。因此在理论上，场景中的所有物体都可以通过小孔成像模型清晰成像。

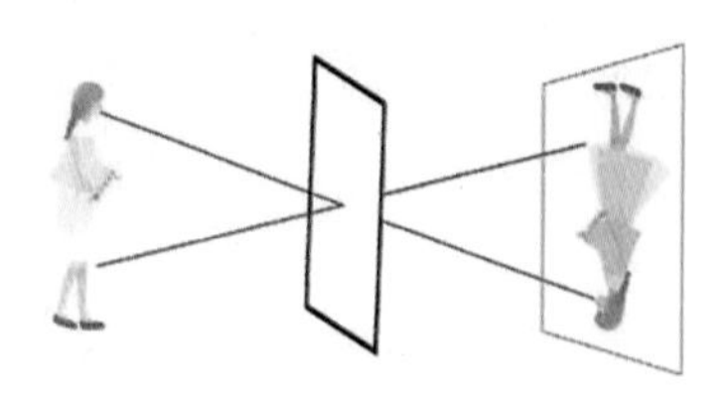
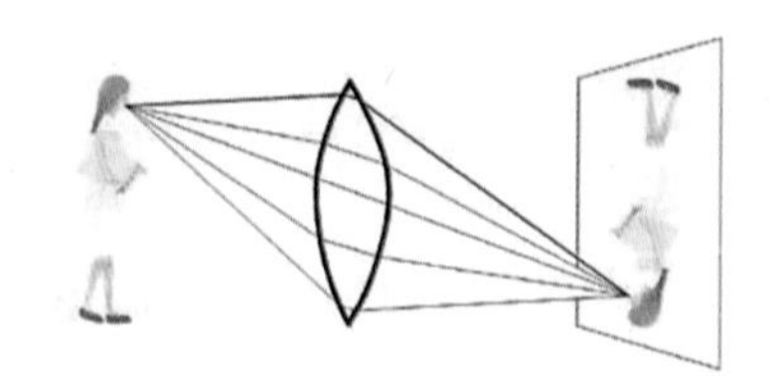

图8.5 小孔成像与透镜成像

小孔成像质量受孔径的影响较大，其中孔径是指小孔的直径。它代表了小孔的大小，决定了光线通过小孔进入成像平面的数量和角度。孔径的大小对于小孔成像模型有很大的影响：较大的孔径允许更多的光线通过，从而获得更亮的图像，但扩大孔径，就有可能导致传感器上的一个像元由场景中多个点发射的光线叠加，使得成像模糊；而较小的孔径会限制通过光线的数量，可能导致较暗的图像，但是并不是越小的孔径就会带来越清晰的成像。

光具有波粒二象性，从光的粒子性角度出发，一束光通过一个足够小的小孔就能得到十分清晰锐利的图像；但是从光的波动性角度出发，一束光通过一个足够小的小孔会发生衍射现象，且孔径越小，衍射现象就越严重。小孔的衍射现象可以对应于小孔的傅里叶变换，更小的孔径对应着更宽的衍射，而更大的孔径则对应着更窄的衍射。图 8.6 展示了不同孔径大小下的光的衍射模式。

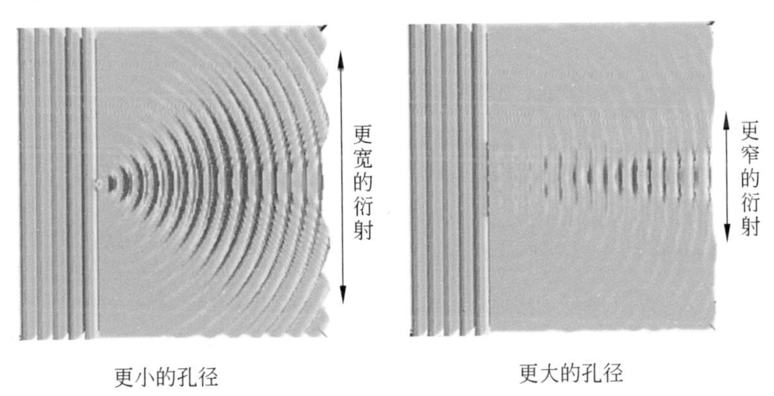

图 8.6 不同孔径大小下的光的衍射模式

理想中的小孔成像模型是具有无限小的尺寸，然而，在实际情况中，小孔的尺寸是有限的。光的衍射现象会导致成像模糊并且信噪比低，从而引入更多的图像噪声。相反，如果小孔太大，同一个像点的光将来自于多个物点，也会导致成像模糊。孔径的选取是一个权衡问题，通常很难在小孔径与大孔径之间找到一个平衡的尺寸。因此，直接的小孔成像很难形成高质量的影像。

透镜成像模型是另外一种约束光线传播的成像模型，因为在光路中使用透镜，所以被称为透镜成像。这种方式一方面由于透镜的汇聚作用会增加成像光线的强度；另一方面也可以有效地避免几何扭曲和模糊等现象，如图 8.6 所示。透镜成像模型是一种简化的镜头模型，在实际应用中常见的透镜有凸透镜、凹透镜和双曲透镜。透镜成像模型基于以下四种假设：

（1）薄透镜假设：透镜的厚度相对于其曲率半径非常小。

（2）无散射假设：透镜被认为是完全透明的，且光线在透镜内部不会发生散射。

（3）平行光汇聚假设：平行光穿过镜头后，会聚焦到焦平面上的一点。

（4）过光心光路不变假设：穿过光心的光线不受透镜影响，会保持直线传播。

透镜成像模型的基本原理是根据光线的折射定律，描述通过透镜的光线是如何被透镜折射和聚焦的。简言之，透镜成像是利用了光的折射现象。这种现象是指当光线从一种介质进入另一种介质时，由于传播速度的不同，在介质表面发生传播方向的偏转。物理

上,光的折射遵循如下斯涅耳定律:

$$n_i \cdot \sin\theta_i = n_t \cdot \sin\theta_t \tag{8.1}$$

其中,n_i 和 n_t 是两种介质的折射率,θ_i 和 θ_t 分别表示入射角和折射角,如图 8.7(a)所示。因此,透镜可以起到汇聚光线的作用。

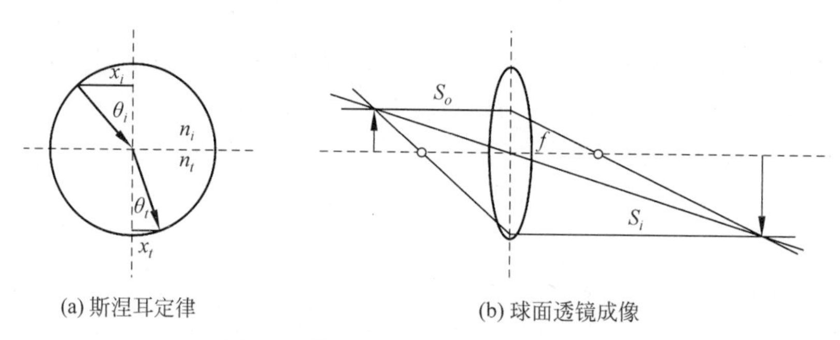

(a) 斯涅耳定律　　(b) 球面透镜成像

图 8.7　基于光线折射的球面透镜成像

凸透镜是中间较厚而边缘较薄的透镜,其两个曲面都是向外凸起的。凸透镜的主要特点是使通过它的平行光线向内汇聚,即将光线聚焦在一个点上。这是因为凸透镜的曲率半径较大,透镜的中心较厚,导致光线在透镜中心处的折射角较小,从而使光线向内汇聚。凹透镜是中间较薄而边缘较厚的透镜,其两个曲面都是向内凹陷的。凹透镜的主要特点是使通过它的平行光线向外发散,即将光线分散开。这是因为凹透镜的曲率半径较小,透镜的中心较薄,导致光线在透镜中心处的折射角较大,从而使光线向外发散。

不同于凹凸透镜,双曲透镜是一种特殊形状的透镜,其曲面是由双曲面形状构成的。这种曲面形状使得光线在透镜中传播时发生非常特殊的折射和聚焦行为。双曲透镜是能够将平行光线汇聚到一个焦点的理想透镜,也是透镜成像的最佳选择。但是双曲透镜制作工艺复杂,加工困难。球面透镜也能起到汇聚光线作用,而且加工简单。常用的透镜是两个球面透镜的组合,也就是两个球面相交构成的薄透镜。当球面半径固定时,通过这种透镜成像的物距、像距和焦距满足如下高斯公式:

$$\frac{1}{s_o} + \frac{1}{s_i} = \frac{1}{f} \tag{8.2}$$

其中,s_o 和 s_i 分别是物距和像距,f 是透镜的焦距,如图 8.7(b)所示。这里,物距是拍摄物体上的点到透镜的距离,像距是该点发出的光线经透镜成像的点到透镜的距离,焦距则是透镜焦点到透镜的距离。

从公式(8.2)可以看出,对于平行光,也就是物距 s_o 趋于无穷大时,经过透镜后汇聚到焦点位置。这时,像距等于焦距,无限远处的物体成像为一个点。此外,经过透镜中心的光线的方向不会发生改变,而来自于和透镜平行平面的光线则会聚焦在平行于透镜的另一个平面。但是球面透镜通常存在球差现象,也就是当球面孔径较大时,位于光轴上的点所发出的光线,经球面折射后不再交于一点,由此形成球面像差。在实际相机里面,通常采用镜头的组合来消除或削弱球差,这使得透镜成像能够获得高质量的影像。

8.1.3 成像因素

基于上述成像模型，实际拍摄获得的图像受多方面因素的影响，例如像差与色差、光圈大小、曝光时间、感光度等。这些因素都会直接影响成像效果。

1. 像差与色差

成像过程中，单一透镜会受到光的折射、色散、球面畸变等因素的影响而产生像差，导致图像失真。像差的类型多种多样，球差是其中较为常见的类型，它是由于透镜的球面形状引起的，使得离轴光线聚焦位置与轴上光线不一致，从而导致图像模糊。

单一透镜除了产生像差，还会引起色差等问题。所谓色差，就是经过透镜所形成的像改变了物体原有的颜色。它是由于不同波长的光线在同一成像平面上位置不同而产生的。举例来说，蓝色光和红色光在透镜中发生折射时，由于它们具有不同的折射率，会发生不同程度的偏移。这就导致了不同颜色的光线在成像时的位置不同，进而引起色彩重叠或者色彩分离等色差问题。

为了减少像差与色差，光学设计中通常采用多个透镜组合或特殊的透镜材料来校正色差，从而在成像介质上形成最佳的影像。此外，采用多个透镜还能够方便调焦，适合于拍摄不同远近的场景。除了透镜外，相机成像效果还和曝光量、景深等因素密切相关。接下来简单介绍和透镜成像相关的几个概念。

2. 光圈

光圈是一个可以调节光线进入机身内感光介质平面光线数量的装置。光圈的大小通常使用光圈数表示，它是焦距和光圈直径的比值。例如，对于焦距为50mm的透镜，光圈数 $f/2.0$ 表示光圈的孔径是25mm，其中 f 是焦距。一般来讲，光圈数越小，能够接收的辐照度越多，成像时转化得到的数字信号越强。一般普通相机的最小光圈数是0.5，而单反相机的最小光圈数是1.0。

3. 曝光时间

曝光时间是指快门打开的时间，它决定了感光介质在单位时间内接收到的光线数量，控制了光线照射感光材料的持续时间。通过改变曝光时间，可以调节图像的明暗程度。快门主要有叶片式和焦平面式两种类型。叶片式快门，也叫镜间快门。它是由一系列薄钢叶片组成，放置在镜头的各个单元之间。这种快门使用时安静，但速度慢、价格高。焦平面式快门摆放在胶片或CCD前，声音比较大，但速度快、价格低。然而，由于焦平面快门大多采用卷帘方式运转，有可能会产生运动扭曲。快门的速度实际上就控制了感光介质曝光的时间。采用1秒的比例作为单位，最短曝光时间一般要控制为 $1/f$。例如，焦距500mm的透镜，快门速度应控制在1/500秒，这样才能在接收的光线强度和成像质量之间达到最优的平衡。

4. 感光度

感光度通常对应于相机的ISO(International Organization for Standardization)值，是用于表示相机感光元件对光线敏感程度的参数，也影响到相机的曝光量。ISO值越高，表示感光元件对光线的敏感度越高，可以在较暗的环境下拍摄出明亮的图像；ISO值越低，表示感光元件对光线的敏感度较低，适合在光线充足的环境下拍摄。但是，ISO值的增加会导致图像噪声的增加，影响成像质量。

8.2 数字摄像

CCD和CMOS等电子传感器的出现，使得数字摄像逐渐取代了传统摄像。与传统相机不同，数码相机不再使用底片记录图像，而是利用电子传感器把光学影像转换成数字信号，进而实现数字摄像。数码相机能够拍摄高速运动的物体和快速变化的场景；拥有高像素数和高清晰度，能够捕捉细节更加丰富的图像；拥有更低的噪声、更广阔的动态范围和更准确的色彩还原，能够生成更加真实自然的图像。因此，数码相机是一种集光学、数字信号处理、存储、显示和传输于一体的摄像设备，可以为用户提供高速、高清、高质量的拍摄体验，具有广泛的应用领域。

数码相机主要由光学系统、电子传感器、图像信号处理器、存储器、显示器、电源和接口等部分构成。其中，光学系统负责将被拍摄的物体反射或透过的光线聚焦在电子传感器上，以形成清晰的图像；电子传感器是将光学影像转换为数字信号的关键器件，由成千上万个光敏元件组成；图像信号处理器对电子传感器获取的数字信号进行处理，可以使图像更加清晰、鲜艳；存储器用于存储相机拍摄的数字图像，如内置的闪存或外置的存储卡；显示器用于预览相机拍摄的图像和操作相机的菜单设置等内容；数码相机需要电源供应，同时具有多种接口（如USB、HDMI、Wi-Fi等），方便与其他设备进行连接和数据传输。

基于上述数码相机的构成，数字摄像的成像过程主要可以分为三个步骤：光学成像、数字信号转换和图像信号处理。

（1）光学成像：光线通过镜头进入相机后，被凸面镜反射至光学取景器中，使得用户可以观察到物体的实时画面。当用户按下快门按钮时，光学取景器中的反光镜会翻转，让光线直接到达图像传感器。

（2）数字信号转换：电子传感器由许多光敏元件组成，每个光敏元件会感应到一个像素点上的光线强度，并将其转换为电信号。这些电信号经过模拟数字转换器（Analog-to-Digital Converter，ADC）转换为数字信号，即被记录在电子传感器上的图像。

（3）图像信号处理：图像信号处理器会对从电子传感器获取的图像信号进行处理，包括对比度、色彩和噪声等方面的调整与处理。图像信号处理器将处理后的图像信号保存在存储器中，用户可以通过相机的显示屏或者传输接口来查看和传输这些数字图像。

为了获取更高质量的图像，数字摄像会使用图像信号处理器（Image Signal Processor，ISP）对采集的数字信号进行处理和优化，包括自动白平衡、去噪、去马赛克、色调映射、色彩校正等。这很大程度上决定了最终的成像质量。除了数字信号处理之外，ISP还具有一些其他的功能，例如镜头阴影校正、自动对焦、自动曝光等。这些功能可以帮助相机在各种环境下获取高质量的图像。

8.2.1 ISP整体流程

ISP是一种非常重要的图像信号处理器，它在各种数字摄像设备中发挥着重要的作用，不仅可以提高图像的质量，还可以增强设备的功能和性能。值得注意的是，ISP 各个功能模块的顺序不是一成不变的，可以根据需求进行调整。ISP 整体流程如图 8.8 所示，接下来简要介绍其中典型的功能模块。

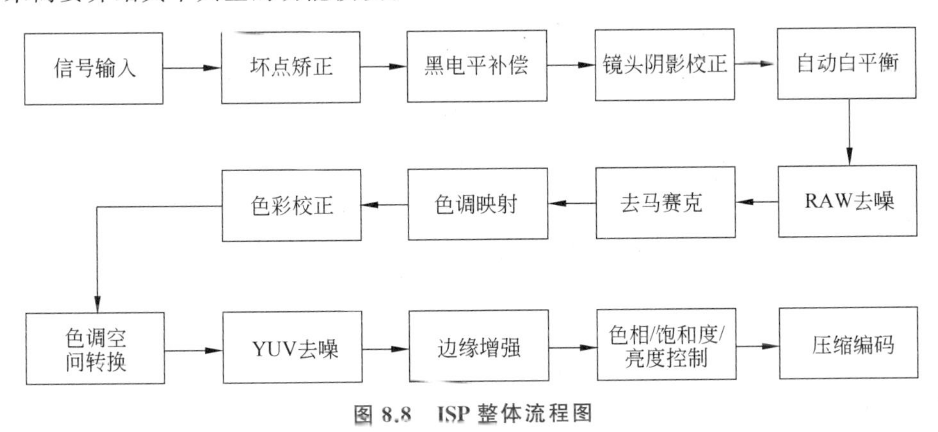

图 8.8 ISP 整体流程图

对于输入的信号，首先进行坏点校正。由于传感器可能存在部分缺陷像素，导致一些像素点输出信号不正常，出现白点或黑点，也就是坏点。同时，传感器的老化也可能导致更多的坏点。因此，需要对坏点进行校正。坏点校正通常有两种方法：一种是自动检测坏点并自动校正；另一种是建立坏点像素链表进行固定位置的坏点校正。

黑电平补偿是用于补偿图像中由于图像传感器本身或其他因素导致的黑电平偏移。在理想情况下，没有光照射的像素点响应值应为 0。但是，由于杂质、受热等其他原因的影响，传感器存在着暗电流，使得没有光照射到的像素点也会产生响应。黑电平(Black Level)是用来定义图像数据为 0 时对应的信号电平。为减少暗电流对图像信号的影响，ISP 需要从已获得的图像信号中减去黑电平，从而获得一个更高对比度的图像。

镜头阴影校正是用于校正图像中因为镜头造成的暗角或者阴影，以提高图像的亮度和均匀性。由于镜头本身的物理性质，传感器捕获的图像会表现出中心亮度高、边缘亮度低的特点。为了输出一个亮度均匀的图像，需要对图像进行镜头阴影校正。校正的方法是根据一定的算法计算每个像素对应的亮度校正值，从而补偿周边衰减的亮度。通常，镜头阴影校正方法有二次项校正、四次项校正等。

自动白平衡是通过自动调整图像的色温，消除光源对图像色彩的影响，使图像中的白色点呈现出真实和自然的白色。它能够自动适应不同的光照条件，提高图像的色彩准确性，从而提供更好的视觉体验。

去噪旨在减少或消除图像中的噪点，从而提高图像的质量和清晰度，分为 RAW 去噪和 YUV 去噪。在数字摄像中，噪点通常是由图像传感器的限制、高感光度拍摄、低光条件或数字压缩等因素引起的。这些噪点会使图像看起来粗糙、模糊或失真，降低了图像质量。在 ISP 中，常见的去噪方法包括非局部均值滤波、双边滤波、高斯滤波和小波变换等。

去马赛克，用于对彩色滤波阵列(Color Filter Arrays，CFA)来捕获原始 RAW 图像中红、绿、蓝三种颜色的信息，进行颜色插值处理，获得彩色图像。经典处理方法包括邻近插值、线性函数插值和非线性核函数插值等。

色调映射，是在有限动态范围响应的成像传感器上近似地呈现高动态范围影像。伽马校正是最常见的一种色调映射方法，以校正由于传感器非线性响应引起的失真问题。

色彩校正，用于调整图像的色彩平衡和色彩准确性，使其更符合人眼看到的真实场景颜色。因为人眼对可见光的频谱响应度和半导体传感器频谱响应度之间存在差别，故而图像的 RGB 颜色值会存在偏差。因此，需要对色彩进行校正，以实现准确的色彩再现。通常，可用一个 3×3 的色彩变化矩阵来进行色彩校正。

色彩空间转换，是在不同的色彩空间之间进行转换，通过变换矩阵来实现，以便于在不同设备之间或不同应用场景下使用，保证图像的色彩准确性和一致性。常见的色彩空间包括 RGB、YUV 等。在 ISP 中，色彩空间转换通常发生在色彩校正和压缩编码阶段。在色彩校正阶段，ISP 会将 RGB 色彩空间转换为 YUV 色彩空间，以适应不同的显示设备。在压缩编码阶段，ISP 会将 YUV 色彩空间转换为压缩编码格式，例如 JPEG 格式等。

边缘增强，用于增强图像中的边缘细节和轮廓，以使图像更加清晰和立体。常用的边缘增强方法包括锐化滤波和边缘检测。锐化滤波可以通过加强高频信号来增强图像中的边缘，通常使用拉普拉斯滤波器或高斯拉普拉斯滤波器来实现。边缘检测可以通过检测图像中不同区域之间的亮度或颜色变化来增强边缘，常用的边缘检测算法包括 Canny 算法和 Sobel 算法等。

色相/饱和度/亮度控制，用于调整图像的色相、饱和度和亮度。色相/饱和度/亮度控制是通过调整图像的 HSV（色调、饱和度、亮度）参数来实现。色相参数控制了图像中颜色的基本属性，如红、绿、蓝等，调整色相参数可以改变图像的色相。饱和度参数控制了颜色的鲜艳程度，调整饱和度参数可以让颜色更加鲜艳或平淡。亮度参数控制了图像的亮度，调整亮度参数可以让图像变得更亮或更暗。

压缩编码，用于减小图像占用的存储空间。图像数据可以进行压缩，丢弃那些肉眼难以察觉的信息，再使用编码技术来提高信息利用率。其中，最常用的编码格式为 JPEG 格式。

针对上述 ISP 中的功能模块，接下来主要介绍自动白平衡、去马赛克、色调映射、3A 调整等涉及的具体算法。

8.2.2 自动白平衡

白平衡，顾名思义，就是成像时白色的平衡。在有色光照射下，当我们看到白色时，白色可能会呈现出有色光的颜色，但我们仍认定它实际上应该是白色的。这主要是由于人的眼睛具有独特的适应性和自纠正性。但是，相机的传感器如 CCD 等，则不具有这种适应性。如果相机的色彩在调整时，和景物实际的照明色温不一致，就会发生偏色，如图 8.9 所示。许多人在使用数码相机拍摄照片时就会遇到这种问题：在日光灯下拍摄的室内照片显得发绿；而在白炽灯下拍摄的室内照片则显得发黄。白平衡就是根据实际拍摄场景的色温条件，通过图像处理，使得拍摄出来的图像能够抵消各种潜在的偏色。

色温，是以开尔文温度定量地表示色彩的一种色彩度量。英国著名物理学家开尔文认为，黑体能够将落在其上的所有热量吸收，而且没有损失；同时，又能够将热量产生的能量全部以光的形式释放出来。此时，人的眼睛所察觉到的颜色便会因受热力的高低而产

图 8.9 不同色温下的图像

生变化。白平衡的调整过程，其实就是通过调整色温来实现，分为自动白平衡和手动白平衡。

自动白平衡，是基于灰色世界法则，设计相应的算法自动地对颜色进行调整。该法则假设图像中包含的反射面足够丰富，以至于可以作为自然界中所有景物的一个缩影。因此，如果假设这幅图片是在经典光源下拍摄的，那么各个颜色通道分量的平均值就应该等于灰色。这是基于灰色世界法则进行自动白平衡的基本原理。若这幅图是在非经典光源下拍摄的，那么均值就会大于或者小于灰色值。因此，自动白平衡就是通过调整每个像素的 R、G、B 值，使其均值等于灰色，进而实现自动白平衡。灰色世界法则中最重要的一点是“灰色”的定义和选择问题。例如，采用 R、G、B 各个通道最大值的一半，或者前面所述的平均值。

例如，采用颜色均值 K 作为预定义的“灰色”，也就是 $K=(R_{avg}+G_{avg}+B_{avg})/3$，其中，$R_{avg}$、$G_{avg}$ 和 B_{avg} 分别是红色、绿色和蓝色分量的平均值。那么，对于每一个像素 (r,g,b)，在使用该灰色作为基准的白平衡处理后，红色分量变为 $r \cdot K/R_{avg}$，绿色分量变为 $g \cdot K/G_{avg}$，蓝色分量则变为 $b \cdot K/B_{avg}$。

除了灰色世界法则，自动白平衡方法还有镜面法，也就是假设图像中存在一个完全可以反射光源的镜面点。那么，通过将该点调整为纯白色的颜色映射，就可以作为其余像素白平衡时的变换。但是，不论灰色世界法则，还是镜面法，都是根据一些经验假设而设计的自动方法。虽然它们在一定程度上可以减弱白色的偏差，但无法解决在任何光照环境下的白平衡问题，尤其是在复杂光照环境下。

例题 8-1 基于灰色世界法则的自动白平衡。

问题：如图 8.10 所示的输入图像（上图），写出使用灰色世界法则进行图像自动白平衡（下图）的伪代码。

解答：彩色图像 I 的宽和高分别记为 m 和 n，输出的白平衡图像为 W。那么，采用颜色平均值的灰色世界法则来进行白平衡的伪代码如下。

图 8.10 自动白平衡图

```
function whiteBalance (I, m, n)
    b_avg ← 0
    g_avg ← 0
    r_avg ← 0
        for i ← 0 to m-1 do
            for j ← 0 to n-1 do
                r_avg ← r_avg +I[i][j].r
                g_avg ← g_avg +I[i][j].g
                b_avg ← b_avg +I[i][j].b
            end for
        end for
        r_avg ← r_avg / (m×n)
        g_avg ← g_avg / (m×n)
        b_avg ← b_avg / (m×n)
        k ← (r_avg +g_avg +b_avg) / 3
        for i ← 0 to m-1 do
            for j ← 0 to n-1 do
                W[i][j].r ← I[i][j].r × k / r_avg
                W[i][j].g ← I[i][j].g × k / g_avg
                W[i][j].b ← I[i][j].b × k / b_avg
        end for
    end for
end function
```

□

手动白平衡，是指人为选择真实光照环境下作为白色的参照物，也就是需要给相机指明场景中哪一个白色的物体确实是“白色”，将其作为白平衡的基准点。然后，通过分别调整R、G、B三个通道的颜色强度，使其能够表现出所挑选的白色参照物的颜色。这种方式往往需要用户具有比较丰富的摄影经验，才能应对不同环境下的白平衡调整，在照片中还原出拍摄场景中正确的色彩，使得照片的色彩更贴近真实。

8.2.3 去马赛克

从物理原理上讲，CCD只会感应光线的强度，而无法区分不同的颜色。因此，需要选择合适的色彩调制机制，进一步记录不同的颜色。通常采用色分离技术来获取不同的颜色，例如滤光片、3CCD和单CCD滤色镜等。滤光片是在线性CCD前面加装的光片，按照基色分为三等份，分别对应红色滤光片、绿色滤光片和蓝色滤光片。事实上，滤光片是用来选取所需辐射波段的光学器件，即只能让特定颜色成分的光线通过。这样在成像时通过滤光片的移动，使得CCD传感器能够分别记录红、绿、蓝相应基色下的光线强度，从而得到三基色所对应的三幅图像。然后，将三幅图像合成在一起，获得能显示的彩色图像。

3CCD则是使用了3个CCD进行成像，每一个CCD负责记录一种颜色。特别地，光线通过镜头时借助一个特殊设计的分光棱镜，将相应颜色的光线反射到相应的CCD。那么，每一个CCD产生一种颜色的图像数据，然后再进行合成。因此，经过一次扫描就可以得到彩色的图像。3CCD 分色技术成像速度最快，但其造价最高，不适合于普通大众消费级相机使用。

单 CCD 滤色镜采用单个线性 CCD，但在感光面上加入滤色镜，在感光的同时直接进行分色。由于原理简单、成本较低，单 CCD 滤色镜是目前数码相机广泛使用的色分离技术。

具体来讲，单 CCD 滤色镜大多采用彩色滤波阵列，也称为拜耳滤波器对入射光线进行滤波。该阵列上按照特定的模式分布着红、绿、蓝感光单元，也就是像素点。具体来讲，如图 8.11(a)所示，每个绿点的四周，围绕着 2 个红点和 2 个蓝点。这样，拜耳滤波器实际上是一个 4×4 的阵列，包含 8 个绿色、4 个蓝色和 4 个红色像素点。因此在整体分布上，绿点的数量是其他两种颜色像素点的两倍，能捕捉到的绿色分量也更充足。这也是基于人眼对绿色最敏感的视觉特性而做出的设计，使得记录的影像更符合人眼的观看效果。于是，光线经过镜头，被滤镜分解成一个个单色的光，并由传感器记录下每个点的光强数值，得到最原始的 RAW 数据，其文件的后缀名一般是.raw。这种数据只能呈现黑白马赛克，没有完整的颜色信息。为了获得彩色图像，需要进行去马赛克处理，将 RAW 数据还原为能反映真实世界中物体外观的彩色图像。

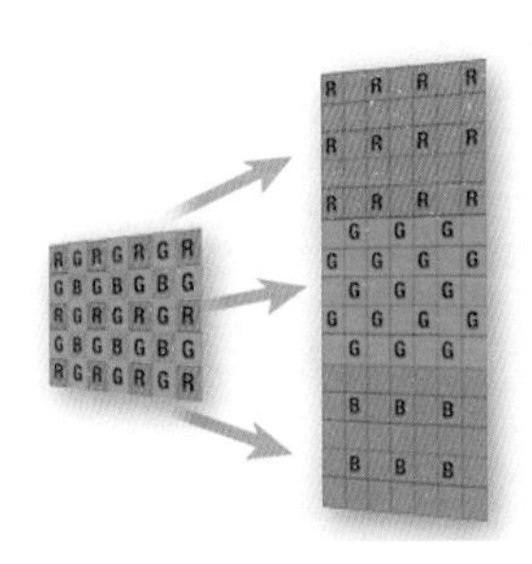

(a) 单 CCD 拜耳滤波器

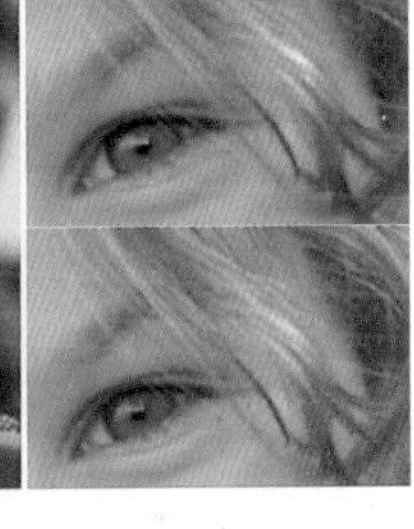

(b) 去马赛克

图 8.11　拜耳滤波器及去马赛克

常用的去马赛克处理主要包括邻近插值、线性函数插值和非线性核函数插值等方式。邻近插值是采用和当前像素点相邻的颜色分量，补齐该像素点缺少的其他分量。例如，无绿色的像素点，采用位于其左侧绿色像素点的强度；对于每一个红色和蓝色像素点，将其红、蓝强度值赋予右侧、下侧和右下角的像素点。这样，每个像素点都具有了红、绿、蓝的颜色分量，进而还原出彩色图像。

线性插值采用每个像素点的 4 邻域颜色分量进行插值，还原相应的图像像素颜色。例如，对于红色和蓝色像素点，其绿色分量是$G(i,j)=\sum G(i+m,j+n)/4$，其中红色或蓝色像素点(i,j)的邻域对应$(m,n)=\{(0,-1)(0,1)(-1,0)(1,0)\}$的像素集合。而对于蓝色像素点，其对应的红色分量是$R(i,j)=\sum R(i+m,j+n)/4$，其中蓝色像素点$(i,j)$的邻域是$(m,n)=\{(-1,-1)(-1,1)(1,-1)(1,1)\}$。对于绿色像素点，其对应的红色和蓝色分量分别是$R(i,j)=\sum R(i+m,j+n)/2$和$B(i,j)=\sum B(i+m,j+n)/2$，其中该像素点的邻域对应于$(m,n)=\{(0,-1)(0,1)\}$或者$(m,n)=\{(-1,0)(1,0)\}$的像素点集合。对于红色像素点，其对应的蓝色分量是 $B(i,j)=\sum B(i+m,j+n)/4$，其中红色像素点 (i,j) 的邻域是 $(m,n)=\{(-1,-1)(-1,1)(1,-1)(1,1)\}$。这样，对于红、绿、蓝的每个像素点，通过插值方式也都获得了缺少的颜色分量，从而能够还原出彩色图像。

从上面各个颜色分量的计算公式可以看出，线性函数插值方法计算简单，适合于在摄像机的 ISP 中实时处理。非线性插值则采用更复杂的非线性函数，例如双三次插值等进行红、绿、蓝颜色分量的插值。那么，经过插值后就得到了在显示器上能直接呈现的彩色图像。虽然非线性插值能够更好地还原颜色，但是计算较复杂。

虽然拜耳模式去马赛克提供了获得彩色图像最有效的一种方式，但是通过上述插值方式进行去马赛克后，生成的图像中会存在伪彩色、摩尔纹等问题。这里，伪彩色是由于拜耳滤色片上红、绿、蓝颜色点实际上是分布在不同的空间位置所造成的，从而导致去马赛克的插值过程中引入了拍摄场景中原本不包含的颜色。摩尔纹则是由差拍原理所产生的一种现象，也就是说如果感光元器件上像素的空间频率与影像中条纹的空间频率很接近，就会产生高频率不规则的彩色条纹，称为摩尔纹现象。为了解决插值去马赛克存在的这些问题，通常进一步在色度空间采用低通滤波等技术，对去马赛克后的图像做进一步的后期处理，通过后期校正的方式获得更加自然的彩色图像。

例题 8-2　拜耳成像的去马赛克处理。

问题：如图 8.12 所示的例子，写出使用线性插值进行拜耳成像去马赛克的伪代码。

图 8.12　去马赛克处理

解答：记彩色拜耳图像 I（左图）的宽和高分别是 m 和 n，输出的去马赛克图像为 D（右图）。那么，基于线性插值去马赛克处理的伪代码如下。

```
function demosaic (I, m, n)
    for i ← 0 to m-1 do
        for j ← 0 to n-1 do
            if (i%2 ==0 and j%2 ==0) then
                D[i][j][1] ← I [i][j]
                D[i][j][2] ← (I[i-1][j] +I[i+1][j] +I[i][j-1] +I[i][j+1]) / 4
                D[i][j][3] ← (I[i-1][j-1] +I[i+1][j-1] +I[i-1][j+1] +I[i+1][j
                            +1]) / 4
            else if (i%2 ==1 and j%2 ==1) then
                D[i][j][1] ← (I[i-1][j-1] +I[i+1][j-1] +I[i-1][j+1] +I[i+
```

```
                        1][j+1]) / 4
                    D[i][j][2] ← (I[i-1][j] +I[i+1][j] +I[i][j-1] +I[i][j+1]) / 4
                    D[i][j][3] ← I [i][j]
                else
                    D[i][j][1] ← (I[i][j-1] +I[i][j+1]) / 2
                    D[i][j][2] ← I[i][j]
                    D[i][j][3] ← (I[i-1][j] +I[i+1][j]) / 2
                end if
            end if
        end for
    end for
end function
```

□

8.2.4 色调映射

色调映射是在对有限动态范围响应的成像传感器上近似地呈现高动态范围影像。色调映射的问题来源于18世纪的画家作画。画家在作画时所感受到的自然界中光线亮度变化的范围非常大,而使用的颜料颜色的范围却非常有限。因此,需要寻找一套行之有效的颜色转换方法,用有限的颜料画出光线亮度范围很宽泛的自然光。如今,这种颜色转换的方法就称为色调映射,也称为对比度修正。

如果简单地将真实世界的整个亮度域线性压缩到指定的狭小范围,就会在明暗两端同时丢失很多细节。色调映射就需要通过设计合理的映射方法来克服这一问题,使得位于动态范围两端的亮度在映射后也能正常显示。伽马校正是最常见的一种色调映射方法。这种方法利用指数函数曲线进行非线性色调编辑,在某种程度上能够检测出图像信号中的深色部分和浅色部分,并且自适应地使两者比例增大,从而提高图像对比度效果。具体来讲,伽马校正的数学公式表示为

$$g = f^{\gamma} \tag{8.3}$$

其中,f 是原始图像,g 是校正后的图像,而不同 γ 值产生的色调映射效果也不同,如图8.13所示。公式(8.3)形式简单,计算方便,因而被广泛用于色调映射。

(a) 原始图像

(b) γ=0.45

(c) γ=2.2

图 8.13 不同伽马值的色调映射结果

从图 8.13 可以看到，当伽马值小于 1 时，在低灰度值区域内，动态范围变大，使得图像对比度增大；而在高灰度值区域内，动态范围变小。同时，图像整体的灰度值也变大。当伽马值大于 1 时，低灰度值区域的动态范围变小，高灰度值区域动态范围变大，降低了低灰度值区域图像对比度，提高了高灰度值区域图像对比度。同时，图像整体灰度变小。因此，在伽马校正时需要设置合适的 γ 值，以获得理想的色调映射结果。

8.2.5 3A 调整

数码相机的 3A 技术包括自动对焦（AF）、自动曝光（AE）和自动白平衡（AWB）。这些技术全部采用自动的算法来调整拍摄时的相机参数，实现最佳的成像效果。其中，自动白平衡技术在前面已经讲述，接下来介绍另外两种自动调整技术。

1. 自动对焦

自动对焦，是根据拍摄景物到镜头的距离将镜头调整到传感器前面的适当位置，以使得景物在传感器上能够清晰成像。自动对焦主要包括主动式和被动式两种方式。主动式采用 Time-of-Flight（ToF）方式，例如使用声波来测量相机和拍摄景物之间实际的距离，然后再调整镜头的焦距，以使得景物成像后的像点尽可能都落在成像平面上。实际使用时更多的是被动式，也就是不依赖于额外的硬件装置来估计景物到镜头的距离，包括相位检测、反差式、混合式等。

相位检测是利用两个位置不同的分离透镜，在传感器上同时形成两幅图像，然后检测出两幅图像之间的距离以及相应的两个波形。如图 8.14(a)所示，如果两个波形之间的距离恰巧为透镜焦距，说明拍摄的景物处于合焦状态，能够在成像平面上形成清晰的图像。如果距离大于焦距，那么就是焦前状态，反之就是焦后状态。这两种状态下都会产生模糊问题。这种方法可以直接计算出镜片需要移动的距离，以及镜片需要朝哪个方向移动，然后驱动镜头的移动以达到合焦状态。因此，相位检测的对焦速度十分迅速，只需要计算一次就可以完成对焦。然而，由于使用了分光技术，在弱光环境下很容易处于焦前或焦后的失焦的状态。这就会使得拍摄出的画面感光不足、模糊严重。由于能耗较少，目前的单反相机大多使用相位检测对焦来完成自动对焦。

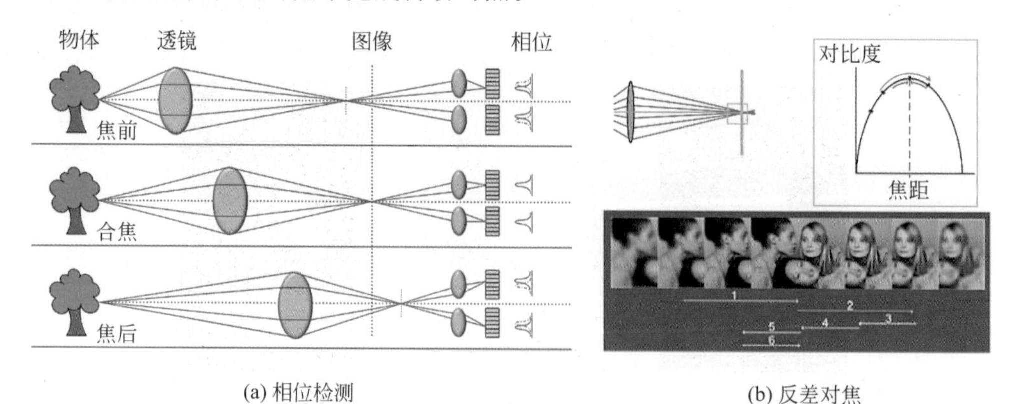

(a) 相位检测　　(b) 反差对焦

图 8.14 自动对焦方式

反差对焦则是分析镜头和传感器在不同距离下形成图像的对比度，通过寻找能使对比度最大的位置来确定焦距。如图 8.14(b)所示，只要测量到的对比度在增加，镜头移动方向就会被保持，并按照预设的步长逐渐推进，直到合焦状态。反之，如果检测到低对比度，那么镜头就朝相反的方向逐渐运动，也就是直到合焦状态停止。反差对焦在弱光环境下也能正常工作，但是在处理器要计算较多的数据，能耗较高，而且往往导致对焦时间长，拍摄时会有一定的滞后。

混合对焦是结合上面两种对焦方式的优点，按照两步法进行对焦。首先，利用相位检测对焦速度快的特点来快速调整镜头和传感器之间的距离。然后，利用反差对焦进行微调。这也适合于弱光等环境。由于先将对焦位置进行了预先调整，在确定最大对比度时仅需要很少的时间也能够提供准确的对焦位置，这也就大大减少了对焦的时间。

2. 自动曝光

自动曝光是通过自动调整光圈大小和曝光时间来控制镜头的光通量。通常采用测光方式来确定入射光线条件，从而自动地确定拍摄时所需要的合适的曝光量。常见测光方式有中央重点测光、局部测光和点测光三种。中央重点测光是假设画面中央部分的测光数据在整个画面中占绝大部分比例，而中央以外的测光数据作为小部分比例，以此确定拍摄时需要的曝光量。局部测光是对画面中预先指定的某一局部区域进行测光。点测光则是以位于中央极小范围内的区域作为曝光基准点，然后根据这个区域测得的光通量数据作为曝光依据。

8.3 计算摄像

计算摄像属于计算摄像学的范畴，是一种通过光学编码和计算解码生成图像，并进行更高效的图像处理的过程。其实，数字摄像也可以看作通过透镜对光线传播进行编码的过程，借助透镜折射后的光线汇聚，来对景物表面上各点的颜色信息进行记录，也属于计算摄像的一种形式。但这里的计算摄像主要还是指结合光学技术、信号处理技术、数字图像处理技术，进一步扩展传统摄像和数字摄像的功能，以及进一步提高数字摄像的质量。

计算摄像的成像过程不局限于小孔成像原理，通常使用新的光路编码获取信息，然后利用计算解码形成影像，也称之为计算成像(Computational Imaging)。换言之，计算摄像不再是借助透镜汇聚作用，简单地接收光线投影在传感器上形成的直接成像，而是经过编码再解码的方式进行成像。

8.3.1 计算编码

计算成像的编码和解码突破了以往成像方式对时间、空间和谱段的限制，实现了更丰富的成像功能。如图 8.15 所示，计算成像可以围绕空间、时间、深度、动态范围、视场、频谱等光的不同属性，通过对光路的编码和解码进行新形式的成像，实现成像质量的提升和成像功能的扩展。按照光路编码方式的不同，计算成像的编码方式可以笼统地分为物端编码、瞳面编码、焦面编码、照明编码、相机阵列编码、非传统成像编码等，而在解码时就需要借助相应的算法,通过计算方式来重构出目标影像。接下来简单介绍各种不同的编/解码方式及典型应用。

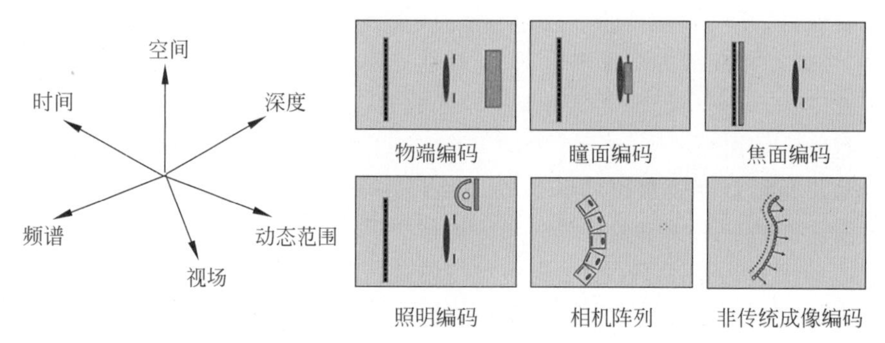

图 8.15 计算成像编/解码维度和方式(图片来自[120])

1. 物端编码

物端编码,是通过改变镜头前方和拍摄物体相关的光路进行计算成像。这是最容易实现的一种编码方式,大多数情况下不需要对镜头做任何的改动,而是借助已有的相机系统来实现计算成像。图 8.16 展示了三种物端编码的案例。其中,图 8.16(a)是通过在镜头前放置全反射的半球镜面或者抛物镜面,把普通相机变为全景相机。这种镜面的使用可以将更大视角范围的光线进行汇聚,然后再投射到相机的传感器上,也就是借助镜面对光线的汇聚作用对入射光线进行更大视场的编码。这样就能够实现更大视角范围的全景成像。图 8.16(b)是在镜头前放置雾面玻璃,利用不同远近物体成像后的模糊程度差异,估计所拍摄物体的深度信息。该方法实际上利用了雾面玻璃的透光特性,对进入相机的光线进行编码。距离镜头不同远近的物体反射光线经过雾面玻璃后的汇聚效果有所差别,形成不同程度的散焦模糊。那么,通过去模糊进行计算解码,就可以一方面获得清晰的图像,另一方面也获得了所拍摄物体的深度信息。图 8.16(c)是在镜头前放置三棱镜,通过分光编码,捕捉不同波长范围的光线强度信息,进而实现多光谱视频的拍摄。

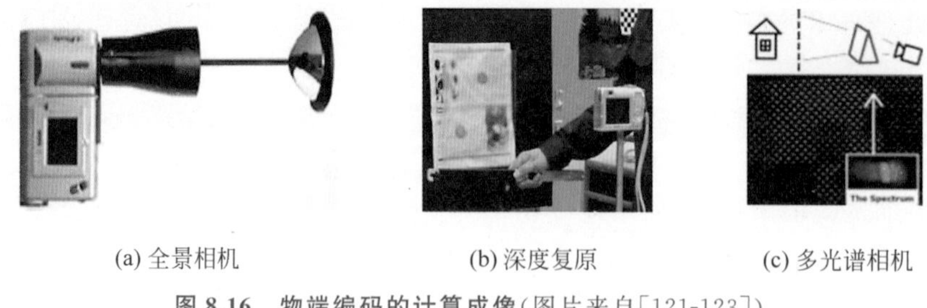

(a) 全景相机　(b) 深度复原　(c) 多光谱相机

图 8.16 物端编码的计算成像(图片来自[121-123])

2. 瞳面编码

瞳面编码是通过改变出入透镜瞳面的光路进行计算成像。图 8.17 展示了两种瞳面编码的案例。其中,图 8.17(a)是一种基于光圈相位编码的超分辨率方案。该方案借助伪随机编码的光圈,产生亚像素级别的成像。然后,利用不同相位差下成像结果的叠加,重构出高分辨率的影像。图 8.17(b)是通过设计特定模式的光圈,使得成像后的影像在经过傅里叶变换后，能够有效地通过零值分布来反求散焦模糊核函数，克服了传统圆形光圈求解模糊核时的病态问题。在此基础上，根据模糊核尺寸和物距的关系，能够进一步恢复所拍摄场景的深度信息。

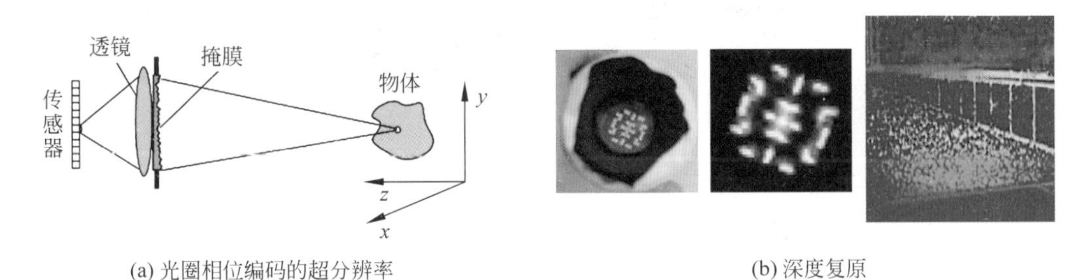

(a) 光圈相位编码的超分辨率

(b) 深度复原

图 8.17 瞳面编码的计算成像(图片来自[124-125])

3. 焦面编码

焦面编码，是通过改变位于焦平面位置的传感器的入射光路进行计算成像。图 8.18 展示了两种焦面编码的案例。其中，图 8.18(a)是在焦平面放置微透镜组，对透过镜头的光线按照入射角度进行空间编码。那么，在成像时就可以根据对焦位置的要求，自动地挑选相应角度的光线强度解码，重构出符合对焦位置的图像。图 8.18(b)是一种通过焦面编码实现的高速摄像系统。该系统借助投影仪来实现逐像素的曝光时间控制，使得在焦平面成像时能够根据场景内容，在时间和空间维度自适应地进行非均匀采样。然后，通过对不同曝光时间下的像素强度进行线性规划来优化处理，重构出高分辨率、高帧率的视频帧序列。

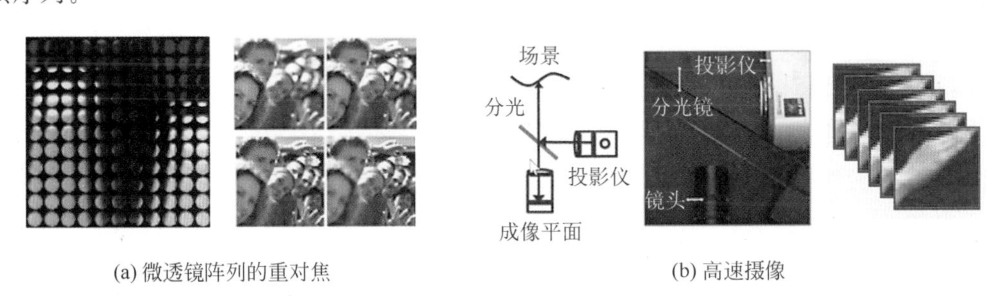

(a) 微透镜阵列的重对焦

(b) 高速摄像

图 8.18 焦面编码的计算成像(图片来自[126-127])

4. 照明编码

照明编码是通过改变相机闪光灯的照明状态对入射光路的光线强度分布进行编码，然后再通过解码进行计算成像。其中，图 8.19 展示了两种照明编码的案例。图 8.19(a)是利用多路 LED 灯产生指定模式的照明，从而产生包含多种谱段的光照效果。然后，采用普通的 RGB 相机记录物体表面的反射强度，通过重构来获得更大波长范围的光谱信息。图 8.19(b)则是通过有规律地改变光照实现对拍摄物体三维模型的重建。该方法利用投影仪投射指定模式的结构光，通过相机捕捉的物体表面信息重构其三维形状。

5. 相机阵列

相机阵列是通过使用一组相机阵列来提高入射光路的视角分布，从而进行计算成像。

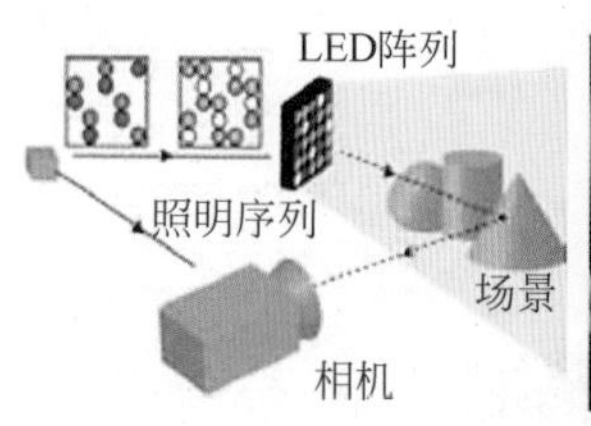

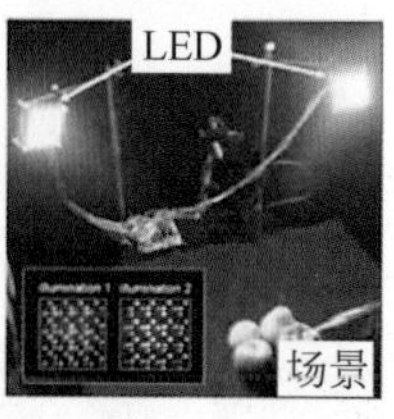

(a) 多路LED照明的多光谱成像

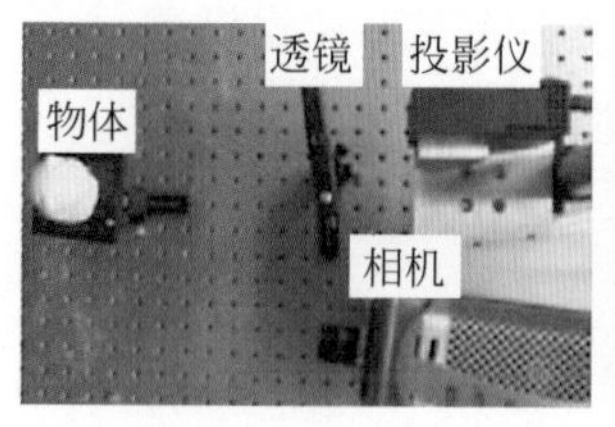

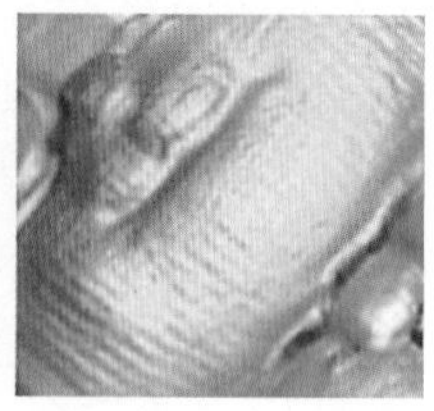

(b) 变光照三维重建

图 8.19　照明编码的计算成像(图片来自[128-129])

这种方式主要是为了能够在更大视场范围内拍摄场景。图8.20展示了一种相机阵列的案例。这里,采用一组在空间不同位置排布的相机来同时拍摄不同视角的视频,如图8.20(a)所示,这样就能够对拍摄场景进行全方位的覆盖。为了能够产生更大视场范围,相机排布时的视角朝向差异尽可能大。然后,对每一个相机所拍摄的视频,按照第7章中介绍的视频拼接方法进行组合,就可以获得如图8.20(b)所示的全景视频帧序列。

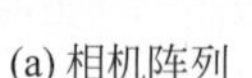

(a) 相机阵列

(b) 全景视频

图 8.20　相机阵列的计算成像(图片来自[130])

6. 非传统成像编码

非传统成像编码是在传统相机的基础上使用更加复杂的材料、装置等进行新型的计算成像。例如,使用可卷曲的传感器进行任意形状物体的拍摄和成像,以及使用特殊的微波材料进行感知成像等。这类计算成像方式能够获得以往相机难以直接拍摄的成像效果,大大拓展了传统成像和数字成像的功能。

8.3.2　计算解码

解码是计算摄像编解码过程中的关键环节之一。它通过图像处理算法和计算方法对采集到的编码图像进行解码,以还原出原始图像或获取更丰富的图像信息。常见的计算解码包括单像素重建、HDR图像合成等。

1. 单像素成像

单像素成像是一种备受关注的计算摄像技术,它通过不具备空间分辨能力的单像素探测器,来获取目标物体或场景的空间信息。目前,这项技术已经应用于激光雷达成像、X射线成像、太赫兹成像等领域。

在工作原理上,单像素成像通常采用照明编码或者焦面编码,在探测端采用单像素探测器收集信号。以照明编码为例,每次照明模式的变化都会改变单像素探测器所接收到的信号能量,而这一信号能量直接反映了照明结构与物体空间信息之间的关联。通过多次改变照明模式并采集相应的单像素信号，最终可通过计算解码还原出物体的空间信息。这种方式的最大优势在于对探测器的要求较低，仅需感知光强即可，降低了传统成像中对高性能面阵探测器的依赖。因此，单像素成像在某些面阵探测器技术尚不成熟的波段或特殊应用条件下表现出显著的技术优势。

单像素成像的计算解码过程是压缩感知理论的典型应用，依赖信号的稀疏性和随机投影技术，从有限的线性采样数据中重建原始图像。根据压缩感知理论，如果信号在某一变换域（如傅里叶域或小波域）具有稀疏性，则可以通过远低于 Nyquist 采样率的方式采集数据，并结合优化算法重建信号。

具体来说，单像素成像通过一系列随机或特定模式的调制方式获取投影数据，而这些数据本质上是原始图像与调制模式的内积。在解码阶段，由于采样数量远少于图像像素数，直接重建原始图像成为一个欠定问题。为解决这一问题，需要构建一个稀疏约束的欠定优化方程，并通过算法（如基追踪算法或正交匹配追踪算法）从投影数据中解算出图像在稀疏变换域的稀疏系数，最终重建出完整的图像，如图 8.21 所示。

(a) 成像对象

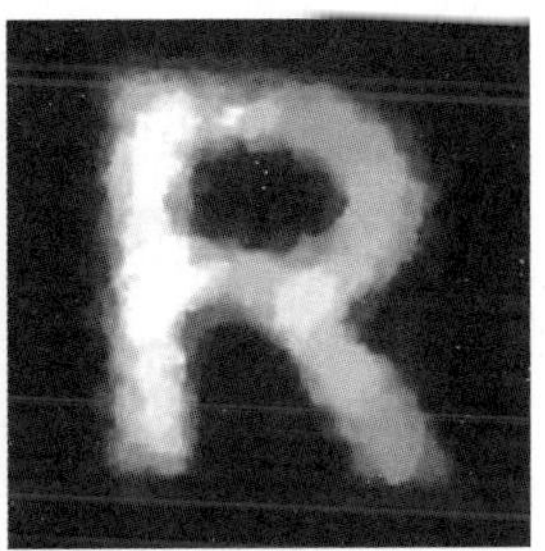

(b) 对应的成像结果

图 8.21 单像素成像

随着算法和硬件的不断发展，单像素成像逐步成为低采样率下实现高分辨率图像恢复的重要技术。其在低光照、特殊波段成像等领域展现出广阔的应用前景。

2. HDR 图像合成

HDR 图像合成是一种图像处理技术，旨在将多张不同曝光程度的图像合成为一幅具有更广动态范围的高质量图像。HDR（High Dynamic Range）图像合成在移动端计算成像增强中起着重要的作用，能够提供更丰富的色彩和细节，以实现更真实、更逼真的图像呈现。HDR 图像合成可以广泛应用于摄影摄像、医学图像、虚拟现实和增强现实等各个领域。

传统的图像一般只能捕捉到有限的动态范围，即在同一幅图像中只能保留亮部或暗部的细节，而无法同时呈现这些细节。而 HDR 图像合成通过将多幅曝光不同的图像进行融合，充分利用每幅图像中的亮部和暗部细节信息，从而扩展图像的动态范围，使得亮部和暗部都能得到充分的呈现，达到更接近真实场景的效果。如图 8.22 所示，图 8.22(a) 中有 4 幅曝光图像，曝光时间为：15、2.5、1/4 和 1/30 秒，而图 8.22(b)是这 4 幅图像融合出的结果。

HDR 图像合成的过程可以分为以下几个主要步骤。

(a) 不同曝光下的成像

(b) 融合的高动态范围图像

图 8.22 HDR 图像合成

（1）图像采集：使用相机或移动设备连续拍摄多张曝光不同的图像，通常包括低曝光图像、中曝光图像和高曝光图像。

（2）曝光校准：将采集到的图像进行曝光校准，确保各图像之间的曝光差异被正确匹配和校正。

（3）对齐和融合：对齐不同曝光图像，以消除相机移动或物体运动引起的偏移。然后，将对齐后的图像进行融合，通过选择亮度信息、颜色信息等来融合图像。

（4）色调映射：在融合后的图像中，可能会存在亮度和颜色的不均衡。色调映射的目标是调整图像的亮度和色彩分布，以实现更好的视觉效果。

（5）细节增强：通过使用细节增强算法，增强合成图像中的细节信息，使得图像更加清晰。

（6）色彩校正：对合成后的 HDR 图像进行色彩校正，以确保图像的色彩准确性和自然度。

8.4 计算光场成像

光场，顾名思义，就是描述光的某些物理量在空间中的场分布。这个概念第一次被明确提出是在 1939 年，俄罗斯物理学家 Arun Gershun 在他的一篇论文中使用了光场，后来被 MIT 教授 Edward Adelson 和 James Bergen 加以完善，并给出了全光函数（Plenoptic Function）的数学形式。具体来讲，光场描述了空间中任意一点朝任意方向投射光线的强度。如图 8.23(a)所示，完整描述光场的全光函数 LF 是具有如下形式的七维函数：

$$LF(x, y, z, \theta, \varphi, \lambda, t) \tag{8.4}$$

这里，该函数的参数包含了任意一点的空间位置（坐标分量分别是 x、y、z）、方向（极坐标分量为 θ、φ）、波长（λ）和时间（t）。事实上，波长 λ 在一定程度上决定了所投射光线的强度。

在实际成像系统中，波长和时间维度的信息通常是用 RGB 通道和不同时刻对应的帧图像来表示。因此就光场而言，只需要关注光线的方向和位置就可以了。这样，全光函数

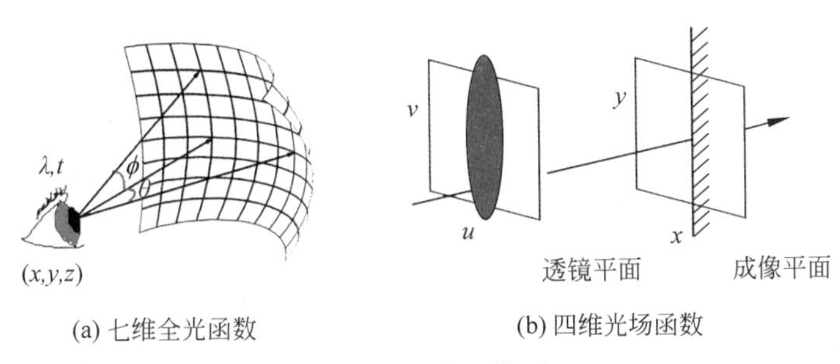

(a) 七维全光函数　　(b) 四维光场函数

图 8.23　光场模型

就从七维降到了五维。此外，大部分成像系统中的光线都是通过光圈和透镜系统被限定在一个有限范围的光路里进行传播，所以光场就可以使用更简单的两个平面来表示，从而将公式(8.4)所示的七维光场函数进一步简化为四维光场函数 $LF(u,v,x,y)$。如图 8.23(b)所示，这两个平面则分别对应了相机的镜头平面(u 和 v)和成像平面(x 和 y)。计算光场成像主要是围绕这两个平面的光路编码和解码进行处理，进而提升以往成像的效果。接下来，介绍两类典型的计算光场成像技术，包括基于光场的重对焦成像技术和光圈编码成像技术。

8.4.1　基于光场的重对焦成像

普通相机在拍摄瞬间只会捕捉在一个光面上对焦时所形成的图像。这样，位于对焦平面上的物体成像清晰，而其余部分则会发生焦外模糊。这是由于经过普通相机透镜的汇聚，物体上来自同一点发射的不同方向的光线都汇聚成图像上的一个点。因此，获得的图像只记录了光线强度的信息，而丢失了光线来自哪个方向的信息。光场则是包含了各个光线方向的信息。利用光场成像，就可以记录下所有方向投射光线的数据。这样，通过后期在计算机中重新选择对焦位置，就可以获得重对焦的图像。基于这种原理构造的相机也称为光场相机。

以 Lytro 为代表的光场相机为例，它通过将焦平面改为微透镜的阵列来同时记录光线的方向信息，也就是对更多投射光线的方向进行了编码。如图 8.24 所示，这些微透镜

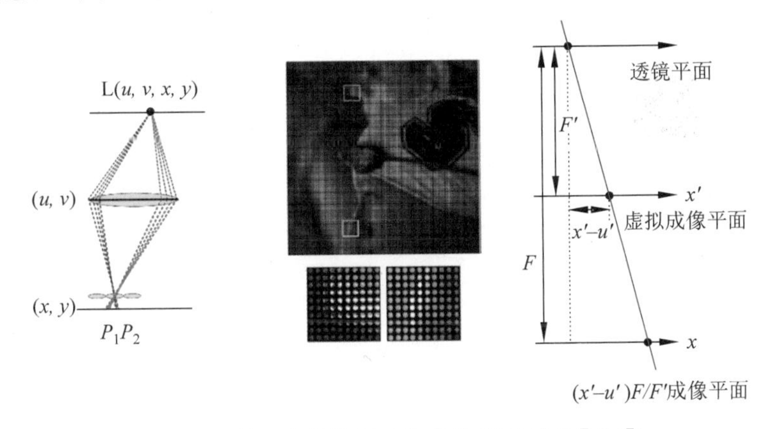

图 8.24　基于光场的重对焦成像(图片来自[126])

将汇聚到焦平面上的光线进一步发散到不同方向,从而能够获取物体上同一点发射的不同方向的光线信息。因此,光场成像是对不同方向的光线进行编码,然后记录光线强度和光线方向。这里就是使用四维的光场函数 $LF(u,v,x,y)$ 来表示记录的光线信息,实际上表示了入射光线的不同方向。而在解码成像时,通过指定焦点位置来选择一个成像平面,将光场函数重新参数化到这个平面上,然后把对应于同一点的光线进行积分,就可以得到和该成像平面相对应的光线强度,进而形成符合该焦点位置的新图像。

光场相机最大的优势之一就是可以利用光场编码和计算成像,实现先拍照后对焦这一传统相机所不具备的成像功能,一定程度上方便了用户拍照。

8.4.2 基于光圈编码的去散焦成像

常见相机镜头大多使用圆形光圈,不可避免地会产生散焦模糊。所谓散焦模糊,是指景深以外物体的成像点没有落在焦平面上,从而形成具有一定面积的成像区域,造成物体表面信息的混叠。在数学上,散焦模糊的形成可以看作是清晰图像和散焦模糊核进行卷积操作的结果,而散焦模糊核对应于点扩散函数(Point Spread Function,PSF)。不同程度的散焦模糊对应了不同尺寸和形状的模糊核,也就是不同物体成像在同一平面上的弥散圆的大小。

传统相机所使用的圆形光圈对应的散焦模糊核也是圆形的。然而,圆形光圈存在以下问题:卷积过程会削弱高频信息,而且核函数在频域上会有多个零值点。光圈编码则是采用其他模式的光圈设计方式,将圆形光圈变成不规则形状的光圈。这种形状的不规则性就会影响核函数的取值分布,可以有效减少核函数零值点的数目,从而最大限度地消除不同尺度的光圈的影响。

具体来讲,因为傅里叶变换后的频域零值点区间大小决定了模糊核函数的尺寸,所以相比于圆形光圈,编码光圈的零值点分布更为分散,如图 8.25 所示。这样就可以在更大尺度范围内避免零值点,从而更易于地选择合适的尺度进行反卷积。在得到模糊核函数后,再借助常用的去模糊方法,例如最大后验概率优化,对模糊图像进行反卷积,就可以得到去模糊后的图像。

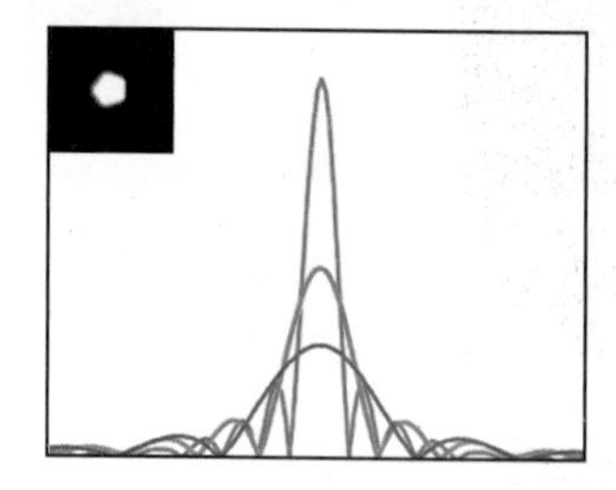
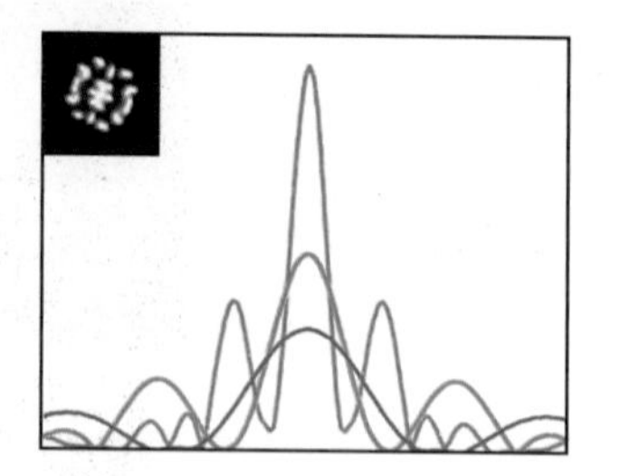

图 8.25 圆形光圈和编码光圈的核函数分布(图片来自[125])

8.5 计算光谱成像

光谱，又称光学频谱，是复色光的光线经过色散系统（如棱镜、光栅）分光后，散开的单色光按波长（或频率）大小依次排列所形成的图案，如图 8.26 所示。按照光线波长分布，可以将光谱分为紫外光谱、可见光谱、红外光谱等。紫外光谱的波长范围是 1nm 到 380nm。可见光谱的波长范围是 380nm 到 780nm，是人眼能够感知的光谱范围。红外光谱的范围则是超过 780nm 的区间，而根据波长大小又可以分为近红外区、中红外区和远红外区。

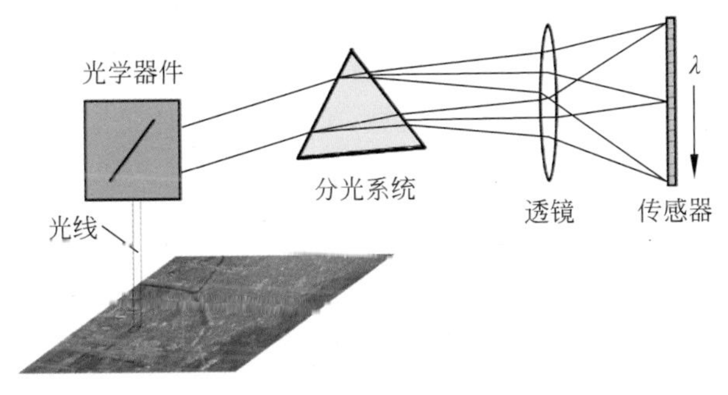

图 8.26 光谱色散

按照光谱的产生方式，可以分为发射光谱、吸收光谱、散射光谱等。发射光谱，是物体自行发光形成的光谱。吸收光谱，是连续光谱被吸收部分波长的光线后形成的光谱。散射光谱，则是光线照射到物质上形成的非弹性散射光谱。光谱成像的目的就是为了获取这些不同波长的光的强度。事实上，光谱信息被称为物质的"基因"或"指纹"，反映了物质成分的本质特征。

光谱成像技术由传统彩色成像技术发展而来，其目的是获取目标的光谱信息。光谱成像技术通过采集场景的光谱辐照度获取三维数据立方体，既得到了二维的空间信息，又得到了一维的光谱信息，极大地增强了目标识别和分析能力。因此，光谱成像在航天遥感、环境监测、安检安防等有着重要应用。除此之外，光谱成像还有望应用于手机、自动驾驶汽车等终端。

传统光谱成像设备采用光学分光元件，例如棱镜和光栅，能够记录下单个像素点的光谱信息。为了获取二维光谱图像，传统光谱成像仪通常采用扫描的方法，通过牺牲时间进行空间或光谱补偿，按时间序列测量数据立方体的二维或一维切片。除了不能拍摄动态场景外，传统光谱成像在使用各种光谱仪采集光谱数据时，在空间分辨率、谱分辨率和辐射分辨率等方面还存在一些瓶颈问题。空间分辨率，是图像细节的一种度量，通常表示为像素单元覆盖的地面尺度，反映了成像的清晰度。空间分辨率和传感器的设计以及拍摄距离和环境等有密切关系。谱分辨率，是指可区分的波长粒度，分为多光谱、高光谱、超光谱等。辐射分辨率，是指用于量化光谱强度的位数，也就是采用多少位的二进制来表示采集的光谱强度。使用的位数越多，能够区分的波长也就越精细。传统光谱成像在解决上述空间、谱段等的分辨率问题时，通常是通过提高传感器性能来实现，从物理上提高传感器能够接收光谱的灵敏度。但是这种方式和传感器的物理特性有着极大的关系。计算光谱成像则为进一步解决这些问题提供了新的方法。

8.5.1 基于掩膜分光镜的计算光谱成像

计算光谱成像，是在传统色散型光谱成像技术的基础上，通过在光路中引入适当的编码模板来对采集的数据进行调制。然后，通过图像处理手段进行解码，实现空间与光谱信息的高效成像，进而解决传统光谱成像技术光通量低、逐行扫描成像时间长、分辨率低等缺点。通过光谱成像可以获取目标场景的连续光谱采样图像，其中包含了更为丰富的光谱信息和空间信息。这里，采用掩膜分光镜是一种典型的计算光谱成像方法。

普通相机拍摄彩色图像时，成像介质CCD通常记录RGB三个通道或者说三个波段的光强信息。为了记录更多波段的光强信息，可以采用三棱镜对入射光线进行分光处理，主动地将不同波段的光谱进行分离，从而能够获取更高分辨率的光谱数据。物理上，三棱镜能够将波长不同的光线，按照不同的角度进行折射(例如波长越大，折射率越小)，这样就可以达到分光的目的。然而，通过相机直接记录三棱镜分光后的光线，会产生频谱重叠的现象。这是由相近光线中相同波长的光谱覆盖区域重叠所造成，从而难以很好地区分不同波长的光强信息。因此，2011年，清华大学的研究人员提出了棱镜掩膜式的原型系统(Prism-Mask Multispectral Video Imaging System，PMVIS)。该系统使用掩膜对空间信息进行采样，从而避免色散导致的频谱重叠现象，结合传统的棱镜色散方式，最后对分散开的光谱信息进行采集。

这里，如图8.27(a)所示，可以将三棱镜放置在一个掩膜后面，通过掩膜的空间调制来解决上述频谱重叠问题。掩膜是由一些均匀分布的小孔组成的，而不同小孔之间存在一定范围的遮挡，如图8.27(b)所示。这些小孔实际上就对入射光线进行了空间的调制，使得穿过掩膜的光线能够彼此在空间上形成间隔，也就是不同波长的光谱能够彻底分离开来。根据“光路可逆原理”可以对掩膜的空间分布进行推导，设计掩膜使得采样点的光线散开在空间中且恰好相邻采样点光谱不发生混叠。通过三棱镜分光后，在传感器平面上进行采集。进一步，对采集到的图像进行光谱标定，畸变校正等后续处理，最终提取到场景的光谱信息。另外，基于棱镜掩膜的光谱成像技术的光谱分辨率和相机焦距成正比关系，使得在实际使用中可以方便地调节光谱分辨率，并与实际的空间分辨率进行权衡。

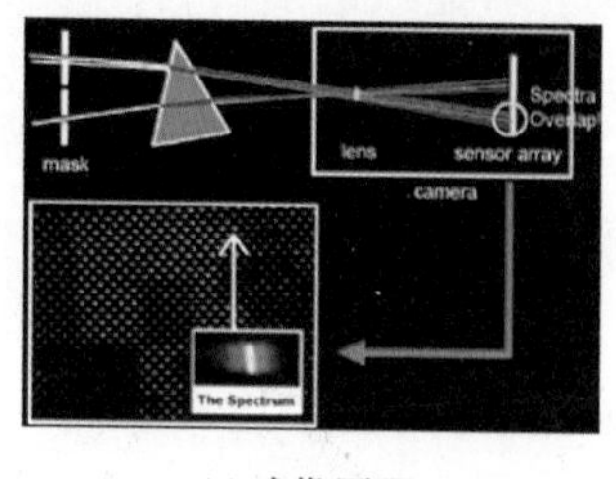

(a) 成像原理

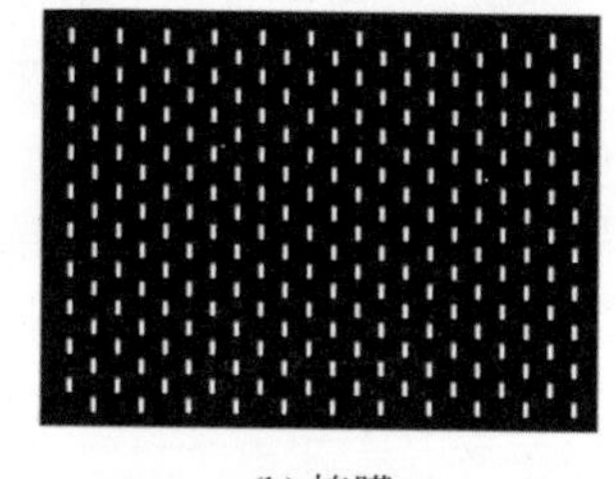
(b) 掩膜

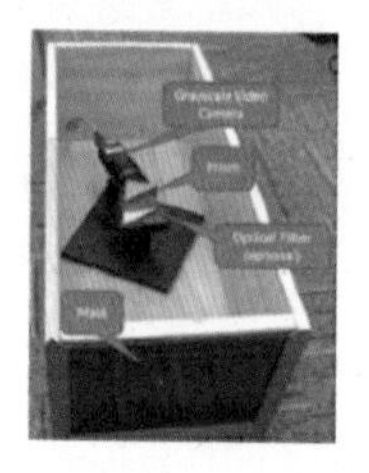
(c) 装置

图8.27 基于掩膜分光镜的多光谱成像系统(图片来自[123])

一般而言，通过掩膜孔洞的光线经过三棱镜分光后，形成的频谱宽度和透镜焦距、波长、孔洞尺寸等因素都有直接关系。例如，焦距增加，频谱宽度增加；而孔洞之间的距离也影响频谱的空间分布。图 8.27(c)展示了一个采用单色(灰度)相机记录相应分光频谱光强的装置。这里，放置在三棱镜前的掩膜孔洞的大小为 0.2mm×1mm，邻近孔洞的距离 5mm。这种配置可以将不同谱段的光线做合理的分离，达到光谱成像目的。

基于棱镜掩膜的计算光谱成像的优点有：该技术利用空间分辨率换取光谱分辨率，且不牺牲时间分辨率，可以在短曝光时间内实现信号的采集；可以通过调节相机焦距的方式调节光谱分辨率，在实际应用中更加方便；无需特殊的光学器件，普通的镜头、三棱镜、CCD 探测器就可以，成本较低。此外，该技术直接采集光谱信息，不会引入重建算法的误差。

利用计算光谱成像获得的多光谱信息，可对物体材质进行更准确检测和识别。事实上，对于光谱图像，沿着光谱维采样所形成的向量称为光谱曲线。如图 8.28(b)所示的光谱曲线，人的皮肤在波长为 559nm 处会出现一个 W 形极值。这样，通过该极值是否存在就可以区分真实的皮肤和假的皮肤，进而能够对图 8.28(a)中所展示的真手和假手进行判别。这里假手是通过彩色打印的手的图像，其颜色值和真手很相像，但材质却不是皮肤。正是因为能够将 559nm 附近的光谱区分开来，才使得 W 型极值在光谱图像中出现，从而可以利用该特性对真手和假手进行判别。这也充分说明了计算光谱成像对提高光谱信息利用的重要作用。

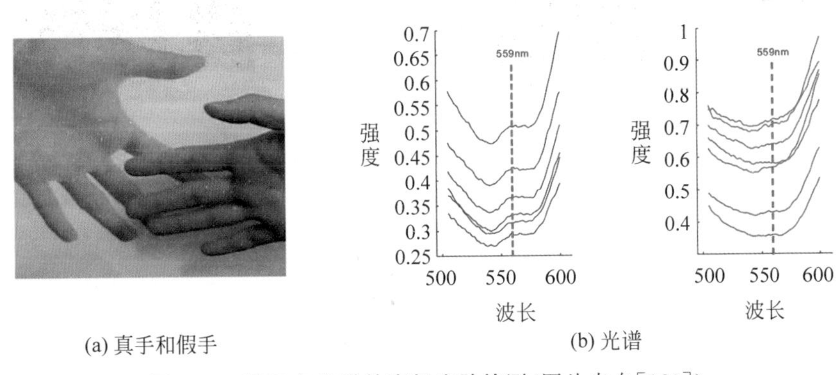

(a) 真手和假手 (b) 光谱

图 8.28 基于多光谱的真假皮肤检测(图片来自[123])

8.5.2 基于编码感知的计算光谱成像

多光谱、高光谱、超光谱等光谱图像本质上是三维体数据，包含二维空间维和一维光谱维。这也使得在谱段数目增加时，获取高分辨率光谱图像的难度不断加大，尤其是对于高光谱和超光谱图像。为此，美国杜克大学的 David Brady 教授利用压缩感知提出了编码孔径快照式光谱成像系统(Coded Aperture Snapshot Spectral Imaging，CASSI)。基于编码感知的计算光谱成像是从耦合采集、计算重构这个思路出发的另一种采集方法。该技术基于压缩感知理论，利用空间光谱数据立方体的稀疏性等特点实现光谱数据的采集，研究的侧重点为编码方式、重建算法等方面。

从信号获取的角度来讲，相机光圈的作用相当于对原始视觉信号在空域进行了特定形状的卷积,将光圈信息与场景信号耦合。因此,如果能够设计出特定的光圈和色散分光系统,使用不同形状的光圈将场景三维光谱信息进行耦合,再结合三维光谱数据的先验性信息,就能够实现完整三维光谱数据的计算重构,进而实现高光谱数据的采集。

最典型的基于编码感知度的计算光谱系统即上述提到的 CASSI 系统,其组成结构如图 8.29 所示,包括物镜、编码孔径、带通滤光片、中继透镜、色散元件(如双 Amici 棱镜)和探测器。CASSI 基于压缩感知,使用编码孔径在物镜的像面上对所成图像进行随机二值化编码,然后通过 Amici 棱镜对编码图像进行色散,由探测器阵列采集空间与光谱混叠的二维观测图像。最后基于光谱图像在小波域稀疏的先验条件,借助稀疏表示的方法对于场景信息进行计算重构,在压缩感知的理论框架下将二维观测图像重构恢复为三维数据立方体。

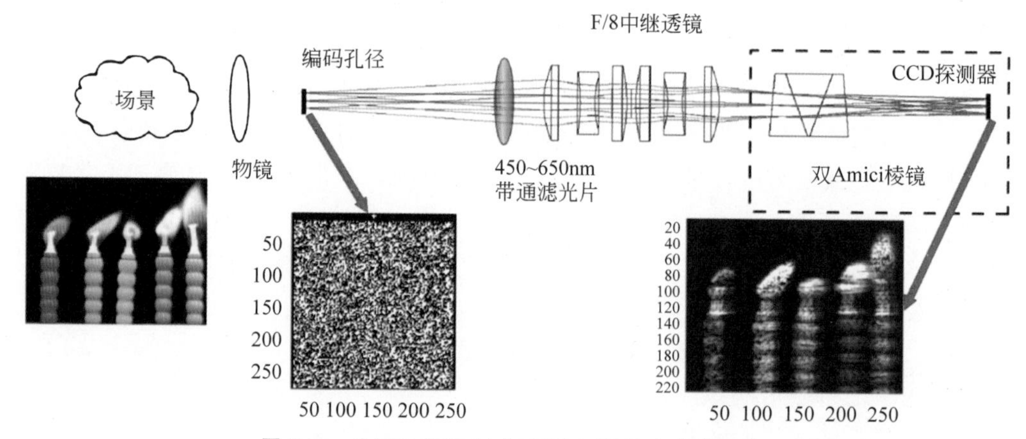

图 8.29 CASSI 结构组成示意图(图片来自[131])

CASSI 的成像模型示意图如图 8.30 所示。它将 3D HSI 立方体表示为 $\boldsymbol{X}\in\mathbb{R}^{H\times W\times N_\lambda}$,其中,$H$、$W$ 和 N_λ 代表高度、宽度和波长数。首先,$\boldsymbol{X}$ 通过编码孔径 $\boldsymbol{M}\in\mathbb{R}^{H\times W}$ 被编码调制为:

$$\boldsymbol{X}'^{(:,:,n_\lambda)}=\boldsymbol{X}(:,:,n_\lambda)\odot\boldsymbol{M} \tag{8.5}$$

其中,$\boldsymbol{X}'$ 表示经过编码的高光谱,$n_\lambda\in[1,\cdots,N_\lambda]$表示光谱通道,$\odot$表示逐元素乘法。进一步,由此产生的经过调制后的高光谱图像 $\boldsymbol{X}'$通过色散元件(例如棱镜)进行色散,这段过程可以表示为:

$$X''^{(u,v,n_\lambda)}=\boldsymbol{X}'^{(x,y+d(\lambda_n-\lambda_c),n_\lambda)} \tag{8.6}$$

其中,$\boldsymbol{X}''\in\mathbb{R}^{H\times(W+d(N_\lambda-1))\times N_\lambda}$ 表示经色散后的倾斜数据立方体,d 表示色散的空间移动步长,λ_c 表示参考波长。最后,将色散的倾斜数据立方体 $\boldsymbol{X}''$进行积分,得到压缩的二维观测图像 $\boldsymbol{Y}\in\mathbb{R}^{H\times(W+d(N_\lambda-1))}$:

$$\boldsymbol{Y}=\sum_{n_\lambda=1}^{N_\lambda}\boldsymbol{X}''(:,:,n_\lambda)+\boldsymbol{N} \tag{8.7}$$

其中,$\boldsymbol{N}\in\mathbb{R}^{H\times(W+d(N_\lambda-1))}$是成像过程中产生的随机噪声。上述的 CASSI 成像模型可以改写为矩阵-向量形式:

$$\boldsymbol{y}=\boldsymbol{\Phi x}+\boldsymbol{n} \tag{8.8}$$

其中，$\boldsymbol{y} \in \mathbb{R}^{H(W+d(N_\lambda-1))}$代表矢量化观测量，$x \in \mathbb{R}^{H(W+d(N_\lambda-1))N_\lambda}$表示矢量化的移位高光谱立方体，$\boldsymbol{n} \in \mathbb{R}^{H(W+d(N_\lambda-1))}$是噪声。传感矩阵$\boldsymbol{\Phi} \in \mathbb{R}^{H(W+d(N_\lambda-1)) \times H(W+d(N_\lambda-1))N_\lambda}$是描述系统成像模型的矩阵。

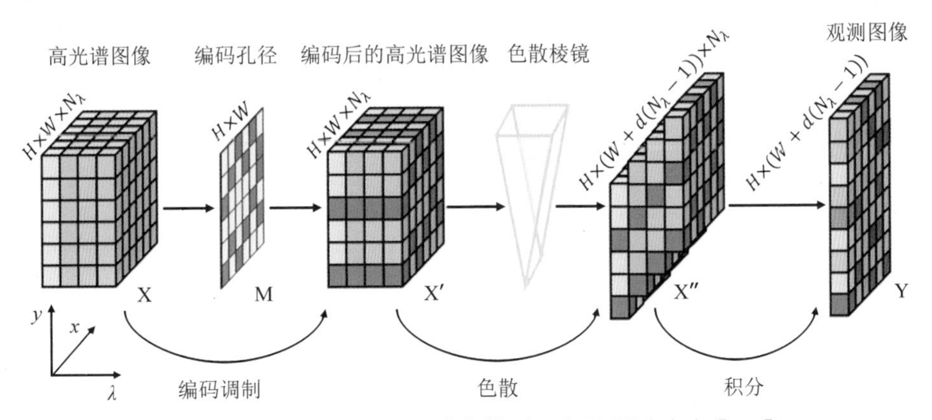

图8.30 编码孔径快照光谱成像模型示意图(图片来自[133])

CASSI的优点在于不需要扫描，就可由一帧二维图像反演出场景的三维光谱数据立方体，成像过程具有强实时性的显著优点。基于压缩感知理论，它能够不牺牲空间分辨率换取光谱分辨率，在提升光通量的同时完成对于光谱的测量。这一方面能够使系统具有较短的曝光时间，另一方面也提升了测量结果的信噪比，进而能够实现更精确的光谱数据采集。然而，CASSI建立在压缩感知假设的基础上，它要求输入场景在梯度域中是稀疏的；而且，基于压缩感知理论的重构算法为迭代逼近算法，算法复杂度高、收敛慢，难以实时重构。此外，压缩感知概念采用信号的空间分辨率与图像质量的权衡，替代空间分辨率与光谱分辨率的折中，使得结果数据质量不可预测，重构时常会引入空间和光谱伪影，降低了空间分辨率较高的优势。近年来，研究人员使用多次编码快照、高阶图像重建模型、优化编码孔径和使用两个摄像机的混合设计等方式提高CASSI的重建质量。

8.5.3 计算光谱重建

如果给定压缩测量$\boldsymbol{y}$和感知矩阵$\boldsymbol{\Phi}$，那么光谱重建的核心任务是恢复光谱图像$\boldsymbol{x}$。因此，光谱重建问题是一个欠定问题，可以通过最小化以下目标函数来估计：

$$\hat{\boldsymbol{x}} = \arg\min_{\boldsymbol{x}} \frac{1}{2}\|\boldsymbol{y} - \boldsymbol{\Phi x}\|^2 + \tau R(\boldsymbol{x}) \tag{8.9}$$

其中，$\frac{1}{2}\|\boldsymbol{y} - \boldsymbol{\Phi x}\|^2$是数据保真度项，$R(\cdot)$是与图像先验相关的正则化项，$\tau$是平衡数据保真度项和正则化项权重的参数。通常，该算法包括一个辅助变量将公式(8.9)拆分为两个子问题，这两个子问题各自处理数据保真项和先验正则项，采用分而治之的策略，交替优化两个子问题。在这种情况下，先验正则项可以被视作近端算子或者投影算子。交替乘子法(Alternating Direction Method of Multipliers，ADMM)和半二次分裂法(Half Quadratic Splitting，HQS)是基于该策略的两种通用框架。

数学上，这类方法通过引入辅助变量$\boldsymbol{z}$，变成一个约束优化问题：

$$\hat{\boldsymbol{x}}=\arg\min_{\boldsymbol{x}}\frac{1}{2}\|\boldsymbol{y}-\boldsymbol{\Phi x}\|^2+\tau R(\boldsymbol{x}),\quad 使得\quad \boldsymbol{z}=\boldsymbol{x} \tag{8.10}$$

以 HQS 为例，它进一步将上述约束优化问题转化为非约束问题。具体来讲，上面的公式可以写成：

$$\hat{\boldsymbol{x}}=\arg\min_{\boldsymbol{x}}\frac{1}{2}\|\boldsymbol{y}-\boldsymbol{\Phi x}\|^2+\tau R(\boldsymbol{x})+\frac{\mu}{2}\|\boldsymbol{x}-\boldsymbol{z}\|^2 \tag{8.11}$$

其中，μ 是惩罚参数。进一步，上式可以被解耦为以下两个子问题：

$$\boldsymbol{x}_{k+1}=\arg\min_{\boldsymbol{x}}\|\boldsymbol{y}-\boldsymbol{\Phi x}\|^2+\mu\|\boldsymbol{x}-\boldsymbol{z}_k\|^2 \tag{8.12}$$

$$\boldsymbol{z}_{k+1}=\arg\min_{\boldsymbol{z}}\frac{\mu}{2}\|\boldsymbol{z}-\boldsymbol{x}_{k+1}\|^2+\tau R(\boldsymbol{z}) \tag{8.13}$$

其中，$k\in[0,1,\cdots,K-1]$代表优化过程的阶段。公式(8.12)和公式(8.13)分别与数据保真度项和先验正则化项相关联，交替求解。公式(8.12)中的数据保真度项是最小二乘问题。其闭式解为：

$$\boldsymbol{x}_{k+1}=(\boldsymbol{\Phi}^{\mathrm{T}}\boldsymbol{\Phi}+\mu\boldsymbol{I})^{-1}(\boldsymbol{\Phi}^{\mathrm{T}}\boldsymbol{y}+\mu\boldsymbol{z}_k) \tag{8.14}$$

其中，$\boldsymbol{I}$ 是单位矩阵。根据矩阵求逆运算，上式可以写成：

$$(\boldsymbol{\Phi}^{\mathrm{T}}\boldsymbol{\Phi}+\mu\boldsymbol{I})^{-1}=\mu^{-1}\boldsymbol{I}-\mu^{-1}\boldsymbol{\Phi}^{\mathrm{T}}(\boldsymbol{I}+\boldsymbol{\Phi}\mu^{-1}\boldsymbol{\Phi}^{\mathrm{T}})^{-1}\boldsymbol{\Phi}\mu^{-1} \tag{8.15}$$

由于 $\boldsymbol{\Phi}$ 是一个很大的矩阵，因此直接计算上式很困难。研究人员提出了不同种方法来简化公式(8.15)的计算，其中一种经典方法证明 $\boldsymbol{\Phi\Phi}^{\mathrm{T}}$ 是一个对角矩阵，定义为：

$$\boldsymbol{\Phi\Phi}^{\mathrm{T}}=\mathrm{diag}\{\varphi_1,\cdots,\varphi_i,\cdots,\varphi_n\} \tag{8.16}$$

其中，$n=H(W+d(N_\lambda-1))$，φ_i 可以根据编码孔径预先计算得到。根据上式，可以得到下式：

$$(\boldsymbol{I}+\boldsymbol{\Phi}\mu^{-1}\boldsymbol{\Phi}^{\mathrm{T}})^{-1}=\mathrm{diag}\left\{\frac{\mu}{\mu+\varphi_1},\cdots,\frac{\mu}{\mu+\varphi_n}\right\} \tag{8.17}$$

将公式(8.15)和公式(8.17)代入公式(8.14)可以得到：

$$\begin{aligned}\boldsymbol{x}_{k+1}&=\boldsymbol{z}_k+\boldsymbol{\Phi}^{\mathrm{T}}[(\boldsymbol{y}-\boldsymbol{\Phi z}_k)./(\mu+\boldsymbol{\Phi\Phi}^{\mathrm{T}})]\\&=\boldsymbol{z}_k+\boldsymbol{\Phi}^{\mathrm{T}}\left[\frac{y_1-[\boldsymbol{\Phi z}_k]_1}{\mu+\varphi_1},\cdots,\frac{y_n-[\boldsymbol{\Phi z}_k]_n}{\mu+\varphi_n}\right]^{\mathrm{T}}\end{aligned} \tag{8.18}$$

这样，公式(8.14)只需要线性运算，大大减小了计算量，加快了 $\boldsymbol{x}_k$ 的更新速度。

回到先验正则项子问题，公式(8.13)可以借助光谱图像的先验来解决，比如 TV 先验、稀疏性先验、低秩先验等等。然而这些都是传统的手工先验，具有调参复杂、设计烦琐，精度不高等缺点，这种方法被称为基于模型(Model-based)的方法。随着深度学习的不断发展，人们发现深度神经网络对于图像特征具有很强的表征能力。为此，基于深度神经网络的数据驱动先验被提出。公式(8.13)可以被简化为：

$$\boldsymbol{z}_{k+1}=S(\boldsymbol{x}_{k+1}) \tag{8.19}$$

其中，$S(\cdot)$代表数据驱动的深度神经网络先验。

比如，基于贝叶斯概率，可以将公式(8.13)视作去噪问题，公式(8.13)则被改写为：

$$\boldsymbol{z}_{k+1}=\arg\min_{\boldsymbol{z}}\frac{1}{2(\sqrt{\tau\mu})^2}\|\boldsymbol{z}-\boldsymbol{x}_{k+1}\|^2+R(\boldsymbol{z}) \tag{8.20}$$

上式描述了对高斯噪声水平为$\sqrt{\tau\mu}$　的图像 x_{k+1}进行去噪，可以设计相关的去噪深度神经网络来解决。这种将传统的基于模型方法的先验正则项用深度神经网络代替的方法称为深度展开(Unfolding/Unrolling)。

除了上面提到的基于模型的方法和深度展开的方法外，端到端(End-to-End)方法也获得了瞩目的效果。该方法采用深度神经网络，实现从观测图像到光谱图像的直接映射，利用深度神经网络强大的学习能力来重建光谱图像。

8.6　小　　结

受光学系统、成像机理等因素的影响，传统成像、数字成像后的影像处理往往在功能和质量方面的效果有限。计算摄像则是在空间、时间、深度、动态范围、视场、频谱等维度进行成像的功能扩展和质量提升，打破了以往影像处理的局限，为信息的获取、分析和利用提供了新的途径。

思考题

8.1　摄像学的发展经历了哪些阶段？各个阶段的特点分别是什么？

8.2　小孔成像的基本原理是什么？孔径大小如何影响成像的清晰程度？

8.3　透镜成像的基本原理是什么？单一透镜成像存在哪些问题？

8.4　白平衡的问题是怎样产生的？如何进行自动白平衡？

8.5　数字成像时的3A调整包括哪些操作？各自如何进行自动调整？

8.6　计算成像的定义是什么？它与传统成像、数字成像的区别有哪些？

8.7　计算成像时光信息的编/解码方式包含哪些？各自对应的典型应用有哪些？

8.8　光场的定义是什么？常用的数学模型是什么？

8.9　计算光谱成像可以解决传统光谱成像的哪些问题？

第9章 计算机动画

动画(Animation)是运动(活动)的画面(图像)。动画是通过连续画面的播放,给人的视觉造成随时间动态变化的效果。动画涵盖广泛的内容,包括影视动画片、影视特技动画、广告动画、游戏动画等,在日常生产生活中被大量使用。计算机动画就是由计算机程序生成的动画,又可以分为二维动画和三维动画。其中,二维动画是通过设计和绘制二维图形或图像而生成连续的画面;三维动画,则是通过几何建模和绘制,以及直接或间接地控制三维模型运动来生成连续的画面。计算机动画给人们提供了一种充分展示想象力和艺术创作的新方式。

本章介绍计算机动画的基本原理和制作方法,重点介绍关键帧插值、运动捕捉、物理模拟等常用的计算机动画生成方法。此外,简单介绍群体动画的制作方式。

9.1 动画制作

动画是运动中的艺术。正如匈牙利动画大师 John Halas 所讲的,运动是动画的基本要素。通过人眼视觉所感受到的动画,一方面可以是由运动的摄像机拍摄静止物体而产生的;另一方面,也可以是由静止的摄像机拍摄运动物体而产生的。此外,物体的运动不局限于空间位置的变化,也可以反映物体外观随时间的变化,例如颜色、纹理、形状等。

人之所以能够感受到连续的动画效果,主要原因在于人眼的视觉暂留机理。该机理是指视网膜形成一幅图像后,大约在 0.05～0.1s 的时间内不会消失。连续动画的基本单位是单幅静态画面。通常情况下,单独的一幅画面称为一帧,而每秒钟的帧数则用来表示动画播放的速度,称为帧率。在传统动画制作中,“一拍三”是动画的极限形式,也就是同样内容的帧画面至多重复 3 次进行播放,从而能够满足视觉暂留机理的基本要求。虽然这种方式能够很容易地实现动画效果,但是画面观看的整体体验较差。事实上,在从传统动画到计算机动画的演变过程中,涌现出了很多新的动画制作技术以用于提高动画制作水平,使其更好地满足视觉体验。

9.1.1 传统动画

如图 9.1 所示,传统的动画制作最早是采用手工绘制的方式,一帧一帧地去绘制每一帧画面。这种方式可以充分发挥动画师的创作灵感,使其能按照主观意图进行制作,因此具有很大的灵活性。但是,整个创作过程费时费力。1914 年,出现了采用分层的动画技术,首先制作关键帧,然后再生成中间过渡的帧。这个过程一般是由专业动画师用画笔在专业的、透明度高的纸上进行绘制。随后,将多张图纸拍成胶片放入电影机播放出连续的画面。这种分层和关键帧制作的方式,能够一定程度上提高动画素材的利用率,方便动画内容的再创作。

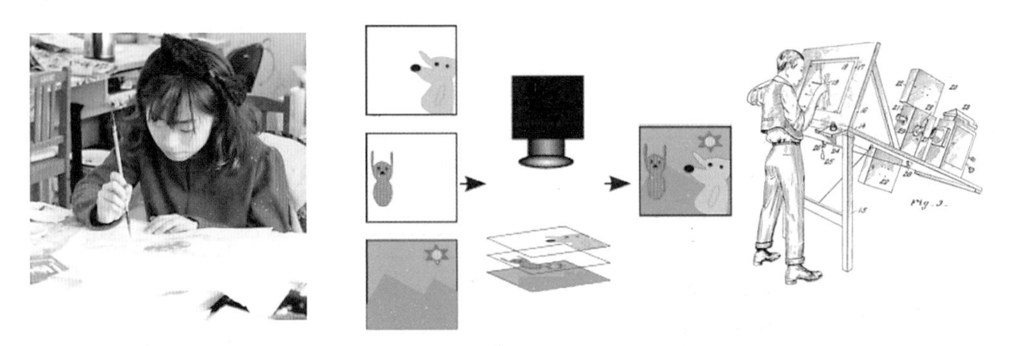

图 9.1 传统动画制作的三种方式:手工绘制、分层绘制、影像临摹

为了进一步提高动画制作效率,影像描绘的方式被引入至动画制作过程中。这种方式又称为动态遮罩或影像描摹技术,通常由动画师将真实拍摄影片中的运动逐帧地跟踪描绘出来。典型的方法是将录制好的影片的图像,投影在一个表面比较粗糙的玻璃面板上,然后由动画师按照投影出的画面进行描绘。这种用来投影生成动画的技术称为影像描摹(Rotoscope)。由于使用手绘影片的投影做参考,可以大大节省动画制作时描绘每一帧画面的时间。

9.1.2 计算机动画概述

随着计算机的出现,计算机动画开始发展起来。计算机动画是利用图形与图像处理技术,借助编程或动画制作软件生成一系列连续的帧画面。然后,通过连续播放这些单张图像的方式,产生场景和物体运动的效果。在计算机动画中,动画的表现形式可以有物体位置、方向、大小、形状、表面纹理、颜色等的变化,以及虚拟摄像机的运动。这些变化就产生了当前帧相对于前一帧部分内容的不同,从而引起视觉上的连续变化。因此,计算机生成的动画可以展现更加丰富的动画效果。

在计算机图形学兴起之前,已经存在一些利用电子计算机生成运动画面的工作。20世纪50年代,美国人John Whitney采用模拟信号的电子计算机进行光线和物体的控制,在显示屏上生成了运动的画面。因此,他也被认为是计算机动画的先驱者之一。但是,这种动画的内容仅局限于特定物理规律下的粒子运动,没有对任何现实场景画面的展现。1957年,美国国家标准技术局的Russell Krisch等人在数字计算机SEAC上将一张拍摄的照片扫描成在屏幕上显示的画面。这也是第一张数字图像。这张图像记录了他三个月大的儿子,虽然图像的尺寸只有176×176像素,但也预示了使用计算机生成动画图像时代的来临。

进入20世纪60年代后,随着计算机图形学技术的兴起,计算机动画迎来了新的发展时期。图9.2展示了若干经典影视动画的剧照。1972年,好莱坞影片*Future World*中使用了三维线框模型制作画面内容,成为最早的三维计算机动画电影,如图9.2所示。

1973年，美国米高梅公司发行了第一部采用计算机动画处理的电影 *West World*，用于其中部分画面内容的制作。1975年，第二部使用三维线框的动画短片 *Great* 获奥斯卡奖。进入20世纪90年代以后，三维计算机动画迎来了辉煌时期。1995年，Pixar公司 *Toy* 是世界上第一部完全使用计算机动画技术制作的长篇动画电影，获得了奥斯卡特别成就奖、最佳原创剧本提名、最佳原创音乐提名，以及金球奖音乐喜剧类最佳影片提名、最佳原创歌曲提名等奖项。这部动画电影拿下了当年美国本土票房的冠军，也为电影制作开辟了一条新的道路。1998年，Pixar公司动画短片电影 *Geri's Game* 也获得了奥斯卡最佳短片奖。值得一提的是，该影片中动画主角的人体三维模型，完全是采用第3章中所介绍的Catmull-Clark细分曲面进行制作，能够生动地表现出人物角色的各种姿态和表情。

图9.2 电影 *Future World*、*Toy* 和 *Geri's Game* 剧照

9.1.3 动画制作流程

不论是传统动画，还是计算机动画，在制作时大都遵循相似的流程。通常一个完整的动画作品可以看作由帧、镜头、序列和最终作品形成的四级层次结构组成。在动画制作流程的不同阶段，完成相应层级的内容制作，最后组装起来形成完整的动画。

首先，通过故事展板的形式将动画情节进行编纂，构建整个动画内容的情节发展主线。这就需要提出创意，提供符合主线的内容概要，并形成动画剧本。然后，对于动画中的角色进行建模，例如采用二维图像或者三维模型等形式，表现角色的各种姿态和表情。接着，一般由艺术家或者经验丰富的动画师创作关键帧的画面，使其能够合理地呈现动画情节。在此基础上，再创作关键帧之间的过渡帧，形成连续的动画帧画面。随后，将情节关联的一系列连续帧组成镜头。最后，对角色进行上色、声音添加等加工，完成整个动画作品。

在计算机动画出现以后，动画制作过程的变化主要体现在关键帧之间的过渡帧，逐渐由计算机程序生成取代手工制作。关键帧是指动画序列中展现对象特定时刻形态的关键画面，例如动作的起始和终止画面。关键帧的概念最早起源于早期迪士尼卡通画的制作。此外，镜头测试、上色等环节，也可以通过计算机局部变形或者图形绘制技术生成。这些都大大提高了动画制作的效率，同时降低了制作成本。

在动画制作流程中，如何由关键帧生成中间过渡帧，是计算机动画制作时非常重要的环节。常见的有关键帧插值、过程建模和物理模拟等三种技术。另一种生成动画的方式是对角色模型进行直接控制，例如骨架驱动和运动捕捉，从而得到各种不同的姿态。不同的技术各有优劣，接下来做具体介绍。

9.2　关键帧插值

如图 9.3 所示，动画可以看作是在关键帧的基础上，对中间时刻的形态进行插值来生成渐变的连续画面。在早期的动画制作室里，往往是由高级动画师设计卡通片中的关键帧，然后再交由助理动画师设计中间帧。起初的关键帧技术仅仅用来插值帧与帧之间卡通画角色的外观，不久后便发展成为可以用来插值影响运动的任何参数。这样能够更好地控制中间帧的变化。关键帧技术可以使动画师只需设计起始和终止的两帧画面，而中间帧则完全由计算机自动生成，从而大大简化动画制作的过程。

图 9.3　关键帧插值技术

在关键帧插值时主要考虑两方面的因素：一是在什么定义域上对物体形态进行插值，比如颜色的插值、形状的插值等；二是要考虑插值后中间状态变化的连续性，也就是插值过程的连续性，例如线性插值、样条插值等的连续性。

交融技术(Cross Dissolve)，或称为淡入淡出技术，是对颜色进行线性插值的常用方法。这种方法是将一幅画面的颜色进行淡出处理的时候，逐渐淡入另一幅画面的颜色，从而获得两幅画面之间颜色的渐变。但是，交融技术没有考虑形状的对齐，往往导致渐变时的视觉效果不佳。相比而言，形状插值及其连续性是在关键帧插值时更为困难的问题。

在关键帧的形状插值时，线性插值和样条插值是两种最基本的关键帧插值方式。这两种方式的基本思想都是通过对位置决定的运动轨迹进行间隔采样，获得其在每一帧上的位置。这些通过计算所得到的位置就决定了中间形状。假设物体表示为顶点及其连线组成的网格，那么两个关键帧上相对应的顶点 $\boldsymbol{v}_i^s$ 和 $\boldsymbol{v}_i^e$，在 t 时刻的位置可以通过对这两个顶点做线性插值进行计算，记为：

$$\boldsymbol{v}_i^t=\frac{t-s}{e-s}\boldsymbol{v}_i^s+\frac{e-t}{e-s}\boldsymbol{v}_i^e \tag{9.1}$$

线性插值虽然简单，但也存在很多问题，例如真实度不高，这是由于大部分物体不是以直线形式运动的，而且大部分运动随时间的变化也不是线性的。此外，对于位置连续的运动，速度也可能会产生不连续的变化。样条插值是用户先设计好物体运动轨迹的关键位置点，然后利用样条曲线进行拟合。常用的样条曲线包括 Hermite 曲线、Bézier 曲线、B 样条曲线等。相比于线性插值，样条插值的结果具有更高的连续性。但是，由于插值的形状仅表示为顶点位置，插值出来的中间形状仍不自然。因此，在插值时需要进一步考虑

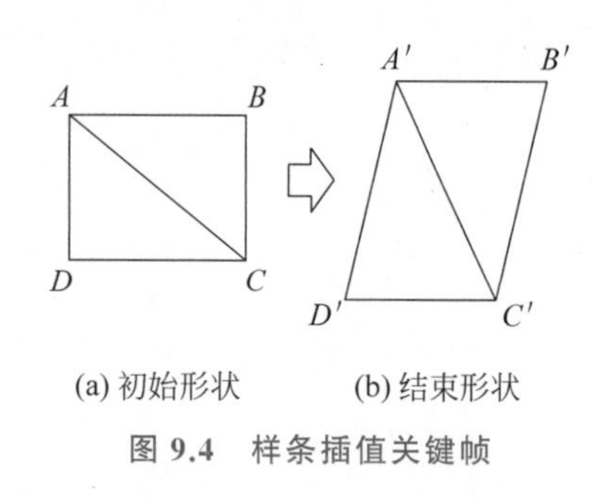

(a) 初始形状　　(b) 结束形状

图 9.4　样条插值关键帧

其他形状因素。接下来主要介绍二维图像的形变插值和三维图形的形变插值，部分内容也可参考第 4 章中的网格形变。

例题 9-1　样条插值关键帧。

问题：如图 9.4 所示的初始和结束形状，分别用四个顶点记为(A,B,C,D)和(A',B',C',D')。写出采用线性插值和 B 样条曲线插值顶点位置来生成中间形状的伪代码。

解答：假设线性插值和 B 样条曲线插值时按照匀速的参数变化生成中间形状的顶点位置，那么伪代码如下。

```
function keyInterpolation (A, B, C, D, A′, B′, C′, D′)
    start[4] ← {A, B, C, D}                    /* 数组记录起始形状位置 */
    end[4] ← {A′, B′, C′, D′}                  /* 数组记录终止形状位置 */
    for i ← 0 to 3 do
        L[i] ← line (start[i], end[i])         /* 计算连接对应顶点的线段 */
        B[i] ← spline (start[i], end[i])       /* 计算连接对应顶点的 B 样条曲线 */
    end for
    for i ← 0 to 3 do
        for t ← 0 to 1 do
            SL[i](t) ← L[i](t)                 /* 沿着线段插值的中间形状 */
            SB[i](t) ← B[i](t)                 /* 沿着 B 样条曲线插值的中间形状 */
        end for
    end for
end function
```

□

9.2.1　形状保持的图像形变插值

在关键帧插值时，通常需要在形变过程中尽可能地保持形状的局部几何特征。对于平面形状而言，平移变换、刚性变换和相似变换是能够保持形状局部特征的基本几何变换。因此，可以利用这些变换进行物体形变，从而获得中间帧上的物体形状。

这里采用平面三角网格表示每一帧图像中的物体形状，也就是对物体的轮廓进行三角剖分，如图 9.5(a)所示。那么，根据网格顶点的对应关系，可以计算每一个三角形从起始帧到终止帧唯一的仿射变换，记为：

$$\boldsymbol{u}_i=\boldsymbol{A}\cdot\boldsymbol{v}_i+\boldsymbol{b}=\begin{pmatrix}a_1 & a_2\\ a_3 & a_4\end{pmatrix}\boldsymbol{v}_i+\begin{pmatrix}b_1\\ b_2\end{pmatrix} \tag{9.2}$$

其中，$\boldsymbol{v}_{i=1,2,3}$和$\boldsymbol{u}_{i=1,2,3}$分别是起始帧和终止帧上对应三角形的三个顶点，如图 9.5(a)所示。这样，在起始帧上用三角形表示的局部形状特征，就可以通过仿射变换映射到终止帧上对应的三角形。进一步，利用上述变换生成中间帧上的中间形状。这是需要对其包含的刚体变换和相似变换分别做插值计算。一种方式是直接对矩阵 $\boldsymbol{A}$ 的元素进行插值，也就是按照对应元素位置上的数值进行插值。但是,这样很容易造成中间状态的形状萎缩。另一种方式是采用矩阵运算方式来实现矩阵插值。这需要对仿射变换矩阵进行极分解(Polar Decomposition)操作,将仿射矩阵表示为刚性变换矩阵和相似变换矩阵的乘积形式,然后分别对这两个矩阵进行插值。

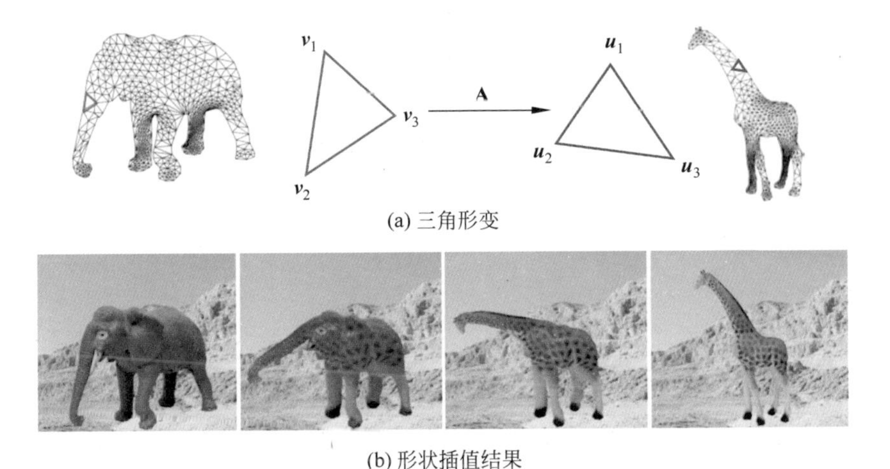

(a) 三角形变

(b) 形状插值结果

图 9.5 形状保持的图像形变插值(图片来自[138])

数学上,可逆矩阵经过极分解可以表示为正交矩阵和对称正定矩阵的乘积。具体来讲,通过极分解可以将仿射变换矩阵 $\boldsymbol{A}$ 表示为 $\boldsymbol{R}^{\theta}\cdot\boldsymbol{S}$。其中,正定矩阵 $\boldsymbol{R}^{\theta}$ 对应于旋转角度为 θ 的刚性变换矩阵,记为

$$\boldsymbol{R}^{\theta}=\begin{pmatrix}\cos\theta & -\sin\theta\\ \sin\theta & \cos\theta\end{pmatrix} \tag{9.3}$$

对称正定矩阵对应于相似变换矩阵,记为

$$\boldsymbol{S}=\begin{pmatrix}s_x & s_h\\ s_h & s_y\end{pmatrix} \tag{9.4}$$

其中,s_x 和 s_y 表示了沿两个方向的伸缩量。那么,在中间时刻 t 的形变矩阵就可以通过如下矩阵插值公式进行计算:

$$\boldsymbol{A}_t=\boldsymbol{R}^{t\theta}\cdot((1-t)\boldsymbol{I}+t\boldsymbol{S}) \tag{9.5}$$

这里 $\boldsymbol{I}$ 是单位矩阵。公式(9.5)实际上是对刚性变换的旋转角度和相似变换的伸缩量进行线性插值,从而生成中间帧上对应的变换矩阵 $\boldsymbol{A}_t$。其中,对应于中间帧上的旋转变换 $\boldsymbol{R}^{t\theta}$ 表示为

$$\boldsymbol{R}^{t\theta}=\begin{pmatrix}\cos t\theta & -\sin t\theta\\ \sin t\theta & \cos t\theta\end{pmatrix} \tag{9.6}$$

对应于中间帧上的相似变换 $t\boldsymbol{S}$ 表示为

$$t\boldsymbol{S}=\begin{pmatrix}ts_x & ts_h\\ ts_h & ts_y\end{pmatrix} \tag{9.7}$$

然后将两者相结合,就得到矩阵插值运算的结果。

上述矩阵运算的插值过程,反映了在起始和终止时刻之间的中间帧上形状所对应的

变换。通过将这种插值方式得到的变换施加到起始形状，就可以得到对应的中间形状，并且能够更好地保持物体形状的局部几何特征，也就是每个三角形的形状，如图9.5(b)所示。这里需要注意的是，由于中间帧上的变换存在相似变换的分量，可能导致插值出的中间形状存在一定程度的各向等比例缩放。这在进行较大尺度的形变时，会影响插值所得到的中间形状的合理性。

例题 9-2　形状保持的形变插值。

问题：假设例题9-1所示的起始和终止帧的两个形状，写出通过形状保持的形变插值来生成中间帧形状的伪代码。

解答：假设两个形状对应的三角形表示分别记为$\{\triangle ABC,\ \triangle ACD\}$和$\{\triangle A'B'C',\ \triangle A'C'D'\}$，那么形状保持的形变插值的伪代码如下。

```
function shapeInterpolation (A, B, C, D, A′, B′, C′, D′)
    start[4] ← {A, B, C, D}                          /* 数组记录起始形状位置 */
    A1 ← getAffine (△ABC, △A′B′C′)                   /* 计算仿射矩阵 */
    (R1, S1) ← polarDecomp (A1)                      /* 极分解得到旋转和缩放变换 */
    A2 ← getAffine (△ACD, △A′C′D′)
    (R2, S2) ← polarDecomp (A2)
    for t ← 0 to 1 do
        A1(t) ← R1(t)S1(t)                           /* 分别插值旋转变换和缩放变换 */
        A2(t) ← R2(t)S2(t)
        for i ← 0 to 3 do
            if start[i] in △ABC then
                start[i](t) ← A1(t) · start[i]       /* 形变插值变换顶点位置 */
            else
                start[i](t) ← A2(t) · start[i]       /* 形变插值变换顶点位置 */
            end if
        end for
    end for
end function
```

□

9.2.2　形状保持的三维网格形变插值

在三维动画过程中，对三维网格表示的形状进行形变时，往往需要控制其局部形状扭曲尽可能的小。同时，中间帧上对应的插值的中间形状要有较高的连续性，从而获得连续的动画序列。借鉴形状保持的图像形变插值方法，可以对三维网格发生形变时的每个三角形，添加局部刚性变换约束，从而获得能够连续变化的旋转变换。需要注意的是，这里的变换是对应于三角形在三维空间的旋转变换。

假设生成中间形状的形变函数记为F，那么对于三角网格上所有三角形的顶点$\{\boldsymbol{v}_i\}$，相应的旋转变换$\boldsymbol{R}_i$应该满足如下公式：

$$\underset{\boldsymbol{R}_i \in SO(3)}{\operatorname{argmin}} \sum_{\{\boldsymbol{v}_i\}} \left(\| \mathrm{d}F - \boldsymbol{R}_i \|_F^2 + \alpha \| \mathrm{d}\boldsymbol{R}_i \|_F^2 \right) \tag{9.8}$$

这里 $SO(3)$是所有三维旋转变换构成的几何变换群，而 α 是和局部形状有关的权因子。该权因子用于控制局部形状的保持程度和相邻局部的连续性。因此，公式(9.8)中的第一项包含了局部刚性变换的约束，而第二项则包含了邻域变换的连续性约束。

对应于三角网格，通过对起始帧和终止帧上对应顶点1-邻域变换的极分解，可以将公式(9.8)进一步转化为如下表达式：

$$\min_{\boldsymbol{R}MM_k \in SO(3)} \sum_{k=1}^{m} \sum_{v_l \in N(\boldsymbol{v}_k)} \|\boldsymbol{u}_{ij} - \boldsymbol{R}_k \cdot \boldsymbol{Y}_k \cdot \boldsymbol{v}_{ij}\|^2 + \hat{a}_k \sum_{v_l \in N(\boldsymbol{v}_k)} w_{kl} \|\boldsymbol{R}_k - \boldsymbol{R}_l\|^2 \tag{9.9}$$

其中，$\boldsymbol{v}_{ij}$ 和 $\boldsymbol{u}_{ij}$ 是分别以顶点 $\boldsymbol{v}_i$ 和 $\boldsymbol{u}_i$ 为原点的1-邻域局部坐标系下的位置，$\hat{a}_i$ 是顶点 $\boldsymbol{v}_i$ 的1-邻域面积，如图9.6(a)所示。公式(9.9)中的 $\boldsymbol{Y}_k$ 对应于极分解后的尺度缩放变换。这里的极分解与公式(9.3)和公式(9.4)类似，只是需要对三维空间的变换矩阵进行相应的分解操作。

(a) 局部1-邻域　　　　(b) 形状插值结果

图9.6　形状保持的三维网格形变插值(图片来自[139])

通过优化上述公式，便可以得到生成中间形状所对应的旋转变换。进一步，再结合极分解得到的相似变换来计算插值变换，最终便可以获得中间帧上所对应的中间形状。图9.6(b)展示了根据首尾两个形状的三角网格计算得到的中间形状插值结果。

9.3　物理模拟

如图9.7所示，基于物理模拟的动画制作，是通过对动画产生的物理过程进行模拟，从而生成连续变化的帧序列，并使其具有客观世界中物体运动所满足的物理规律。简而言之，就是要从物理学角度研究计算机动画中物体的运动规律。粒子系统是一种典型的物理模拟生成动画的方法，是影视特技中生成特殊视觉效果的一种主要方法，也是最实用的动画技术之一。

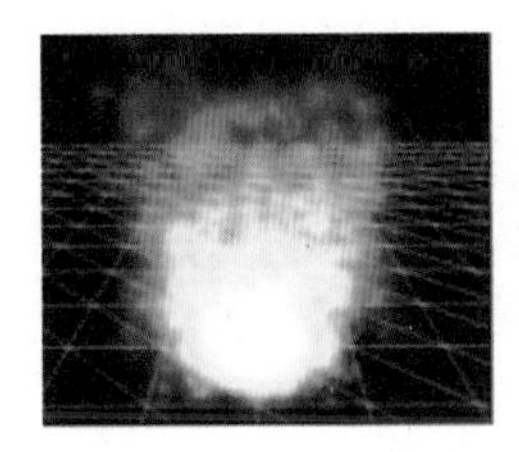
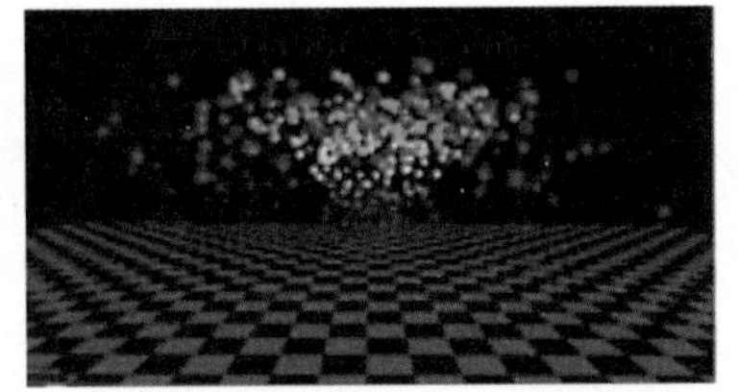

图9.7　粒子系统的动画效果

粒子系统在表示物体形状方面更加灵活，可以用于解决自由曲面或网格无法有效表示不规则或随机变化形体的问题,例如云、雾、水、火、烟等。1983年,Lucas影业公司的William Reeves在他的论文中首次提出了一种模拟不规则自然景物造型和动画的系统,也就是所谓的粒子系统。该系统采用了一套完全不同于以往几何建模和绘制的方法来重新构造和绘制场景,能够同时实现多种动画效果。

粒子系统采用粒子作为基本单位,将场景定义为由成千上万个、形状不规则、位置随机分布的粒子所组成,而每个粒子均具有一定的生命周期。粒子在生命周期内不断地改变形状、不断地在空间做各种运动。常用的粒子表示有点、球、椭球、立方体、圆等基本几何形状。

采用粒子系统生成动画的基本原理,是通过在生命周期内控制粒子随时间的状态变化来达到相应的动画效果。粒子在生命周期内主要有三种状态的变化:新生态、成长态和死亡态,如图9.8所示。新生态是刚创建的粒子所处的初始状态,实际上包含了粒子的创建和初始化两个过程,同时也定义了粒子的基本属性;成长态是指在生命周期内粒子的各种属性随时间的变化状态,也就是允许粒子属性本身的各种改变,以引起粒子形态在生命周期内的变化,由此形成一系列的动画画面;死亡态是指存在时间超过生命值后的状态,表示粒子在生命周期后的消亡,最终退出动画场景。

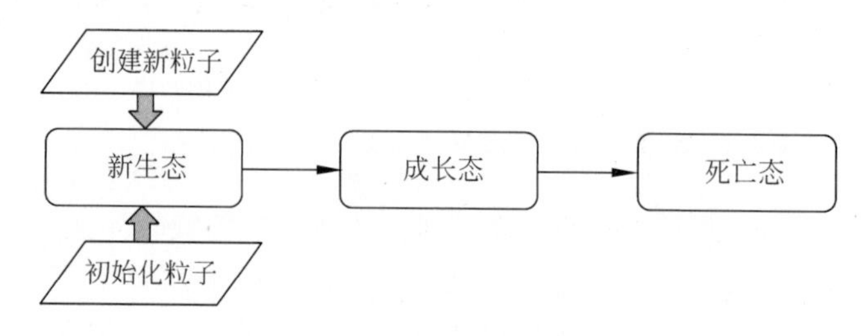

图9.8 粒子在生命周期内的变化

此外,为了便于动画过程中对粒子的控制以及提高动画生成的效率,通常将粒子系统建立在一些约定的假设之上,以此简化计算。例如,每个粒子一般不会与其他粒子发生碰撞,由此避免了大量的求交运算;粒子本身不反射光,在非聚集状态下,不会向其他粒子投射阴影,而只会向场景的其他环境投射阴影,由此避免了大量的阴影计算。

粒子系统中的每个粒子在状态转变的过程中,均经历了出生、成长和死亡的阶段,与粒子有关的每一个参数均受到指定的随机过程的控制,以使得每个粒子能够表示不同的运动。在出生阶段,对于某一瞬间的画面,新的粒子会根据一个控制的随机过程加入系统中,而用户可以通过画面中的平均粒子数及其分布建立系统的初始状态。例如,画面中出现的粒子总数可以设为$a+\sigma\times\text{rand}(t)$,其中,$a$是平均粒子数,$\sigma$是方差,而函数rand(·)是关于时间$t$的随机函数。此外,这个阶段也会赋予每一个粒子相应的属性,包括位置、速度、大小、质量、颜色、透明度等。

在成长阶段,每个粒子根据其初始状态和随机过程,通过属性的变化产生新的状态,以此得到一帧新的画面。例如,对于位置和速度,可以按照物理上的牛顿定律,根据粒子受力情况,计算加速度,进而更新速度和位置;颜色和透明度,则可以设置为时间的函数,按照一定的绘制方式获得粒子的状态。事实上,粒子系统的绘制方式多样且灵活,可以把每个粒子作为一个光源，然后设置那些可以照亮的像素的颜色，如图 9.9(a)所示。此外，粒子的绘制方式还有纹理广告牌(Textured billboard)。它是将粒子的聚集效果作为纹理贴图进行绘制，如图 9.9(b)所示。这里需要注意，虽然粒子之间的碰撞可以被忽略，但在成长阶段，粒子和周围环境还是要发生碰撞，这就不可避免地影响最终的绘制效果。因此，如何有效地进行碰撞检测和求交计算，也是采用粒子系统生成动画的重要问题。

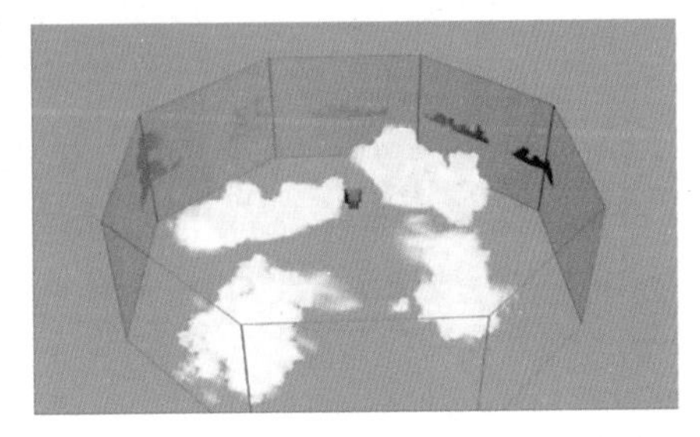

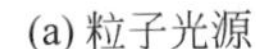

(a) 粒子光源　　(b) 纹理广告牌

图 9.9　粒子系统的绘制方式(图片来自[140]和[141])

在死亡阶段，系统会删除那些已经超出其生命周期的粒子。这里超出生命周期主要有三种情况：生命周期结束、淡出和移走。由于每个粒子在出生时都被赋予了一个生命周期，每次生成动画的一帧画面时，粒子的生命值就会减 1。那么，当生命值变为 0 时，说明该粒子应当被删除。当粒子的颜色或透明度小于给定的阈值时，说明该粒子不可见，也需要被删除。此外，当粒子的运动超出了画面范围时，也是不可见的，需要被删除。

为了在上述的三个阶段中有效表示粒子及其状态变化，需要设计合理的数据结构。粒子系统中的粒子往往具有很大的随机性，通常采用链表的数据结构表示粒子。由于链表是一种物理存储单元上非连续、非顺序的存储结构，在进行数据的插入、访问等操作时能够达到低于线性复杂度的效率，因此非常方便管理每个粒子出生、成长和死亡的过程。

9.4　运动捕捉

运动捕捉(Motion capture，Mocap)是通过软、硬件方式记录、分析并处理人或其他物体的动作，以此驱动计算机中各种动画角色做出相应动作的技术，也被称为动作捕捉、运动跟踪等，是计算机动画制作中非常重要的技术。一般而言，运动捕捉涉及尺寸测量、空间定位等方面的技术，其主要目的是要测量、跟踪、记录物体在三维空间中的运动轨迹，从而获得可以被计算机处理的三维空间数据，进一步在计算机中用于动画制作的过程。

运动捕捉起源于传统动画生成技术中的影像描摹，最早是在 1915 年由美籍波兰人费舍尔(Fleischer)发明。目前的运动捕捉系统主要分为主动式和被动式两类，各自使用不同的传感器、信号捕捉设备、数据传输设备、数据处理设备实现人体动作的获取。主动式是系统本身发射信号用于探测肢体做出的各种动作，需要依附在肢体上的标记进行记录，例如图 9.10 所示的采用电子机械式、光纤式、闪光标记式等手段。被动式的系统本身不发射信号，无须做任何标记，例如仅通过视频拍摄进行动作捕捉。这两类方式在动作捕捉时的效果各有优劣，在实际中都有着广泛的应用。

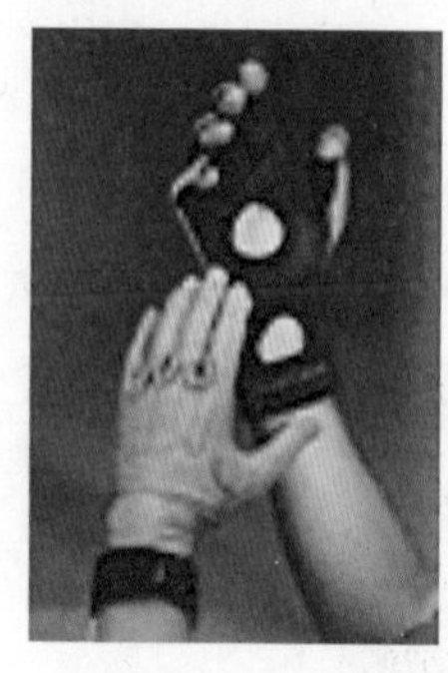
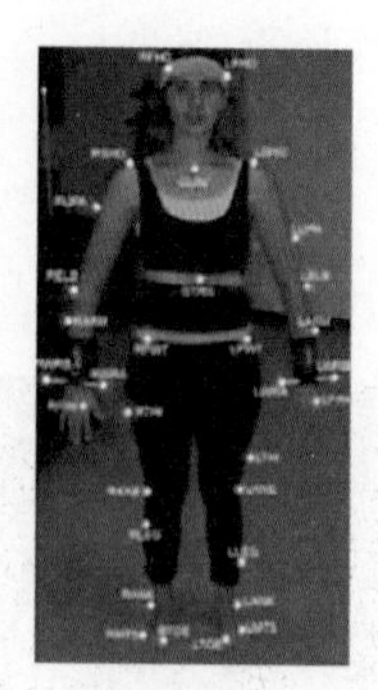

图 9.10 主动式运动捕捉的三种方式：电子机械式、光纤式、闪光标记式

9.4.1 主动式运动捕捉

1. 电子机械式

电子机械式是通过机械装置将传感器附着在肢体上的主要关节点处，形成连接在一起的测量结构。这种结构往往是由多个关节和刚性连杆组成的，同时在可转动的关节处装有角度测量装置，可以测得关节转动的速度、角度等的变化情况。这种方式的优点是能够实时捕捉动作，不存在肢体部位之间的遮挡问题，而且可以捕捉较大范围的动作，但使用起来不够方便。这主要是由于机械结构往往对使用者的动作阻碍和限制很大，导致使用者很难自由地运动，使得能够准确捕捉的动作类型有限。此外，这种方式在运动捕捉时采样率较低，精度也较低，大多用于静态造型捕捉和关键帧的确定。

但是，电子机械式是在电影制作中最早使用的运动捕捉系统。典型的例子是好莱坞电影《侏罗纪公园》的拍摄，其中各种恐龙行走、奔跑的动作，就是通过捕捉人的相应的运动来获取的。然后，计算机生成的恐龙模型再按照这些捕捉到的动作生成连续的动画序列。

2. 光纤式

光纤式主要应用于数据手套，是在数据手套中沿手指等运动关节布置光纤传感器。当手指弯曲时，驱使光纤弯曲，从而造成透射光衰减。那么，基于衰减的光的强度，就可以准确测量手指关节旋转角度。光纤式的优点是没有遮挡，能够进行实时捕捉，而且可捕捉小范围的弯曲等运动。但缺点是需要根据个体对手套尺寸进行调整，以满足不同人的使用。而且，光纤式捕捉精度较低，只适用于手部动作的获取。

3. 闪光标记式

闪光标记式是通过在较暗光照下拍摄附着在肢体上的闪光点跟踪运动状态。这里，通常在运动物体的一些关键部位（例如人体的各个关节处），使用一组按顺序接通的 LED 灯作为标记点，以便在预先设定的时间内只有其中的少数一些标记点可见。然后，通过多个摄像机从不同角度的拍摄，就可以确切知道相应标记的二维平面位置。最后，这些位置数据实时传输至工作站，利用三角测量原理就能精确计算标记点的三维空间坐标，再从运动学原理解算出三维空间的六自由度运动。闪光标记式的优点是捕捉速度快、捕捉精度高。但缺点是只能在室内有限光亮环境下使用,而且容易发生肢体遮挡,捕捉动作时的精度受相机位置影响比较大。

9.4.2 被动式运动捕捉

如图 9.11 所示,被动式主要依赖从摄像机拍摄的图像/视频直接重建三维动作序列,也称为光学图像式动作捕捉。这类方式通常需要人工标注的数据作为训练集,在捕捉动作时通过检测、分类、识别等手段对不同类型的动作进行跟踪,以此形成连续的动作序列。光学图像式的优点是捕捉速度快、设备简单。但缺点是受光照等影响明显,而且也存在肢体遮挡、捕捉动作的精度受限等问题。

(a) 人体姿态动画

(b) 人脸表情动画

图 9.11 光学图像式运动捕捉

在具体使用时,可以通过三种方式进行动作捕捉。第一种方式是采用普通彩色摄像机拍摄二维图像序列,检测和提取主要关节点的二维坐标,再根据多视角几何计算三维坐标。第二种方式是结合红外相机获取热光源辐射,以此提高动作捕捉时人体检测的准确性。第三种方式则是利用 Kinect 等深度相机,直接捕捉三维动作。

9.4.3 运动重定向

运动捕捉的数据提供了人体在实际运动中的运动个性和细节,尤其是关节、肌肉等的运动。这些可以很容易地被映射到虚拟角色,驱动这些角色做出人体所对应的动作,从而通过计算机生成逼真的动画。这个过程称为运动重定向(Motion Retargeting)。如何有效地进行运动重定向,是通过运动捕捉进行动画制作的重要步骤。

由于运动捕捉时人体和角色在外形等方面的不匹配,对于捕捉的人体关节的运动数据,即人体姿态动画,如图 9.11(a)所示,需要进行后期的信号处理和编辑操作,以满足重定向虚拟角色的特点。运动数据的信号处理是考虑如何通过信号频率来描述各种运动。在对运动数据做信号处理时,往往将运动看成多维信号。运动的编辑则是对运动信号进行改变,使其满足用户指定的一些约束。这样在运动重定向时,首先通过低通滤波来去除信号中的噪声。然后,利用不同频率信号分量分别刻画运动类型(低频部分)和运动特性(高频部分)。最后,通过对角色模型进行编辑操作,例如 4.5 节介绍的网格编辑方法,使其满足运动捕捉数据所呈现的运动类型和运动特性。此外,运动捕捉时往往是每次采集小的运动片段,然后再连接起来得到完整的动作序列。这就需要将不同片段的动作按照时间串联，形成连续的运动。为此，采用线性或非线性的方式，在时间重叠部分将前后两个运动数据进行混合，以获得自然的运动过渡。

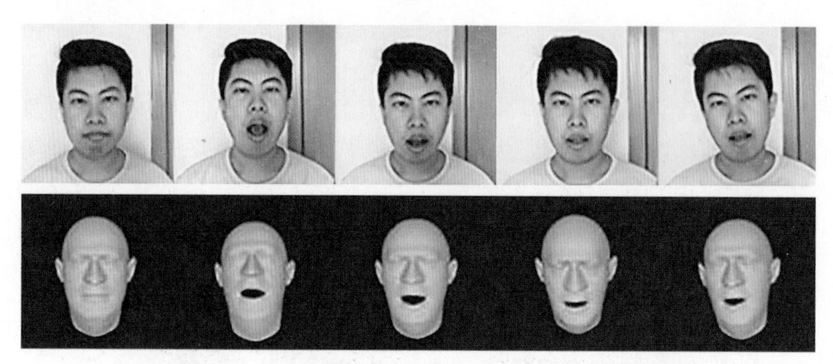

图 9.12　基于单个视频实时人脸表情跟踪的动画(图片来自[142])

除了人体姿态动画外，人脸动画是更为重要的一个问题。这主要是由于脸部的表情可以有效地传达人物的情绪，从而更好地服务于动画内容的制作，如图 9.12 所示。其中，基于光学图像式的人脸动画生成方式包括实时人脸表情跟踪、直接人脸动画捕捉等类型。

实时人脸表情跟踪大多基于二维视觉控制三维模型的思路，从拍摄的视频里面提取动画参数，然后用于三维人脸模型，进而生成三维的人脸动画序列，如图 9.12 所示。这种思路需要一段记录人脸表情活动的单个视频帧序列和一个通过激光扫描获取的三维人脸模型作为输入，同时需要一个预处理的头部运动捕捉数据库，然后通过四个步骤生成三维人脸动画。第一步，通过跟踪视频中头部运动进行画面分析，主要是获得表情控制和头部姿态参数。第二步，结合头部运动数据库将表情控制参数进行抽取，获得视频帧画面记录的表情描述。第三步，对连续帧的表情控制参数进行滤波去噪，获得高质量的表情活动。第四步，根据表情控制参数驱动高精度三维人脸模型，使其产生符合视频画面内容的表情动画。这种方式可以采用低分辨率的视频驱动高精度的三维人脸模型，从而获得高质量的人脸动画。

直接人脸动画捕捉则是采用高精度三维扫描和多相机阵列直接获取人脸的几何、颜色、光照等信息，进而通过动态纹理贴图在三维人脸模型上重建人脸动画序列。这里可以使用六个标定好的相机同时记录不同视点位置的脸部活动，并通过跟踪特征点来驱动三维人脸模型的几何变形。此外，通过对不同视点的画面进行视角插值，获得动态纹理贴图，映射到变形后的三维人脸模型，可以生成更加真实的表情动画。

9.5　关节动画

在计算机动画中，人、动物等对象是构成动画角色的重要内容，能够使得动画画面更为活泼而具有活力。这类对象大多具有明显的肢体结构，体现在由关节连接起来的一系列肢体部件，也称为关节角色。关节动画则是基于关节和肢体部件运动而形成的动画，是实现关节角色动画必不可少的部分。

9.5.1 关节运动模型

1. 关节模型

关节角色可以通过由关节(Joint)和连杆(Link)组成的关节模型来表示。其中,连杆表示肢体部件,相邻连杆之间通过关节进行连接。以人体为例,头部、颈部、四肢、躯干等是主要肢体,而肩关节、肘关节、腕关节、膝关节等是关节。那么,人体可以表示为图9.13(b)所示的关节模型。这种关节模型也可以看作是关节角色的抽象层次表示。

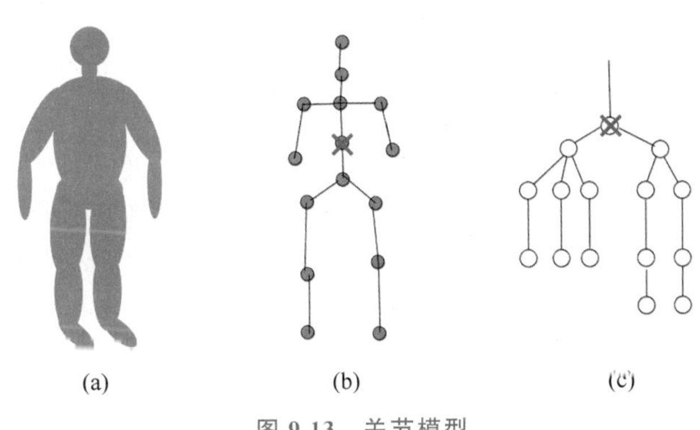

图 9.13 关节模型

这种形式的关节模型和数据结构中的树结构具有天然的对应关系,因而可以采用树来表示关节模型。如图9.13(c)所示,关节模型中的关节对应于树结构中的边,而连杆则对应节点,这样便可以得到树结构。为了便于人体等关节角色在三维空间中运动表示,通常在节点中选择一个根节点,其他节点则相对于根节点的连接和位置关系进行调整,以此建立新的树结构表示。

2. 运动模型

关节角色可以通过关节模型的运动来描述角色运动。自由度是描述关节模型运动的一个重要概念。自由度是确定物体在三维空间中位置所需的最小坐标数目。这样就可以通过关节具有的自由度来区分不同运动形式的关节模型。单自由度关节是只允许一个方向的运动,例如图9.14中所示的转动关节、平移关节。更复杂的2自由度关节、3自由度关节包含了更多方向的运动。一般的n自由度的复杂关节可看成由n个自由度为1的关节通过$n-1$个长度为0的连杆相连。

人体关节模型中的关节主要是旋转关节,每个关节的自由度不同,但至多有3个自由度。例如在图9.14(c)中,肩关节是有3个自由度,可以上下、前后、左右转动;肘关节有2个自由度,可以前后、左右转动;腕关节有2个自由度,可以上下、前后转动。此外,人体关节模型还指定一个具有旋转和平移6个自由度的关节,描述三维空间中人体的完整运动。

从物理学角度来讲,物体的运动模型可以通过正向运动学(Forward Kinematics)和反向运动学(Inverse Kinematics)两种方式进行运动建模。正向运动学是从关节和连杆的运动得到物体在三维空间中的位置;反向运动学则是从物体在三维空间中的位置反求关节和连杆的运动。这两种运动涉及到两类描述物体运动的空间:关节空间和笛卡儿空间。

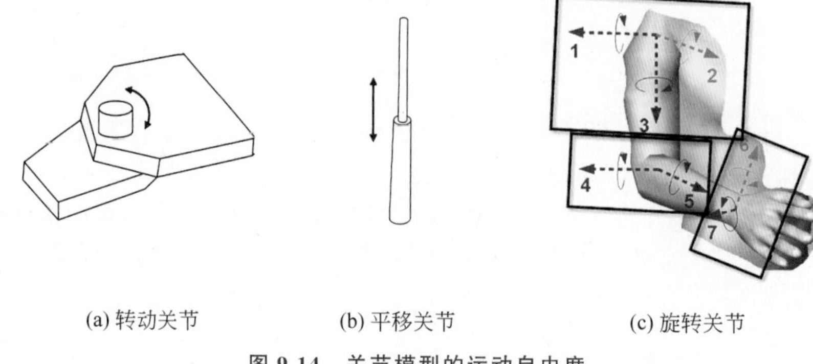

(a) 转动关节　(b) 平移关节　(c) 旋转关节

图 9.14　关节模型的运动自由度

关节空间是由关节处相邻连杆之间关节角组成的空间，可以对所有关节进行细微控制。笛卡儿空间是三维欧氏空间，描述物体及部件的位置。正向运动学是通过从关节空间到笛卡儿空间的映射描述运动，而反向运动学是通过从笛卡儿空间到关节空间的映射来描述运动。

图 9.15(a)展示了一个正向运动学描述运动的例子。其中包含 3 个关节(A、B、C)和 3 个连杆(l_1、l_2、l_3)，它们决定了终端在 X 处的位置。根据正向运动学，3 个关节处的连杆之间夹角决定了连杆和关节的运动，并带动终端运动。根据平面解析几何的知识，可以得到 X 对应位置的坐标(x,y)是

$$\begin{cases} x = l_1\cos(\theta_1) + l_2\cos(\theta_2) + l_3\cos(\theta_3) \\ y = l_1\cos(\theta_1) - l_2\cos(\theta_2) + l_3\cos(\theta_3) \end{cases} \tag{9.10}$$

实际上是从关节空间到笛卡儿空间的映射。图 9.15(b)展示了对应的一个反向运动学描述运动的例子。其中，3 个关节及连杆可以有多种不同状态，都能够使得终端处于 X 处位置。反向运动学是建立从关节空间到笛卡儿空间的映射，也就是由 X 位置求解相应的关节处连杆之间角度 θ_1、θ_2 和 θ_3。

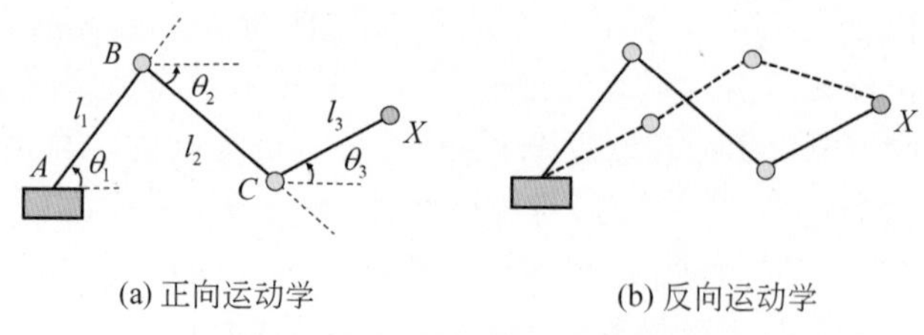

(a) 正向运动学　(b) 反向运动学

图 9.15　正向运动学与反向运动学

9.5.2　反向运动学动画

在进行动画设计时，操作物体改变空间位置是最直接的设计方式，能够直观地显示物体运动的动画效果。这使得反向运动学成为动画设计的重要方式，避免了正向运动学通过关节空间的角度来间接控制物体运动的问题。

1. 关节模型动画

反向运动学动画是在指定物体目标位置后，反求关节模型在关节空间的参数，例如关

节处连杆之间角度等。例题 9-3 展示了一个简单的反向运动学的运动计算。其中的关节模型包含 2 个关节和 2 个连杆，通过解析几何知识能够准确求得关节空间中相应的角度。

然而，对于包含更多关节和连杆的复杂关节模型，根据反向运动学进行运动计算是困难的。一方面是因为变量数目增加，另一方面是关节带动的连杆运动关系更为复杂，带来计算结果的多样性和不稳定性。这使得很难在关节空间直接计算显式解。为此，可以采用迭代的数值计算策略，根据给定的初始位置和目标位置，不断更新关节处连杆之间的角度。然后，使用更新后的角度代入类似公式(9.10)的正向运动学模型，得到更新的位置，使其不断地朝目标位置移动。

例题 9-3　反向运动学的运动计算。

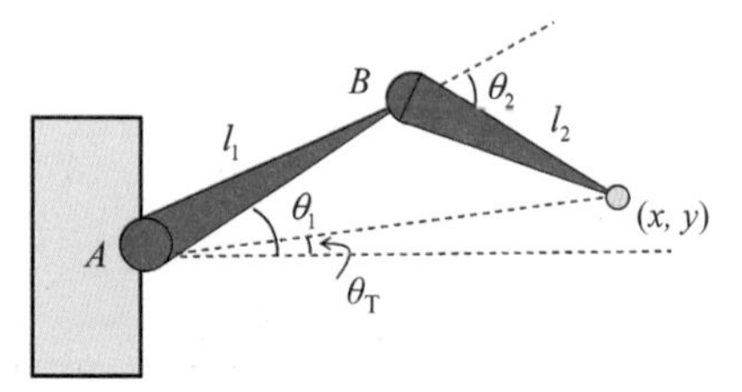

图 9.16　反向运动学计算

问题：如图 9.16 所示的关节模型包括 2 个关节 A、B 和 2 个连杆 l_1、l_2。这里已知的是物体终端的目标位置坐标(x, y)，连杆长度(也记为 l_1、l_2)。计算产生运动的关节处连杆之间角度 θ_1 和 θ_2。

解答：根据解析几何中的余弦定理，以 A 作为平面坐标系原点，水平方向和竖直方向分别是 x 轴和 y 轴。那么，可以得到如下的角度关系：

$$\cos(\pi-\theta_2)=\frac{l_1^2+l_2^2-(x^2+y^2)}{2l_1l_2}$$

$$\cos(\theta_1-\theta_T)=\frac{l_1^2+(x^2+y^2)-l_2^2}{2l_1\sqrt{x^2+y^2}}$$

其中的 $\cos\theta_T=x/\sqrt{x^2+y^2}$。基于上述等式关系，可以得到关节处的角度为

$$\theta_1=\arccos\left(\frac{l_1^2+(x^2+y^2)-l_2^2}{2l_1\sqrt{x^2+y^2}}\right)+\theta_T$$

$$\theta_2=\pi-\arccos\left(\frac{l_1^2+l_2^2-(x^2+y^2)}{2l_1l_2}\right)$$

□

2. 皮肤动画

通过上述反向运动学的关节模型动画能够获得关节和连杆的运动。对于人、四肢动物等关节角色，他们都是存在皮肤或外皮的，而关节和连杆组成骨架。因此，由关节模型的运动进一步建立皮肤或外皮的运动，才能得到最终观看的动画效果。如图 9.17 所示，这种关节角色的皮肤随关节模型动画而运动的过程，也称为绑定(Rigging)。这样皮肤的运动就是对应关节和连杆所组成的骨架的函数。

一般选取关节角色的静止姿势或者中性姿势对应的皮肤几何信息进行绑定，也就是指定皮肤上的点映射到哪个连杆及其位置。一种直接的方式是根据距离远近，将皮肤上的点就近投射到连杆。然后，关节带动连杆运动时得到皮肤上对应点运动后位置。例如图 9.18 中的 A 点直接投射到连杆 l_1，而 l_1 产生的运动对应几何变换 G_1，那么 A 点的运动可以表示为 $G_1(A)$。

但是这种直接映射方式会在靠近关节处的皮肤运动产生歧义。为此，通常在关节附

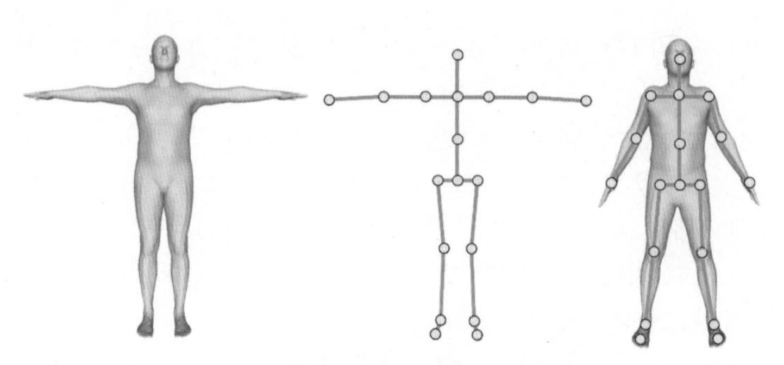

图 9.17 通过绑定实现关节角色动画

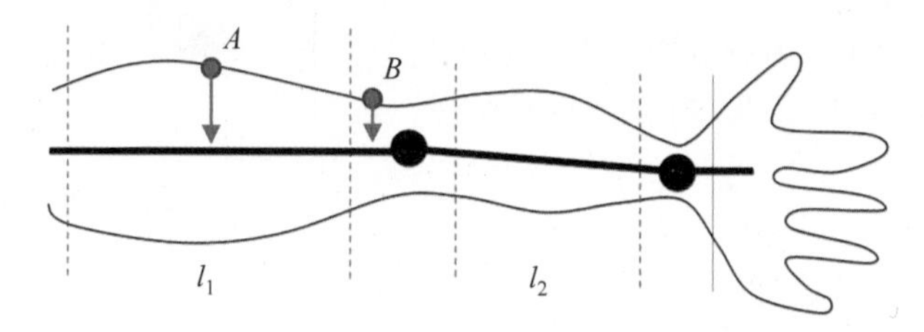

图 9.18 混合加权计算连杆带动的皮肤运动

近设立过渡区域，采用混合加权方式对这些位置皮肤上的点进行处理。以图 9.18 中的 B 点为例，它处于连杆 l_1 和 l_2 的过渡区域，其运动受到二者的影响。假设 l_1 和 l_2 的运动对应的几何变换分别是 G_1 和 G_2，那么 B 点的运动就可以表示为 $w_1G_1(B)+w_2G_2(B)$。其中，w_1 和 w_2 是混合权重，并且满足 $w_1+w_2=1$。这里的权重数值可以根据 B 点到过渡区域两个边界的距离设置。

9.6 群体动画

在生物界，诸如鸟、鱼等许多动物是以某种群体的方式运动的。在动画设计和影视特技中，不可避免地会遇到各种大规模群体动画场面的制作。如图 9.19 所示，两军对战中的数十万大军冲锋的效果，兽群、鸟群集体活动等。这种运动既有随机性，又有一定的规律性，但是难以基于单个物体动画的集合来描述。美国 Symbolics Graphics 公司的 Craig Reynolds 系统性地提出了群体动画（又称为群组动画）技术，并成功地模拟了这种方式的运动。一般来说，群体动画主要解决的问题包括个体行为真实性和整体视觉质量。前者

图 9.19 影视制作中的群体动画案例

忽略个体的视觉效果，在精确地定义个体行为后，通常借助简单的二维表示来快速生成动画过程；后者则使用高效的真实感绘制和仿真技术来满足高质量的整体视觉感受。

Craig Reynolds 认为群体的行为包含两个对立的因素，也就是既要相互靠近，又要避免碰撞。他用三条按优先级递减的原则来控制群体的行为：碰撞避免原则，也就是避免与相邻的群体成员相碰；速度匹配原则，也就是尽量匹配相邻群体成员的速度；群体合群原则，也就是群体成员尽量靠近。因此，群体动画一个很重要的任务是模拟群组的运动。群组是指在同一物理环境下拥有相同目的的一群个体，他们的行为有别于作为单独个体成员时的行为。这样在描述群体动画时，就需要对群（Crowd）、组（Group）、个体（Individual）三个层次的行为进行建模、绘制，通过这三个层次内容的有机结合生成相应的动画序列。在定义了场景中的群、组、个体三个层次的内容后，群体动画的关键问题就是如何有效模拟自然的群组运动。这既需要保持群体中个体运动的集体表现，也需要避免个体之间的碰撞。

一般而言，群组具有数据量大、计算量大的特点，而其运动兼具随机性和规律性。目前，主要有宏观和微观两种方式来控制群组运动。宏观方式将所有个体始终作为一个整体进行建模，采用流体或气体动力学描述群体密度和运动速度的改变。这样，群体的运动效果就是通过求解偏微分方程来获得。微观方式则是需要对个体行为进行建模，不仅考虑个体本身的运动属性，还要计算个体之间的相互作用，以此来准确地模拟群体动画。其中，行人的群体运动又是影视动画、计算机游戏中最为常见的内容，典型的场面有城市街道的人群、战场上的士兵、大型演出的观众等。这类群体运动通常采用向量场的连续插值来得到整体运动，再通过随机个性化的运动参数调节，以使得每个行人又表现出不同的运动姿态。

总体而言，群体动画的目的是为了生成更加壮观、自然的场景，从而有效地提升大场面的视觉震撼效果。这不仅可以减少动画师的工作量，而且能大大节约成本。典型的应用有《指环王》系列、《狮子王》《纳尼亚传奇》《星球大战前传》《木乃伊》等影视作品。接下来介绍两种代表性的群体动作模型：Flock-and-Boid 模型以及社会力模型。Flock-and-Boid 模型是针对动物群体行为的模型，而社会力模型则是专门面向人群的动画制作模型。

9.6.1 Flock-and-Boid 模型

事实上，包含大量粒子运动的粒子系统，是可以被用来描述群体动画中的群组运动。然而，由于粒子的基本形状过于简单，导致其只能模拟简单的群体行为。一种直接的改进方式是把粒子系统变得更加复杂。为此，Craig Reynolds 提出了 Flock-and-Boid 模型，通过对形状、行为等更准确的建模，实现符合群体行为的动画效果。

Flock 是具有整体对齐、非碰撞、聚集运动的一组物体，而 Boid 则是指模拟类似于鸟、鱼等的物体。Flock 可以看作不同 Boid 的个体行为之间相互作用后的整体结果。这样，就可以在模拟个体简单行为的基础上，通过个体之间的互动来呈现群体行为。从这个意义上讲，每个 Boid 就对应于单个粒子，而 Flock 则是整个粒子系统。下面以鸟群为例，分别介绍 Flock-and-Boid 模型中对 Boid 和 Flock 的建模方式。

每一个 Boid 个体应该具有鸟的大致形状，而不是简单的点、球、立方体等粒子的基本形状。此外，个体在飞行时沿着一条路径进行动态、增量和刚性运动，同时允许其形状在飞行坐标系中任意改变形状，例如挥动翅膀、摇摆头颈等。这里的路径是三维空间中的一条曲线，而飞行坐标系是以每个 Boid 中心为原点的局部坐标系，这样也方便对个体的物理仿真。例如在飞行过程中，个体应当遵循动量守恒、速度上下限、最大加速度、以及重力作用下的身体倾斜等约束，以使得个体行为的描述更为准确。这些都可以作为粒子系统中的粒子属性进行设置，而 Boid 和粒子最大的区别则是在于要考虑不同个体之间的作用。

具体来讲，鸟群中的每一只鸟在飞行时都要允许与它的同伴进行协调，体现在鸟群中互相靠近的趋势，同时又不能发生个体碰撞。这是通过对 Boid 个体引入局部感知来实现。如图 9.20 所示，这种局部感知主要包含个体对飞行位置和速度两方面的控制：位置上既要合群又要避免碰撞；速度上要尽量匹配邻近的其他个体。这也就是群体行为应该满足的三项基本原则。

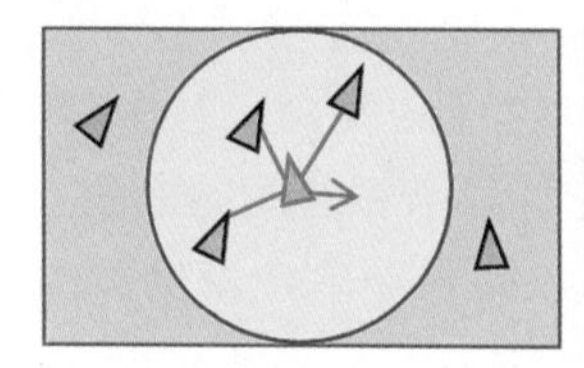
(a) 避免碰撞

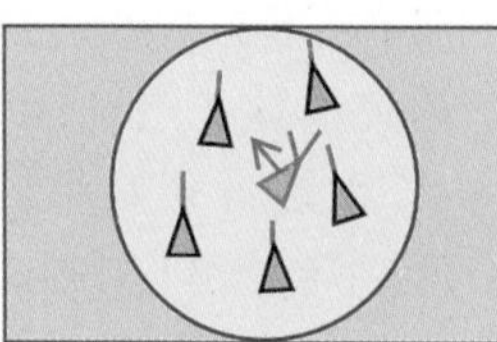
(b) 速度匹配

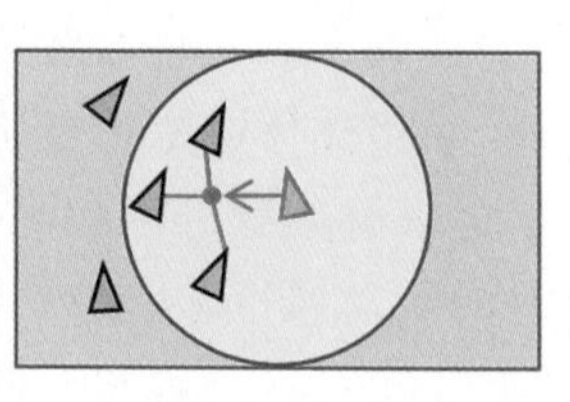
(c) 群体合群

图 9.20 Boid 个体的局部感知

根据上述个体的运动行为，所有 Boid 的集合就构成了 Flock，并形成整体的群体行为模型。这个过程也称为合群，遵循以下基本的合群原则：Boid 局部感知的群体中心是相邻个体子集的中心；越靠近群体边缘的 Boid 个体，受局部感知的影响越大；群体允许分裂和合并。而对于 Flock 整体的行为，通常是设置整体的飞行目标、方向、路径变化等方式进行控制。在此基础上，Boid 也会做出相应的变化，以满足 Flock 的群体行为。图 9.21 展示了采用 Flock-and-Boid 模型实现鸟群动画的一帧画面。

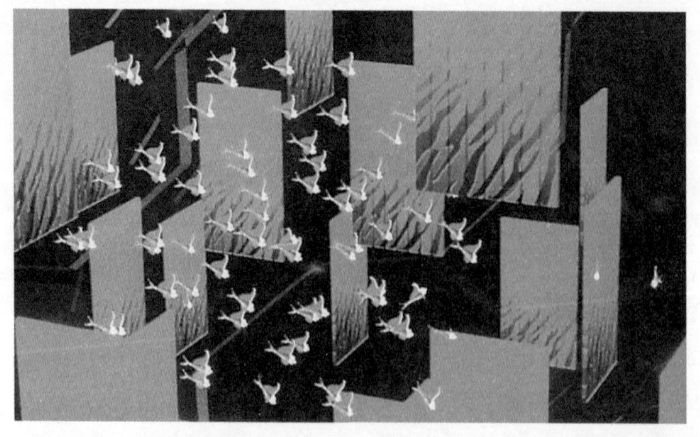

图 9.21 基于 Flock-and-Boid 的鸟群动画（图片来自[144]）

9.6.2 社会力模型

与动物群体的行为不同，人群聚集时所产生的群体行为除了受到环境中的物理约束外，还会受到社会心理学影响，尤其是在发生恐慌事件时。当人处于恐慌状态时，个体的行为动作会变得迟缓和不理智，产生所谓的“羊群效应”。事实上，获取真实的群体恐慌行为数据是非常困难的。这就需要通过群体动画来模拟人的群体行为。2000年，匈牙利和德国的科学家合作在《自然》杂志上发表了一篇关于人群行为模拟的文章，提出了一种“社会力模型”。该模型能够对人群聚集环境下的群体行为进行有效建模，并通过动画展现恐慌状态下的群体行为。

简单地讲，社会力模型是基于牛顿力学来描述受社会心理学影响的个体之间的相互作用。社会力作用下的个体行为受主观心理、其他个体和环境三方面因素的影响，都可以等效为力在个体上的作用，其力学模型可以表达为如下形式：

$$m_i \frac{\mathrm{d}\boldsymbol{v}_i}{\mathrm{d}t} = F_i + G_i + H_i = m_i \frac{v_i^0(t)\boldsymbol{e}_i^0(t) - \boldsymbol{v}_i(t)}{\tau_i} + \sum_{j \neq i} f_{ij} + \sum_{w} f_{iw} \tag{9.11}$$

这里 $\boldsymbol{v}_i$ 表示作为个体的人在 t 时刻运动的实际速度，v_i^0 和 $\boldsymbol{e}_i^0$ 分别表示初始速度大小和方向，τ_i 是运动时间，m_i 是个体的质量。个体在运动过程中受其他个体及环境的影响，体现在相邻个体的作用力 f_{ij} 和环境中障碍物等的作用力 f_{iw}。那么，个体在 t 时刻的实际位置 $\boldsymbol{r}_i(t)$ 则可以通过对速度的积分进行计算，也就是 $\boldsymbol{r}_i(t) = \int_0^t \boldsymbol{v}_i(t)\mathrm{d}t$。

在公式(9.11)中，F_i 项反映了主观心理对于个体行为的影响，体现了个体在 τ_i 时间段内以期望的速度朝着目的地运动的动机，其物理原理是牛顿力学第二定律。

G_i 项则是反映了周围其他个体的影响。如图9.22所示，在社会力模型中，每个行人个体都是用半径不同的圆来描述。这样，其他个体所施加的影响具有如下形式的力学公式：

$$f_{ij} = \{A_i \exp[(r_{ij} - d_{ij})/B_i] + kg(r_{ij} - d_{ij})\}\boldsymbol{n}_{ij} + kg(r_{ij} - d_{ij})\Delta v_{ji}^t \boldsymbol{t}_{ij} \tag{9.12}$$

其中，第一项表示了个体之间的排斥力(又称为心理学力)，它是跟个体之间的距离 d_{ij} 以及个体所占区域圆半径之和 $r_{ij} = r_i + r_j$ 有关，如图9.22(a)所示，同时 $\boldsymbol{n}_{ij} = (\boldsymbol{r}_i - \boldsymbol{r}_j)/d_{ij}$ 是两个不同个体之间的位移方向，A_i、B_i 和 k 设为常数以用于控制相互作用的强度，而 $g(x) = \begin{cases} x, & x > 0 \\ 0, & x \leqslant 0 \end{cases}$ 表示了个体之间的身体接触情况；第二项则表示了防止个体滑倒的摩擦力情况，它是跟运动的切向方向 $\boldsymbol{t}_{ij}$ 和速度差 Δv_{ji}^t 相关。

H_i 项反映了环境中的障碍物或者活动范围边界对个体的影响，也称为环境力。该项对应的力学公式为

$$f_{iw} = \{A_i \exp[(r_i - d_{iw})/B_i] + kg(r_i - d_{iw})\}\boldsymbol{n}_{iw} - kg(r_i - d_{iw})(\boldsymbol{v}_i \cdot \boldsymbol{t}_{iw})\boldsymbol{t}_{iw} \tag{9.13}$$

其中，d_{iw} 为个体与环境之间的距离，如图9.22(b)所示。

通过公式(9.11)就可以准确地描述社会力对人群中个体的影响，而且通过参数的设置来调整恐慌或非恐慌等不同状态下的实际运动行为。最终的群体动画则是通过求解公

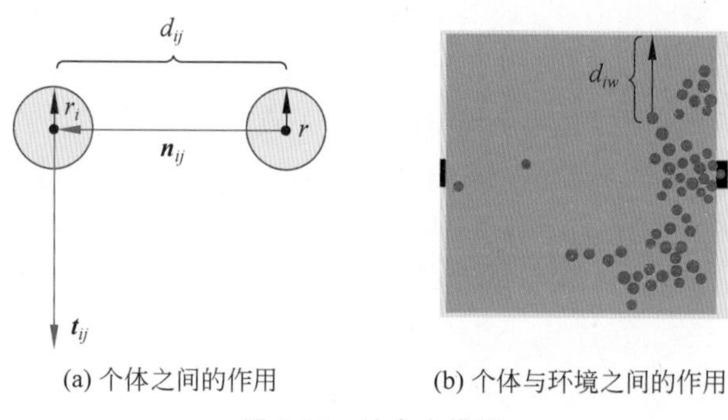

(a) 个体之间的作用　　(b) 个体与环境之间的作用

图 9.22　社会力模型

式(9.11)所定义的微分方程来获得。总体而言,社会力模型将行人个体抽象为力学中的质点,借助牛顿力学来对物理和社会心理学影响进行建模,很好地展现出人群聚集的群体行为动画效果。

9.7　基于深度学习的动画

无论是关键帧插值、关节动画还是群体动画,都可以看作从输入对象模型到输出动画序列的一种映射。深度神经网络提供了从输入映射到输出的隐式表示。因此,深度学习也被应用到计算机动画。这一节介绍若干典型的基于深度学习的动画方法。

9.7.1　基于自编码器的关节动画学习

自编码器(Autoencoder,AE)是一类在无监督学习和半监督学习中使用的卷积神经网络,能够将输入的信息作为学习目标,实现输入信息的有效表征。自编码器包含编码器和解码器两部分。在图 9.23 所示的自编码器网络结构中,给定输入信息 $\boldsymbol{X}$,编码器将其映射为特征 $\boldsymbol{F}$,因此编码器对应于映射 $f:\boldsymbol{X}\rightarrow\boldsymbol{F}$。解码器则对应于映射 $g:\boldsymbol{F}\rightarrow\boldsymbol{X}'$,将特征逆映射进行信息重建。自编码器就是按照下面目标函数求解这两个映射 f 和 g:

$$f,g=\operatorname{argmin}\|X-g(f(X))\|^2 \tag{9.14}$$

这样得到的自编码器使得由特征重建的信息误差最小。

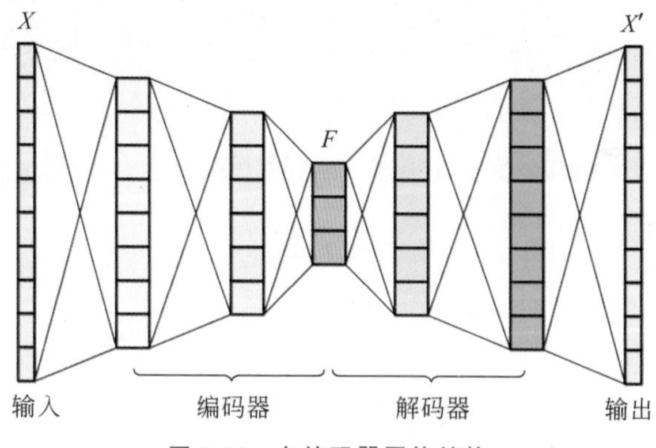

图 9.23　自编码器网络结构

对于9.5节中的关节动画，公式(9.14)中的 $\boldsymbol{X}$ 对应于关节模型表示的一系列运动，具体记为 $\boldsymbol{X}\in\mathbb{R}^{nm}$，而 n 表示动画序列的帧数，m 表示所有关节的自由度。这样就将关节的运动表示成 nm 维空间的向量。$\boldsymbol{F}$ 则是关节运动的某种特征表示。所有可能的关节运动形成的集合通过编码器映射到欧氏空间后形成流形，记为 $\boldsymbol{F}\in[-1,1]^{ik}$，其中，$i$ 和 k 分别对应流形上表示该关节运动的帧数和关节自由度。这实际上是将关节运动参数化到嵌入高维立方体内的低维流形，而借助自编码器就可以学习到相应的参数化映射 $\boldsymbol{\Phi}$ 及其逆映射 $\boldsymbol{\Phi}^{\dagger}$。

为此，首先需要收集运动数据来获得关节运动 $\boldsymbol{X}$ 的表示。CMU大学的图形学实验室通过运动捕捉构造了包含两千多段人体运动的数据集。进一步参考常见的人体动作类型，将数据集中的运动数据进行下采样，表示为长度为160帧的滑动窗口，并对连杆长度及关节自由度进行归一化处理，例如采用相同长度的连杆和63个指定自由度。这样用于自编码器卷积神经网络输入的关节运动就是160×63维的向量，记为 $\boldsymbol{X}\in\mathbb{R}^{160\times 63}$。

编码器是将上述输入的向量转化为流形上的特征表示，而其每一层网络都可以看作一个映射 $\boldsymbol{\Phi}_k$，具体表示为

$$\boldsymbol{\Phi}_k(\boldsymbol{X})=\tanh(\boldsymbol{\Psi}(\boldsymbol{X}*\boldsymbol{W}_k+\boldsymbol{b}_k)) \tag{9.15}$$

其中的 $*$ 表示卷积算子，$\boldsymbol{\Psi}$ 是最大池化操作，$\boldsymbol{W}_k$ 是网络连接的权重，$\boldsymbol{b}_k$ 表示偏置。双曲正切函数tanh将池化操作得到的结果压缩到[−1, 1]，以满足流形取值范围。解码器是 $\boldsymbol{\Phi}_k$ 的逆映射，具体表示为

$$\boldsymbol{\Phi}_k^{\dagger}(\boldsymbol{Y})=(\boldsymbol{\Psi}^{\dagger}(\tanh^{-1}(\boldsymbol{Y}))-\boldsymbol{b}_k)*\widetilde{\boldsymbol{W}}_k \tag{9.16}$$

其中，$\boldsymbol{\Psi}^{\dagger}$ 是最大池化操作的逆操作，$\widetilde{\boldsymbol{W}}_k$ 对应编码器部分的网络权重从特征层往输入层排列。然后，通过运动插值生成新的关节运动。

在训练时，数据集中的关节运动增加一定程度的扰动，其向量变成 $\boldsymbol{X}_c$ 来作为编码器的输入信息，经过自编码器后重建原来的向量 $\boldsymbol{X}$。相应的损失函数定义为

$$\text{Loss}(\boldsymbol{X})=\|\boldsymbol{X}-\boldsymbol{\Phi}^{\dagger}(\boldsymbol{\Phi}(\boldsymbol{X}_c))\|_2^2+\alpha\|\boldsymbol{\Phi}(\boldsymbol{X}_c)\|_1 \tag{9.17}$$

其中的两项分别对应于 L_2 范数定义的重建误差项和 L_1 范数定义的稀疏正则项。由此便实现了基于自编码器的运动学习。

流形本身具有一定的光滑性，从而可以利用编码器映射到的流形进行运动平滑修复。对于图9.24中所示的关节运动，由Kinect等捕捉到的运动往往带有噪声，出现运动不平滑、关节位置偏移等问题。为此，将捕捉到的关节运动通过编码器进行特征表示，再投影

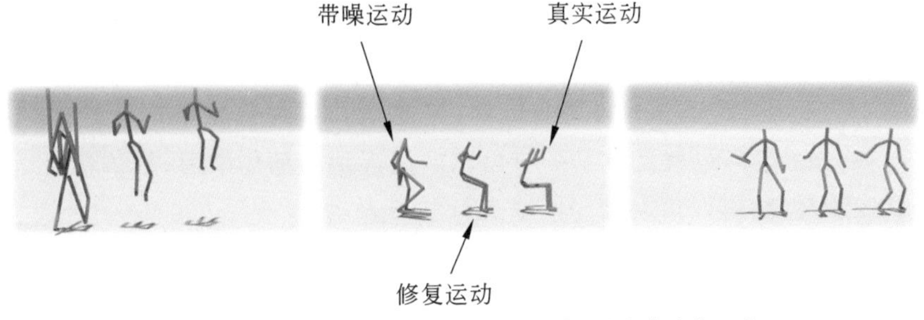

图9.24　基于自编码器修复关节运动(图片来自[146])

到流形上，获得与其相对应的流形上运动特征表示。在此基础上，由解码器进行逆映射，获得对应的关节空间中运动。这样得到的关节运动符合潜在的流形分布，因此能够起到去噪的效果，更符合真实运动。

自编码其中的编码器将输入的关节运动从关节空间映射到流形，得到符合几何分布的运动特征描述。在此基础上，可以将两种不同类型的运动在流形上进行插值，生成新的关节运动。如图 9.25 所示，关键帧上记录了同一个关节模型的不同状态，将其映射到流形上后进行特征插值，再通过解码器映射至关节空间，就得到了插值后的关节运动。这种流形上的关键帧插值获得的动画序列具有良好的运动连续性。

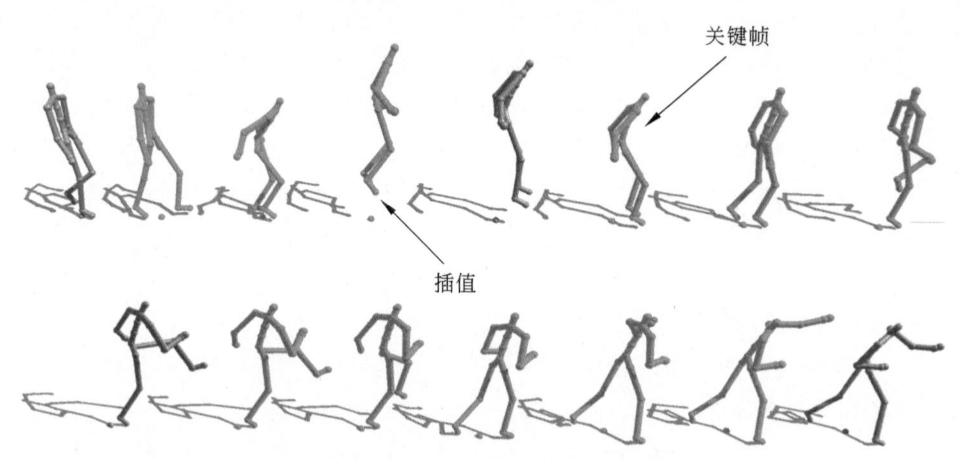

图 9.25 基于自编码器的关键帧插值生成关节动画（图片来自[147]）

9.7.2 结合强化学习和深度学习的关节动画

运动捕捉等方式虽然能够记录实际的关节运动，但在作用到新的关节角色时，需要根据新的运动环境进行调整，以使得生成的关节动画符合实际的物理规律。强化学习是一种通过对象与环境交互过程中积累最大奖励来实现特定目标的学习机制。通过将强化学习和深度学习相结合，能够进一步提高捕捉的动作映射到关节角色后的动画效果，使其在新的环境中准确模拟捕捉的动作。

这里假设运动捕捉得到的动画序列作为参考运动，记为$\{\hat{\boldsymbol{q}}_0,\hat{\boldsymbol{q}}_1,\cdots,\hat{\boldsymbol{q}}_T\}$，其中，每一个元素$\hat{\boldsymbol{q}}_t$ 表示 t 时刻的状态，例如反向运动学中关节空间的角度。在新的环境生成符合捕捉动作的关节动画时，需要通过学习一定的控制策略 $\pi(\boldsymbol{a}_t|\boldsymbol{s}_t,\boldsymbol{g}_t)$，使得生成的关节运动 $\boldsymbol{a}_t$ 符合捕捉的运动和新的环境。其中，$\boldsymbol{s}_t$ 表示关节角色的运动状态，例如关节空间中的角度等；$\boldsymbol{g}_t$ 是映射到新环境下的关节运动；生成动画的过程就是优化动作任务定义的奖励函数 $r_t^G(\boldsymbol{s}_t,\boldsymbol{a}_t,\boldsymbol{g}_t)$，也就是鼓励关节角色向捕捉到的动作学习，模仿参考运动。控制策略 π 一般比较复杂，可以借助神经网络进行学习表示。

具体来讲，用于策略学习的神经网络的输入是关节角色的运动状态 $\boldsymbol{s}_t$ 和新环境下的关节运动 $\boldsymbol{g}_t$，输出则是采用高斯分布表示的生成运动。因此，该神经网络可以表示为

$$\pi(\boldsymbol{a}_t \mid \boldsymbol{s}_t)=\mathcal{N}(\mu(\boldsymbol{s}_t),\boldsymbol{\Sigma}) \tag{9.18}$$

其中，μ 是高斯分布的均值，$\boldsymbol{\Sigma}$ 是协方差矩阵。神经网络采用全连接层和 ReLU 激活函数，以及一个线性输出层，得到相应的符合捕捉动作与新环境下关节运动的控制策略。图 9.26展示了学习控制策略的神经网络结构，其中，$\boldsymbol{H}$ 是额外的高度场输入。这样新的环境下有高度起伏时，仍能够正确模仿在平地上捕捉的运动。

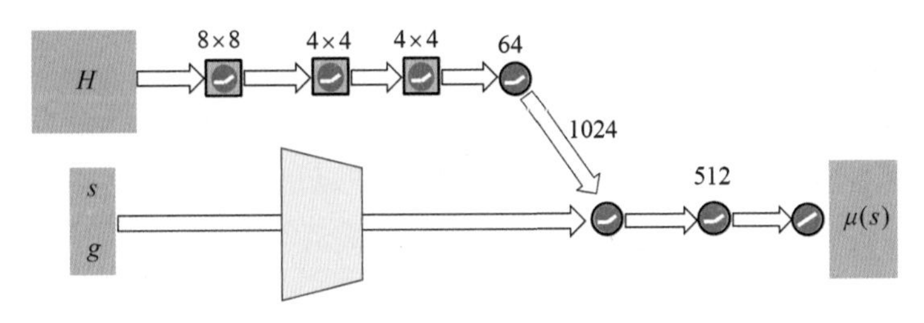

图 9.26　控制策略的神经网络

基于公式(9.18)定义的控制策略，可以得到如下函数中超参数 θ 的优化来实现相应的关节运动：

$$J(\theta)=E_{\tau\sim p_\theta(\tau)}\left[\sum_{t=0}^{T} r_t^G\right] \tag{9.19}$$

其中的 $p_\theta(\tau)=\Pi_{t=0}^{T-1}p(\boldsymbol{s}_{t+1}\mid \boldsymbol{s}_t,\boldsymbol{a}_t)\pi_\theta(\boldsymbol{a}_t\mid \boldsymbol{s}_t)$ 描述所有可能的由控制策略 π_θ 定义运动序列 $\tau=(\boldsymbol{s}_0,\boldsymbol{a}_0,\boldsymbol{s}_1,\cdots,\boldsymbol{a}_{T-1},\boldsymbol{s}_T)$ 的分布，T 是运动采样的步数。公式(9.19)中的 r_t^G 则是和具体的新环境下动作任务有关的奖励函数，例如关节的节点运动角速度、加速度和捕捉的运动保持一致等。图 9.27 展示了结合强化学习和深度学习生成的关节动画效果，其中左侧图是直接将捕捉的动作映射到关节角色，而右图则是在一个有障碍物的环境下生成的关节动画。

图 9.27　新环境下生成的关节动画(图片来自[148])

随着大模型技术的不断发展，一些最新的工作纷纷利用大模型来辅助计算机动画的制作。2023 年，Microsoft 公司等单位提出一种在大语言模型支持下，对三维动画进行实时生成和控制的方法，并以 C# 插件的形式嵌入到 Unity 引擎中，很大程度地提高了三维动画的生成效率。DeepMotion 公司等单位则基于文生三维动画和大语言模型，提出了一种新型的三维动画生成和编辑方法 SayMotion，通过在大语言模型中微调人体运动模型，可以更加便利地制作生成式三维动画。未来，多模态大模型以其强大的内容生成能力，将给计算机动画制作过程中的众多环节带来巨大的技术提升。

9.8 小　　结

计算机动画是计算机图形学一个非常重要的应用领域。动画角色可以通过几何建模辅助完成，并通过绘制技术进一步生成连续的图像序列。基于图形建模和绘制技术的关键帧插值是计算机动画的重要问题之一。此外，物理模拟和运动捕捉的方式能够提供更多样、更便捷、更真实的角色动画生成方式，为计算机动画制作提供了新的解决方案。

群体动画作为影视特效的重要内容，受到越来越多的关注。但是目前的方法在场面表现力、角色逼真度等方面还存在很多问题，尤其是场景宏大、角色众多的场面，这也是当前计算机动画研究的热点问题。

思考题

9.1　人眼觉察到动画的基本原理是什么？

9.2　计算机出现之前的传统动画制作方式有哪些？

9.3　动画制作流程中包含哪些重要步骤？各自的作用是什么？

9.4　采用粒子系统生成动画的基本原理是什么？

9.5　运动捕捉的方式有哪些？各自的优势和不足是什么？

9.6　关节动画中正向运动学和反向运动学的区别是什么？

9.7　群体动画制作时的基本原则是什么？

9.8　深度学习技术应用在计算机动画中的主要作用是什么？

第10章 基于GPU的图形计算

计算机图形学的很多算法中包含大量的数据并行处理任务，可以采用图形处理器(Graphics Processing Unit，GPU)加速计算。GPU，又称为视觉处理器、图形显示芯片等，是一种专门在个人计算机、工作站和一些移动设备(如智能手机等)上进行图形和图像相关运算工作的微处理器。可以说，现代计算机图形学是和GPU的发展紧密结合在一起的。

本章简要介绍GPU的基础知识，包括GPU的结构、并行计算特点、数值计算加速方式。此外，针对计算机图形学中典型的建模、绘制的算法以及计算摄像的算法，简单介绍基于GPU的加速方式。

10.1 GPU 简 介

一般来说，GPU可以看作是由数以千计的更小、更高效的核心组成的大规模并行计算架构，是专为同时处理多重任务而设计的。GPU与传统的CPU在组成结构、计算模式等方面存在着许多不同。

10.1.1 组成结构

GPU的组成可以从硬件结构和软件结构两方面分别描述。从硬件结构来讲，GPU的组成包括SP、SM和Warp三个不同层次的结构单元。SP(Streaming Processor)，也就是流式处理单元，又称为流处理器。SP是进行指令和任务处理的最基本单元。所有GPU程序都是在SP上处理，而GPU对数据的并行处理，实质上就是很多个SP同时做处理。SM(Streaming Multiprocessor)，也就是流式多处理核，又称为流处理器簇。SM是由多个SP，再加上内存、寄存器等存储单元构成，对数据做共享和并行处理。SM就类似于CPU的核，而存储单元又有全局的、常量的、共享的等类型。更多的SM就意味着GPU可以在同一时刻处理更多的任务和数据。Warp，也就是线程包，是GPU执行程序时的调度单位。同在一个Warp的线程，面向不同数据资源执行相同的指令。简单而言，一个GPU是由多个SM组成的阵列，而每个SM又是由多个SP组成的。

GPU在运行程序时的数据主要从GPU负责管理的内存中进行读取，包括全局内存、共享内存、局部内存、寄存器等。全局内存是从GPU核心分离出来的一个存储硬件，占据了绝大部分的显存，是GPU上存储硬件的最大组成部分，也是GPU上I/O最慢的内存。显卡一般通过GDDR(Graphic Double Data Rate)接口进行访问。共享内存是SM

内的存储单元，读写速度非常快，但是只供每个 SM 内部访问，也就是 GPU 为每个 SM 提供唯一的共享内存。局部内存，是将数据保存于显存，读写速度也很慢。寄存器则是可以直接被 GPU 处理器访问的存储单元，是 GPU 内部 I/O 最快的内存。寄存器的访问速度约是共享内存的 10 倍。

从软件结构来讲，GPU 在程序运行时，主要包括线程（Thread）、块（Block）、网格（Grid）三个级别的资源组织，如图 10.1 所示。最小的逻辑单位是一个线程，是并行程序的基本构建块。最小的硬件执行单位是线程包。若干个（典型值是 128～512 个）线程组成一个块，块被加载到 SM 上运行，多个块组成整体的网格。但是，CPU 与 GPU 对线程的支持方式是不同的。例如，由于 CPU 的每个核只有少量寄存器，导致在进行任务与任务之间上下文切换时，需要先将寄存器的数据转移到 RAM 中，等到重新执行这个任务时，再从 RAM 转移回来。而 GPU 则拥有多个寄存器，那么很容易地对当前寄存器内容进行换进换出。

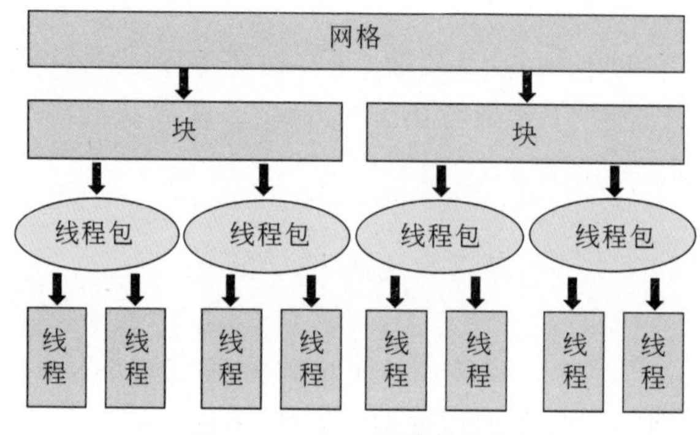

图 10.1　GPU 的软件结构

虽然 GPU 和 CPU 都是处理器，但是如图 10.2 所示，两者在设计架构上有着根本的不同。一般来说，CPU 的设计是用来执行少量比较复杂的任务，而 GPU 的设计则是用来执行大量比较简单的例子。因此，GPU 的 40％是 ALU（算术逻辑单元），但 Cache（缓冲存储器）的数量很少，只有非常简单的控制逻辑。而 CPU 的微架构是按照兼顾“指令并行执行”和“数据并行运算”的思路而设计。CPU 的大部分晶体管主要用于构建控制电路和 Cache。CPU 的 5％是 ALU，控制电路设计更加复杂。CPU 不仅被 Cache 占据了大量空间，而且还有复杂的控制逻辑和诸多优化电路。然而，CPU 有强大的 ALU。它可以在

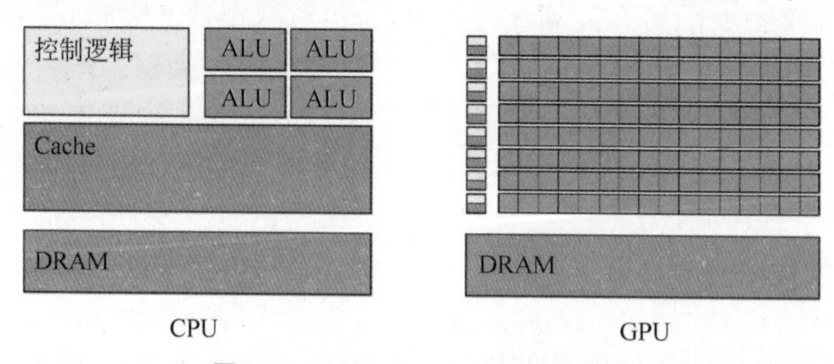

图 10.2　CPU 和 GPU 的结构比较

很少的时钟周期内完成算术计算。因此，对于单个线程的处理能力来说，CPU 更强。但是，GPU 采用了数量众多的计算单元和超长的流水线，这使得整体计算能力更强。

10.1.2　并行处理

并行处理的类型包括基于任务的并行处理、基于数据的并行处理等不同类型。基于任务的并行处理是将不同的任务无冲突地同时分配给若干个处理器，其关键是各个处理器的任务处理要互相独立。这是一种粗粒度的并行处理模式。基于数据的并行处理是将待处理的数据做分配，不同的处理器分别处理各个数据块。后者更关注于数据及其所需的交换，而不是待执行的任务。

GPU 可以利用众多的计算核心，实现两种类型的并行处理。在同一时刻，GPU 能够并行处理多个数据，解决极高的运算密度、并发线程数量和频繁地存储器访问等数据访问和计算问题。因此，GPU 适合处理计算密集型任务和易于并行的任务。

所谓计算密集型的程序，是指大部分运行时间花在了寄存器的运算。利用 GPU 的并行计算模式，可以高速、频繁地访问寄存器，因此适合于计算密集型程序。从另外一个角度讲，GPU 其实是一种 SIMD(Single Instruction Multiple Data)架构，具有成百上千个核，而每一个核在同一时间能做同样的事情，因此适合执行那些易于并行的任务。

GPU 的并行处理能力最早是为了满足图形学算法任务的需求。典型的算法如第 5 章中的光线跟踪算法，非常适合 GPU 并行地处理大量光线的跟踪和绘制。后来，随着通用图形处理器(General Purpose GPU，GPGPU)概念的提出和发展，GPU 的使用越来越广泛，朝着“处理单元功能不再是固定”的这一方向迅速发展。

通常来讲，GPU 比 CPU 的计算能力提升更为迅速，而且功耗的增加又相对平缓。很长时间以来，CPU 性能的发展遵循摩尔定律，也就是说晶体管的密度每过 18 个月就会翻一番，而其性能提升一倍。但当今的半导体技术已经接近了诸多物理极限。晶体管的大小不可能小于一个分子的大小。事实上，在现实世界的应用中，五个分子大小已经是半导体所能实现的最小尺寸。因此，目前 CPU 的发展进入了缓慢期。

与此相应，GPU 的发展则进入了快车道。尤其是在 2009 年，GPU 的计算性能突破了每秒 1 万亿次的大关后，GPU 的计算能力就远远超出了 CPU。从 2010 年到 2020 年的 10 年时间里，CPU 的计算能力提升不到 2 倍，而 GPU 的计算能力提升达 10 多倍。因此，利用 GPU 进行并行处理，是进一步提升计算机和服务器计算能力、实现更高性能计算的首选途径。

GPU 的并行处理需要提供一些易用的编程接口，才能方便用户开展并行计算。2007 年，Nvidia 公司发布了面向 GPU 的计算统一设备体系结构(Compute Unified Device Architecture，CUDA)，为直接进行 GPU 编程提供了可能。一般来讲，CUDA 是 C 语言的一种扩展，而 C 语言又是使用最广泛的一种高级编程语言。因此，通过 C 语言来进行 GPU 代码编程，能够更有利于用户采用 GPU 并行处理来提高计算性能。可以说，CUDA 和 GPU 正在改变着高性能计算的发展模式。除了 CUDA 以外，Apple 公司的 OpenCL(Open Computing Language)也是一种开放的、免费的、支持 GPU 编程的框架。

10.1.3 GPU的发展

GPU的发展是伴随着芯片图形处理能力的提升而不断更新换代。目前，Nvidia和AMD是最主要的显卡制造厂商，也是GPU硬件和计算框架发展的最有力推动者。从20世纪90年代针对计算机游戏的第一款显卡面世，到如今虚拟现实、自动驾驶、人工智能等领域显卡的广泛使用，GPU经历了飞速的发展。图10.3展示了从第一代到第五代的GPU显卡。

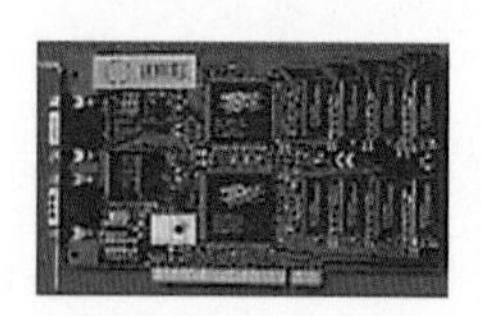 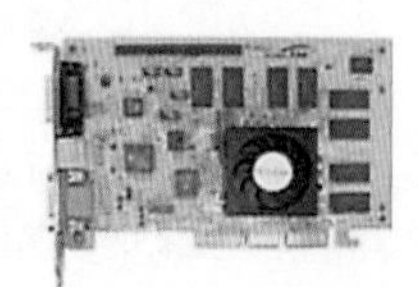   

图10.3 GPU显卡的发展

第一代GPU将图形绘制中部分片元(Fragment)的操作放在GPU上执行，如简单的纹理映射、z-缓存处理。几何(Geometry)元素的操作还是在CPU上。典型的是1996年的3dfx Voodoo显卡所具备的GPU，这也是第一款三维游戏视频卡。

第二代GPU将几何元素的操作也转移到GPU上去执行，同时能够执行更多种类型的纹理映射，如凹凸映射、环境光映射。在CPU到GPU的数据传输方面，也使用特殊的图形加速接口(AGP)取代通用的PCI进行传输。这一代的典型代表是Nvidia在1998年推出的GeForce 7800显卡所具备的GPU。

从第三代GPU开始，显卡制造厂商允许对GPU进行编程。例如Nvidia在2001年推出的GeForce 3显卡，可以通过顶点着色器的编程进行几何操作。此外，支持体纹理、多重采样等更多类型的纹理操作。

第四代GPU可以对顶点着色器(Vertex Shader)和片元着色器(Fragment Shader)进行编程，同时可以直接访问纹理内存，进行更高效的GPU内部数据读取。关于顶点着色器和片元着色器的功能已经在2.5节中做过介绍。

第五代GPU是随着通用图形处理器的出现而发展，能够在使用几何着色器时，对几何元素进行更方便地操作。

10.1.4 CUDA的发展

CUDA是Nvidia公司开发的并行计算平台和编程模型，是一种包含了CUDA指令集架构(ISA)和GPU显卡内部结构的并行计算引擎。开发人员可以使用C语言来为CUDA架构编写程序，所编写出的程序能够在支持CUDA的处理器上以超高性能运行。由于GPU的并行计算和处理能力远远超过CPU，CUDA利用GPU的这一优势，也可以在计算机图形学以外的非图形计算任务中使用，例如科学模拟、数据分析、机器学习、深度学习等，使其性能得到显著提升。目前，CUDA受到越来越广泛的关注，在计算机图形学、图像与视频处理、计算生物学和化学、流体力学模拟等领域都发挥着重要作用。从

CUDA的发展历史来看，主要可以分为以下三个阶段。

在2010年以前，Nvidia公司先后发布CUDA 1.0至CUDA 3.0版本，可以完整地支持C语言和C++语言编程，并引入Fermi构架的GPU，具有很好的双精度性能和良好的内存带宽。

在2010年到2020年的十年间，Nvidia公司将CUDA更新至CUDA 11.0版本。引入了Ampere构架的GPU进一步提升了能效和并行处理能力，支持更多的并行计算优化，特别是提供了更好的深度学习、图形计算和高性能计算性能。这使得基于CUDA的GPU并行编程和计算被广泛应用到众多的领域中。

进入2020年以后，针对最新的GPU构架，包括Hopper和AdaLovelace等，Nvidia公司推出了CUDA 12.0系列版本，提供了对GPU的底层访问，允许开发人员利用GPU的并行处理能力来加速计算任务，并在性能和可用性方面有显著提升，特别适用于科学计算、机器学习、图形处理和深度学习等领域。

10.2 数值计算

GPU凭借其强大的并行运算能力，不仅在传统的图形图像处理领域发挥着重要作用，也越来越多地被应用于科学计算领域。

10.2.1 计算模式

利用GPU开展并行计算时，不需要将整个应用程序移植到GPU。通常是将应用程序中涉及的性能瓶颈部分，同时也是计算密集型的子任务，转入GPU进行并行处理。其余的任务依旧可以按照原样运行在CPU上。

GPU程序通常以内核函数形式运行。所谓内核函数，是指一个只能在GPU上执行而不能直接在CPU上执行的函数。在GPU执行计算任务时，相应的内核被唤醒，而且任务被分解为线程。以图10.4所示的一段循环体为例，它将两个数组b和c中相同下标的元素进行相乘运算，然后结果保存在数组a中。

```
void sum_func (void)
{
    int i;
    for (i=0; i<256; i++)
        a[i] = b[i]*c[i];
}
```

图10.4 CPU运行的循环体函数

CPU中的串行代码需要执行256次for循环，而GPU则可以通过创建内核函数，将代码直接转换成256个线程来并行执行。其中，每个线程都执行a[i]=b[i]*c[i]的操作。从概念上看，GPU的内核函数和图10.4中的循环体是一样的。图10.5所示的代码是 CUDA 编程时所对应的内核函数,其中没有了循环体,取而代之的是被每个线程执行的操作。

```
_global_ void sum_kernel_func (int * const a, const int * const b, const in * const c)
{
    a[i]=b[i]*c[i];
}
```

图 10.5 GPU 运行的内核函数

一般来讲,线程在 GPU 内以网格和块的形式进行组织:线程组成块,块组成网格。然后,每个网格对应一个内核。因此,如图 10.6 所示,线程作为基本的执行单元可以看作一种三维数组的形式,而内核执行计算时的线程数就是由网格数和块数所决定的。

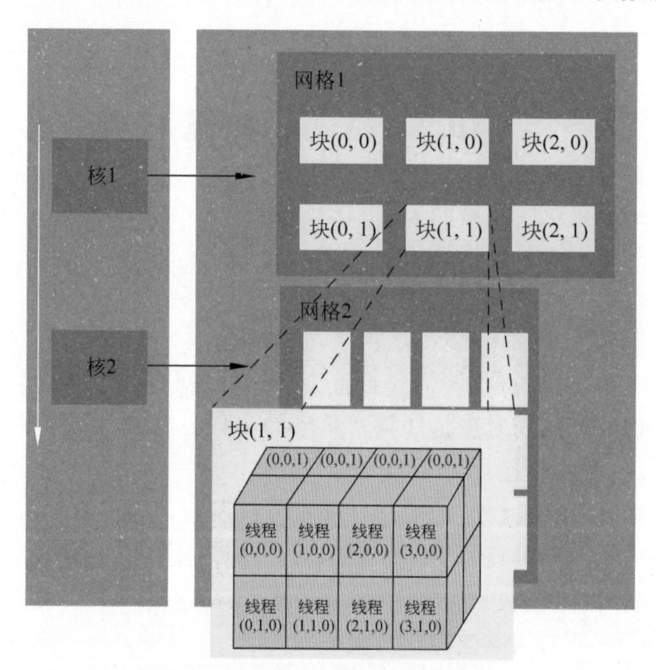

图 10.6 并行计算时的线程组织模式

在 SM 内部,块分解为执行共同指令的线程包。因此,一个线程包中的所有线程并行地执行相同的指令,如图 10.5 所示的函数。一个线程包在执行时需要占用一个 SM。这样,多个线程包就需要轮流进入 SM 运行,也就是说一个 SM 可以同时拥有多个块,但需要按顺序依次执行。具体的调度则由 SM 的硬件 Warp 调度器负责完成。

从 GPU 的硬件结构来看,SM 是 GPU 的心脏,通过以 SP 为单位进行资源调度和处理。从 GPU 的软件结构来看,块是基本调度单位,实际是执行相同指令的线程包。一个块只会由一个 SM 调度。在并行计算时,通过设定块的属性,告诉 GPU 硬件,需要占用多少个线程、线程怎么组织,以此完成相应的计算任务。

10.2.2　通用数值计算

接下来，通过两个具体的例子来展示GPU数值计算的方式，并与CPU计算效率进行比较。这两个例子在相同的计算机上进行测试，使用的处理器型号是Intel i5-2400，主频3.1GHz，显卡型号是Nvidia Quadro2000。

第一个例子是并行地将数组中存储的数值递增1，也就是执行x[i]=x[i]+1的操作。传统的CPU程序是遍历该数组，然后将数组的元素依次增加1。GPU程序则会将数组元素赋予不同的线程，通过线程的并行来执行加1操作，完成数组元素递增。

图10.7展示了用C语言编写的CPU和GPU程序来实现数组递增操作。虽然两个程序在执行的运算上很相似，但数据组织形式上有很大的不同。对于包含34 603 008个元素的数组，CPU执行递增加1的运算需要156ms，而GPU只需要49ms。

```
CPU program
void inc_cpu (int *a, int N)
{
    int idx;
    for (idx = 0; idx < N; idx++)
        a[idx] = a[idx] + 1;
}
int main()
{
    …
    inc_cpu (a, N);
}
```

```
CUDA program
_global_void inc_gpu (int *a, int N)
{
    int idx = blockIdx.x * blockDim.x
            + threadIdx.x;
    if (idx < N)
        a[idx] = a[idx]+1;
}
int main()
{
    …
    dim3 dimBlock (blocksize);
    dim3 dimGrid (ceil(N/(float)
blocksize);
    inc_gpu<<dimGrid, dimBlock>>(a,N);
}
```

图10.7　CPU和GPU上分别实现的数组递增操作的代码

第二个例子是并行地将两个矩阵**A**和**B**进行相加运算，也就是执行**A**[i][j]+**B**[i][j]的操作。如图10.8所示的代码，传统的CPU程序是依次遍历矩阵行和列以获得矩阵元素，然后将对应的元素执行加法计算。而GPU程序则将矩阵元素赋予不同的线程，并行地进行元素相加操作。对于两个5120×5120的矩阵相加，CPU程序运行时间约为203ms，而GPU程序运行时间只需70ms。

```
CPU program
void add_matrix_cpu (float *a,
    float *b, float *c, int N)
{
    int i, j, index;
    for (i=0; i<N; i++) {
        for (j=0; j<N; j++) {
            indx = I + j * N;
            c[index] = a[index]
                +b [index];
        }
    }
}
int main()
{
    …
    add_matrix (a, b, c, N);
}
```

```
CUDA program
_global_void add_matrix_gpu (
        float *a, float *b, float *c,
         int N)
{
    int i = blockIdx.x * blockDim.x
        + threadIdx.x;
    int j = blockIdx.y * blockDim.y
        + threadIdx.y;
    int index = i + j * N;
    if (i < N && j < N)
        c[index] = a[index]
                + b[index];
}
int main()
{
    dim3 dimBlock(blocksize,
        blocksize);
    dim3 dimGrid (N/dimBlock.x,
        N/dimBlock.y);
   add_matrix_gpu << dimGrid,
      dimBlock >> (a,b,c,N);
}
```

图 10.8　CPU 和 GPU 上分别实现的矩阵加法的代码

10.3　GPU 快速建模

几何建模是计算机图形学的重要内容。充分利用 GPU 的并行计算能力，是有助于提高建模效率的。第 3 章介绍了各种不同的几何建模方法。接下来，以自由曲线/曲面建模中的 NURBS 方法和三维重建中的泊松方法为例，介绍如何通过 GPU 实现更高效的几何建模。

10.3.1　GPU 加速的 NURBS 建模

根据第 3 章中公式(3.19)的定义，NURBS 曲面本质上是一种有理 B 样条曲面。而其计算的关键在于 B 样条函数值的求解，这也是通过 GPU 提高 NURBS 建模效率的主要手段。事实上，使用 NURBS 进行建模时，所涉及的计算可以分为两种类型：正向计算和逆向计算。正向计算，是通过已知的参数值 s 和 t，求解 NURBS 曲面上对应点的三维坐标(x,y,z)，以及该点处的切向、法向等高阶导数相关的几何量。逆向计算，则是给定

NURBS 曲面上某一点的三维坐标，计算对应的参数值。这两类计算也成为使用 GPU 加速 NURBS 建模的核心问题。

在正向计算时，由于参数值是已知的，同时根据 B 样条函数的局部支撑性可知，通过 GPU 进行计算时就归结为确定参数值所在的节点区间，以及该节点区间所对应的非零 B 样条基函数集合。在此基础上，进一步借助 de Boor 递归算法直接计算 NURBS 曲面上对应点的三维坐标。这里，如图 10.9 所示，定义 NURBS 曲面时所需要的两个方向（对应于参数值 s 和 t 取值的两个维度）上的节点向量、控制顶点、权重因子等，都可以借助一维或者二维纹理的形式进行存储，并能通过片元着色器实现 GPU 编程。

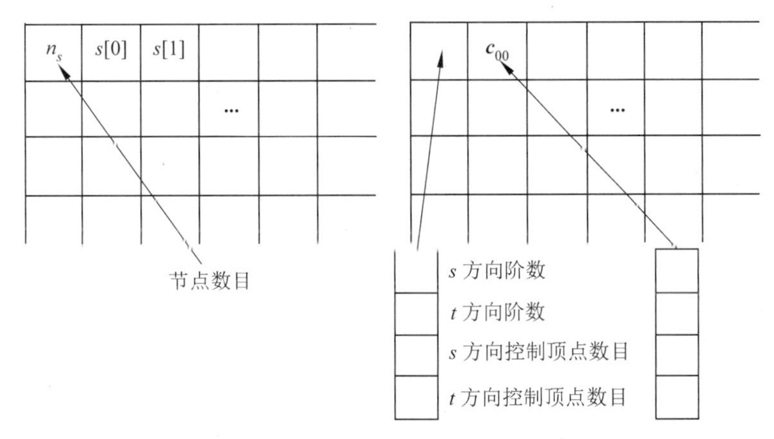

图 10.9　纹理内存中的 NURBS 节点向量、控制顶点和权重因子

以 s 方向为例，节点向量存储于一维纹理内存。首先，给定参数值 s，通常采用 GPU 上并行的二分查找方法，快速确定其所在的区间，记为 $s_0 \in [s_i, s_{i+1})$。然后，根据 k 次（$k+1$ 阶）B 样条基函数的局部支撑性，确定该区间上所对应的至多 $k+1$ 个取值非零的 B 样条基函数，记为$\{N_{i-k}^k(s), N_{i-k+1}^k(s), \cdots, N_i^k(s)\}$，以及相应的控制顶点，记为$\{\boldsymbol{c}_{i-k}, \boldsymbol{c}_{i-k+1}, \cdots, \boldsymbol{c}_i\}$。最后，通过 GPU 递归来实现 de Boor 算法，计算该参数值所对应的三维坐标。对于高阶导数，则可以利用第 3 章中公式(3.17)所示的 de Boor-Cox 公式，将求导运算转化为低阶 B 样条基函数的计算，同样也可以实现 GPU 上的快速计算。

在逆向计算时，是通过 NURBS 曲面上给定点的三维坐标，反求相应的 s 和 t 参数值。由于 B 样条函数的非线性，逆向计算往往无法得到精确解，而通常是在给定的误差范围内，计算最优的数值解，使其对应的 NURBS 曲面上的点和给定点之间的距离最小。为此，首先将参数域进行划分，得到不同尺寸大小的格子，并以此构造 NURBS 曲面上的轴对齐包围盒（Axis-aligned bounding boxes，AABB）。这些包围盒的顶点恰好对应于参数域划分时的格子顶点，而它们的参数值是确定的。AABB 是可以通过 GPU 并行方式来快速构造的。然后，给定曲面上的一点，通过连接原点和该点的直线，判断其所在的包围盒以及相应的截面，确定距离最近的包围盒顶点。其中，直线和包围盒求交可通过 GPU 上直线和平面求交快速计算。最后，根据包围盒顶点所对应的参数域格子顶点，确定相应的参数值。这里，AABB 尺寸大小是可以根据预设的误差来设计，从而得到指定误差范围内的数值解。

10.3.2 GPU加速的泊松三维重建

通过泊松方法对点云数据做三维重建，是几何建模中的典型方法。泊松方法是构建三维点云对应的隐函数，并通过求解泊松方程来恢复点云的三维网格形状。因此，泊松方程的求解是影响三维重建计算效率最重要的环节。

传统泊松重建算法在设计时主要针对CPU的架构和计算模式，通过一个隐函数$F(x,y,z)$来计算三维指示函数，并且通过提取该指示函数的等值面来获取重建的表面。一般来讲，该算法整体运行时间较长，无法达到实时重建。

事实上，泊松重建算法有两个关键的步骤：构造三维点云的八叉树和求解泊松方程，而这两个步骤恰巧可以通过GPU的并行计算来加速处理。其基本思想是利用GPU数据并行的特点，设计特殊的八叉树，并将其与泊松方程的计算相结合，进而实现更快速的泊松重建。

首先，根据输入的点云数据，利用GPU多线程实时构建八叉树。输入的点云记为$Q=\{q_i|i=1,2,\cdots,N\}$，需要构建最大深度为D的八叉树。这里，采用层次构建策略，每层节点同时进行构建，依次得到相应的顶点数组、边数组、面数组和节点数组，并记录在GPU能直接访问的内存中。这里最重要的操作是对节点信息的快速计算和查询。根据GPU的数据访问特点，采用32位浮点数序列来表示从根节点到叶节点的所有节点，记为$\{o_i\}=x_1y_1z_1x_2y_2z_2\cdots x_Dy_Dz_D$。同时，根据节点的位置和深度，建立相邻节点查找表，以便于GPU计算时的快速查询。

然后，将泊松方程求解过程与八叉树相结合，在GPU上进行快速计算，并提取网格表示的重建表面。为了方便计算八叉树节点处的隐函数$F(x,y,z)$，采用如下形式的箱函数作为基函数进行表示：

$$F(x,y,z)=f_{ox,ow}(x)f_{oy,ow}(y)f_{oz,ow}(z) \tag{10.1}$$

这里，o表示节点位置，w代表箱函数的三个变量在各自定义域的取值范围，即满足$\{x,y,z\}\in[-w/2,w/2]$。那么，通过对八叉树每个节点处基函数值的线性组合，就可以得到和点云形状相对应的三维指示函数，并将泊松方程转化为相应的Laplaican方程。

接下来，采用GPU上的共轭梯度法计算Laplacian方程的数值解，以及相应的等值面。最后，采用3.4节中的Marching Cube方法抽取网格表面，得到重建的三维网格模型。通过GPU实现的泊松重建相比于传统的CPU重建，能够提高两个数量级的计算速度。例如，对于50万个顶点规模的点云，能够达到以5帧/秒的速度进行重建结果的快速计算和显示，因此也支持以交互的方式进行重建，如图10.10所示。

(a) 三维点云

(b) 用户交互

(c) 泊松重建结果

图10.10 支持交互的GPU快速泊松重建(图片来自[152])

10.4 GPU 快速绘制

在第 5 章真实感绘制中，介绍了光线跟踪、辐射度等全局绘制技术。虽然这些绘制方法能够生成高质量的绘制效果，但算法复杂度相对较高，需要的计算量较大。这也使得它们往往只能进行离线绘制，很难达到实时绘制和显示的程度。然而，无论是光线跟踪方法，还是辐射度方法，都包含大量的重复计算，非常适合于 GPU 的并行处理模式。因此，通过 GPU 加速光线跟踪、辐射度等方法，是实现实时全局绘制的有效途径。接下来，简单介绍如何通过 GPU 并行计算来提高光线跟踪和辐射度绘制的效率。

10.4.1 GPU 加速的光线跟踪绘制

事实上，光线跟踪方法需要大量的光线和场景求交运算。这使得复杂场景的绘制速度非常慢，难以达到实时绘制的效果。然而，场景中的绝大部分光线是能够同时跟踪的，而且相邻的光线在场景中传播时具有相似的光线传播路径。这样就可以充分利用 GPU 的并行处理能力，加速光线跟踪时的计算效率。

基于 GPU 的光线跟踪方法主要是利用 GPU 的线程并行，构建面向 GPU 的数据处理方式和数据结构，以提高光线跟踪过程中几何元素遍历、求交、着色等操作的效率。2002 年，美国 University of Illinois 的科研人员开发了一套光线跟踪系统 Ray Engine，最早将 GPU 用于光线跟踪。该系统是把光线和组成场景三维模型的三角面片的求交计算转移到 GPU 的着色器，以提高绘制的效率。

事实上，K-D 树被证明是加速光线跟踪的最有效的数据结构，尤其是在绘制静态场景时。K-D 树是一种二叉树，采用坐标轴对齐的平面对三维空间进行划分，形成不同尺度的格子单元作为叶节点。传统基于堆栈的 K-D 树递归构造策略并不适合于 GPU 并行模式。这里，根据光线跟踪的算法特点，采用光线与每个格子平面的相交情况，确定需要进行求交运算的网格面片集合，并依次将光线穿过的那些格子压入堆栈。这样，就避免了对所有格子的堆栈操作，大大提高了计算效率。这也是利用 GPU 提高光线跟踪绘制的重要手段。

基于早期 ATI Radeon X1900 XTX 显卡进行测试，通过上述 GPU 加速手段实现的光线跟踪绘制算法，普遍能够达到 15 帧/秒以上的绘制速度，而且不会降低真实感程度，如图 10.11 所示。这样就可以对绘制的场景进行交互操作，并实时地显示交互后的场景画面。

10.4.2 GPU 加速的辐射度绘制

对于辐射度绘制，在 5.5 节中详细分析了算法时间的消耗。其中，场景离散化为面片后，不同面片之间形式因子的计算和相应辐射度数值的计算占据约 90%的时间。因此，通过 GPU 加速辐射度绘制的关键，主要在于对这两个步骤的并行处理。

形式因子是描述场景中两个面片之间辐射能量的传递，因此一般需要消耗 $O(n^2)$ 的计算和存储资源，其中 n 是场景中面片的总数。而辐射度计算则是对所有在可见范围内

图 10.11 GPU 加速的光线跟踪绘制效果(图片来自[155])

面片传递的能量进行叠加。在 GPU 实现时，可以采用辐射度纹理(Radiosity Texture)和残差纹理(Residual Texture)两种纹理内存来记录面片上的辐射度数值。这样就可以借助片元着色器来做相应的计算。

辐射度纹理用于保存根据形势因子计算得到的当前传递能量的辐射度值。这里，给定在可见范围内的两个面片后，其对应的形式因子是不依赖于其他面片的。因此可以在着色器上并行地计算形式因子及对应的辐射度数值，同时将相应的结果保存于辐射度纹理内存。事实上，辐射度纹理也对应于当前面片所在的可见范围。残差纹理则用于保存所有面片传递能量的平均值，反映了计算下一次能量传递时所对应的面片。那么，通过不断更新两个纹理内存中的数值，就可以实现对场景画面的迭代绘制。最终的绘制结果是在迭代终止状态下，对辐射度纹理进行映射，以此得到画面中相应的像素颜色。

基于早期的 Nvidia GeForce FX5900 显卡进行测试，采用上述 GPU 加速手段实现的辐射度方法，在绘制如图 10.12 所示的包含上万个面片的场景时，能够达到 2 帧/秒的绘

图 10.12 GPU 加速的辐射度绘制效果(图片来自[156])

制速度。此外，对于绘制过程中场景的均匀或自适应面片划分、可见性计算时的遮挡判断等，也是能够在 GPU 上进行并行处理的。例如，使用半立方体法计算面片之间的形式因子时，可以将面片连线和半立方体表面之间的几何求交运算，放在顶点着色器上进行计算。这也会进一步提高辐射度绘制的整体效率。

10.5　GPU 计算光谱成像

在第 8 章计算成像中，介绍了 CASSI 等通过编/解码计算的方式重建高光谱图像的方法。由于光谱图像普遍数据量大，导致计算重建过程中的计算量大。此时传统的 CPU 串行计算已无法满足实时重建任务的需求，因此需要借助 GPU 进行并行加速，在进行高质量重建时也能提高重建速度。

通过对公式(8.6)～(8.11)所示的计算过程进行分析可以发现，影响计算速度的主要因素包括系统响应矩阵 $\boldsymbol{\Phi}$ 和先验项 $\boldsymbol{R}(\boldsymbol{x})$ 的计算。图像平滑先验是最经典的图像先验，认为相邻像素点之间的像素值在一定程度上是平缓变化的，一般通过差分矩阵 $\boldsymbol{D}$ 来计算相邻像素间的梯度或强度差异。在并行加速时需要着重对系统响应矩阵 $\boldsymbol{\Phi}$ 和差分矩阵 $\boldsymbol{D}$ 进行 GPU 上的并行优化处理。

首先对系统响应矩阵 $\boldsymbol{\Phi}$ 的计算进行并行优化。对于全色相机分支的前向响应矩阵 $\boldsymbol{\Phi}_{\mathrm{p}}$，由于其在高光谱图像上的作用主要表现为公式(8.8)的积分过程，因而只需要开辟与 $\boldsymbol{\Phi}_{\mathrm{p}}$ 相同大小的线程并共享内存空间，然后进行逐谱带叠加即可。而在对 CASSI 系统分支的前向响应矩阵 $\boldsymbol{\Phi}_{\mathrm{c}}$ 进行并行优化时，就需要考虑公式(8.6)中色散移位过程，也就是 $m-\lambda$ 的影响。通常情况下，串行方法是先将光谱数据进行移位和补零操作，然后再完成后续操作的过程。这种方法原理简单，但在 GPU 中进行数据移位需要开辟额外的内存空间。事实上，对于二维压缩采样的每一行，上面的数据都是由相同波段的光谱图像叠加而成，所对应的叠加起始波段和结束波段都是固定的。根据这个特点，就可以建立基于查找表的 CASSI 系统响应模型优化。这里定义一个大小为 $2\times(W+N_{\lambda}-1)$ 的查找表，用来标记不同谱带经过色散棱镜后偏移的距离。该查找表可定义为：

$$\mathrm{LUT}(1,x)=\begin{cases}1, & x\leqslant W\\ x-W+1 & \text{其他}\end{cases},\quad \mathrm{LUT}(2,x)=\begin{cases}x, & x\leqslant N_{\lambda}\\ N_{\lambda} & \text{其他}\end{cases}\tag{10.2}$$

那么，利用此查找表，公式(8.6)中的 CASSI 成像过程可以重新改写为：

$$\boldsymbol{Y}(m,n)=\sum_{\lambda=\mathrm{LUT}(1,m)}^{\mathrm{LUT}(2,m)}\boldsymbol{\Phi}_{\mathrm{c}}(m-\lambda,n,\lambda)\boldsymbol{X}(m-\lambda,n,\lambda)\tag{10.3}$$

这样就不再需要开辟额外的内存空间，而且并行性能得到明显提升。

接下来对差分矩阵 $\boldsymbol{D}$ 的计算进行优化。差分计算需要频繁对数据进行读取操作，因此需要利用共享内存。对于前向差分 D，使用图 10.13(a)所示的共享内存结构进行数据读写优化，其中 B 表示分配的线程块的边长大小。由于差分操作包含边界处理，所以共享内存大小为 $(B+1)\times(B+1)$。具体来讲，首先将图像数据从 GPU 的全局内存中先预加载到共享内存。然后在进行差分操作时，数据就从共享内存中直接读取，并将差分结果存至全局内存。而对于反向差分，则可以直接在全局内存中进行读写操作即可。

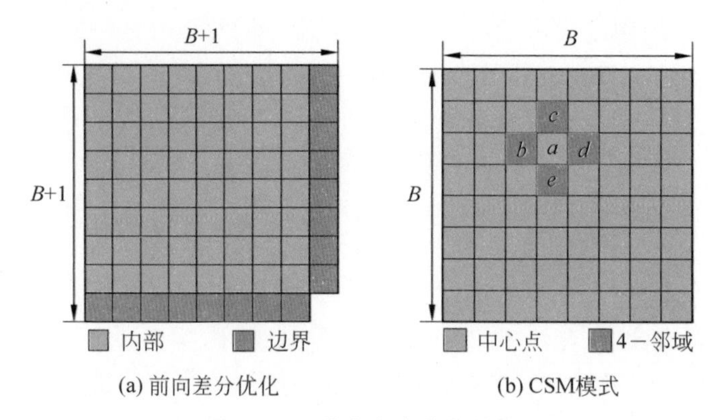

(a) 前向差分优化　　(b) CSM模式

图 10.13　共享内存优化结构

在使用交替方向乘子法求解公式(8.11)所示的光谱图像重建方程时,进一步采用如图 10.13(b)所示的一种中心共享内存优化模式(Center Shared Memory,CSM)。具体来说,在使用交替方向乘子法计算 $D^{T}D(a)$时,中心点 X 的数据从共享内存中读取,而其四邻域点 b、c、d、e 则从全局内存中读取。CSM 模式将共享内存与全局内存相结合,不仅利用共享内存数据存取快的优点,而且避免了内存访问冲突,在 GPU 上的并行计算效率能够得到显著提高。

图 10.14 展示了高光谱图像在波长为 600nm 时的重建结果。从这个例子可以看到,使用 GPU 并行重建能够达到与 CPU 串行相同的重建质量,但是计算效率却能够提升 100 倍。

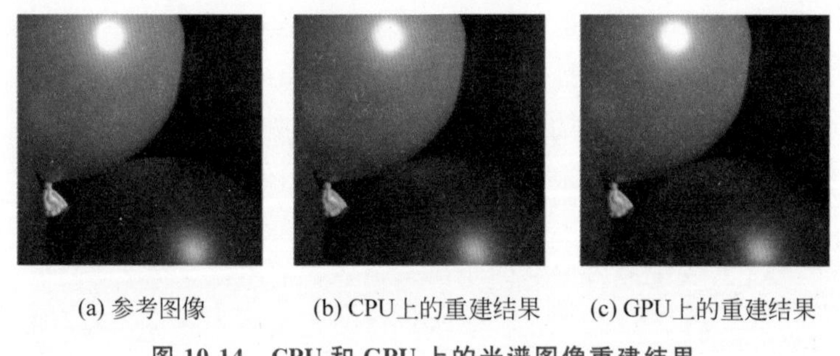
(a) 参考图像　　(b) CPU上的重建结果　　(c) GPU上的重建结果

图 10.14　CPU 和 GPU 上的光谱图像重建结果

10.6　小　　结

GPU 的出现是伴随着计算机图形学技术的发展而产生,同时也深刻影响了计算机图形学的发展。从某种意义上讲,GPU 可以进行几乎全部与计算机图形学有关的数据运算,为图形建模、绘制等提供了强大的计算能力。

事实上,图形学之外的领域也开始注意到 GPU 与众不同的计算能力,把 GPU 用于通用计算(General-Purpose Computing on Graphics Processing Units,GPGPU),以解决更多的计算密集型问题。尤其是在深度学习被广泛使用的人工智能、大数据处理等领域,

GPU 正发挥着巨大的作用。

思考题

10.1 GPU 的硬件结构和软件结构有什么特点？它和 CPU 的区别有哪些？

10.2 GPU 能够直接访问的存储单元有哪些？

10.3 如何使用 GPU 进行并行计算？

10.4 举例说明 GPU 如何用于提高几何建模的效率。

10.5 举例说明 GPU 如何用于提高真实感绘制的效率。

10.6 举例说明 GPU 如何用于提高计算光谱成像的效率。

附录A 图形流水线中的几何变换推导

A.1 眼睛坐标系到世界坐标系变换矩阵 $\boldsymbol{M}_{e2w}$ 的计算

首先，眼睛坐标系下坐标为(0，0，0)的原点在变换矩阵 $\boldsymbol{M}_{e2w}$ 的作用下，变为世界坐标系下的人眼位置坐标 $\boldsymbol{e}=(e_x,e_y,e_z)$。根据矩阵和向量的运算 $[e,1]^{\mathrm{T}}=\boldsymbol{M}_{e2w}\times[o,1]^{\mathrm{T}}$，可以立即得到矩阵 $\boldsymbol{M}_{e2w}$ 的最后一列各元素的数值。具体的计算公式为：

$$\begin{bmatrix} e_x \\ e_y \\ e_z \\ 1 \end{bmatrix}=\begin{bmatrix} m_{11} & m_{12} & m_{13} & m_{14} \\ m_{21} & m_{21} & m_{23} & m_{24} \\ m_{31} & m_{32} & m_{33} & m_{34} \\ 0 & 0 & 0 & 1 \end{bmatrix}\begin{bmatrix} 0 \\ 0 \\ 0 \\ 1 \end{bmatrix} \tag{A.1}$$

由上述公式可得，$m_{14}=e_x$、$m_{24}=e_y$ 和 $m_{34}=e_z$ 就是人眼的位置在世界坐标系下的坐标分量。

同理，将眼睛坐标系的三个坐标轴映射为世界坐标系下的三个坐标轴，就可得矩阵 $\boldsymbol{M}_{e2w}$ 的其他值。因此，该矩阵满足公式(A.2)中的等式关系：

$$\begin{cases} \boldsymbol{M}_{e2w}\cdot\tilde{\boldsymbol{o}}=\tilde{\boldsymbol{e}} \\ \boldsymbol{M}_{e2w}\cdot\tilde{x}=\tilde{\boldsymbol{u}}' \\ \boldsymbol{M}_{e2w}\cdot\tilde{\boldsymbol{y}}=\tilde{\boldsymbol{v}}' \\ \boldsymbol{M}_{e2w}\cdot\tilde{\boldsymbol{z}}=\tilde{\boldsymbol{n}}' \end{cases} \tag{A.2}$$

公式(A.2)中的第二个等式是将眼睛坐标系下的 x 轴上的点(1,0,0)映射到世界坐标系下 u 轴上的点，也就是 $\boldsymbol{u}'=(e_x+u_x,e_y+u_y,e_z+u_z)$，从而可以得到 $\boldsymbol{M}_{e2w}$ 的第一列就是向量 $\boldsymbol{u}$。具体的计算公式为：

$$\begin{bmatrix} e_x+u_x \\ e_y+u_y \\ e_z+u_z \\ 1 \end{bmatrix}=\begin{bmatrix} m_{11} & m_{12} & m_{13} & e_x \\ m_{21} & m_{21} & m_{23} & e_y \\ m_{31} & m_{32} & m_{33} & e_z \\ 0 & 0 & 0 & 1 \end{bmatrix}\begin{bmatrix} 1 \\ 0 \\ 0 \\ 1 \end{bmatrix} \tag{A.3}$$

由上述公式可得，$m_{11}=u_x$、$m_{21}=u_y$ 和 $m_{31}=u_z$ 就是眼睛坐标系 u 轴在世界坐标系中的三个坐标分量。

公式(A.2)中的第三个等式是将眼睛坐标系下的 v 轴上的点(0,1,0)映射到世界坐标系下 y 轴上的点，也就是 $\boldsymbol{v}'=(e_x+v_x,e_y+v_y,e_z+v_z)$，从而可以得到 $\boldsymbol{M}_{e2w}$ 的第二列就是向量 $\boldsymbol{v}$。具体的计算公式为：

$$\begin{bmatrix} e_x+v_x \\ e_y+v_y \\ e_z+v_z \\ 1 \end{bmatrix} = \begin{bmatrix} u_x & m_{12} & m_{13} & e_x \\ u_y & m_{22} & m_{23} & e_y \\ u_z & m_{32} & m_{33} & e_z \\ 0 & 0 & 0 & 1 \end{bmatrix} \begin{bmatrix} 0 \\ 1 \\ 0 \\ 1 \end{bmatrix} \tag{A.4}$$

由上述公式可得，$m_{12}=v_x$、$m_{22}=v_y$ 和 $m_{32}=v_z$ 就是眼睛坐标系 v 轴在世界坐标系中的三个坐标分量。

公式(A.2)中的第四个等式是将眼睛坐标系下的 z 轴上的点(0,0,1)映射到世界坐标系下 n 轴上的点，也就是 $\boldsymbol{n}'=(e_x+n_x,e_y+n_y,e_z+n_z)$，从而可以得到 $\boldsymbol{M}_{e2w}$ 的第三列就是向量 $\boldsymbol{n}$。具体的计算公式为：

$$\begin{bmatrix} e_x+n_x \\ e_y+n_y \\ e_z+n_z \\ 1 \end{bmatrix} = \begin{bmatrix} u_x & v_x & m_{13} & e_x \\ u_y & v_y & m_{23} & e_y \\ u_z & v_z & m_{33} & e_z \\ 0 & 0 & 0 & 1 \end{bmatrix} \begin{bmatrix} 0 \\ 0 \\ 1 \\ 1 \end{bmatrix} \tag{A.5}$$

由上述公式可得，$m_{13}=n_x$、$m_{23}=n_y$ 和 $m_{33}=n_z$ 就是眼睛坐标系 n 轴在世界坐标系中的三个坐标分量。

最终，得到如下所示的从眼睛坐标系到世界坐标系变换的矩阵：

$$\boldsymbol{M}_{e2w} = \begin{bmatrix} u_x & v_x & n_x & e_x \\ u_y & v_y & n_y & e_y \\ u_z & v_z & n_z & e_z \\ 0 & 0 & 0 & 1 \end{bmatrix} \tag{A.6}$$

它反映了在齐次坐标系下，从眼睛坐标系到世界坐标系转换时对应的几何变换。

A.2 眼睛坐标系到平面坐标系的投影变换矩阵 $\boldsymbol{P}_{e2i}$ 的计算

透视投影可以看作在正交投影的基础上进一步做几何变换来获得。因此，首先计算正交投影矩阵 $\boldsymbol{P}_{e2i}^{\text{otho}}$。通过正交投影可以将$(l_x,b_y,d_z)$和$(r_x,t_y,f_z)$所定义的视域体变换到标准设备坐标系$[-1,1]^3$。接下来介绍正交投影矩阵的具体计算过程。

第一步，将视域体的中心$\left(\frac{l_x+r_x}{2},\frac{b_x+t_x}{2},\frac{d_x+f_x}{2}\right)$移动到原点，对应的平移矩阵 $\boldsymbol{T}$ 如公式(A.7)所示。

$$\boldsymbol{T} = \begin{bmatrix} 1 & 0 & 0 & -\frac{l_x+r_x}{2} \\ 0 & 1 & 0 & -\frac{b_x+t_x}{2} \\ 0 & 0 & 1 & -\frac{d_x+f_x}{2} \\ 0 & 0 & 0 & 1 \end{bmatrix} \tag{A.7}$$

第二步，将视域体的长、宽、高的取值同时除以每个轴的长度，使得每个轴上视域体取值范围缩放到[−1,1]的区间，对应的缩放矩阵 $\boldsymbol{S}$ 如公式(A.8)所示。

$$\boldsymbol{S}=\begin{bmatrix}\frac{2}{r_x-l_x} & 0 & 0 & 0\\ 0 & \frac{2}{t_y-b_y} & 0 & 0\\ 0 & 0 & -\frac{2}{f_z-d_z} & 0\\ 0 & 0 & 0 & 1\end{bmatrix} \tag{A.8}$$

第三步，将上述平移矩阵和缩放矩阵组合，得到公式(A.9)所示的完整的正交投影矩阵。

$$\boldsymbol{P}_{e2i}^{\text{otho}}=\boldsymbol{S}\cdot\boldsymbol{T}=\begin{bmatrix}\frac{2}{r_x-l_x} & 0 & 0 & -\frac{r_x+l_x}{r_x-l_x}\\ 0 & \frac{2}{t_y-b_y} & 0 & -\frac{t_y+b_y}{t_y-b_y}\\ 0 & 0 & -\frac{2}{f_z-d_z} & \frac{f_z+d_z}{f_z-d_z}\\ 0 & 0 & 0 & 1\end{bmatrix} \tag{A.9}$$

透视投影矩阵的计算分为两个步骤：①计算视域体变换为长方体的矩阵 $\boldsymbol{P}$；②使用正交投影 $\boldsymbol{P}_{e2i}^{\text{otho}}$ 将长方体变换为平面坐标系。接下来具体介绍这两个步骤。

① 视域体变换为长方体。假设视域体变换为长方体对应的变换矩阵 $\boldsymbol{P}$ 为

$$\boldsymbol{P}=\begin{bmatrix}p_{00} & p_{01} & p_{02} & p_{03}\\ p_{10} & p_{11} & p_{12} & p_{13}\\ p_{20} & p_{21} & p_{22} & p_{23}\\ p_{30} & p_{31} & p_{32} & p_{33}\end{bmatrix} \tag{A.10}$$

那么矩阵中的每一项可以按照三个轴的变换依次确定。

如图 A.1 所示的视域体沿 yz 平面的截面，其中，(x,y,z) 为视域体内的某个点，(x',y',z') 为近平面上的点，这两个点以及原点三点共线。利用相似三角形的性质可知 $\frac{d_z}{z}=\frac{y'}{y}$，由此可得 $y'=y\frac{d_z}{z}$。同理，在 x 轴上可以得到 $x'=x\frac{d_z}{z}$。这样原来的点 (x,y,z) 经过矩阵 $\boldsymbol{P}$ 作用后被投影到 $\left(x\frac{d_z}{z},y\frac{d_z}{z},*,1\right)$ 上（暂时不考虑 z 轴的变换，使用 $*$ 占位），也就是表示为

$$\boldsymbol{P}\begin{bmatrix}x\\ y\\ z\\ 1\end{bmatrix}=\begin{bmatrix}x\frac{d_z}{z}\\ y\frac{d_z}{z}\\ *\\ 1\end{bmatrix}=\frac{1}{z}\begin{bmatrix}xd_z\\ yd_z\\ *\\ z\end{bmatrix} \tag{A.11}$$

② 在齐次坐标系下，$\left(x\frac{d_z}{z_z},y\frac{d_z}{z},*,1\right)$ 和 $(xd_z,yd_z,*,z)$ 表示的是同一个点。根

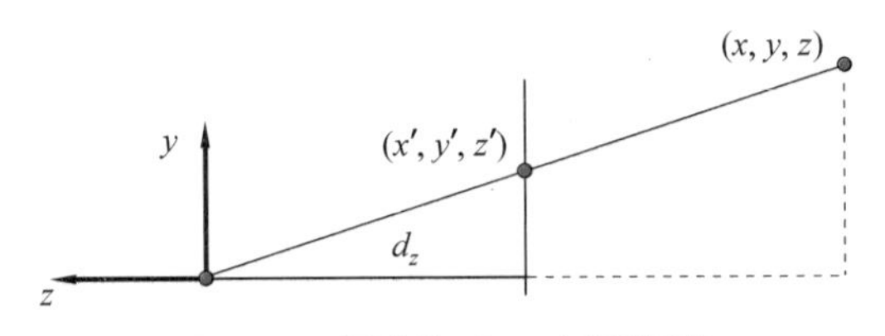

图 A.1　视域体到 xy 平面投影

据公式(A.11)中的第一行可以得到 $p_{00}x+p_{01}y+p_{02}z+p_{03}=xd_z$，进一步可以解得 $p_{00}=d_z$ 以及 $p_{01}=p_{02}=p_{03}=0$。同理，由第二行可以得到 $p_{11}=d_z$ 以及 $p_{10}=p_{12}=p_{13}=0$，而由第四行可以得到 $p_{32}=1$ 以及 $p_{30}=p_{31}=p_{33}=0$。那么，公式(A.10)中的矩阵 $\boldsymbol{P}$ 可以写为

$$\boldsymbol{P}=\begin{bmatrix} d_z & 0 & 0 & 0 \\ 0 & d_z & 0 & 0 \\ p_{20} & p_{21} & p_{22} & p_{23} \\ 0 & 0 & 1 & 0 \end{bmatrix} \tag{A.12}$$

在近平面上的点，经过 $\boldsymbol{P}$ 投影后不发生变化，因而原来(x,y,d_z)外的点在投影后仍为(x,y,d_z)。这里可以表达为以下公式

$$\boldsymbol{P}\begin{bmatrix} x \\ y \\ d_z \\ 1 \end{bmatrix}=\begin{bmatrix} x \\ y \\ d_z \\ 1 \end{bmatrix}=\frac{1}{d_z}\begin{bmatrix} xd_z \\ yd_z \\ d_z^2 \\ d_z \end{bmatrix} \tag{A.13}$$

那么由公式第三行可以得到

$$p_{20}x+p_{21}y+p_{22}d_z+p_{23}=d_z^2 \tag{A.14}$$

从而解得 $p_{20}=p_{21}=0$。

对于远平面上的点，z 值不发生改变，而且远平面的中心点仍在中心。这就意味着$(0,0,f_z)$变换后仍是$(0,0,f_z)$，并由此得到以下公式

$$\boldsymbol{P}\begin{bmatrix} 0 \\ 0 \\ f_z \\ 1 \end{bmatrix}=\begin{bmatrix} 0 \\ 0 \\ f_z \\ 1 \end{bmatrix}=\frac{1}{f_z}\begin{bmatrix} 0 \\ 0 \\ f_z^2 \\ f_z \end{bmatrix} \tag{A.15}$$

这里同样适用齐次坐标变换，并由公式第三行得到

$$p_{22}f_z+p_{23}=f_z^2 \tag{A.16}$$

进一步结合公式(A.14)解得 $p_{22}=d_z+f_z$ 以及 $p_{23}=-d_zf_z$。

最终得到矩阵 $\boldsymbol{P}$ 的完整表达式为

$$\boldsymbol{P}=\begin{bmatrix} d_z & 0 & 0 & 0 \\ 0 & d_z & 0 & 0 \\ 0 & 0 & d_z+f_z & -d_zf_z \\ 0 & 0 & 1 & 0 \end{bmatrix} \tag{A.17}$$

在此基础上，将公式(A.9)中的正交投影变换矩阵和公式(A.17)中的矩阵相乘，就得到了公式(A.18)所示的透视投影变换矩阵。

$$\boldsymbol{P}=\boldsymbol{P}_{e2i}^{\mathrm{otho}}\cdot\boldsymbol{P}=\begin{bmatrix}\frac{2d_z}{r_x-l_x} & 0 & -\frac{r_x+l_x}{r_x-l_x} & 0\\ 0 & \frac{2d_z}{t_y-b_y} & -\frac{t_y+b_y}{t_y-b_y} & 0\\ 0 & 0 & -\frac{f_z+d_z}{f_z-d_z} & \frac{2d_zf_z}{f_z-d_z}\\ 0 & 0 & 1 & 0\end{bmatrix} \tag{A.18}$$

附录 B

拉普拉斯方程组的最小二乘最优化求解

第 4 章中公式(4.9)所示的齐次拉普拉斯方程组按照 x、y 和 z 三个未知变量展开成公式(B.1)所示的线性方程组。对于每一个方程组的系数矩阵，其行数和列数是网格顶点的个数。

$$
\begin{aligned}
&\begin{pmatrix} \vert & \vert & \cdots & \vert & \vert \\ \cdots & 1 & \cdots & -w_{ij} & \cdots \\ \vert & \vert & \cdots & \vert & \vert \end{pmatrix}\begin{pmatrix} \vert \\ x_i \\ \vert \end{pmatrix}=\begin{pmatrix} \vert \\ 0 \\ \vert \end{pmatrix} \\
&\begin{pmatrix} \vert & \vert & \cdots & \vert & \vert \\ \cdots & 1 & \cdots & -w_{ij} & \cdots \\ \vert & \vert & \cdots & \vert & \vert \end{pmatrix}\begin{pmatrix} \vert \\ y_i \\ \vert \end{pmatrix}=\begin{pmatrix} \vert \\ 0 \\ \vert \end{pmatrix} \\
&\begin{pmatrix} \vert & \vert & \cdots & \vert & \vert \\ \cdots & 1 & \cdots & -w_{ij} & \cdots \\ \vert & \vert & \cdots & \vert & \vert \end{pmatrix}\begin{pmatrix} \vert \\ z_i \\ \vert \end{pmatrix}=\begin{pmatrix} \vert \\ 0 \\ \vert \end{pmatrix}
\end{aligned}
\tag{B.1}
$$

通常情况下，选取网格上的 m 个顶点作为控制顶点，使得平滑后的网格形状尽量不偏离这些控制顶点所定义的形状。这些控制顶点的集合记为 $\boldsymbol{C}=\{\boldsymbol{c}_i=(\bar{x}_i,\bar{y}_i,\bar{z}_i)\}_{i=1}^{m}$，其中，$\boldsymbol{c}_i$ 表示第 i 个控制顶点。相应的将 $\boldsymbol{v}_i=\mu\cdot\boldsymbol{c}_i$ 作为约束条件加入拉普拉斯方程组，这里 $\mu>0$ 是约束因子，决定该约束条件对控制顶点的影响程度，也就是网格平滑后偏离网格初始形状的程度。这样，公式(B.1)中的齐次线性方程组变成

$$
\begin{aligned}
&L:\begin{pmatrix} \vert & \vert & \cdots & \vert & \vert \\ \cdots & 1 & \cdots & -w_{ij} & \cdots \\ \vert & \vert & \cdots & \vert & \cdots \\ \hline \cdots & 1 & \cdots & 0 & \cdots \\ \vert & \vert & \cdots & \vert & \cdots \end{pmatrix}\begin{pmatrix} \vert \\ x_i \\ \vert \\ \vert \\ \vert \end{pmatrix}=\begin{pmatrix} \vert \\ 0 \\ \vert \\ \mu\bar{x}_i \\ \vert \end{pmatrix} \\
&L:\begin{pmatrix} \vert & \vert & \cdots & \vert & \vert \\ \cdots & 1 & \cdots & -w_{ij} & \cdots \\ \vert & \vert & \cdots & \vert & \cdots \\ \hline \cdots & 1 & \cdots & 0 & \cdots \\ \vert & \vert & \cdots & \vert & \cdots \end{pmatrix}\begin{pmatrix} \vert \\ y_i \\ \vert \\ \vert \\ \vert \end{pmatrix}=\begin{pmatrix} \vert \\ 0 \\ \vert \\ \mu\bar{y}_i \\ \vert \end{pmatrix} \\
&L:\begin{pmatrix} \vert & \vert & \cdots & \vert & \vert \\ \cdots & 1 & \cdots & -w_{ij} & \cdots \\ \vert & \vert & \cdots & \vert & \cdots \\ \hline \cdots & 1 & \cdots & 0 & \cdots \\ \vert & \vert & \cdots & \vert & \cdots \end{pmatrix}\begin{pmatrix} \vert \\ z_i \\ \vert \\ \vert \\ \vert \end{pmatrix}=\begin{pmatrix} \vert \\ 0 \\ \vert \\ \mu\bar{z}_i \\ \vert \end{pmatrix}
\end{aligned}
\tag{B.2}
$$

从上述表达式可以看出，等号右侧变成了非零向量，而等号左侧的系数矩阵为满秩矩阵。因此，公式(B.2)所示的线性方程组的求解过程变成了公式(B.3)所示的目标函数的最小二乘优化求解。

$$\arg\min_{V=\{v_i\}}\left(\|\boldsymbol{L}\cdot\boldsymbol{V}\|^2+\mu\sum_{i=1}^{m}(\boldsymbol{v}_i-\boldsymbol{c}_i)^2\right) \tag{B.3}$$

参 考 文 献

现代计算机图形学基础 2e-参考文献

图书资源支持

感谢您一直以来对清华版图书的支持和爱护。为了配合本书的使用，本书提供配套的资源，有需求的读者请扫描下方的“书圈”微信公众号二维码，在图书专区下载，也可以拨打电话或发送电子邮件咨询。

如果您在使用本书的过程中遇到了什么问题，或者有相关图书出版计划，也请您发邮件告诉我们，以便我们更好地为您服务。

我们的联系方式：

清华大学出版社计算机与信息分社网站：https://www.shuimushuhui.com/

地　　址：北京市海淀区双清路学研大厦 A 座 714

邮　　编：100084

电　　话：010-83470236　010-83470237

客服邮箱：2301891038@qq.com

QQ：2301891038（请写明您的单位和姓名）

资源下载：关注公众号“书圈”下载配套资源。

资源下载、样书申请

书圈

图书案例

清华计算机学堂

观看课程直播